普通高等教育“十二五”规划教材

国家精品课程教材

计算机游戏程序设计

（基础篇）（第3版）

耿卫东　梁秀波　张　帆　主编

陈　为　王　锐　张　顺　李启雷　副主编

電子工業出版社

Publishing House of Electronics Industry

北京 · BEIJING

内 容 简 介

本书为“十二五”普通高等教育本科国家级规划教材，着重介绍二维游戏程序设计所需的基础知识，包括游戏图像处理、二维游戏场景绘制、游戏交互界面设计、二维动画合成、碰撞检测与运动模拟、游戏粒子系统、游戏音效编程、游戏中人工智能、网络游戏编程、游戏脚本编程等，涵盖了二维游戏程序设计的主要方面，全书共14章，强调理论与实践结合，通过游戏实例启发性地说明游戏编程的相关原理和方法，每个主要章节均配有相应的游戏片段实例，最后一章通过一个完整的综合实例贯穿了本书的主要知识点和游戏开发要点。

本书还有进阶篇的配套教材。

本书面向的读者对象是那些已掌握基本的程序设计技能，并立志于从事计算机游戏软件开发的程序员和游戏开发爱好者。本书既可以作为数字媒体技术、计算机、软件工程等专业的本科生（研究生）的教材，也可用于游戏学院和各类游戏编程人员培训班的参考资料，对正在从事游戏开发和制作的相关人员也具有重要的参考价值。

图书在版编目（CIP）数据

计算机游戏程序设计. 基础篇 / 耿卫东，梁秀波，张帆主编. —3版. —北京：电子工业出版社，2016.6
ISBN 978-7-121-28866-1
Ⅰ. ① 计… Ⅱ. ① 耿… ② 梁… ③ 张… Ⅲ. ① 游戏程序－程序设计－高等学校－教材 Ⅳ. ① TP311.5
中国版本图书馆CIP数据核字（2016）第109770号

策划编辑：章海涛
责任编辑：章海涛　　　　特约编辑：何　雄
印　　刷：北京捷迅佳彩印刷有限公司
装　　订：北京捷迅佳彩印刷有限公司
出版发行：电子工业出版社
　　　　　北京市海淀区万寿路173信箱　邮编　100036
开　　本：787×1092　1/16　印张：18.75　字数：520千字
版　　次：2005年4月第1版
　　　　　2016年6月第3版
印　　次：2022年6月第4次印刷
定　　价：59.00元

凡所购买电子工业出版社图书有缺损问题，请向购买书店调换。若书店售缺，请与本社发行部联系，联系及邮购电话：（010）88254888，88258888。
质量投诉请发邮件至 zlts@phei.com.cn，盗版侵权举报请发邮件至 dbqq@phei.com.cn。
本书咨询联系方式：192910558（QQ群）。

第3版前言

在电子工业出版社的大力支持下，本书分别于2005年和2009年推出第1版和第2版。其中，第2版成功入选普通高等教育“十一五”国家级规划教材。近年来，随着游戏开发技术的不断演进，特别是手机游戏的迅猛发展，应广大读者的要求，对原书稿中的内容做了大幅更新和补充，形成了第3版书稿，并入选“十二五”普通高等教育本科国家级规划教材。

在修订第3版时，原本想通过增加“游戏中的软件工程”、“游戏策划”、“游戏脚本编程”、“手机游戏开发”、“游戏开发综合实例”等内容使得本书变成一本能够覆盖不同层次、不同领域人员的“大而全”的游戏开发专业教材，但在编写过程中，我们发现涉及的内容实在太多，后来听取了采用该教材的大多数任课老师和同学的反馈意见，考虑到学时等限制因素，最终决定面向不同层次和水准的开发人员将书稿分为基础篇、提高篇两册。“基础篇”面向入门级的游戏开发人员，以介绍二维游戏开发的基础知识为主，通过丰富的实例使得读者可快速上手。“提高篇”面向有一定经验的游戏开发人员，以介绍三维游戏开发的基础知识为主，通过深入探究游戏开发的基本原理和技术，让读者的游戏开发能力更上一层楼。

在修订撰写第3版时，我们把本书编写的指导原则定位为以下几方面：

- ❖ 把游戏开发涉及的多领域共性知识点的讲授和实践技能培训相融合，强调知识学习和动手实践的有机结合。
- ❖ 在内容组织上，利用书面文字系统地介绍游戏开发的知识点，并提供完整的示例代码和实验手册。
- ❖ 采用“目标学习、案例导航”的组织方式，让读者能够快速掌握知识和技能要点。
- ❖ 整合和吸收多本游戏开发教材的框架结构，结合作者的最新研究和开发工作进展，使得修订内容在技术和知识与时俱进。

再次感谢浙江大学计算机科学与技术学院、软件学院、CAD&CG国家重点实验室为作者所提供的优良科研条件和各种便利，使得本书的撰写得以顺利完成。感谢胡淑婷、许有甜、符晓洋、谭锦志等同学，他们为“基础篇”的素材汇集、代码编写和实验手册整理付出了的辛勤努力。感谢为本书提供图片和示例代码的众多相关公司和人员，限于篇幅，就不一一列出了。

感谢所有使用本书的任课老师和同学的反馈建议。感谢电子工业出版社的各位编辑，谢谢他们的鼓励与协作。最后，感谢家人对本书的撰写和再次出版的无私支持和付出。

本书配有教学课件、实验手册、源代码和习题解答等。教学课件包括：第1～14章的授课PPT。实验手册包括：第5～13章的示例代码对应的上机操作说明。（**限于篇幅，每章的实验手册没有在书中直接给出，读者可以扫描相应位置的二维码获取实验手册的文档。**）源代码包括：第5～13章的示例代码，以及第14章的综合实例代码。习题答案包括：第1～13章所有课后习题的参考答案。

需要者请登录到http://www.hxedu.com.cn，或者扫描第二页的二维码，打包下载。

由于作者知识和水平所限，即使是再版，在本书中难免有一些错误，恳请读者提出宝贵建议。

作　者

教学资源分类下载（二维码）

教学课件

实验手册（Word 文档）

习题答案

源代码文件稍大，请登录到 http://www.hxedu.com.cn，注册之后进行下载。

目　录

第 1 章　游戏开发简介

游戏是融合了技术和艺术的文化产品，已经成为人们主要的娱乐方式与载体之一。一名合格的游戏开发人员不仅需要掌握程序设计技巧和多种领域专业知识，还需要对游戏的基本内涵、开发过程和游戏产业发展状况有基本的了解。因此，本章将介绍游戏以及游戏开发的一些基本概念，让读者首先对计算机游戏有一个初步的认识。

1.1　什么是游戏

游戏的英文是 game，即“比赛、竞赛、游戏”。从词源上可以看出，游戏与比赛一脉相承。游戏的最初方式是非对抗性的、友好的体力与技巧比赛。当时的参与者在体力得到锻炼的同时，也得到了乐趣。因此，游戏和比赛都是人与人之间进行的娱乐活动，只是因场合和情况的不同而区分为不同的形式。

随着时代的进步，游戏从单纯的体力活动逐渐向体力与脑力结合的方向发展，甚至出现了一些纯粹的脑力活动，如棋类和牌类游戏的发明。进入信息时代，越来越多的科技手段被运用到娱乐行业中，最终能够以计算机来代替原来必须由人来承担的角色，人们参与游戏更多的是一种娱乐活动，其最大的作用就是通过游戏过程让玩家身心愉悦。

与此同时，游戏的表现形式也发生了变化。在电视机普及后，游戏通过电视机进入了家庭，最初只是有灰度画面和简单的声音，后来逐渐发展到 256 色画面和 MIDI 配乐，直到真彩画面和音乐、配音等。随着家用计算机的发展和普及，计算机也成为了游戏的重要平台。与电视游戏的发展过程相似，计算机游戏也经历了从简单到复杂的过程，最终使计算机游戏成为能与电视游戏相抗衡的娱乐方式。近年来随着移动互联网的迅猛发展，手机游戏也迅速壮大起来，成为游戏产业的重要分支之一。本书主要介绍计算机游戏的相关知识，所以下面从不同角度来探讨和界定计算机游戏的本质和内涵。

1. 从游戏技术来看

从技术角度来看，计算机游戏是“以计算机为操作平台，通过人机互动形式实现的、能够体现当前计算机技术较高水平的一种新形式的娱乐方式。”

游戏必须具有高度的互动性，这是指玩家所进行的操作在一定程度上和一定范围内，可对在计算机上运行的游戏有控制和反馈。玩家是以游戏参与者的身份进入游戏的，游戏允许玩家进行互动的范围越大，玩家的发挥空间就越大，玩家能得到的乐趣就越多。游戏的进展过程会因玩家的操作而发生改变，而且计算机能够根据玩家的行为做出合理的反应，从而促使玩家对计算机做出回应，进行相应的人机交流。最终，游戏在玩家与计算机的交替互动下向前推进，不断深入，直到以某种方式或者形式结束。

计算机游戏也体现了当前计算机软件和硬件技术的变迁过程。当计算机的 DOS 平台逐渐被 Windows 95 系列平台所替代时，基于 DOS 的游戏就逐渐走向没落；当计算机从奔腾 486 时代进入奔腾 586 时代时，原本流行的 256 色的游戏被真彩色游戏所取代；当光驱成为计算机的标准配件后，原本用磁盘作为存储介质的游戏也纷纷变成了光盘版产品；当三维图形加速卡逐渐流行起来时，市场上出现了很多必须用三维图形加速卡才能运行的三维游戏。在信息技术飞速发展和智能手机等移动终端普及的今天，游戏的种类也越来越多，其平台不只限于电视机和计算机，智能手机等移动终端也成为游戏的一个主流平台，并逐渐占领市场，成为游戏产业不可忽视的一部分。

2. 从游戏内容来看

在游戏内容来看，计算机游戏是一个让玩家追求某种目标，并且让玩家可以获得某种“胜利”体验的娱乐性文化产品。计算机游戏具有丰富而独特的表现力，能表现出许许多多鲜明生动的形象。因此，从这个意义上讲，与戏剧、电影一样，游戏是一种综合性艺术，一种融合了技术的、更高层次的综合性艺术。有人把游戏称为继绘画、雕刻、建筑、音乐、诗歌（文学）、舞蹈、戏剧、电影（影视艺术）之后的人类历史上的第九种艺术。既然游戏是一门艺术，它就要像小说、美术、歌剧这些艺术形式一样，具有同样出色的内涵和表现，以及它们的完美结合。小说有情节、人物，美术有线条、色彩、构图，那么游戏的艺术表现由什么组成呢？游戏中的艺术性体现为世界观、剧情、人物、规则，再加上表现这些的媒体（音乐和画面）。图 1-1 是一组游戏画面的示例。

图 1-1　游戏画面的示例

游戏构建了一个虚拟的世界，游戏的设计者要让这个虚拟的世界具有“价值”，才能被玩家接受。游戏中的虚拟世界虽然不是真实世界的翻版，但需要一定的规则来建立这个游戏世界的“秩序”，这样才能使得游戏既有内涵又好玩。游戏的设计者要创作出这个世界中的历史渊源、各种人物力量和它们的均衡、善恶的准则，甚至创造出具有特定人文特色的风俗习惯等，才能够让玩家容易地融入其中，得到在现实生活中无法体验的感受。

游戏是给人玩的，那就要有玩家的角色，也要有人物活动的剧情设计，即在游戏世界中建立各种各样的人物和事件。同时，要设定各种规则系统，即玩家和游戏设定的可玩性（gameplay）规则。例如，玩家是不是可以与游戏中的各种角色对话，玩家的角色是不是可以升级，玩家的弹药如何补给等。这些问题的不同答案会导致完全不同的游戏玩法，游戏的策划也就大不一样。不同类型的游戏会有不同的侧重点，如格斗游戏的剧情相对会薄弱，但是人物性格和造型设定很关键；角色扮演游戏则对剧情和人物格外关注，射击游戏对游戏规则系统比较敏感。所以，剧情、人物和游戏规则构成了游戏的第二个层面，就是世界观之下的“细则”，也是游戏中“大世界”

的具体化、局部化，否则玩家面对一个虚拟“世界”会不知所措。

音乐和画面是游戏内容的外在表现。很多人一提起某个游戏时，首先讲它的画面多么华丽，配乐多么优美，其实这些音乐和画面只是游戏的表象。但这也说明，外在的音乐和画面表现可以很好地提升玩家对游戏的世界观、剧情、人物等的体验。当然，音乐和画面等并不会对一个游戏产生本质性的影响。

3．从玩家的角度来看

从游戏玩家的角度来看，计算机游戏提供了其他艺术形式无法提供的或者无法满足的东西。例如：

❖ 计算机游戏提供了挑战的机会和场所，许多游戏玩家热衷和渴望游戏提供的挑战，当他们面对挑战并且战胜挑战时，就已经从中学习和汲取了经验和教训，从而能充实自己。
❖ 计算机游戏具有虚拟的社会性，在某种程度上是一个社会活动。很多人玩游戏的主要原因是与朋友、家人进行交流，玩家们花费大量的时间互相聊天、交流和扮演角色，他们把在游戏中的虚拟体验转换为实际可用的社会经验。
❖ 计算机游戏提供玩家独处的经历。游戏能模仿人类的行为，“伪造”人类行为中的有趣部分，而不包含任何潜在的、令人烦恼的行为，并可以随心所欲地开始或者停止，使玩家得到独自享乐的机会。
❖ 计算机游戏能提供满足感。玩家在游戏中取胜的时候，他意识到自己能做得很好，或许比大多数人都好，这让玩家产生强烈的自我满足感。
❖ 计算机游戏能提供情感的体验。玩家在游戏中能体会到面对冲突的兴奋、紧张，完不成任务的失望，以及获得成功的喜悦和成就感。
❖ 计算机游戏能提供幻想。许多玩家想要进入一个比现实世界更精彩的虚幻世界中。游戏能为玩家提供在一般的社会环境下不能接受的行为，也可以为玩家提供“改变历史”的机会，通过别人的眼睛看世界。在游戏中，玩家有机会“真正”成为更辉煌的、某个精彩的完美人物（如控制虚拟世界的冒险家、勇敢的剑客或者歌剧中的英雄等），得到了理想的、没有枯燥细节的“纯洁”生活。

计算机游戏作为一种软件，自然需要有软件的共性指标，如易用性、稳定性、可移植性和跨平台性等。例如，一个游戏的内容再好，如果每运行 1 小时就可能崩溃一次，这样的游戏不能算是一个真正的计算机游戏产品，玩家也不会感兴趣。由于信息技术的飞速发展和人类生活质量的提高，游戏平台也丰富起来，所以一款游戏的可移植性和跨平台性就显得格外重要，能够使一款游戏在各种平台上运行起来，也是游戏流行和普及的关键因素之一。

1.2 计算机游戏的发展

计算机游戏的历史最早可追溯到 1961 年运行于 PDP-10 上的《太空大战》。PC 游戏最早可追溯到 1978 年运行于 TRS-80 上的《冒险岛》，正是这款不起眼的游戏开启了今天数百亿美元的计算机游戏市场。计算机游戏从无到有，在雅达利、任天堂、世嘉等家用游戏主机占据绝对主导地位的情况下，打开了一片属于自己的生存空间。

20 世纪 80 年代中期，游戏类型也丰富起来，除传统的冒险、动作和射击游戏外，还出现了角色扮演、策略、战争和体育等风格各异的游戏。《巫术》（计算机游戏史上的第一款角色扮演游戏）和《创世纪》等经典之作相继问世。随着 Windows 系统被广泛使用，计算机游戏也开始从 DOS 平台向 Windows 平台迁移。如果不算微软随操作系统赠送的《扫雷》、《俄罗斯方块》等游戏，Windows 平台上的第一款游戏应该是由 Maxis 公司在 1990 年推出的《模拟地球》。次年，Maxis 公司将《模拟蚂蚁》和《模拟城市》也移植到了 Windows 3.0 平台上。在这场迁徙大潮中，不少公司因为未能及时调整开发策略而被市场淘汰，同时一部分有实力的开发商开始了转型。1985 年，美国艺电同 Origin、FreeFall 和 Ozark 等 7 家知名工作室签下长期发行协议，成为当时北美最大的游戏发行商之一。同年，Activision 公司决定将业务重心由研发、发行并重转型至以发行为主，或直接以发行起家，积累到一定程度后再反过来组建或收购研发团队。在中国台湾地区，第三波、智冠、精讯等早期的游戏公司正是循着美国艺电的这一中游策略发展起来的。1986 年，精讯资讯推出中国人自制的第一款商业游戏《如意集》。1989 年 10 月，智冠创建了自己的第一个游戏研发小组“台北工作室”。两年后，“台北工作室”的处女作《三国演义》问世，在市场上掀起了一股“三国”热潮。据说，《三国演义》共售出 17 万套，是中国台湾地区的计算机游戏史上销量最高的产品之一。

20 世纪 90 年代初期，大容量存储技术（如光盘）和多媒体技术令游戏开发者得以在游戏中加入大量精致的图片、动画和优美的音乐，这是以往的普通磁盘游戏无法比拟的。《神秘岛》问世并引起轰动，其成功在很大程度上依赖于画面和音乐的唯美风格。此时，美国的一大批中小游戏工作室出现，优秀的人才和作品层出不穷，美国的计算机游戏业步入了它的第一个黄金时代。

此时，中国内地的计算机游戏业才刚刚拉开序幕。北京金盘电子有限公司在 1994 年 10 月推出了自主研发的《神鹰突击队》。注册地为中国香港的英国汉文软件先后为美国游戏公司代为加工了两款游戏——《雷电之蹄》和《运动弹珠台》，任务是把游戏从 DOS 平台移植到 Windows 平台上，代码部分以修改为主，美术部分则重新做过。1995 年 3 月成立的北京前导软件有限公司是我国最早依靠风险投资起家的一家软件公司。其第一款游戏是《官渡》，这是国内首款基于 Windows 95 的游戏，也是首款自主知识产权出口的游戏。1995 年，以游戏研发为主业的西山居创作室在珠海成立。1996 年，西山居创作室的处女作《中关村启示录》发售；1997 年，西山居的成名作《剑侠情缘》问世，并大获成功。此时是中国内地游戏市场的黄金时期，一款中等以上品质的游戏即可售出 1 万套，品质突出的更是可以卖到 5 万套以上。于是，大批知名或不知名的公司涌入游戏市场，其中既有出版社、硬件厂商、软件厂商，也有许多根本不具备研发实力的兴趣小组，在国内掀起了一股单机游戏热。可惜的是，无论投资者、运营者还是研发者，这些淘金者均缺乏对市场环境和游戏研发的基本认识，这为泡沫的破裂埋下了隐患。

20 世纪 90 年代中后期，国际游戏业界出现了较大的并购案，频繁的兼并和重组行为实际上是国际游戏业定型前的激烈震荡。大公司对游戏业的垄断进一步加强，中小公司的生存空间受到挤压，发行商取代开发商成为产业链的中心环节。兼并虽然有利于产业整体实力的增强，但对于游戏开发的创意却造成许多负面影响，最突出的一点是活力的丧失，游戏的生杀予夺大权被少数资金雄厚、渠道通畅的大公司掌握。这一阶段的计算机游戏已由车库里的艺术品变为好莱坞式的庞然大物，每部作品都需要投入大量资金，开发资源的消耗速度快得惊人。离开了发行商的投资和渠道，很少有开发商能在激烈的竞争下存活下来。另一方面，兼并也为部分已有一定口碑的开发商带来了发展的契机，令它们有足够的资源去开发和推动一些划时代的作品。

1997 年，“第一网络游戏”的头衔被“网络创世纪”摘走，它开启了美国的网络游戏市场，之后越来越多的专业游戏公司开始涉足网络游戏的研发，成功者有 SONY 的《无尽的任务》、Microsoft 的《艾莎隆的召唤》和 Mythic 的《亚瑟王的暗黑时代》。

正当国际计算机游戏业在兼并中不断成长的时候，中国的计算机游戏业却在《仙剑奇侠传》和《剑侠情缘》的辉煌后跌至了谷底。1997 年下半年，国产游戏产业的大环境急转直下，大批中小公司甚至尚未有产品问世即告解体。1998 年，随着金盘电子、腾图电子和前导软件的退出，国产游戏全面亮起红灯。究竟是什么原因令中国的原创游戏刚刚起步即败下阵来？这是因为国内游戏开发的资金门槛不高，许多缺乏经验、缺乏必要资源的制作组在利益的驱动下加入进来，这些制作组大多为作坊式经营，仅凭一时兴趣进入游戏制作这一行，一旦第一款产品无法顺利推出，则会面临解散的危险。有外部资金支持的研发公司，由于投资方对市场的未来过于乐观，且对游戏研发的风险缺乏清醒认识，只是抱着短期投机的想法盲目投入，一旦项目或环境出现少许变化，亦会迅速撤资。即便投资方有足够的耐心，研发人员有足够的技术实力，管理经验和市场推广能力的欠缺也往往成为要命的瓶颈之一。当然，如果市场足够大，以上弊病或许尚不至于如此致命。那么，当时中国游戏市场的状况究竟是怎样的呢？

1998 年，中国内地的计算机游戏市场上，国产游戏仅占上市游戏总数的 6%，其余均为引进产品。单机游戏陷入窘境，而 MUD 网络游戏却异常火热，国内先后出现了《夕阳再现》、《碧海银沙》、《驰骋天下》、《笑傲江湖》、《鹿鼎记》等一批 MUD 游戏，这些游戏大多是在 ES2 和《侠客行》的基础上修改而成的。图形网络游戏的许多技术是在文字 MUD 的基础上发展起来的，如中国台湾地区的《万王之王》和北京侠客行公司的《侠客天下》，均由同名文字 MUD 演变而来。2000 年，游戏橘子在中国台湾地区运营韩国网络游戏——《天堂》，成为中国台湾地区网络游戏市场上的霸主。同年，《万王之王》、《网络三国》和《石器时代》登陆中国内地，之后华义也携《石器时代》而入，开启了今天数十亿的网络游戏市场。2001 年，盛大网络在大陆运营韩国网络游戏《传奇》，成为大陆网络游戏市场上的霸主；网易宣布收购天夏科技，并以天夏科技的技术人员为班底，开发《大话西游 Online》。自此，网络游戏成为网易的两大核心业务之一。

从《石器时代》、《魔力宝贝》的成功到《传奇》、《奇迹》的火爆，从 2002 年 9.1 亿元的市场规模到 2003 年前两个月就有 25 款游戏同时测试的盛况，这股网络游戏热与 1997 年的单机游戏热有些相似，但更多的是差异。首先，当年的单机游戏市场是以开发商为主体，而此时的网络游戏市场则是以运营商为主体；其次，网络游戏的市场规模比当年的单机游戏扩大了数十倍，利润率也高出数倍；第三，介入游戏业的这些企业大多比较规范，在资金运作、企业管理和市场营销等方面已有一定的经验。我们相信，网络游戏热绝不会像当初的单机游戏热那样草草收场，未来几年也许会有波折，但绝不会就此沉默。2004 年，盛大网络在美国上市，并开始了一轮兼并收购浪潮，收购了边锋等多家公司，正在向网上 Disney 迈进。盛大的《泡泡堂》同一时间在线用户量最高超过 70 万，在世界大型休闲网游史上创下网游运营记录。

与此同时，法国育碧、美国艺电、美国暴雪等国际知名游戏开发公司也纷纷进入中国市场，并开设了相应的游戏开发分支机构。网络文化的兴起和国家对网络文化产品的规范管理，无疑将为网络游戏提供更规范的发展空间，文化部和新闻出版广电总局等颁布的对网络文化产品的新的倾斜政策也为网络游戏产业注入新的活力。

2005 年，盛大与神达电脑集团携手打造了国内游戏史的一个里程碑，推出了全球首款掌上网络娱乐终端，也是中国首款正式发布的拥有掌上游戏机功能的设备——EZ MINI。2006 年，以古典文学作品《山海经》为背景，完美时空公司开发了一款具有中华文化特色的中国古典奇幻 3D MMORPG——《完美世界》，后来推出了授权海外十几个国家及地区的主要游戏运营商的道具收费模式的《完美世界国际版》。此时，我们所做的游戏不仅是将国外的游戏引进来，还要把我们自己的游戏送到世界的舞台。

2005 年后，网络游戏开始风靡中国的千家万户。2007 年，中国收入排名前 15 的网络游戏运营商中，有 10 家为上市企业，上市企业的收入约为 98.7 亿元，占总收入的 77.1%。2008 年，中国网络游戏市场规模大幅攀升，达到 183.8 亿元，同比增长 61.9%，表明中国网络游戏市场正迈进一个新的发展周期，国产网游发展迅猛。同年第二季度，盛大、网易、巨人在网络游戏运营商市场格局方面位居行业排名前 3 位。

2008 年至 2011 年，智能手机的兴起而引起触屏的潮流，不仅改变了手机的操作方式，也使手机游戏打破了手机键盘的局限性，使手机游戏在玩法上有了巨大的转变，逐步让手机游行业从无序走向有序。在触控科技、顽石、乐元素等创业型手游公司并驱争先时，传统的游戏巨头如腾讯等也开始对手机游戏进行布局，如《三国塔防魏传》曾创下非常好的成绩。2012 年后，手机用户的突飞猛涨带动了手游市场规模的不断扩大。手机游戏作为盈利能力最强的移动互联网产品，价值日趋显著。目前，国内知名手游开发商主要有乐动卓越、顽石互动、银汉游戏等，为手机游戏市场提供更多高品质的手机游戏，如完美世界、搜狐畅游、盛大游戏等。国内手机游戏发行商主要包括触控科技、蜂巢游戏、乐逗等。国内手游平台商目前主要包括三类：电信运营商（中移动、中联通、中电信）、终端系统厂商（如 AndroidMarket 和 Appstore 等）、传统互联网巨头（如腾讯、百度、盛大、网易等）及新兴移动互联网企业（如 360 手机助手、91 助手、豌豆荚等）。

如果说 2012 年是手机游戏爆发年，那么 2013 年可以说是手机游戏投资爆发年。2013 年，互联网巨头们开始争抢手机游戏地盘，标志性事件就是百度以 19 亿元收购了 91 助手。随后，微信接入手机游戏又掀起了业内的一股浪潮，当时全民打飞机的场景仍历历在目。就是在这一年，手机游戏渠道格局确立：腾讯一家独大，再加上百度、360 等，几大渠道共同垄断了大部分市场份额。渠道大局已定，而资本正方兴未艾。公开数据显示，2013 年有 22 起手机游戏并购案，总金额达 203 亿元，如掌趣 25 亿元并购玩蟹和上游、华谊 6.72 亿元并购银汉、天舟文化 12.54 亿元并购神奇时代等。这股浪潮还延续到了 2014 年，中国行业研究网的市场调查显示，从 2014 年年初到 7 月底，手机游戏收购规模已达 200 多亿元，半年多的收购金额就超过了 2013 全年。

2015 年是手机游戏出海的一年，越来越多的国外科技技术开始和国内厂商联手合作，使得国内外游戏行业的融合创新成为可能，全新的科技和国内手机游戏将会碰撞出火花。在逐渐成熟的市场中，游戏成为了人们生活中不可替代的娱乐产品。不断更新的科技技术使得现在的游戏品质更有保障，不管是成功产品的续作还是新产品的诞生，游戏将攻占更细分的市场。

1.3 计算机游戏的分类

计算机游戏的分类依赖于游戏的流派和类型。虽然很多玩家可以如数家珍地举出很多游戏的流派和类型，但要仔细说明游戏的流派却比较难。游戏的流派和类型虽然在内涵上基本相同，但在使用上还是稍有区别。计算机游戏流派的分类主要是面向游戏的设计人员，他们在设计游戏时需要将各种错综复杂的主题分门别类，在一个较小的范围内，利用现有的、有某种固定模式的可行技术来予以表现，这样就诞生了计算机游戏的流派。计算机游戏类型的分类主要是面向不同玩家，某种流派的游戏风格在玩家中得到广泛认同，形成了特定的玩家群体。因此，计算机游戏的流派和类型的提出是游戏作为一种娱乐形式发展到一定成熟阶段的标志，代表着游戏设计理论的成型，同样体现着游戏在社会和玩家中影响的扩大。

计算机游戏的流派和类型可分为三个阶段。在第一阶段，流派类型的特征可能在每个游戏中显现，这个游戏显现一点，那个游戏显现一点。在总体上，游戏设计人员对游戏流派的规律没有理性的认识和把握，玩家也没有把这种游戏类型和其他游戏类型区分开。第二阶段是确立阶段，游戏流派的独立性被承认，其特有的规律被总结和归纳，并有玩家群体成为这种游戏类型的铁杆支持者，或者是专业的玩家。第三阶段是融合阶段，一个游戏流派在进入成熟期后，必然要有所变革和发展。新的要素会被引入，或者与其他类型融合，等待着形成新的流派和类型。

同一个游戏流派和类型的游戏产品之间必定有某些东西是共通的，是被不断重复的，这是游戏流派的核心要素。区分游戏的不同流派和类型的要素有很多，最主要的有4项：主题、故事情节、视觉风格和游戏机制（gameplay）。

主题：不同的类型有不同的主题，如西部片中的复仇主题、中国香港功夫片中宣扬的江湖义气，格斗游戏中的争取最强和超越自我的主题等。

故事情节：不同类型有不同的故事情节，如早期动作游戏的英雄救美、角色扮演游戏的英雄之旅等。

视觉风格：不同类型有不同的视觉风格，包括色彩、构图、光影、特殊的物品和场景等。例如，有一个三维的室内场景，屏幕中央有一件武器，这肯定是第一视角射击游戏；有一个俯视的地图，底下有一个菜单，上面有各种选项，这是实时策略游戏的标配。

游戏机制：不同游戏流派之间的最大不同点是游戏机制和游戏进行方式的不同。一款游戏之所以被称为实时策略游戏，是因为其特殊的游戏规则，包括建筑、生产、微观管理和战争等；一款游戏之所以被称为第一视角射击游戏，是因为关卡（level）、探索（exploration）和射击（shooting）三要素。另外，游戏的操作方式也是游戏机制和进行方式的一部分。在第一人称射击游戏中，一般是键盘控制行走，鼠标控制运动方向和射击，鼠标左右移动对应左顾右盼，上下移动代表仰视和俯视。这种操作方式已经定型，得到玩家的普遍认同。通过对计算机游戏的分类，可以起到以下作用：

① 弥补技术上的局限性。由于技术上不可能实现过于宏大的游戏主题和游戏世界，游戏设计人员必然要做出某种妥协，局限于某个流派的设计规律，从特定的视角来界定可实现的游戏主题和范围。

② 划分玩家群，锁定特定玩家群体。游戏流派和类型的划分可以使得玩家群的划分更明确，牢牢抓住这个类型的基本玩家群，然后进一步吸引边缘性的玩家群体。

③ 使玩家更容易掌握新游戏，更容易上手。由于在操作模式上，同一种类型的游戏有很多共性，玩家如果以前熟悉这一类型的游戏，那么就对新发行的同类游戏比较熟悉，容易掌握。研究表明，玩家很少阅读游戏的说明书，大多数时候是通过摸索和对以前同类游戏的经验来玩新游戏的。

④ 社会的影响和影响社会。游戏流派和类型在某一个历史时期可能非常流行，然后衰落，再流行起来。这种波动起伏的过程与社会生活有关，一方面，流行的游戏类型反映了当时社会的生活状态，另一方面，游戏的类型也影响着社会上的思潮。

下面介绍已经游戏业界和玩家共同认可的主要游戏的流派和类型。

1．角色扮演游戏（Role-Playing Game，RPG）

RPG 游戏无疑是最受欢迎的游戏类型之一，有“电子小说”的美称，一般分为日式 RPG 和美式 RPG 游戏。日式 RPG 游戏的代表作有《最终幻想》（Final Fantasy）系列和《勇者斗恶龙》（Dragon Quest）系列。美式 RPG 游戏的代表作有《伯德之门》和《Diablo》系列。RPG 游戏一般是以某一名人物作为主人公，以这名人物的生平为主线，所有故事都围绕这名主角展开，对于主人公的事迹描述可以说是到了极其详尽的地步。主人公要置身游戏场景中，解决发生在一系列事件中的问题，有时会有同伴的加入，大家齐心合力，共同奋斗，有相当明确的游戏主线索和非常充实的故事情节。

RPG 游戏中体现的是对整个人生的再现和模拟，所构造的情感世界是能带给我们深刻的体验感。这种体验感来源于每个人内心深处对人生的感悟和迷茫、无奈与苛求、失意与希望，所有这些都会在 RPG 游戏所构造的虚拟人生的情感世界中产生共鸣。

RPG 游戏在运行结构上由两部分组成。一是主控部分，也就是交互部分。当主控部分起作用时，游戏的操纵权被授予了玩家，玩家可充分利用游戏所赋予的交互手段进行输入。二是设定的被动剧情，由一连串事件组成。所谓事件，就是在一定时间内从玩家手中取得游戏的操纵权，从而使游戏按设定的轨道向下发展，比较普遍的是被动地显示一段动画。实际上，RPG 游戏的玩家只是虚假地拥有主动性，只拥有何时触发事件的权利。

近年来，随着网络游戏的兴起，一种新的 RPG 类型——大规模多用户在线角色扮演游戏（Massively Multiplayer Online Role-Playing Game，MMORPG）——出现。这种 RPG 游戏的故事性已经被极度弱化，故事的情节也无法控制，而交互性得到了极大的提高，包括玩家和玩家之间的交互。

2. 第一视角射击游戏（First Personal Shooting Game，FPS）

FPS 是从美国流行起来的一种游戏流派和类型，在融合了迷宫游戏和动作游戏的特点后，引入第一视角和三维图形，使得游戏的表现力得到了极大的提高。首先是沉浸感的提高，三维世界和第一视角的应用使得玩家能够感受到他们“置身”于一个真实的三维世界；其次是交互性的提高，玩家可以沿多种路径到达终点，增加了搜索前行的乐趣和不确定性。另外，非玩家角色（Non-Payer Character，NPC）的提出使得玩家面对的对手有一定的智能性和适应性，游戏中的敌人不再是定时定点出现。典型的 FPS 游戏由一系列的关卡组成，每个关卡都有自己独特的三维场景；玩家在一个关卡中要完成一组使命和任务，才能进入下一关；同时，游戏中也有一组 NPC 人物，它们要阻碍（敌方）或帮助（友方）完成任务。目前，FPS 发展的一个趋势是：NPC 的人工智能水平大大提高，有了战术配合，被 FPS 长期忽略的故事性也越来越得到强化，而且联网对战使得 FPS 更加刺激。受到空前好评的游戏《半条命》就代表了这一趋势。

3. 动作类游戏（Action Game，ACT）

ACT 原来是家用游戏机上最流行的游戏类型。在任天堂的 8 位机时代，《忍者龙剑传》、《双截龙》等曾经风靡一时。最早的玩家们也被冠以“闯关族”之称，玩家要一关一关地闯过去，最终打倒大魔头。ACT 游戏侧重于手眼协调和条件反射，每一关的敌人都是从固定的地方跳出来，按固定的轨迹运动。ACT 游戏的乐趣就在于玩家通过不断的训练达到某种技巧上的娴熟，并培养一定的条件反射，然后在玩游戏时拥有意识或者无意识的高超水平——行云流水的流畅感觉。

虽然三维图形技术被广泛使用，但市场在很长的一段时间内没有推出重量级的 ACT 作品，其主要原因是三维图形使得二维 ACT 游戏的游戏规则受到了破坏。在三维世界中，运动路径不再是固定的，视角和镜头的处理更复杂，为玩家的观察和控制带来了困难，不可能建立二维 ACT 那样的简单条件反射。从某种意义上说，新的三维 ACT 游戏与过去的二维 ACT 应该属于不同的类型，目前的三维 ACT 游戏可以看成 FPS 和冒险类游戏的混合类型。FPS 对三维 ACT 的影响体现在三维迷宫和 NPC 上，不同的是，ACT 游戏一般采用第三视角，冒险类游戏对 ACT 的影响体现在解谜上。体现这两个特征的典型游戏是《古墓丽影》系列。

4．格斗游戏（Fighting Game，FTG）

FTG也是一个长盛不衰的游戏类型，如《街霸》和《铁拳》系列。其基本特征是在一个狭小的场景里，通过复杂的按键序列，使双方角色进行一对一的打斗。二维格斗游戏一般使用平视镜头，三维格斗游戏一般使用第三视角。FTG游戏的背景一般固定不变，玩家的注意力完全集中在对手身上。

目前，FTG的发展趋势是三维场景变得更复杂、更庞大，可以使用场景里的道具，以及使用物理模拟来使打斗更符合现实世界的力学原理。此类游戏操作难度较大，主要依靠玩家快速的判断能力和敏捷的操作取得胜利。

5．回合制策略游戏（Turn Based Strategy Game，TBS）

TBS是很古老的一种游戏类型，早期计算机的计算能力无法在游戏中实现真正地实时对抗，于是回合制策略游戏就作为一种妥协方案被推出。在回合制游戏中，玩家和敌方交替采取行动，只有当玩家完成自己的操作后，敌方才能开始考虑对策并实施行动。TBS节奏比较慢，游戏中有一半的时间是在等待。RTS游戏问世后，TBS游戏已经呈现衰落。

6．实时策略游戏（Real-Time Strategy Game，RTS）

RTS游戏的经典之作是从1992年的《沙丘2》和1995年的《命令与征服》开始的。20世纪90年代中后期，RTS的发展十分迅猛，有很多成熟的作品，如《魔兽争霸》和《帝国时代》等，而且很多新技术都是从RTS中提出的，如寻径算法、人工智能、指令序列等，后来又被应用到其他类型的游戏中去。

所谓策略，从广义的角度来说，是指运用政治、经济、军事手段来实现国家意志和维护国家利益；从狭义的角度来说，是指用来击败敌人的各种军事手段。RTS游戏中的策略既包含广义的策略，也包含狭义的策略。

所谓实时，是指玩家在进行紧张的排兵布阵的时候，敌方也在进行各种操作。当玩家停下来的时候，敌方不会停下来等他。双方都在与时间赛跑，使得游戏更加紧张、激烈。

大多数的RTS游戏规则遵循“采集—生产—进攻”的三步原则，即通过对集中资源的采集和利用，来构建基地或城市，生产武器，组建军队，然后向敌方发起进攻。其中的两个要素是资源管理和狭义的战争策略。有些游戏侧重于战争策略，省略了资源管理，有些游戏的资源管理任务则很重，甚至到了烦琐的地步，不得不引入后勤管理。

7．模拟游戏（Simulation Game，SLG（日式）/SIM（美式））

模拟类游戏是定义最混乱的一种游戏类型。日本的模拟游戏SLG主要以粗糙的数学模型和复杂的数字式管理为基础进行策略模拟，如《三国志》、《心跳回忆》系列，基本不涉及高级的人工智能技术和认知模型。美国的模拟游戏SIM是对现实世界人类生活的一部分模拟，交互性更强，往往使用复杂的人工智能技术，如《模拟人生》、《模拟城市》、《模拟医院》等。这类游戏的一个共同点是：玩家在游戏中处于领导者的地位，以俯视众生的姿态来看待他所创造的世界和世界中的芸芸众生的活动。游戏的乐趣来自于领导者的领袖欲望和管理发展的成就感。游戏没有明确的目的，一般是开放式结局。

模拟游戏中的另一子类是功能模拟游戏，即模拟现实世界中的某种机器（如飞机、坦克）的功能，如玩家是一个飞行员或者坦克驾驶员。其主要目标是真实再现现实世界的机器原型，培养玩家掌握控制这种机器的技能。

8．冒险游戏（Adventure Game，AVG）

AVG游戏是以故事、冒险和解谜为要素。玩家扮演一个角色，在充满悬念的故事情节的指引下，一步步探索游戏中的未知世界，在探索过程中合理地使用道具，揭开各种谜底，最终破解整个故事的秘密。与RPG游戏相比，AVG游戏节奏慢，故事流畅，充满悬念，需要动脑筋，在画面的构成上更注重电影镜头和剪辑技术，以求达到冒险的刺激和悬念效果。AVG可以包含一些格斗或射击成分，如《古墓丽影》系列、《恐龙危机》等；而对于解谜类的AVG则纯粹是依靠解谜来拉动剧情的发展，难度系数比较大，代表作是《神秘岛》系列。

9．体育类游戏（Sports Game，SPT）

体育类游戏可以涵盖三个层次：管理、战术和技能，如FIFA系列。技能方面，单纯地模拟某项运动，如模拟打高尔夫球的游戏；战术方面，如足球游戏中的团队配合和排兵布阵；管理方面，包括俱乐部的管理和球员的培训。

10．竞速游戏（Race Game，RAC）

RAC游戏以比赛的形式，通过模拟各类赛车运动的游戏，拥有自己的地图板块，非常讲究图像音效技术，惊险刺激，真实感强，深受车迷喜爱，其代表作有《极品飞车》、《山脊赛车》、《摩托英豪》等。因此，RAC游戏还被称为“Driving Game”。随着时代的进步，RAC的内涵也越来越丰富，出现了一些其他模式的竞速游戏，如赛艇、赛马等。

11．益智类游戏（Puzzle Game，PZL）

Puzzle的原意是指以前用来培养儿童智力的拼图游戏，引申为各类有趣的益智游戏，适合休闲娱乐，如经典作品《俄罗斯方块》、近年来非常流行的《水果忍者》、《捕鱼达人》等。

12．桌面游戏（Table Game，TAB）

TAB即从桌面游戏脱胎到计算机上的游戏，如《大富翁》系列、《斗地主》、《四国军棋》、《麻将》等棋牌类游戏。

13．音乐游戏（Music Game，MSC）

音乐游戏是培养玩家的音乐敏感性和节拍感，增强音乐感知的游戏。不同的游戏，其游戏规则不一样，伴随美妙的音乐，有的要求玩家翩翩起舞，有的要求玩家手指体操，如《QQ炫舞》、《舞动奇迹》、人气网游《劲乐团》等。

14．卡片游戏（Dard Game，CAG）

卡片游戏是指玩家操纵的角色通过卡片战斗模式来进行的游戏。丰富的卡片种类使得游戏丰富多变，给玩家无限的乐趣，代表作有《信长的野望》系列、《游戏王》系列、《武侠Online》等。

15．泥巴游戏（MUD）

MUD是主要依靠文字进行的游戏，图形作为辅助。1978年，英国埃塞克斯大学的罗伊·特鲁布肖用DEC-10编写了世界上第一款MUD游戏——“MUD1”，是第一款真正意义上的实时多人交互网络游戏，这是一个纯文字的多人世界。MUD的代表作有《侠客行》、《子午线59》、《万王之王》等。

除了上面这些游戏流派和类型外，还有养成类游戏和其他比较难分类的游戏。事实上，游戏的流派和类型的分类是一种习惯和约定俗成，它们的定义不是十分严谨，相互之间也不是界限分明，其实用性大于理论性。在很多时候，这些分类只是方便游戏业界人士和游戏玩家之间的沟通。

从游戏设计的角度来看，游戏策划要根据题材的种类、当前的制作能力来选择恰当的游戏类型表现题材。在设计一款新的游戏时，绝不要被当前的游戏类型所束缚，要敢于在传统游戏类型上加以创新和变革。当然，创新和变革不能是盲目的，不能为了创新而创新、为了变革而变革。在进行创新之前，先要考虑好：① 这样的创新是否对游戏的可玩性有帮助；② 是否在程序上和美工上只要花费较小的代价就可以取得明显的效果；③ 玩家们对这种创新是否会乐于接受；④ 这样的创新对于体现游戏的精髓是否是必要的和有益的；⑤ 是否对于表现游戏的题材有所帮助等。创新和变革要建立在深思熟虑的基础上，不能盲目进行。

从目前游戏发展的趋势来看，游戏逐渐向混合类型的方向发展着。越来越多的游戏离开了典型游戏类型的范围，在原有的游戏类型上融入了其他类型游戏的因素。近年来，手机游戏正以迅雷不及掩耳之势迅速发展起来，抢占了大部分的市场份额，成为游戏领域里不容小觑的队伍。近年来，混合类型的游戏所占比例逐年升高，种类也逐渐增加，明显可以看出混合模式游戏将占据主流的趋势。在 20 世纪 80 年代几乎没有混合类型的游戏，但目前的大多数游戏模式之间都存在交叉，这在最近所推出的游戏中不胜枚举。游戏模式的混合可以改进单一游戏模式的单调性，增加游戏的可玩性，提高玩家对游戏的兴趣。

1.4 计算机游戏开发的基本理念和方法

从程序设计的角度看，游戏也是一个软件产品。虽然软件工程的基本理念和原则都可以在某种程度上应用到游戏开发中，但游戏开发也有其特殊之处。游戏的基本组成可归结为“逻辑”和“数据”两方面。“逻辑”是一款游戏的灵魂，主要由游戏设计人员来负责完成；“数据”主要起到描述性和修饰性的作用，由程序设计人员来处理。这样的主次关系决定了只有高效地、灵活地处理和对付这些“数据”部分，才能让游戏设计人员把更多的时间和精力花费在“逻辑”部分，否则游戏开发任务就会被无休止的“数据处理”工作所淹没，导致开发效率低下，甚至失败。因此，游戏编程人员必须把这些“数据处理”工作变得简便和快捷，才能保证游戏开发的成功。

从软件工程的角度看，我们把游戏开发的这一组织形式称为“数据驱动”理念，在游戏开发中体现在如下两方面。

① 预先开发专门的数据获取和管理工具。游戏程序设计人员常常需要针对当前游戏的开发，为游戏开发中的艺术创作人员专门设计和实现一系列的“数据”获取和管理工具，包括声音的处理程序、绘画工具等，以提高艺术创作人员的工作效率。

② 游戏数据的动态可调整性。游戏开发是一个不断修改完善的过程，游戏的设计人员常常需要访问那些影响游戏不同实体行为的数据，并且可以修改这些数据。游戏程序设计人员在编写代码时，要采用可以容易修改这些信息的方式。

在实际的游戏软件编程过程中，如何保证游戏数据的动态可调整性是每个游戏程序设计人员所必须具备的能力之一。这一点看起来很容易，实际上并不简单。从游戏开发一开始，程序员就必须牢记项目结束时设计人员将会如何对游戏进行调整。如果忘记了这一点，游戏就会被限制在某个特定的状态，使得所开发的游戏内容没有可调性，最终导致游戏开发的失败。从程序设计的角度看，以下一些保证游戏数据的动态可调整性的技巧和策略可供参考。

① 创建一个可以解析文本文件或者命令的子系统，能对游戏的初始化数据/参数进行动态的解释和配置，而不是简单地“启动”游戏的运行。

② 把游戏程序中的一些常数放置在文本文件中，这样不需要重新编译就可以容易地对这些

参数进行修改，最大的好处是：在不需要游戏编程人员协助的情况下，游戏的创意策划人员和艺术创作人员可自行对这些常数的值进行推敲和调整，直到获得满意的游戏内容或者人物行为。

③ 所有的数据都不放在代码内。假设所有的数据内容都可以修改，或者将来可能被修改。如果游戏需要划分屏幕区域，那么不是直接编码实现，而是要实现一个支持任意个数的区域划分功能，每个区域都有一个独立的摄像机逻辑。所有的游戏在开发过程中都需要进行不断调整，从初始的数据不断演化，直到最后定型。如果没有这个灵活性，每次游戏内容的修改都需要编程人员的参与，不但浪费资源，而且使得游戏的改进和完善变得十分困难，导致开发出的游戏不能最大限度地实现它的潜在市场价值和生命力。

④ 使用脚本来控制游戏的流程。脚本是定义各种行为控制的最简单的方式，特别擅长定义游戏中顺序执行的步骤，或者各种等待触发的游戏事件。使用脚本控制游戏的流程，编程人员需要一个脚本语言，它能为各种行为控制定义创建一个文法，并需要一个脚本语言解析器和一个编译器，把脚本文件变成高效的可执行代码。

⑤ 在编码实现中时刻牢记“逻辑”和“数据”分开的核心准则，即把复杂的游戏逻辑放在代码中，把“数据”外置，这样可以有效地提高游戏的功能清晰性和可调试性。

⑥ 避免重复的数据。在游戏编程中忌讳代码和数据的重复。如果需要在不同的游戏场景中表现相同的人物行为，那么只需要在一个地方实现，在另一个场景中直接调用就可以了。

⑦ 在大型的复杂游戏开发中，简单地通过手工编辑文本文件来加载游戏数据的方式就变得不现实了，这时需要另外的编辑工具代替手工编辑方式，方便产生游戏数据的文本文件，如关卡编辑器、脚本编辑器等。建构这些合适的编辑工具可谓是“磨刀不误砍柴工”，将高效地加快大型游戏的开发过程。

在游戏开发的方法论方面，软件工程中的原型法、中间件方法等都是开发游戏软件的有效方法。如果采用原型法来进行游戏的开发，实际上是对游戏软件的一个“彩排”，来检验能否达到最后的效果。游戏开发中可使用的原型系统包括以下 4 点。

- 可玩性测试的原型系统：专门用于检验游戏设计的合理性和用户的可接受程度。
- 用户界面的原型系统：检查玩家如何与游戏进行交互。
- 各子系统的原型系统：测试该子系统的功能，并可检查各子系统的交互关系和数据接口。
- 算法测试的原型系统：可用来检查各种算法，尤其是特定领域的一些复杂算法需要通过原型系统进行不断改进和提高。

如果采用中间件的方法进行游戏开发，游戏的各部件模块的粒度大小是实现各子系统的重要考虑因素，其中的每个子系统都可以被实现为一个通用的部件，在不同的游戏项目中使用。另外，在采用中间件方法进行游戏开发的时候，不应该忽视可重用性，因为游戏开发的重中之重是如何保证游戏的上市时间，而部件的重用无疑是缩短游戏开发周期的最有效的途径之一。因此，游戏中的各部件的实现有两种途径：一是考虑是否使用已经存在的部件，二是自行开发新的部件。如果选择自行开发新的部件，必须考虑其今后潜在的可重用性以及可移植性。

1.5 游戏开发的基本流程

了解了游戏开发的基本理念之后，接下来学习游戏开发的基本流程。一个典型游戏的制作过程大致分为如图 1-2 所示的几个步骤。

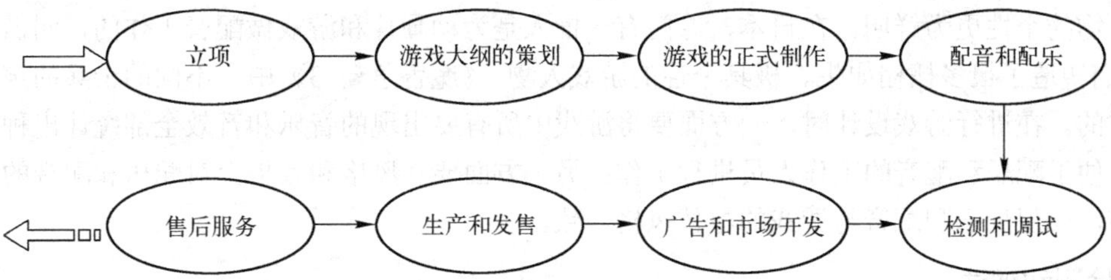

图 1-2 典型的游戏制作过程

1．立项

游戏的立项首先从游戏的题材、类型和风格开始。游戏的题材是指游戏将要讲述一个什么时代、什么世界观下发生的故事。游戏的类型是指游戏以什么样的形式来进行。游戏的风格是一个抽象的概念，大体上取决于游戏的美术风格、色调的运用、策划的对话设计、过场动画的脚本创作等。游戏风格决定了玩家在一种什么样的氛围中进行游戏过程。风格可以是多种多样的，但必须与题材和类型配合得当。一个严肃的题材，如“鸦片战争”，不宜于用轻松诙谐的卡通风格来表现，这将造成风格与题材的严重冲突；一个适合幼儿的益智类游戏就不可能用类似“雷神之槌”的阴暗画风。

游戏在立项的时候应该将这三方面综合起来进行考虑。如果程序方面的实力弱一些，就不要做那些程序难度大的游戏类型，如 FPS、RTS；如果策划方面的实力比较弱，就避开需要大量策划工作的题材，如幻想题材需要非常优秀的原创剧本，而目前国内的游戏策划很少具备编写优秀剧本的实力（故事谁都会编，但问题是要让听的人投入感情）；至于风格的确定，可以看美工具体擅长哪方面的创作。

2．游戏大纲的策划

在项目确立了后，下一步要进行的就是游戏大纲的策划工作。大纲的策划就是对游戏进行整体规划，关系到游戏的整体面貌，要用程序和美工能够理解的方式对游戏的方方面面做一个总体化的设定和规划，勾勒出游戏的大体雏形。

在划分好游戏中的各部分后，就要分别进行提纲性质的说明，将各部分大体上包括的内容具体地描述出来。

3．游戏的正式开发

当游戏大纲策划案完成并讨论通过后，游戏由策划部门、程序部门和美工部门等同时进行开发。在这一阶段，策划的主要任务是在大纲的基础上对游戏的所有细节进行完善，将游戏大纲逐步填充为完整的游戏策划案。不同的游戏种类需要进行细化的部分也不尽相同。

在正式开发的过程中，游戏策划人员一定要同程序人员及美术人员进行及时的交流，了解程序和美工的工作进展，以及是否有难以克服的困难，并且根据现实情况，主动变更自己的工作计划或设计思想。这三方面的配合在游戏正式开发过程中是最重要的。

4．配音、配乐

在程序和美术工作进行得差不多的时候，就要进行配音和配乐的工作了。音乐和音效是游戏的重要组成部分，能够起到很好的烘托游戏气氛的作用，不可轻视，也是游戏成败的因素之一。

与场景、画面配合得恰如其分的音乐可以使游戏增色不少。如在“仙剑奇侠传”的片头中，悠扬清幽的乐曲声伴随一队仙鹤缓缓地飞入一片莽莽青山，使人有如临仙境的感觉。配音可以使游戏中人物的个性更为鲜明。在日本，专门有一批人是为动画片和游戏做配音工作的，叫做“声优”，他们塑造了很多栩栩如生、极具个性的游戏人物。《魔兽争霸 3》中，不同的士兵的声音也是不一样的。在进行游戏设计时，一方面要将游戏中所有要出现的音乐和音效全部统计出种类和数量来，便于配乐和配音的工作人员进行工作；另一方面要从风格和效果上对配乐和配音的质量进行审核，确保配乐和配音与游戏的整体风格一致。

5．检测和调试

刚开发好的游戏肯定在程序上会有很多的错误，就是通常所说的 bug，严重时会导致游戏完全没有办法进行下去。同样，策划的设计也会有不完善的地方，主要在游戏的参数设置部分。参数设置的不合理会影响游戏的可玩性。所以，游戏检测和调试的主要工作不仅是检测程序上的漏洞，还要通过试玩，调整游戏各部分的参数，使之基本平衡。

6．广告和市场

广告部门的任务是有计划、有目的、按阶段地在各媒体上透露有关开发的消息，使玩家的注意力逐渐集中到正在开发的游戏上，并产生期待心理。在游戏进入调试阶段的时候，就可以在媒体上刊登广告了。市场部门的任务是联系零售和捆绑销售业务，为游戏的销售打好基础。

7．生产和发售

以上步骤完成后，就可以进行后期制作，然后按照已经疏通好的销售渠道，将游戏推向市场。

8．售后服务

将游戏只是卖出去还不算完，正版游戏与盗版游戏最大的不同就是有完善的售后服务。售后服务主要是解答玩家的疑问，解决玩家所遇到的困难，以及听取玩家反馈回来的意见，为自己的下一个游戏作参考。更新升级也是一个十分重要的环节，只有不断地丰富游戏内容和质量，才能吸引更多的玩家，避免昙花一现。

1.6 游戏开发的准则和“忠告”

进行游戏开发时，软件工程中的很多原则在这里依然适用，最基本的几条原则如下。

所有的游戏开发都必须为今后的重用做好准备。游戏开发任务往往具有很大的时效性，因此，在具体实施游戏开发任务时，不需要“重新发明一个车轮”，尽量使用可重用的模块将会最大限度地缩短游戏的开发周期。当然，游戏模块或者部件的重用需要一个标准化的体系结构，并且每个模块的输入参数和输出结果的格式也要尽可能简洁明了。

① 开发文档不是可有可无的。好的开发文档不仅能为软件重用提供良好的支撑，在游戏开发过程中，还能让其他开发人员清楚地知道你在干什么。

② 先设计，后编程。游戏的设计和编程实现是明显分开的，因此游戏的开发一定要先进行设计，后进行编程实现。游戏开发是一个不断进行自我完善的过程，在开始编程的时候，大概只完成了 80%的游戏设计工作量，其余的设计工作随着开发进程的推进而逐步地进行精致和完善。

③ 灵活、有效地安排开发进程。在游戏开发过程中，一定要让每个游戏编程人员知道他们的开发目标。虽然执着地实施既定的开发计划很重要，但更重要的是，如何在开发进程落后的时候重新校准新的开发计划。

④ 及时发现错误。在开发过程中，及时发现和纠正错误十分重要。时间越长，这些潜在的错误就越容易“发酵腐烂”，最终导致开发的失败。

当然，计算机游戏是一个特殊的软件，虽然在很多情况下受限于运行时间或者存储空间等资源因素，但是它在编程实现上却处处体现出追求高效率和高性能。因此，游戏编程人员不是简单地调用 API 来进行游戏的编程，在很多情况下，其最内核的游戏代码需要程序设计人员亲自来编写，否则该游戏在执行速度和性能上可能存在严重问题。综合软件工程的其他一些要求，游戏开发人员已经总结出来不少经验性原则，供游戏开发的初级人员参考，其中一些基本准则摘录如下：

- 不要害怕使用全局变量。
- 尽量使用 inline 的函数调用。
- 尽量使用 32 位变量，而不是 8 位或者 16 位变量。
- 尽量给源代码加上注释，这额外的“打字”代价是非常值得的。
- 在编程时应采用 RISC 方式，让代码尽可能简单。
- 在计算整数和 2 的幂次方的乘法时，应使用简单的二进制移位操作。
- 在进行代码编写的过程中，不要局部优化代码，应该在恰当的时机，从全局性能上考虑优化代码，提高性能。
- 简单、直截了当的代码是游戏编程的最佳代码，也是最容易调试的代码。
- 如果在游戏编程的过程中发现了问题，应该重新对它进行评价，以确保所花费的时间是值得的。
- 要经常备份程序。
- 在开始游戏项目前要使用合理的文件名和目录名，在命名变量时使用统一的命名方式。
- 在处理数据的时候，最好将图形数据和声音数据分开存储在不同的目录中。
- 真正的 bug 是无法使用 Debugger 来发现的。
- 图形编程的“第一定律”是：如果绘制的结果看起来是对的，那它就是对的。
- 要学会“狠心地”扔掉不好的代码，保留无用的代码只会给今后的编程带来额外的负担。
- 在每个工作日中，尽量做到代码的编写、调试、测试和运行一气呵成，这样才能提高编程的效率。也就是说，如果编写的代码不能运行，要一直不停地调试和测试下去，不能半途而废地留待下一个工作日来完成。
- 你的游戏尽管已经调试出了很多的 bug，但是还有更多潜在的、没有被发现的 bug 依然存在你的游戏中。
- 当你的游戏内核能够运行的时候，你只是完成了一半的工作量。
- 游戏开发是一项很紧张的工作，要做好夜以继日工作的准备。
- 所开发的游戏必须提供网络接口，必须支持网络环境下的多玩家功能，否则这样的游戏没有市场。
- 游戏的可玩性和技术同等重要。如果一个游戏的可玩性差，再好的技术也挽救不了它。

除了上述这些编程技术上的经验外，游戏编程人员在很多情况下还需要与游戏的出版商和发行商打交道。只有在出版商和销售商了解自己开发的游戏的情况下，你才能够通过游戏开发为自己带来利润。因此，游戏开发一定要有毅力，要争取 100%完成并最后发行出版。编写一个没有出版的游戏等于是“黄粱一梦”，到头来落得一场空。同时，要清醒地认识到开发一个游戏的利润大小，不要自我欺骗，不要指望第一个游戏就能让你变成百万富翁。

开发一个新游戏的周期约为 18 个月，因此，在确定游戏立项后，游戏的设计和开发要有前瞻性。首先要通过市场调查，估计出处理器的速度、图形加速硬件及内存容量等方面在这一段时间内能提高到何种程度，市面上的游戏能在这段时间内做哪些方面的改进，然后进行充分的分析和比较，一定要使自己开发的游戏能全面超出竞争对手，这样的游戏开发才有意义。另外，切忌游戏的难度太大，游戏业界的一句哲理名言是："开发的游戏一定要做到'傻子'也能赢。"在与专业的游戏公司的接洽过程中，不要只是向他们推销自己的游戏创意，因为游戏公司一般不会对一个新的游戏创意感兴趣，他们的手中可能有更多、更好的游戏创意。因此，想出一个好的游戏创意固然不容易，但不可沾沾自喜，你面对的更大挑战是如何把这个创意变成现实。在游戏的开发过程中，一定要注意游戏开发的进度和游戏开发的各个中间阶段的可演示性相结合。游戏出版商往往会被一些外表所迷惑，你只花一个小时就开发出的一些漂亮的动画片断，可能比你花 3 个月开发出的人工智能算法更能打动出版商。在与游戏的出版发行商打交道的过程中，还要清楚地了解游戏出版商的心理。他们自认为比开发人员更懂得市场，会不停地提出各种要求来修改游戏。事实上，他们的要求确实能改变一个游戏，但不见得会使这个游戏变得更好。因此，在游戏开发过程中，不能一味地附和游戏出版发行商的要求。在游戏开发成功后，要尽量把你的游戏转让给专业的游戏发行和运营商，除非你对市场营销和技术支持特别感兴趣。同时，要有充分的心理准备，不管你在游戏开发中采取了何种安全防范措施，你的游戏肯定会被盗版。

1.7 游戏编程人员的基本素质要求

一个典型的游戏开发需要 3～5 名编程人员、3～5 名美工人员，以及各种支持人员，包括制作人、关卡设计人员、音效工程师、音乐创作人员、游戏测试员、系统管理人员、市场营销人员和法律方面的人员等。由于游戏内容的涉及面比较广，因此对游戏编程人员的知识背景也有较高的要求。一个专业的计算机游戏程序设计人员至少要具备以下的专业背景知识和技能：

- ❖ 通晓多种程序设计语言。目前，游戏开发的常用编程语言为 C 和 C++，这是最基本的入门要求，还要具有不断学习新的编程语言的能力。
- ❖ 汇编语言程序设计。很多游戏中的设备驱动程序和核心代码均为汇编语言编写，而且常常需要汇编语言程序设计的高级技巧。
- ❖ 计算机体系结构。为了提高游戏的性能和速度，常常需要利用游戏平台的硬件特性，包括外设、时钟、中断、总线结构和内存的 DMA 存取等。
- ❖ 软件工程。一个典型的游戏的代码量约为 10 万行，虽然算不上是一个大型的软件开发项目，但游戏开发往往具有较高的时效性，时间要求特别紧。在这样的情况下，游戏编程人员必须具备牢固的软件工程知识，包括软件的维护、代码的扩展和以团队方式开发软件的基本原则等，以免"忙中出错"。
- ❖ 计算机图形学和数字图像处理。游戏的视觉内容与计算机图形图像技术是密切相关的，游戏编程人员必须熟悉各种图元的生成、场景建模、绘制流水线、纹理映射和一些简单的图形图像特效模拟等。
- ❖ 数据结构。目前已经积累下来很多成熟的、标准的数据格式和单元结构，以及作用于其上的各种操作，游戏编程应该充分利用这些已有的数据结构标准，尽量避免"另起炉灶"。
- ❖ 算法设计与分析。尽管已经具有很高的编程技巧，并且能通过汇编语言进行代码的优化，但是你的游戏可能依然运行很慢，因为你选择了错误的算法。因此，游戏编程人员应该具有从算法的角度分析各种问题的能力，并能为当前问题设计出最佳的算法。

- ❖ 计算机网络与通信。任何游戏都必须具备网络环境下的多玩家功能，游戏程序设计人员至少要知道如何使用 Socket 库进行数据传输、如何进行 TCP/IP 编程等。
- ❖ 人工智能和专家系统。游戏中的角色常常表现出人的智能行为，因此，游戏编程人员必须知道如何使用人工智能技术进行相应的模拟和实现。
- ❖ 人机交互。游戏编程人员需要知道可玩性（gameplay）的基本原则，并体现在具体的游戏界面设计中。
- ❖ 数学基础。游戏编程人员不能害怕数学，线性代数、欧氏几何和三角函数等都是游戏编程人员必须掌握的数学基础。
- ❖ 物理基础。计算机游戏涉及很多物理基础知识，游戏编程人员最起码要熟悉牛顿物理学及基本的声学和光学信号处理等。
- ❖ 良好的协作能力与团队精神。计算机游戏的制作涉及方方面面的知识，并非仅凭一人之力就可以完成的，需要精通不同方向的编程人员来共同探讨协作完成。
- ❖ 了解市场发展走向，洞察玩家心理。游戏编程人员需要知道市场发展走向和玩家的心理，才能不断创新，开发出令玩家满意的游戏作品，赢得市场。
- ❖ 毅力和恒心。一款计算机游戏从制作到运营，并非一朝一夕就可以完成，这是一个漫长且枯燥的过程，游戏编程人员必须有坚韧不拔的意志品质。

除了上述基本知识外，游戏编程人员还需要足够的实践经验，要熟悉各种与游戏编程相关的工具和环境，如 Visual C++、Code Warrior 和 G++等，要熟悉多种流行的游戏引擎和图形环境，如 Cocos2d-x、Unity3D、DirectX、OpenGL 等。在此基础上，游戏编程人员还需要不断学习，这主要是因为游戏开发特别强调创新，每次开发的游戏都会不一样，而且游戏编程环境和技术也在不断地发展变化中。只有善于从不同的方面（同事、网上的游戏编程资源等）去学习，不断提高自己的游戏编程能力，才有可能使自己在游戏业界立足。

小 结

本章首先讲解了游戏的概念，介绍了什么是游戏以及计算机游戏的发展简史，并根据游戏的内容阐述了各种类型游戏的特点；接着讲述了游戏开发中的一些基本理念和方法，以及游戏开发的基本流程，介绍了从立项到游戏策划再到游戏的正式开发以及检测和调试、生产和发售、售后服务等环节；最后，总结概括了一些游戏开发的准则和给开发人员的“忠告”，以及游戏编程人员需要的基本素质要求。通过本章的学习，读者可对游戏行业有更加清楚、全面的认识。

习 题 1

1．简述游戏的概念。
2．计算机游戏都分为哪些？试着从另一个角度对计算机游戏进行分类。
3．计算机游戏开发的基本流程是什么？
4．计算机游戏开发的准则有哪些？
5．计算机游戏编程人员应具有哪些素质要求？
6．谈谈自己对游戏的理解。

第 2 章　计算机游戏策划简介

游戏策划是游戏开发前期所做的工作，游戏策划师是开发团队中负责设计策划的人员，主要负责编写游戏的背景故事，制订游戏规则，设计游戏各环节以及整个游戏世界的相关细节等。对于开发游戏来说，游戏策划是重要的环节，本章将详细介绍计算机游戏策划相关的内容。

2.1　计算机游戏策划的概念和分类

游戏策划人员不仅需要有美的艺术理念，也需要有将想法和创意得以实现的能力。游戏策划是游戏开发的核心之一，游戏策划常被看作游戏的灵魂，它负责设定整个游戏的主题、核心体验、故事、游戏规则、数值平衡、玩家技能以及关卡挑战等。它赋予了游戏中角色的性格和灵魂，将游戏世界中各种有趣的故事和事件联系在一起，创造了整个游戏情节。游戏策划将以创造者和维护者的身份参与到游戏的世界中，并要把他们的想法直观全面地传达给程序员和美工。对于游戏策划，它不需要提出假设，也不需要我们去探究其真理，其主要目的就是通过玩游戏来使玩家获得身心愉悦。因此，游戏策划人员需要有天马行空的思想和将创意转变为策划案的能力。在整个游戏的开发过程中，从构想游戏的大纲到规划游戏的各个重点环节，再到协调各部门的人员以及监控整个游戏的开发过程，都属于游戏策划的工作范畴。游戏策划案提供了整个游戏开发的准则和要求，游戏开发的后续工作都将围绕策划文档来展开。

游戏策划是一项比较烦琐的工作，涉及很多方面的知识，考验人的创新性思维和实践能力。在一些复杂的游戏创作中，游戏策划工作可进一步分为主策划、系统策划、场景策划、文案策划、数值策划、执行策划等，他们各司其职，从而使得分工明确，工作效率提高。

1. 主策划

主策划又称为游戏策划主管，负责策划游戏整体的规划、设计游戏的整体理念、资源的整合以及日常工作中的管理和协调。同时，主策划要负责指导策划组成员进行游戏设计工作，是整个策划团队的领导者。

主策划的工作很多，范围也很广，包括制订方案、分配任务、汇总工作报告、审核工作进度等。当一个策划案定稿之后，主策划会根据不同的需求和工作量的大小进行任务的分类，之后交由执行策划去处理。此外，主策划要对执行策划的工作进行整合和审查，协调各策划人员的工作内容和工作进程，定期展开会议，以便及时处理工作中出现的各种问题。一名游戏主策划一般需要有多年的游戏开发经验、优秀的管理能力、对游戏市场有较深的了解，以及对玩家的心理有比较透彻的分析，并且熟悉整个游戏的开发流程等。

2. 系统策划

系统策划又称为游戏规则设计师，主要负责游戏架构设计和核心系统的设计以及一些游戏规则的制订。系统策划和程序设计者的工作比较紧密，需要关注游戏的设计方向和核心思想，如战斗、排行榜、商城等，需要提供界面及界面操作、逻辑判断流程图、各种提示信息等。

3. 场景策划

场景设计也称为关卡策划或关卡设计师，主要负责游戏中场景的设计、关卡难度的设计，包括场景中的怪物分布、非玩家角色的人工智能设计等。在策划工作中，游戏场景设计的工作量较大，要求策划人员对游戏的流程和整体的规划有较为深刻的认识。

根据游戏背景，场景策划人员在场景原画的基础上搭建游戏的活动空间。可以说，场景策划是游戏世界的创造者之一，从世界地图的规划、角色的活动流程，到某个场景中某个道具的摆放，都需要场景策划人员细致地去完成。

4. 文案策划

文案策划又称为游戏剧情策划，主要负责游戏背景故事的创作、游戏中文字内容的设计、角色对话剧本的设计、任务模块的设计等。文案策划主要以文本的形式来设计游戏的相关内容，还要与关卡策划配合，以便更好地完成游戏关卡设计的工作。

5. 数值策划

数值策划又称为游戏平衡性设计师，主要负责游戏平衡性方面的规则和系统的设计，包括游戏物品、技能、经验、关卡等。除了剧情方面的内容外，其他都需要数值策划负责，其日常工作与数据打交道比较多，包括游戏中战斗的公式、武器的杀伤力、体力数值或生命值等。

6. 执行策划

执行策划主要负责将系统策划设计好的构架进行细化设计，完成开发部门所需的策划书。执行策划是一个策划团队的完善者，很多游戏设计中的细节和亮点都是在执行策划的工作中诞生的。执行策划侧重的细节设计在很大程度上也决定了游戏的安全性和可玩性。

2.2 计算机游戏策划人员应具备的素质

在一个游戏开发团队中，游戏策划担任着重要的职责。一名优秀的游戏策划人员除了需要专业的知识外，还需要具备一定的素质，以便成为一名称职的游戏策划。

1. 喜欢玩游戏

热爱玩游戏是成为一个好的游戏策划者的基本要求，对于不同的游戏，我们都可以从中学习到一些游戏设计方面的启发性知识。游戏策划人员不仅要喜欢玩游戏，还要对自己所玩的游戏能够进行分析探讨，即可以研究该游戏的游戏规则是如何制订的，采用的是哪种策略来运行游戏，其逻辑结构又是怎样的，也要会玩各种类型的游戏，从而拓展自己的思维，积累经验。

2. 丰富的想象力和创新能力

游戏是一个由规则“统治”的虚拟世界，因此，在这样一个世界里，玩家在规定的“秩序”下可以天马行空，丰富的想象力会给他带来一定的新鲜感，往往会产生意想不到的效果。但是再好的想法也不能脱离现实，必须考虑到玩家的感受，不能让游戏世界中的规则与现实世界中的完全背道而驰。游戏玩家总是会期待体验一些新的、与众不同的游戏，当对现有的游戏模式熟悉之后，他们便开始寻求新的游戏体验。因此，一款游戏的创新性决定了它是否能够抓住广大用户的内心，而这需要游戏策划开动脑筋，不断创新。

3. 审美能力

虽然游戏策划不需要是一名优秀的艺术家，但是应该具备一定的审美能力。游戏策划的设计会直接决定该游戏能否引起玩家的兴趣。设计人员需要根据每个角色的特点和个性，设计出属于每个角色的独特风格，能够让玩家易于分辨，给人印象深刻。

4. 清晰直观地表述设计思路

游戏策划人员能够清晰直观地表述自己的想法和设计思路是最基本的要求。在游戏开发团队中，策划的文案工作对于团队内部分享想法、保持工作目标一致方面有非常重要的作用，然而在实际工作中，很多东西仅通过策划文案是很难表达和讲述清楚的。策划人员要表达的东西最好清晰、直观一些，善于使用一些辅助工具（如图表、流程图等）来帮助自己表达。

5. 能够抓住玩家的“心理需求”

如果游戏策划能够与玩家的需求契合将是一件令人很舒服的事。游戏策划人员需要能够找到不同的方法，去适应目标用户，了解用户的思维，使其能够利用不同的视角去迎合玩家的需求。这样的策划人员一般不会太主观，他们会不断拷问自己的观点，努力验证自己的观点是否为玩家所想。这样的方式会使得策划人员更富有灵活性，为游戏吸引更多的玩家用户。

6. 学识广博

游戏策划应该对多个不同的领域都有所了解，比如：了解中外历史可以让他们在游戏中的设计内容更让人信服，了解人文科学可以使他们更好地设计特色化的角色等。了解了更多的领域才能让自己的设计更加让人赞叹。游戏策划需要对这个世界充满好奇心，敢于尝试未知的事宜，敢于使用已有的知识去影响和改变已经存在的规则。

想要成为一名游戏策划人员不仅需要基本的创造力、交流能力、策划理论以及技术，更重要的是，需要清楚自己在策划方面真正擅长的是什么，并逐步积累能对整个团队都产生重要价值的策划技巧。同时，策划人员应该知道如何去改正自己的策划，对策划过程中来自外界的各种约束能够包容，让整个游戏开发团队更融洽。

2.3 计算机游戏策划基础

本节将介绍游戏策划中所需要学习和了解的基础知识，包括游戏规则、游戏资源、反馈机制等。

2.3.1 游戏规则

游戏规则是游戏世界的重要组成机制，包括对游戏玩家的人数与设定、游戏内容、胜败条件、冲突、奖罚机制以及资源等的描述。对于游戏规则的制订，有以下三点要求：

① 能够规定玩家行为。游戏规则需要具有约束力。游戏规则的主要作用在于描述玩家的行为守则，它定义了玩家在游戏中哪些行为是“合法”的，哪些是“违规”的。

② 必须明确、完整，不能带有歧义或者是含糊的。对于玩家来说，游戏规则需要明确、完整，能够被准确理解，不能模棱两可。一个含糊不清的游戏规则可能破坏整个游戏的进程。然而，单人视频游戏中一些不影响正常游戏体验的规则漏洞也可能带给玩家一种新的游戏体验，如许多“极限邪道通关法”。

③ 对于所有玩家来说都是公平的。生活中受到不公平的对待时，人们有可能产生负面情绪，游戏中也是相同的道理。游戏的公平性是影响一个游戏粘性的因素之一，当玩家感到不公平时，

很可能对该游戏产生厌恶心理，以致不再进行游戏。因此，我们需要仔细衡量考虑以下两点，从而带给玩家更好的体验。

- 玩家设定。游戏的最主要内容之一是互动，所以玩家是游戏设计时需要首先考虑的内容。需要确定游戏的玩家数量与玩家体验之间的关系。这些关于玩家的设定将影响整个游戏的玩法体验。
- 玩家数量。按玩家数量来分，游戏可以分为单人、双人、三人、四人以及多人游戏，或分为特定数量或不固定数量的玩家。比如，Windows 系统内置的游戏《空当接龙》（如图 2-1 所示）只需要一位玩家，《大富翁》可以是 2～8 位玩家，这些都是属于特定数量玩家的游戏。而大规模网络游戏如《魔兽世界》（如图 2-2 所示）等则可以是成百上千个玩家一起游戏，它们则属于不固定数量玩家游戏。

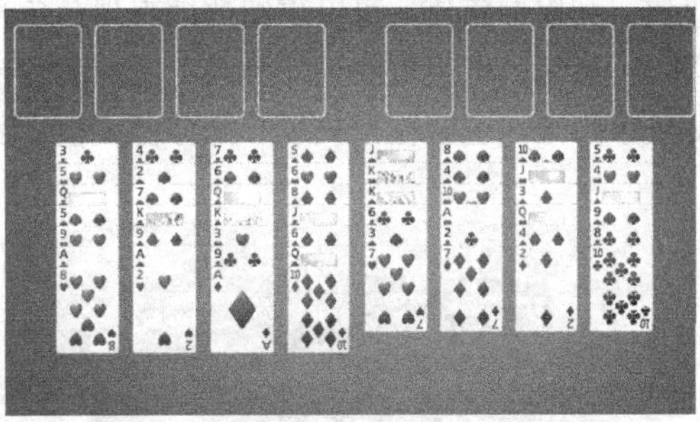

图 2-1 《空当接龙》

图 2-2 《魔兽世界》

2.3.2 奖罚机制

奖励是游戏的重要组成部分，是玩家持续玩游戏的动力之一。如果奖励设计得当，不但能够大大提高玩家玩游戏的乐趣，玩家甚至会去做一些他们不愿或不喜欢做的事。而惩罚给玩家带来挫败感，是调节游戏节奏、带动玩家情绪的重要手段。惩罚运用得当，也会给特定玩家群体带来很好的体验。

奖罚机制有时用来让玩家学习游戏中的技能。著名的“斯金纳箱”指出：通过将正确的行为与奖励配对，或将错误的行为与惩罚配对，都可以有效地训练动物，这一点同样适用于人类。不过这种方法的弊端也很明显，玩家在经历了很长时间的游戏后可能会发现自己一直在做单调无意义的事，而产生严重负面情绪。为了防止这种情况的发生，游戏可以适当减少斯金纳箱机制的使用，多设置游戏叙事的悬念，或者多给予玩家新鲜事物的刺激，调动玩家的好奇心等，有助于游戏整体体验的提高。

不同的奖励类型能够刺激不同阶段玩家的兴趣，游戏奖励也满足马斯洛需求层次关系。游戏刚开始时，玩家的等级与技能可能较弱，此时可以适当多地给予他们等级升级或者技能提升等相关的奖励，同时降低游戏难度，以增加他们的安全感；当他们到达“自我实现”层次时，可以减少技能提升等奖励，而更多地给予他们更多具有更有挑战性的障碍，从而刺激他们的斗志。

2.3.3 游戏资源

游戏资源是对玩家来说在游戏中有用的却是有限或者短缺的东西，玩家需要合理利用这些资源来完成游戏的目标，如扑克牌游戏中玩家手上有限的可利用的牌、《大富翁》中玩家所拥有的资产。如果一个资源对于玩家来说是毫无作用的，那么它不应该被称为资源，而只是作为装饰物存在。相反，如果资源过多使得玩家可以任意挥霍，那么它也会失去在游戏中存在的意义。

1. 生命（Life）

在早期的大多数游戏中，出于街机盈利的考虑，都会采用有限生命的设定，玩家需要竭尽全力保护好生命资源。由于不需要靠投币买命这种方式盈利，越来越多的视频游戏开始探索如何利用“生命”带给玩家更好的游戏体验，如《以撒的被缚（The Binding of Isaac）》、《盗贼遗产（Rogue Legacy）》等。

2. 健康值（Health）

有些游戏当中玩家的每条生命里还有健康值设定，当健康值全部消耗完之后，玩家便失去一条生命。健康值最早在动作类游戏中非常常见，著名的街机游戏《恐龙快打》就是一个例子，每个玩家开始都有 3 条生命，每条生命有 100 格的健康值。利用健康值，可以更细致地表现角色当前的动态过程，如健康、轻伤、重伤等，如图 2-3、图 2-4 所示。健康值的设计提高了游戏的容错率，降低了游戏门槛，允许玩家出现错误而不会立即败下阵来，也会在损失了一部分健康值之后采用某种手段来恢复健康值。

图 2-3 《恐龙快打》

图 2-4 《街头霸王》

3. 实体单元

有些游戏要求玩家操纵多个游戏对象进行游戏，每个对象具有自己的生命或者健康值。如《星际争霸 1》（如图 2-5 所示），玩家需要利用有限的资源建造各种建筑单位，再用这些建造单位生产士兵和武器，其中每个建筑单位、士兵和武器都是一个实体单元。这些实体单元可以生产，也可以升级，当然也会死亡。对实体单元的操纵更加考验玩家的技能和思维能力，而设计包含这种资源的游戏在游戏平衡上需要很大工夫。

图 2-5 《星际争霸》

4. 交易物

游戏中的交易与我们现实当中的交易类似。在桌面游戏《卡坦岛》中，最大的乐趣在于可以使用交易物在玩家之间进行以物易物的交换。有些游戏中最常用的交易物则为货币，如在《刺客信条：黑旗》中，玩家可以通过各种手段获得足够的货币，来购买升级海盗船的道具。

5. 动作

有些游戏以动作限制为主要游戏规则。中国象棋就是一个典型的例子，游戏中不同的棋子在一个回合内只能移动有限的格数。类似的设计在战棋类游戏中经常出现。

6．时间

制造紧张感和压力感的最好方法便是设定时间限制。让玩家在有限的时间内完成规定的游戏目标，进而挑战玩家的快速反应能力和思维能力。如在《水果忍者》街机模式中，玩家要在 60 秒钟内尽量获得更多得分。当游戏快接近时限时，配合各种夸张的反馈，玩家的压力感更明显。

7．其他资源

除了以上常用的资源之外，很多游戏还有地域资源、道具资源、武器资源等设定。设计者可以针对自己的游戏内容设计相符合的游戏资源。

2.3.4 玩家技能

玩家技能是游戏提供给玩家用于克服游戏障碍的方式，也是让玩家尽情游玩的重要手段。敏捷、策略和依靠运气是游戏中最基本也是常用的玩家技能玩法。

快速反应技能要求玩家快速思考、快速做出判断和行动。在玩此类游戏时，玩家往往需要根据条件反射来做出快速反应。早期的游戏（如《Pong》、《打砖块（Breakout）》）都要求玩家眼疾手快，快速做出判断，并重复、准确地"砸"按钮，玩家几乎没有时间来考虑复杂的策略或者制订周全的计划。

考验玩家敏捷能力的方式有多种，不同类型的机制方式会给玩家带来不同的游戏体验。

① 纯速度技能。这类游戏要求玩家在一个时间段内执行尽可能多的操作。如在体育竞速类游戏《夏季挑战：田径竞标赛》中，玩家按键的速度决定了短跑运动员的跑速。在《拳皇》（如图 2-6 所示）这类格斗类游戏中，玩家出拳的速度一方面也决定了能否先发制人。

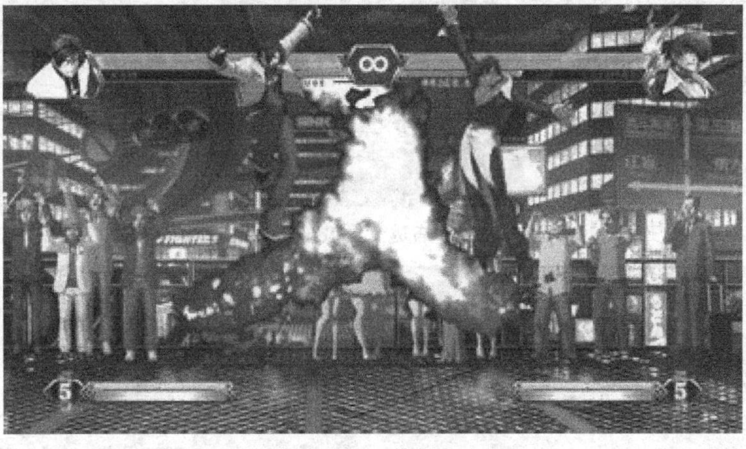

图 2-6 《拳皇》

② 精准技能。玩此类游戏时，玩家在做出某些动作时除了要求快速外，还需要做到准确，在射击、动作类游戏中较为常见。如《使命召唤》（如图 2-7 所示），玩家除了快速移动之外还要瞄准敌人开枪，而动作游戏《怪物猎人》要求玩家准确地做出躲避、出击等动作。

③ 躲避技能。如《神庙逃亡（TempleRun）》（如图 2-8 所示），角色奔跑是游戏自动控制的，但是玩家要及时做出左移、右移、弹跳和俯冲的动作。

④ 节奏感知。在很多的音乐类游戏中，玩家需要拿捏音乐的节奏并在鼓点上按下准确的按键，如《DJMax》、《Deemo》等音乐游戏。《像素鸟（Flappy Bird）》（如图 2-9 所示）需要掌握好水管出现的节奏。

图 2-7 《使命召唤》

图 2-8 《神庙逃亡（TempleRun）》

图 2-9 《像素鸟（Flappy Bird）》

2.3.5 反馈机制

玩家应该清楚并且能够马上被告知自己的行为对目标产生了什么影响，游戏设计师为了让设计出来的游戏能及时为玩家所做的行为做出反应，必须仔细考虑游戏的反馈机制。

1．感官反馈

视觉、听觉、触觉、嗅觉、味觉是人类感知外界信息的五大感知方式。其中，视觉在整个感知过程中所占比例最大，其次是听觉和触觉。在游戏的设计中，玩家接收到的最大反馈信息也来源于视觉画面，然后是音乐音效以及手柄的震动力反馈（如果有此设备的话）。

在第一人称射击游戏《杀戮地带》（如图 2-10 所示）中，当玩家受到攻击时，游戏会出现非常明显的消极反馈，此时如果玩家伤势越重，屏幕会变得越来越红，而且画面会变得模糊。当玩家接收到这些反馈时，便知道自己正处于危险的边缘，必须马上寻找掩体。

图 2-10 《杀戮地带》晕眩画面效果

再如《水果忍者》，玩家朝着一个个抛上来的水果挥刀而下，伴随着各种水果清脆的爆裂声、四处飞溅的果汁，还有直飙的分数，如图 2-11 所示。这些反馈，游戏的作者都经过了精心的设计，其目的是通过这些反馈机制给玩家带来更强烈的视觉冲击和快感。

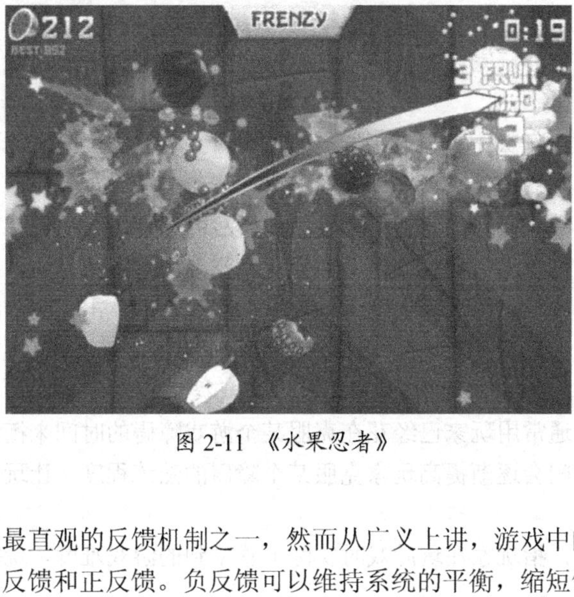

图 2-11 《水果忍者》

2．机制反馈

感官反馈是游戏中最直观的反馈机制之一，然而从广义上讲，游戏中的反馈机制还包括机制上的反馈，即所谓的负反馈和正反馈。负反馈可以维持系统的平衡，缩短领先者和落后者之间的距离，正反馈则可以提高竞争强度。因此是采用正反馈还是负反馈，需要跟游戏的具体机制相结合，并没有优劣之分。

在《马里奥赛车》系列中，玩家越落后，则会得到越强大的道具。如果落后到一定程度，获得随机道具时可以较大几率得到加速器甚至非常强大的导弹变身，这个道具可以让玩家变身成导弹自动高速行驶，并且可以将周围的玩家击退。同时，跑在最前面的对手获得功能较弱的道具几率比较大。这种负反馈机制可以使落后的玩家在一定程度上扭转不利形势，从而拉近玩家之间的差距，如果运用得好，可以让当前占据一定优势的玩家仍然处在竞争的压力中，而给目前表现不佳的玩家带来一些希望，从而使游戏更持久、更刺激。若运用不当，尤其在强调胜负的机制中可能产生大量的和局甚至削弱较为强势一方的积极性的情况。为了避免这种结果，可以引入正反馈机制。在很多竞技类游戏中会给予占上风的玩家更多的奖励，而对处于劣势的玩家没有奖励或进行惩罚，使两者之间的差距加大，让双方的情绪都激动起来。

2.3.6 难度平衡

心理学家 Mihaly Csikszentmihalyi 认为，当执行任务的人的能力与他们所面对的任务难度相当时，他们会进入一个令人满意的最大生产状态。他把这种状态称为心流（flow）。如果挑战太大，人们会变得焦虑；如果挑战太简单，人们会感到厌倦。这种现象同样适用于游戏。游戏的难度设计就是通过调整游戏内的难度来使玩家保持心流状态。

在讨论如何使游戏难度平衡之前，先引入以下几个概念。

固有技能：指在玩家没有任何时间压力下，玩家克服某个障碍所需要的技能水平。也就是说，玩家可以在无限长的时间内来解决某个问题的能力水平。如在《Threes》中，玩家只需要移动方块来使特定的方块进行融合。

时间压力：如果玩家在克服一个障碍时具有时间限制，那么玩家就会感受到压力。玩家需要在规定的时间内完成任务，时间越短，压力就越大。此时时间也是一种有限资源，玩家必须在消耗掉这个时间资源之前完成某项任务，主要考验玩家快速思考和反应的能力。

绝对难度：由没有时间压力下克服障碍所要求的固有技能以及时间所带来的压力组成。一般来说，强调技能使用的游戏在时间限制上比较宽松，因为这样可以让玩家有更多的时间来思考策略。另外，近年来也有需要玩家在失败后反复总结经验挑战的高难度游戏，如《血源诅咒》、《黑暗之魂》等。

玩家化身的能力：指玩家化身当前所拥有的能力，如攻击力、防御力、生命值、资源多少、玩家化身的技能以及玩家操控化身做出行动的能力。

相对难度：指与玩家克服障碍的能力相关联的挑战的难度，即与玩家当前掌握的能力水平有关。为简化描述，只考虑攻击力和生命值，假设玩家当前的攻击力是 1，敌人的生命值为 5，玩家击毙敌人需要做出 5 次攻击；玩家通过升级攻击力到 5 之后，击毙同一敌人只需要做出一次攻击。从以上两个情况看，后者相对难度要比前者要低。因此，相对难度可以表示成：

相对难度 = 绝对难度 - 游戏提供的化身能力

玩家的游戏经验：通常用玩家已经花在克服某个游戏障碍的时间来衡量。一般来说，玩家花在克服某个障碍上的时间会逐渐提高玩家克服某个障碍的熟练程度（让玩家操控化身做出某种技能行为的能力）。

玩家的感知困难度：指玩家在玩游戏时实际上感觉到的游戏难度。玩家觉得某个游戏难度多大，首先取决于该游戏为玩家设置的绝对难度有多大，但当玩家的游戏经验增加时，随着玩家游戏经验的增加，玩家会感觉其难度在降低；同时，如果游戏提供了玩家化身能力的提升功能，那么随着玩家化身能力的提高，克服挑战的难度也随之下降，因此玩家对游戏的感知难度与绝对难度、游戏提供的化身能力和游戏经验有关。简单地，感知难度也可以用以下公式表示：

感知难度 =绝对难度 - （游戏提供的化身能力 + 游戏内经验）

感知难度 = 相对难度 - 游戏内经验

以游戏时间为横向坐标轴，纵轴为难度，上述几个概念之间的关系如图 2-12 所示。

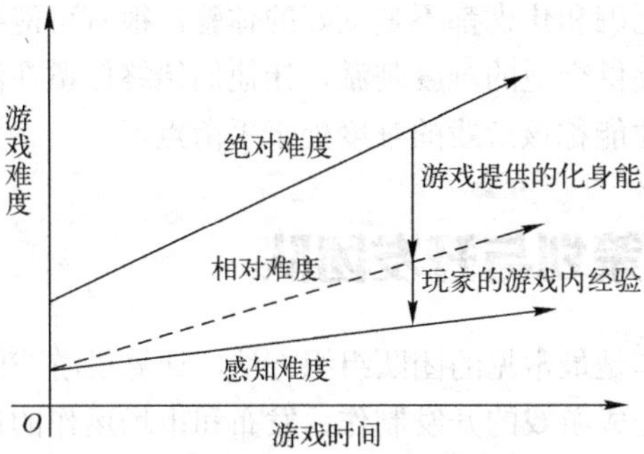

图 2-12　游戏感知难度

游戏的目标之一是取悦玩家，只有玩家觉得该游戏难度合适，游戏才可能吸引他们。因此，玩家的感知难度是游戏设计师最关心的核心之一。

游戏设计人员最重要的工作之一便是在游戏策划人员所提供的各种不同难度的障碍类型列表中挑选出合适的挑战，安排障碍出现的位置等，来设计一系列难度合理的关卡。这个过程也被称为游戏难度平衡过程。只有难度调整到某一个平衡点上时，玩家才会感到该游戏是有趣的。

平衡游戏难度是一个极具挑战性的工作，需消耗大量时间和精力。Jesse Schell 在《The Art of Game Design：A Book of Lenses》一书中给出一张关于技能与挑战难度的关系，如图 2-13 所示。横坐标表示技能，纵坐标表示挑战难度，两者沿坐标方向递增。狭长的白色区域称为游戏沉浸区间（玩家达到最佳体验状态的区间）。该区域的上方为“焦虑”区间，下方为“厌倦”区间。A1～A4 分别表示玩家处在不同技能与游戏难度的感受状态。箭头表示玩家当前心流的变化。

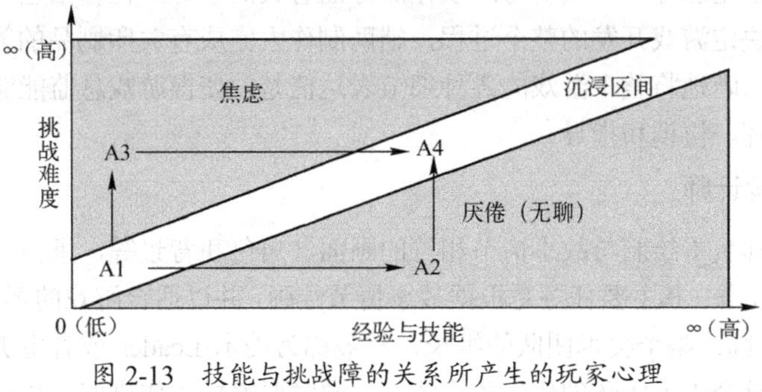

图 2-13　技能与挑战障的关系所产生的玩家心理

玩家第一次玩一款游戏，刚开始时，玩家处于 A1 的位置。在这个阶段，玩家的游戏经验很少，主要以熟悉游戏的基本操作为主，游戏的挑战难度设置得也很小，玩家有相对轻松的环境来熟悉新鲜技能，因此玩家能更容易沉浸在游戏里。

随着玩家玩游戏的时间增加，玩家的经验或技能也可能随之提高，但如果此时游戏没有进一步给玩家提供更高的挑战，其感知难度会下降，玩家会越发感觉没有挑战性，而渐渐产生厌倦心理（A2 位置），同样的难度在玩家的经验或技能提高之后已经不再具有难度了。一般来说，当玩家的经验和技能提高到某个水平之后，就渴望游戏有更多的挑战来激发他们进一步的斗志，使他们重新回到沉浸空间中（A4 位置），否则很有可能因为感觉无聊而放弃游戏。

还有一种情况，当玩家的技能还未得到充分提升时，游戏的绝对难度便迅速增加，这时玩家的感知难度会非常大，这种挫败感会使玩家产生焦虑情绪（A3 位置）。当玩家面临巨大的挑战时，会渴望游戏及时提供高技能的手段，来应对当前的挑战（A4 位置），或者让游戏的相对难度降低，以重新回到 A1 位置（动态难度控制（DDA）属于此种类型），否则有可能迅速退出游戏。

从以上情形可以看出，无聊和焦虑都不是良好的体验，很有可能导致玩家终止游戏。为防止这种情况发生，唯有给玩家提供合适的难度刺激，让他们始终停留在沉浸区间中，才能让一个游戏拥有持续的吸引力。此时才能称该游戏的难度处于平衡点。

2.4 计算机游戏的策划与开发团队

在游戏行业中，分工合作是最常见的团队组织方法，计算机游戏的开发过程就是将各类游戏开发人员进行组织和协调，完成游戏的开发制作、发布和市场运作的过程。下面对游戏开发中的各类人员的职责进行简单介绍，因为本章主要介绍游戏策划，在介绍各类人员职责的同时说明了这些人员与游戏策划之间的关系。游戏策划人员的主要职责是：进行游戏的整体策划，制作作品开发备忘录及开发步骤中的订购，改编故事情节，协调分工，管理策划，调整合作关系。

1. 游戏制作人

类似电影制片人，游戏制作人是游戏制作的总负责人，其重要性正日益增加。其主要职责包括：决定企划、商定合约、制订计划、编制和管理预算、管理日程安排、协调各个步骤、制订广告和市场战略。

游戏策划需要同游戏制作人一起讨论游戏开发文档的细节，通过不断的交流沟通，让游戏制作人对要开发的游戏了解得更加透彻、清晰，从而方便游戏制作人制订计划和估计预算。

2. 游戏总监

游戏总监相当于电影导演，负责与游戏作品方面有关的事务，在韩国也被称为项目组长。其主要职责是监督和决定游戏开发的整个过程，辅助制作人完成有关印刷品的管理工作。

游戏策划需要清晰地将整个游戏的各种细节表达清楚，使得游戏总监能够更好地管理和分配工作，进行总体指挥、协调和指导。

3. 游戏美术设计师

游戏美术设计师负责绘制与故事情节相符的画面、角色和背景等，承担二维、三维绘画及游戏中的文字等设计工作。其主要任务是根据故事情节绘画，并以适合游戏的形式对画面进行加工。

① 主美术设计师：整个美术团队的组长，常被称为美术 Leader 或者主美。主美需要有大量的经验，负责保证整个美术团队创作的风格统一，同时要安排工作进度，协调组员以及与其他团队沟通。

② 概念图设计师：负责对策划的要求为其中的场景和角色等进行概念设计，使游戏的整个游戏风格以直观的方式呈现出来，是整个游戏画面风格的创造者。

③ 2D 美术师：在 2D 游戏中，2D 美术师把游戏中所有场景、角色、非玩家角色、特效及部分动画等绘制出来。

④ 3D 美术师：根据概念图，创作出数字三维模型。随着分工的细化，现在很多大型游戏公司都把 3D 设计师分成建筑环境设计师、载具设计师、角色设计师，甚至植被设计师等。或更细化，一个角色可以再细化成角色建模师、角色贴图绘制师、骨骼绑定师等。3D 设计师可能需要掌握的是 3ds MAX、Maya、ZBrush 等建模工具、绘制贴图的 Photoshop 等。

⑤ GUI 设计师：也称为界面设计师。界面是一种功能性的设计，关系到玩家是否愿意点击游戏开始按钮。游戏界面设计师需要有较强的平面设计能力，能够使得每个界面都赏心悦目，符合游戏风格并符合玩家的操作习惯。

虽然游戏策划了解所开发游戏的每个细节，他们设计的界面能够体现每个重要部分，但是界面不一定是赏心悦目，布局也可能存在问题。因此，游戏策划同样需要与游戏美术设计师交流，游戏策划需要对美术设计师们提出的想法进行评价、斟酌，从而制作出更符合玩家需求的界面。

4．游戏程序设计员

游戏程序设计员不仅能够把游戏内容编写成机器编码，还必须能够考虑到游戏的操作性，能够从用户的角度发现游戏策划人员事先没有想到的东西等。其主要任务是通过设计计算机程序实现对故事情节、画面设计、音乐等游戏内容的控制，以及键盘输入操作、卡通动画资源管理、画面绘制等。伴随着游戏功能复杂程度的提高，程序难度也在不断增大，在大型游戏项目中同样把程序工程师的职能进行划分：

① 主程序员：也可以称为程序 Leader 或主程，通常由经验丰富的程序专家担当，负责统筹程序团队中的进度安排，质量把控，同时与其他团队进行沟通、协调。

② 游戏引擎程序员：游戏引擎是一种用于游戏开发的软件工具，一个完备的游戏引擎可能需要渲染系统、界面系统、输入输出控制系统、音频播放系统、物理引擎系统、网络系统、人工智能系统等功能。游戏引擎封装了游戏开发所需要的各种底层功能，使得游戏设计师可以把更多的精力放在游戏内容上。但是，要开发这么一个引擎需要投入大量的人力、物力和时间，因此越来越多的游戏公司倾向于购买已有的第三方游戏引擎授权（如 Unity3D、Cocos2D、Unreal、CryEnine 等），然后让程序员在授权内按照项目需求进行修改，以节约开发时间和成本。当然，有些大型游戏公司经过多年的积累后也拥有属于自己的但不对外开放的游戏引擎，如 Capcom 的 MT Frameworks 引擎、EA 的寒霜引擎、SquareEnix 的夜光引擎、Konami 的 Fox 引擎等。

③ 工具开发程序员：有时游戏引擎或其他开发工具可能不能满足开发的需求，就需要一些合适的工具或插件来做支持。这些工具可以让策划、美术或者其他程序员工作效率更高。

④ 逻辑程序员：把策划师的想法实现出来的主力军，负责实现角色逻辑控制、非玩家角色人工智能逻辑、碰撞检测等，现在很多逻辑程序员也为关卡设计师编写各种逻辑脚本程序。

⑤ 后台程序员（或称为服务器端程序员）：一般负责没有直接呈献给玩家的那部分游戏逻辑的编写，如游戏的网络联机功能、数据库读取功能。他们负责网络游戏服务器端的开发工作，如客户端与服务器端之间的数据传输与处理，数据库数据的读取修改和保存，以及保证服务器端的稳定运行。

在设计开发游戏时，游戏策划需要了解程序设计的一些基本概念和一些游戏的实现技术，这样游戏策划才能写出更好的设计说明书，并且可以更好地与程序设计员们沟通。游戏策划了解了程序设计的知识后，也可以更好地描述游戏的设计概念，使得与程序员的交流变得更容易，减少分歧。

5．剧本作家

游戏的故事情节与电影、动画片不同，是一种交互式的结构，因此虚构的故事情节应该尽量考虑与玩家产生互动性。其主要职责是创作游戏故事、设定角色类型、创作台词、规划画面表现。

剧本作家为游戏策划打好了基石，制订了游戏的背景及情节等，游戏策划则负责将它们展现出来。为了制作出更好的策划案和游戏产品，游戏策划必须与剧本作家进行沟通，从而更清晰地了解自己的任务以及能够对其进行更好的表述。

6．音响制作师

音响制作师也叫音响程序师（sound programmer）、作曲家，不仅能进行音乐制作，还应该能够熟练运用用于音响制作的硬件和软件工具，对现有的音响库进行混音编辑。其主要任务是对游戏音乐进行作曲与剪辑，使用音乐剪辑软件工具进行录音和数字化转换等。

游戏策划可以帮助音响制作师了解游戏的细节部分，从而使他们能够制作出更符合本游戏的音乐风格，使游戏的质量更高，更具有吸引力。

以上列举的游戏团队不同的职位，每个游戏公司都有自己的划分，可能有更多的细化，也有可能一人身兼多职。游戏策划应该要像游戏制作人一样了解游戏项目的每个细节，要认真阅读游戏项目所创建的文档并对其有一个清晰的认识，从而保证它们符合项目的情况，也能尽早地清楚所出现的问题。除此之外，游戏策划还要与每个职位的人员协调合作，理解他们的思想，并使他们能够明白自己的策划。

小　结

本章首先介绍了游戏策划的概念，并根据其主要职责介绍了游戏策划工作的分类，使读者对游戏策划的每个职位有所了解；接着总结了作为一名游戏策划应该具备的素质，游戏策划需要了解的领域比较广泛，要求的能力也比较强；然后介绍了一些游戏策划所需要了解的基础知识，包括游戏规则、奖罚机制、游戏资源、玩家技能、反馈机制和难度平衡等；最后介绍了一个游戏开发团队的组成，以及游戏策划在其中所要担任的角色，使读者对游戏策划有更进一步的认识。

习题 2

1．简述游戏策划的概念。

2．游戏策划工作分为哪几种？其职责分别是什么？

3．游戏策划需要具备哪些特质？

4．具备怎样的游戏规则才能算是一套合格的机制？

5．游戏中的资源有哪些？

6．一个游戏开发团队一般包含哪些人员？

7．尝试做一个小的游戏策划案。

第 3 章　游戏图像处理

计算机游戏的基本处理过程包括：获取用户输入、执行游戏逻辑和 AI 判断、绘制图像等。本章将介绍游戏编程中的可能用到的基本图像处理技术，包括：图像表示与解析、颜色的混合与半透明效果、典型图像操作和典型的图像特效等。通过本章的学习，读者可以对游戏中的图像处理技术有初步的了解。

3.1　图像概述

图像是由一系列排列有序的像素组成的。图像中存储了像素的位置信息、颜色信息和灰度信息。图像放大时会失真，随着图像的不断放大，就可以看到整个图像是由很多像素组合而成的。通常，每个像素可以用一组(R, G, B)表示，如图 3-1 所示。

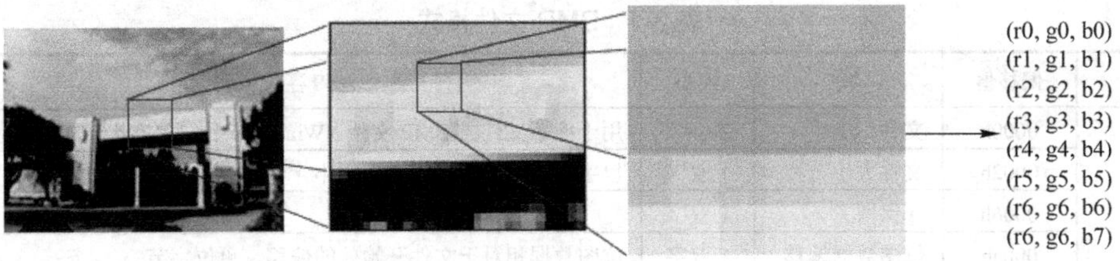

图 3-1　图像的组成

1. 图像表示

图像表示描述了像素在计算机中的表示和存储方式，与图像处理运算共同组成了图像模型。本节将会介绍几种常见计算机中存储的图像的文件格式。常见的图像文件格式包括 BMP、JPEG、TGA、TIFF、GIF 等。

① BMP 格式图像文件。BMP 是 Bitmap 的缩写，称为位图文件，是 Windows 环境中标准的图像文件格式，是一块由彩色点集组成的矩形区域。常用的图形图像软件都支持对 BMP 格式图像文件的编辑和处理工作。BMP 文件在存储图像数据时，按照从左到右、从下到上的顺序来对图像进行扫描。从设备的角度来进行分类，BMP 格式的图像文件可以分为设备相关位图 DDB（Device-Dependent Bitmap）和设备无关位图 DIB（Device Independent Bitmap）两类。

② JPEG 格式图像文件。JPEG 格式是一种高效的压缩格式，最大限度地对图像进行压缩处理，可以用最少的磁盘空间得到较好的图像质量，因此网络传输经常使用 JPEG 图像文件。JPEG 也是一种灵活的格式，具有调节图像质量的功能，允许使用不同的压缩比例进行压缩处理。

③ TGA 格式图像文件。TGA 是 Targa 的缩写，是计算机上应用最广泛的图像格，兼顾了 BMP 的图像质量和 JPEG 的体积优势，具有方向性、体积小和效果清晰等特点。其 32 位色彩描述（24 位 RGB 彩色和一个 Alpha 通道）通常用于真彩色格式。

④ TIFF 格式图像文件。TIFF 是 Tagged Image File Format 的缩写，称为标签图像文件格式。TIFF 位图可以具有任何大小的尺寸和分辨率，主要用来存储照片、艺术作品等图像。

⑤ GIF 格式图像文件。GIF 是 Graphics Interchange Format 的缩写，被称为图像互换格式，可在各种图像处理软件中通用，是经过压缩的文件格式，占用空间较小，适合于网络传输，但只能

显示 256 色。GIF 分为静态 GIF 和动画 GIF 两种，动画 GIF 文件中可以存储多幅彩色图像，如果把存于一个 GIF 文件中的多幅图像数据逐幅读出并显示到屏幕上，就可构成简单的动画效果。

2. 图像文件的解析

图像文件格式种类繁多，各种格式的数据存储格式、数据压缩方法都有不同。其中，BMP 文件是 Windows 平台的标准图像格式。本节将着重介绍通用 BMP 文件的结构和加载方法。

BMP 图像像一张地图一样，记录了目标图像上每个像素点的颜色值。BMP 图像文件中记录了 BMP 文件头（FileHeader）、位图信息头（InfoHeader）、调色板（Palette）等数据。其中，BMP 文件头记录了比较简单的头信息，位图信息记录了关于数据尺寸的详细信息，调色板则相当于一个查找表（RGB 四元组），位图数据记录了 RGB 像素值和索引值（如果有调色板）。图 3-2 表示了 BMP 文件格式的结构。

BMP文件头	BMP信息头	调色板	位图数据

图 3-2　BMP 文件格式的结构

BMP 文件头、位图信息头、调色板中记录的数据类型等数据结构说明如下，如表 3-1 所示。

表 3-1　BMP 文件格式

	偏移值	域	大小	内容及说明
BMP 文件头	0000h	文件标志	2 字节	用于标示文件为 BMP 文件。Windows 下，这 2 字节的内容为“BM”
	0002h	文件大小	1 双字	以字节为单位的完整文件大小 [1]
	0006h	（保留）	1 双字	
	000ah	位图数据偏移	1 双字	位图数据相对于文件开始处的偏移，单位字节
BMP 信息头	000eh	文件头大小	1 双字	文件头大小。这里为 28h
	0012h	宽度	1 双字	图像宽度，以像素为单位
	0016h	高度	1 双字	图像高度，以像素为单位
	001ah	页面	1 字	此文件所含的图像的页面数
	001ch	位每像素 bits per pixel	1 字	图像上记录每个像素点所需的位数，可选值如下：1—黑白图像，4—16 色图像，8—256 色图像，16—16 位图像，24—24 位（真彩色）图像，32—32 位（真彩色）图像
	001eh	压缩标志	1 双字	表示文件的压缩方式。0 为不压缩 [2]
	0022h	位图数据大小	1 双字	单位字节
	0026h	水平分辨率	1 双字	单位 像素/米
	002ah	垂直分辨率	1 双字	单位 像素/米
	002eh	颜色个数	1 双字	在此位图中使用的颜色的个数
	0032h	关键颜色数	1 双字	在此位图中使用的关键颜色数，可能等于上一项
调色板	0036h	调色板数据	$4n$ 字节	调色板项目，每项由 4 字节组成。前 3 字节分别指定蓝绿红三种颜色的亮度，第 4 字节为保留位，置 0。在真彩色图像中，一般没有调色板信息
位图数据	????h	位图数据	? 字节	存储图像数据，大小不定[3]

[1] 注意先存放低字节，再存放高字节，如 04B038h，在文件中实际记录为 38 B0 04 00。

[2] 压缩标志的细节参照 MSDN。

[3] Windows 规定，每个扫描行的大小必须是 4 字节的倍数，不足的用 0 补齐。

（1）BMP 文件头

```
typedef struct {
    WORD    bfType;                                   // "BM" 表示该文件为位图
```

```
    DWORD  bfSize;                          // 文件大小（以 byte 计）
    WORD   bfReserved1;                     // 保留位
    WORD   bfReserved2;
    DWORD bfOffbits;                        // 实际位图起始位置相对于文件头的偏移量
} BITMAPFILEHEADER;
```

（2）位图信息头

```
typedef struct {
    DWORD  biSize;            // = sizeof(BITMAPINFOHEADER)
    DWORD  biWidth;           // 位图宽度(以像素计)
    DWORD  niHeight;          // 正数，左下角为起始点，从下向上；负数，左上角为起点，从上向下
    WORD   biplanes;          // color plane 数，恒等于 1
    WORD   biBitCount;        // 1, 4, 8, 24, 32
    DWORD  biCompression;     // 通常，以下域可以忽略，置为 0 即可
    DWORD  biSizeImage;
    DWORD  biXPelsPerMeter;
    DWORD  biYPelsPerMeter;
    DWORD  biClrUsed;         // 位图使用的颜色
    DWORD  biClrImportant;    // 重要颜色数
} BITMAPINFOHEADER;
```

（3）RGB 四元组（调色板）

```
typedef struct {
    BYTE  rgbBlue;
    BYTE  rgbGreen;
    BYTE  rgbRed;
    BYTE  rgbReserved;
} RGBQUAD;
```

如下代码演示了生成一个名为 test.bmp、内容为由白色到红色的渐变过渡效果的 BMP 文件，如图 3-3 所示。

图 3-3　图像文件内容

```
#include <windows.h>
#include <fstream>
using namespace std;
long const m_Width = 32;
long const m_Height = 32;

int main(){
    BITMAPFILEHEADER bitmapFileHead;
    BITMAPINFOHEADER bitmapInfoHead;
    RGBQUAD rgbQuad[256];
    int i;
    // 以下设置 BMP 信息头
    // 为了兼容以后的版本加入这一项目，程序能够通过结构的大小来判断文件格式的版本
    bitmapInfoHead.biSize = sizeof(BITMAPINFOHEADER);
    bitmapInfoHead.biWidth = m_Width;              // 宽
    bitmapInfoHead.biHeight = m_Height;            // 高
    bitmapInfoHead.biPlanes = 1;                   // 1 个页面，单层
```

```
    bitmapInfoHead.biBitCount = 8;                        // 8 位彩色，共 256 色
    bitmapInfoHead.biCompression = BI_RGB;                // 常量，等于 0，不压缩
    bitmapInfoHead.biSizeImage = m_Width*m_Height;        // 大小
    // 这个值为在具有不同像素大小的显示设备上显示同样大小的图像（如果需要的话）提供了必要的信息
    bitmapInfoHead.biXPelsPerMeter = 9600;
    bitmapInfoHead.biYPelsPerMeter = 9600;
    bitmapInfoHead.biClrUsed = 0;                         // 使用颜色数，可写 0
    bitmapInfoHead.biClrImportant = 0;                    // 关键颜色数，同上
    // 对调色板赋值，得到红色渐变的调色板
    for(i=0; i<256; i++){
        rgbQuad[i].rgbBlue = (BYTE)i;                     // 蓝色亮度
        rgbQuad[i].rgbGreen = (BYTE)i;                    // 绿色亮度
        rgbQuad[i].rgbRed = 255;                          // 红色亮度
        rgbQuad[i].rgbReserved = 0;                       // 保留位
    }
    // 位图信息
    char chData[32][32];
    FillMemory(&chData,sizeof(chData),0);                 // 清零
    for(i=0; i<32; i++){
        for(int j=0; j<32; j++){
            chData[i][j]=i*8;                             // 写入调色板中的颜色号
        }
    }
    // 对文件头进行赋值
    bitmapFileHead.bfType = (WORD)0x4D42;                 // "BM"
    bitmapFileHead.bfSize=(DWORD)(sizeof(BITMAPFILEHEADER)
                 + sizeof(BITMAPINFOHEADER) + sizeof(RGBQUAD)*256 + m_Width*m_Height);
    bitmapFileHead.bfReserved1 = 0;                       // 保留
    bitmapFileHead.bfReserved2 = 0;                       // 保留
    bitmapFileHead.bfOffBits=(DWORD)(sizeof(BITMAPFILEHEADER)
                         + sizeof(BITMAPINFOHEADER)+ sizeof(RGBQUAD)*256);
    // 打开输出文件
    fstream fout;
    fout.open("test.bmp",ios::out|ios::binary);
    if (!fout.good()){
        MessageBox(NULL, "文件打开失败", "提示", MB_ICONINFORMATION);
        return -1;
    }
    // 写入
    fout.write((char*)&bitmapFileHead,sizeof(BITMAPFILEHEADER));        // 写文件头
    fout.write((char*)&bitmapInfoHead,sizeof(BITMAPINFOHEADER));        // 写信息头
    fout.write((char*)&rgbQuad, sizeof(RGBQUAD)*256);                   // 写调色板
    fout.write((char*)&chData, m_Width*m_Height);                       // 写数据
    fout.close();

    return 0;
}
```

3.2 颜色混合和半透明效果

游戏中常常会有这样的效果：可以透过一个物体可以看见其后面的物体的效果，而二者重叠时会有一个颜色的变化，这时就用到了颜色的混合和半透明效果。本节将介绍颜色的混合和半透明效果的实现的基本原理和步骤，以及 Alpha 融合技术，让读者对颜色的混合和半透明效果的实现有一个初步的了解。

3.2.1 基本原理和步骤

将多个图像重叠显示，但又不是完全遮盖，这时就会用到“半透明图”技术，如图 3-4 所示。本节将简要介绍这种技术的实现方法。

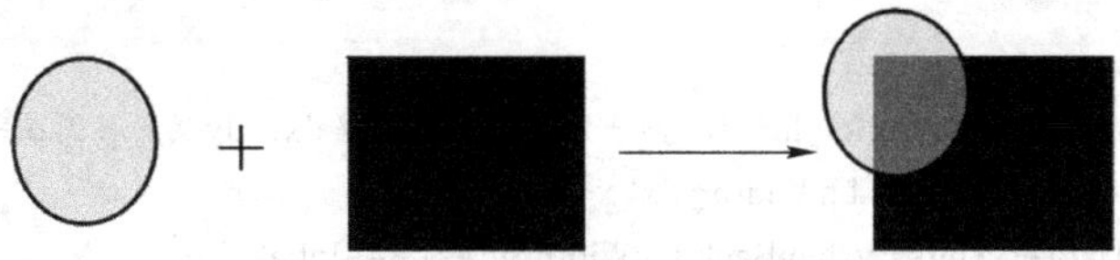

图 3-4 半透明操作示意

在颜色的混合和半透明效果的实现中，图像的色彩是一个十分重要的因素。在 Windows 系统中，每种颜色都由红、绿、蓝三种基本色彩（三原色）组合而成。三原色中的每种颜色的亮度用一个 8 位的二进制数来表示。如构成黑色的三种颜色的亮度都最小，则黑色的值是 RGB(0,0,0)。

在进行半透明处理前，需要为重叠的每个图像指定透明度（一般只对顶层的物体指定）。规定 100%的透明度表示完全透明，0%的透明度为完全不透明（实际应用中的透明度用 Alpha 值来表示，0～255）。

下面举例说明半透明操作的步骤。假设要把图 A 以 40%的透明度覆盖在背景图 B 上，首先取出 A 图每个像素点的数据，并将 RGB 值的三个颜色分量分别乘以 40%。然后，取出 B 图与 A 图重叠部分的各像素点的数据，将 RGB 值的每个分量乘以(1-40%)。最后，将前面计算得到的两组数据相加，得到对应点半透明叠加结果，并把这个结果画到输出。统一的公式如下：

半透明图像色彩 = 源图像色彩 * (100% - 透明度) + 背景图像色彩 × 透明度

Windows 平台上的 32 位色彩显示模式（可在“控制面板→显示属性→设置”中修改）下，内存中的 Bitmap 对象中，每个像素点的信息占用 32 个二进制位，即 4 字节。

第 1 位	第 2 位	第 3 位	第 4 位
蓝色	绿色	红色	透明度

算法只对前 3 位的颜色值分别处理，第 4 位的透明度 Alpha 值不予处理。如下实现代码解释和演示了具体的操作过程。

```
int Process(HINSTANCE hInstance, float Alpha, int dx, int dy){
    int  x, y, bits, i=0;
    BITMAP  bmiSrc,bmiBack;                                  // 存储位图信息
    hBitmapSrc=LoadBitmap(hInstance, TEXT("Src"));           // 读源位图
    hBitmapBack=LoadBitmap(hInstance, TEXT("Back"));         // 背景位图
    GetObject(hBitmapSrc, sizeof(BITMAP), &bmiSrc);          // 源位图信息
    GetObject(hBitmapBack, sizeof(BITMAP) ,&bmiBack);        // 背景位图信息
    bits=bmiSrc.bmBitsPixel/8;                               // 每像素占用字节（本例中为 4）
    iWidth=bmiBack.bmWidth;                                  // 结果图像宽度
```

```
    iHeight=bmiBack.bmHeight;                                        // 结果图像高度

    unsigned  char *pData1=
    new  unsigned char[bmiSrc.bmHeight * bmiSrc.bmWidthBytes];      // 分配内存
    GetBitmapBits(hBitmapSrc, bmiSrc.bmHeight*bmiSrc.bmWidthBytes, pData1);     // 取各点 RGB 值
    unsigned char *pData2= new unsigned char[bmiBack.bmHeight * bmiBack.bmWidthBytes];
    GetBitmapBits(hBitmapBack, bmiBack.bmHeight*bmiBack.bmWidthBytes, pData2);

    for (y=0; y<bmiSrc.bmHeight; y++){
        for (x=0; x<bmiSrc.bmWidth; x++){                             // 源位图B值×(1-透明度)
            pData1[x*bits+ y*bmiSrc.bmWidthBytes] *=(1-Alpha);
            pData1[x*bits+ y*bmiSrc.bmWidthBytes+ 1] *=(1-Alpha);     // G 值×(1-透明度)
            pData1[x*bits+ y*bmiSrc.bmWidthBytes+ 2] *=(1-Alpha);     // R 值×(1-透明度)
        }
    }
    for (y=dy; y<bmiSrc.bmHeight+ dy; y++){          // dx、dy 为源位图在目标位图上的位置
        for (x=dx; x<bmiSrc.bmWidth+ dx; x++){                        // 背景位图 B 值×透明度
            pData2[x*bits+ y*bmiBack.bmWidthBytes] *=Alpha;
            pData2[x*bits+ y*bmiBack.bmWidthBytes] += pData1[i];           // 逐像素叠加
            pData2[x*bits+ y*bmiBack.bmWidthBytes+ 1] *=Alpha;             // G 值×透明度
            pData2[x*bits+ y*bmiBack.bmWidthBytes+ 1] += pData1[i+ 1];     // 逐像素叠加
            pData2[x*bits+ y*bmiBack.bmWidthBytes+ 2] *=Alpha;             // R 值×透明度
            pData2[x*bits+ y*bmiBack.bmWidthBytes+ 2] += pData1[i+ 2];     // 逐像素叠加
            i+=bits;         // 此处 bits=4，第 4 位为 Alpha 值，本例不用，另见 AlphaBlendDemo
        }
    }

    SetBitmapBits(hBitmapBack, bmiBack.bmHeight*bmiBack.bmWidthBytes, pData2);
    // 写各点的 RGB 值
    SelectObject(hdcMem,hBitmapBack);                               // 选位图对象到内存 DC 中
    delete [ ]pData1;
    delete [ ]pData2;
    return 0;
}
```

上述代码首先用 GetObject 的 API 函数获取要处理的位图的相关信息，然后用 GetBitmapBits() 函数分别读出位图图像的数据，放入申请的动态数组中。最后，用循环结构，对数组中每个重叠的点进行相应的处理，把结果写回到位图中，并画到屏幕上。

3.2.2 Alpha 融合技术

前面提到，在 32 位显示模式下，图像每个像素点有一个字节是透明度 Alpha 值。在 Windows 系统中，有一个 API 函数 AlphaBlend()专门对带有 Alpha 值的图像进行透明和混合处理。

```
BOOL  AlphaBlend(
    HDC  hdcDest,                                     // 目标 DC
    int  nXOriginDest, int  nYOriginDest,             // 目标图像左上角坐标
    int  nWidthDest,                                  // 目标图像宽度
    int  nHeightDest,                                 // 目标图像高度
    HDC  hdcSrc,                                      // 源 DC
```

```
    int  nXOriginSrc, int  nYOriginSrc,                    // 源图像左上角坐标
    int  nWidthSrc,                                        // 源图像宽度
    int  nHeightSrc,                                       // 源图像高度
    BLENDFUNCTION blendFunction                            // 结构体，格式见下文
)
typedef struct _BLENDFUNCTION {
    BYTE  BlendOp;                                         // 操作数
    BYTE  BlendFlags;                                      // 混合标志
    BYTE  SourceConstantAlpha;                             // 常量透明度
    BYTE  AlphaFormat;                                     // 透明方式
} BLENDFUNCTION;
```

其中，BLENDFUNCTION 结构体说明如下。

- BlendOp：目前有意义的值只有一个，在 wingdi.h 中定义为 AC_SRC_OVER，意为将源图像叠放在目标图像上，该值等于 0。
- BlendFlags：保留字节，为 0。
- SourceConstantAlpha：指定一个全局的透明度，作用在整个源图像上。该值为最大值 255 时，相当于对源图像不产生影响，100%显示。
- AlphaFormat：指定源图像和目标图像的叠放关系，目前可用值为 AC_SRC_ALPHA 或 0。

注意：在 VC 6 附带的 wingdi.h 文件中如果没有定义这个值而编译出错，请在程序开头加入

```
#define AC_SRC_ALPHA (0x01)
```

AlphaBlend()函数的使用方法与 BitBlt 类似，只是 blendFunction 结构体的设置不同。一种方法是忽略全局透明度，将 SourceConstantAlpha 置为 0xff，将 AlphaFormat 置为 AC_SRC_ALPHA，使用图像上每个像素各自的 Alpha 值。（注意：AlphaBlend()处理时，要求程序员先将每个像素的 RGB 值自行乘以透明度。）另一种方法是忽略各像素的 Alpha 值，将 AlphaFormat 置为 0，并将 SourceConstantAlpha 设置为除 0xff 外的某个值（作为全局透明度）。

当然，两种方式可同时使用，既使用全局透明度，又使用各像素的 Alpha 值，实现代码如下：

```
// 全局透明度取 75%，源位图的透明度通道值变化（两种效果同时作用）
ubRed = 0x00;    ubGreen = 0x00;    ubBlue = 0xff;
    for (y = 0; y < ulBitmapHeight; y++){
        for (x = 0; x < ulBitmapWidth; x++){                          // 让透明度随 X 轴变化
            ubAlpha = (UCHAR)((float)x / (float)ulBitmapWidth * 255);
            fAlphaFactor = (float)ubAlpha / (float)0xff;              // 计算透明度
            // 处理 RGB 值，分别乘以透明度（见上文中的“注意”）
            ((UINT32 *)pvBits)[x + y * ulBitmapWidth]                 // x、y 坐标指定的像素点数据
                = (ubAlpha << 24) |                                   // 0xaa000000
                  ((UCHAR)(ubRed * fAlphaFactor) << 16) |             // 0x00rr0000
                  ((UCHAR)(ubGreen * fAlphaFactor) << 8) |            // 0x0000gg00
                  ((UCHAR)(ubBlue * fAlphaFactor));                   // 0x000000bb
        }
    }
    bf.BlendOp = AC_SRC_OVER;
    bf.BlendFlags = 0;
    bf.AlphaFormat = AC_SRC_ALPHA;                                    // 使用源位图透明度通道
    bf.SourceConstantAlpha = 0xbf;                                    // 全局透明度 75%
    // AlphaBlend()函数调用
    AlphaBlend(hdcwnd, 0, 0, ulBitmapWidth, ulBitmapHeight, hdc, 0, 0, ulBitmapWidth, ulBitmapHeight, bf);
```

3.3 图像操作

对图像的操作包括全局操作和局部操作两类。全局操作是对图像上的所有像素作同样的操作，如傅里叶变换、直方图统计、块拷贝、灰度转换、缩放等。局部操作即操作只与像素及其周围邻居的值有关，如滤波、边缘检测等。本节将从直方图、几何运算、图像滤波算子和形态算子4方面介绍图像的操作。

3.3.1 直方图

直方图表示图像中像素颜色值的分布，即对一幅数字图像统计出图像中具有该颜色（亮度）值的像素的数目，并据此绘出像素数-颜色（亮度）值图形。直方图是以颜色（亮度）作横坐标，图像中具有该颜色（亮度）值的像素的数目作纵坐标。

利用直方图可以实现增强图像亮度和提高图像的对比度，图3-5是操作的原始图像。

1．增强图像亮度

亮度是指图像像素颜色平均值。用直方图实现亮度增强的方法是将每个像素灰度值加一个常数，得到的直方图是原始直方图向正轴方向的平移，效果如图3-6所示。

图3-5　原图

图3-6　增强图像亮度效果

2．提高图像的对比度

下面利用一个公式来介绍如何提高图像的对比度，将每个像素点(x, y)上的图像对比度C定义如下

$$C(x,y)=(I(x,y)-I)/(I_{\max}-0)$$

其中，$I(x, y)$为该点像素值，I为背景亮度平均值，$I_{\max}$为图像灰度最大值，0为图像灰度最小值。

通过直方图提高对比度的方法就是将原始图像直方图的取值范围$[X_{\min}, X_{\max}]$通过线性变换扩大至$[0, Y_{\max}]$。实现的效果如图3-7所示。

3．算术运算

直方图运算中主要包括加法、减法、除法、与、或和异或，其算法如下。

加法：

$$I(x,y)=[I_1(x,y)+I_2(x,y)]\times 255/(I_1+I_2)_{\max}$$

图 3-7　提高图像对比度效果

减法：

$$I(x,y)=\frac{[I_1(x,y)-I_2(x,y)+(I_1-I_2)_{\min}]\times 255}{255+(I_1-I_2)_{\min}}$$

除法：

$$I(x,y)=[I_1(x,y)/I_2'(x,y)]\times 255/(I_1,I_2')_{\max}$$

与：

$$a\ \text{AND}\ b=\text{ON}\qquad \text{IF}\qquad a=b=\text{ON}$$

或：

$$a\ \text{OR}\ b=\text{ON}\qquad \text{IF}\ \ a=\text{ON}\quad \text{OR}\quad \text{IF}\ \ b=\text{ON}$$

异或：

$$a\ \text{XOR}\ b=\text{ON}\qquad \text{IF}\begin{cases}a=\text{ON}\ \ \text{AND}\quad b=\text{OFF}\\ a=\text{OFF}\ \ \text{AND}\quad b=\text{ON}\end{cases}$$

3.3.2　几何运算

图像的几何运算可以改变图像中像素之间的空间关系，可以看成将各像素在图像内移动的过程。实现几何运算的方法有前向映射法和后向映射法两种。

前向映射法是将输入像素的灰度逐个地映射到输出图像中，但是当一个输入像素被映射到 4 个输出像素之间的位置时，该像素就按照插值法在 4 个输出像素之间进行分配。后向映射法也被称为像素填充法，做法与前向映射相反，是将输出像素逐个地映射回输入图像中，但是当输出像素被映射到 4 个输入像素之间的位置时，该像素就由 4 个输入像素的插值来确定。在实际的应用中，后向映射法较为常用。图像的几何运算用于改变图像的形状，包括平移、缩放、旋转等。

平移：将图像沿坐标轴移动若干偏移量，即将图像从一个位置移到另一个位置的变换。

缩放：就是对图像按比例的放大或缩小。在进行比例变换时，图像的大小和图像到原点的距离都发生了变化。注意，当 X 方向或 Y 方向的比例因子小于 0 时，变化的不仅是图像的大小，还会按 X 轴或 Y 轴被反射。

旋转：旋转是以图像上某个参考点为圆心，将图像上的各点围绕圆心转动一个逆时针角度，变为新的坐标的变换，即旋转矩阵 $\boldsymbol{R}$ 及其逆矩阵 $\boldsymbol{R}^{-1}$，效果如图 3-8 所示。

图 3-8　图像旋转效果

3.3.3　图像滤波算子

图像滤波是在尽量保留图像细节特征的条件下，抑制目标图像的噪声，是图像预处理中不可缺少的操作。在对图像进行图像处理时需要注意：不能损坏图像的轮廓及边缘等重要信息，并且使图像保持清晰度，因为图像滤波操作处理的效果的好坏将直接影响到后续的图像处理和分析的有效性和可靠性。

那么，图像滤波操作又在什么时候可能会用到呢？在需要抽出对象的特征作为图像识别的特征模式时，或者为了达到图像处理的要求，消除图像数字化时所混入的噪声时，需要对图像进行图像滤波操作，即消除图像中的噪声成分。

平滑滤波是低频增强的空间域滤波技术，可以使图像模糊，也可以消除图像上的噪声。实现时通常采用简单的平均法进行，即求邻近像素点的平均亮度值。邻域的大小与平滑的效果直接相关，邻域越大，平滑的效果越好。但不是越大效果越好的意思，如果选取的邻域过大，会导致图像边缘信息损失越大，从而使输出的图像变得模糊，所以在进行邻域的大小的选取时需要合理。

常见到的图像平滑处理操作的方法有 5 种：方框滤波、均值滤波、高斯滤波、中值滤波和双边滤波。其中，方框滤波、均值滤波和高斯滤波为线性滤波，中值滤波和双边滤波为非线性滤波。

1. 线性滤波

线性滤波的图像滤波结果实际上是对原图像进行算术运算得来的，是利用算术运算实现的（可用加减乘除等算数运算实现），有固定的模板，且只有一个可确定转移函数。

线性滤波是一种常用的邻域算子，像素的输出值取决于输入像素的加权和，具体过程如图 3-9 所示。其中，左边原图像与中间图像的卷积产生右边目标图像，目标图像中带阴影的像素是利用原图像中带阴影的像素计算得到的。

进一步将上述过程公式化，即线性滤波处理的输出像素值 $g(i,j)$ 是输入像素值 $f(i+k,j+l)$ 的加权和，公式为

$$g(i,j)=\sum_{k,l} f(i+k,j+l)h(k,l)$$

简化为 $g=f\otimes h$ 。其中 $g(i,j)$ 为加权和，$h(k,l)$ 为滤波器的加权系数，即滤波器的“滤波系数”。

（1）方框滤波

方框滤波是最简单的线性滤波，是利用 $K\times K$ 窗口中的像素值平均后得到输出像素，即将图像与全部元素值为 1 的核函数进行卷积再进行尺度缩放，核函数为

$$h=\frac{1}{\text{hsize.width}\times\text{hsize.height}}\begin{bmatrix}1 & 1 & 1 & \cdots & 1\\ 1 & 1 & 1 & \cdots & 1\\ 1 & 1 & 1 & \cdots & 1\\ \vdots & \vdots & \vdots & \cdots & \vdots\\ 1 & 1 & 1 & \cdots & 1\end{bmatrix}$$

55	80	110	90	89	85	133	120
65	85	120	94	98	87	125	133
65	85	120	103	109	78	137	139
68	84	117	114	101	95	130	130
67	80	110	120	115	93	136	135
68	73	102	115	117	101	129	140
68	70	92	106	118	115	124	154
70	70	88	94	123	105	120	145

0.1	0.1	0.1
0.1	0.2	0.1
0.1	0.1	0.1

87	101	103	93	103	116
89	104	108	99	104	119
88	105	112	103	109	106
85	103	113	109	111	123
80	97	111	112	115	126
77	90	106	111	117	126

图 3-9 线性滤波的像素计算

（2）均值滤波

均值滤波是典型的线性滤波算法，主要方法为邻域平均法，用一片图像区域的每个像素的均值来代替原图像中的每个像素值，输出图像的每个像素是该窗口内输入图像对应像素的像素平均值，是归一化后的方框滤波。

一般需要在图像上对目标像素给出一个模板（即内核），该模板包括了其周围的临近像素，即对于源像素点，选择一个由其周围的若干像素但不包括其自身的像素组成模板，模板中所有像素的均值就是其输出像素值，再将输出像素值替代源像素点的值。输出像素值可以表示为

$$g(x,y)=\frac{1}{m}\sum f(x,y)$$

其中，$g(x, y)$为输出像素值，$f(x, y)$为原始图像中的像素点值，m 为该模板中不包含源像素点在内的像素总个数。

例如，以源像素为中心的周围 8 个像素点可以构成一个滤波模板，再用模板中的所有像素的平均值来代替源像素的值，就可以得到输出图像。

（3）高斯滤波器

高斯滤波器是一类根据高斯函数的形状来选择权值的平滑滤波器，可以很好地去除正态分布的噪声。

常用的零均值离散高斯滤波器函数为

$$g(x)=\mathrm{e}^{-\frac{x^2}{2\sigma^2}}$$

二维图像中表示为

$$G_0(x,y)=A\mathrm{e}^{\frac{-(x-\mu_x)}{2\sigma_x^{\ 2}}+\frac{-(y-\mu_y)^2}{2\sigma_y^{\ 2}}}$$

上面介绍的方框滤波、均值滤波和高斯滤波均是线性滤波，即每个输出像素值是一些输入像

素值的加权和，线性滤波器易于构造、易于从频率响应角度来进行分析。但在实际操作中，使用线性滤波达不一定达到所预期的效果，需要非线性滤波。

2．非线性滤波

非线性滤波是利用逻辑运算实现的，原始数据与滤波结果数据是一种逻辑关系，如中值滤波，是通过比较设定的邻域内的灰度值大小来实现的，因此非线性滤波操作没有固定的模板和固定的转移函数。

（1）中值滤波

中值滤波是一种基于排序统计理论的、有效抑制噪声的非线性滤波技术，其基本原理是将图像中每个像素点的灰度值用该点某邻域内的所有像素点灰度值的中值来替代，让周围的像素值更接近真实值，不依赖于邻域内与典型像素值差别很大的像素值，进而消除噪声像素点。中值滤波在某些条件下可以克服线性滤波所带来的使图像细节模糊的弊端，常用于保护图像边缘信息。

常见的实现方法为：在选定像素周围设定一个二维模板，将模板内的像素值按照其大小进行排序，从而生成一个有序的数列，选取这个有序数列的中值来替代这个选定的像素。二维中值滤波输出为

$$g(x,y)=\text{med}\{f(x-k,y-l)\} \qquad (k,l\in W)$$

其中，$f(x,y)$、$g(x,y)$分别为原始图像和输出图像，W为二维模板，通常为3×3矩形，也可以是不同的形状，如线状、十字形、圆形等。

在计算中值时需要注意：通常采用奇数个像素点的邻域来计算中值，但如果像素点的个数为偶数，中值就取排序后有序像素数列中的中间两个像素点的平均值。

（2）双边滤波

双边滤波也是一种非线性的滤波方法，可以保边去噪的滤波器，具有简单、非迭代、局部的特点。滤波器是由两个函数构成的：一个是由几何空间距离决定滤波器系数，另一个由像素差值决定滤波器系数。

在双边滤波器中，输出像素的值依赖于邻域像素的值的加权组合，公式如下

$$g(i,j)=\frac{\sum_{k,l}f(k,l)w(i,j,k,l)}{\sum_{k,l}w(i,j,k,l)}$$

权重系数$w(i,j,k,l)$取决于定义域核和值域核的乘积，即双边滤波权重函数，公式为

$$w(i,j,k,l)=\mathrm{e}^{-\frac{(i-j)^2+(j-l)^2}{2\sigma_d^2}-\frac{\|f(i,j)-f(k,l)\|^2}{2\sigma_r^2}}$$

其中，$d(i,j,k,l)=\mathrm{e}^{-\frac{(i-k)^2+(j-l)^2}{2\sigma_d^2}}$为定义域核，$r(i,j,k,l)=\mathrm{e}^{-\frac{\|f(i,j)-f(k,l)\|^2}{2\sigma_r^2}}$为值域核。

对比高斯滤波器，双边滤波的实现多了一个高斯方差，是基于空间分布的高斯滤波函数。在实现双边滤波操作时，边缘上的像素值不会被离得较远的像素影响很大，从而达到了保存边缘像素信息的效果。但是，由于保存了过多的高频信息，双边滤波器不能够很好地滤掉彩色图像里的高频噪声，但对于低频噪声可以有效地滤除。

3.3.4　形态算子

图像处理中的形态学表示的是数学形态学。数学形态学是一门建立在格论和拓扑学基础之上的图像分析学科，是数学形态学图像处理的基本理论。基本运算包括：膨胀和腐蚀、开运算和闭

运算、骨架抽取、极限腐蚀、击中击不中变换、形态学梯度、Top-hat 变换、颗粒分析、流域变换等。本节将简单介绍图像的膨胀和腐蚀、它们的复合方法开运算和闭运算，以及图像的轮廓抽取，它们所实现的效果如图 3-10 所示。

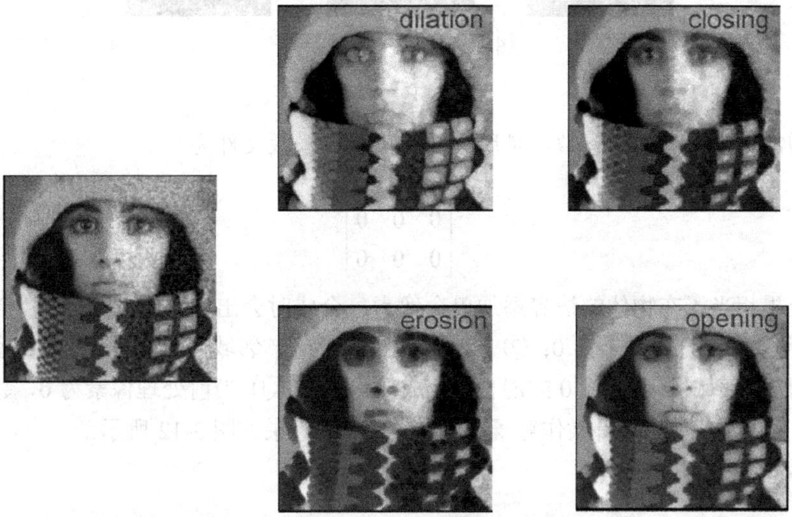

图 3-10　复合方法开、闭运算实现的过程及效果

这些图像运算均是基于二值图像实现的。二值图像是指每个像素只有两个可能值的数字图像，每个像素不是黑就是白，每个像素值只能从 0 和 1 这两个值中取，其灰度值没有中间过渡的图像。二值图像一般用来描述文字或者图形，其优点是占用空间少，缺点是，当表示人物、风景的图像时，二值图像只能描述其轮廓，不能描述细节。

以这种方式来操作图像可以更容易识别出图像的结构特征，二值图像操作只返回与二值图像的形式或结构有关的信息，如果希望对其他类型的图像进行同样的操作，则先将其转换为二进制的图像格式。二值图像的逻辑运算包括与、或和非，它们可以互相组合形成其他逻辑运算。

膨胀（Dilation）和腐蚀（Erosion）是数学形态学操作中最基本也是最重要的两种操作，用于改变二值区域的形状，是形态学处理的基础，许多形态学算法都是以这两种运算为基础的。膨胀和腐蚀是对图像中的白色区域（高亮区域）而言的，不是黑色区域。膨胀是对图像中的高亮区域进行膨胀，增加图像的高亮区域。腐蚀就是原图中的高亮区域被腐蚀，减少图像中的高亮区域。膨胀和腐蚀能实现很多功能，如可以消除图像上小的亮斑噪声和不规则的边。

1. 腐蚀

腐蚀是减少物体边界的像素数，物体的颜色是白，背景是黑。定义腐蚀模板为

$$\begin{bmatrix} 1 & 1 & 1 \\ 1 & 1 & 1 \\ 1 & 1 & 1 \end{bmatrix}$$

将模板与图像进行加操作，模板的效果相当于去掉物体边界处的单个像素合成时会出现 4 种情况：① 当前处理像素为 1，邻域像素为 1，合成像素为 1；② 当前处理像素为 0，邻域像素为 1，合成像素为 0；③ 当前处理像素为 0，邻域像素为 1、0 的混合，合成像素为 0；④ 当前处理像素为 1，邻域像素为 1、0 的混合，合成像素为 1。实现的效果如图 3-11 所示。

图 3-11　二次腐蚀效果

2．膨胀

膨胀即增加物体边界的像素数，是腐蚀的逆操作，模板文件为

$$\begin{bmatrix} 0 & 0 & 0 \\ 0 & 0 & 0 \\ 0 & 0 & 0 \end{bmatrix}$$

模板的效果相当于在物体的边界添加单个像素。合成时会出现 4 种情况：① 当前处理像素为 0，邻域像素为 0，合成像素为 0；② 当前处理像素为 1，邻域像素为 1，合成像素为 1；③ 当前处理像素为 1，邻域像素为 1、0 的混合，合成像素为 1；④ 当前处理像素为 0，邻域像素为 1、0 的混合，合成像素为 1。逻辑操作算子是 OR。实现的效果如图 3-12 所示。

3．开操作

开操作是腐蚀与膨胀操作的复合方法，相当于先做腐蚀操作，再做膨胀操作，效果相当于去掉单个像素，但是保留原来的形状和尺寸。实现的效果如图 3-13 所示。

图 3-12　二次腐蚀效果

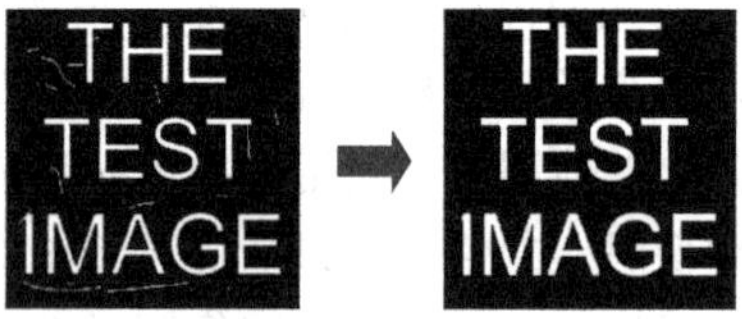

图 3-13　开操作效果

4．闭操作

闭操作是腐蚀与膨胀操作的复合方法，是开操作的相互操作，先膨胀，然后腐蚀，可以用来填补一些小洞。实现的效果如图 3-14 所示。

5．轮廓抽取

轮廓抽取的实现是，先做腐蚀操作，再将腐蚀结果图像减去原始图像。实现的效果如图 3-15 所示。

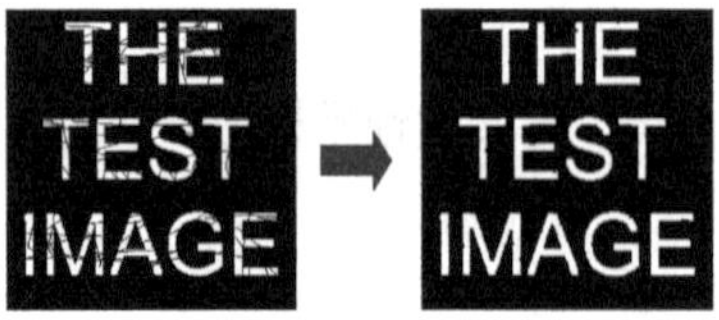

图 3-14　闭操作效果

图 3-15　轮廓抽取效果

3.4　图像特效

对图像应用特效可以使图像变得更具特色，本节介绍一些典型的图像特效的实现思想和效果，让读者对图像特效的实现有一个初步的了解。典型的图像特效包括图像的淡入淡出效果、图像的变形处理、图像的模糊处理、图像量化处理和图像的风格化等。本节从这些图像的特效入手，

简单介绍它们的实现思想和效果，不做更深入的剖析。

1．淡入淡出

淡入和淡出是一种最简单的图像特效，图像的淡入淡出特效会使图像的切换效果更加柔和。淡入效果实现的是图像从一个黑色背景中出现，即令透明度 Alpha 值从 0 变到 1，如果进行相反的操作，即让 Alpha 值从 1 变到 0，就会得到淡出的效果，其中 Alpha 为 0 表示图像为黑色，Alpha 为 1 表示原始图像。图像的溶解速度取决于 Alpha 值改变的速度。

2．变形（Morphing）

变形操作是图像处理中最有意思的效果，是实现将某个物体伸展到另外一个物体，即将一幅图像自然、流畅地变换成另一幅图像，通常利用网格辅助实现，也涉及很多有关计算机视觉的知识。图像变形可以实现多种特殊的效果，可以进行人脸检测、人脸图像合成，可以用于电视、电影和广告等媒体中。图像溶解就是图像变形中的一种实现效果，是使原始图像的透明度逐渐变大，目标图像逐渐显示。透明度越大，溶解效果越明显。

3．模糊（Blur）

图像的模糊操作本质上相当于一个信号处理中的反走样滤波，主要用来修饰边缘过于清晰或对比度过于强烈的图像，通过取平均值的方法减少相邻像素之间的差异，从而产生平滑的过渡效果，削弱相邻像素间的颜色的差异，从而达到柔和图像的效果。实现图像模糊的算法有很多种，其中最常用的方法是均值模糊。均值模糊的实现就是将每个像素用其周围邻域内像素值的加权平均值代替，即取一定邻域内的像素值的平均值代替当前点的新的像素值，整体效果是使图像更加模糊，显示更少的细节信息，效果一般。

4．图像量化

图像的量化操作改变图像中颜色的数目或者灰度的层次，就是将取样后图像的每个样点的取值范围分成若干区间，并仅用一个数值代表每个区间中的所有取值。图像的量化是将取样后图像的每个样点的取值范围分成若干区间，并仅用一个数值代表每个区间中的所有取值。

量化时，量化值与实际值会产生误差，这种误差称为量化误差或量化噪声。可用信噪比来度量，但量化噪声与一般噪声是有区别的：量化噪声由输入信号引起，可根据输入信号推测出来，而一般噪声与输入信号无任何直接关系；量化误差是量化器高阶非线性失真的产物，是高阶非线性的特例。量化分为标量量化和矢量量化，实现的效果非常有趣，如图 3-16 所示。

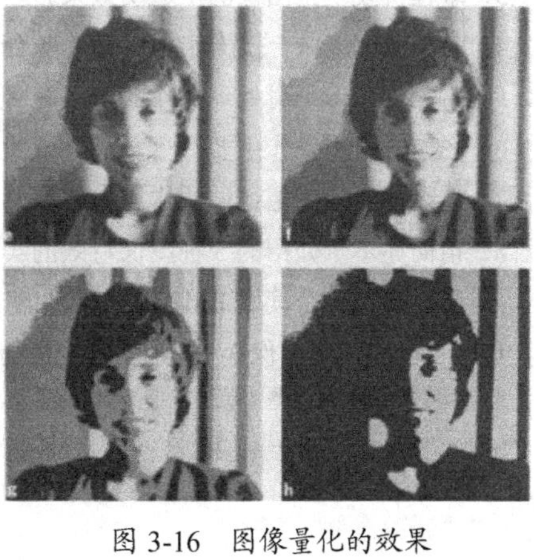

图 3-16　图像量化的效果

5．风格化图像

图像风格化的实现方式有很多种，效果各异，这里简单介绍两种风格化图像的实现形式，分别为图像的素描化和油画效果。

（1）图像的素描化的实现是将图像中突出图像特征的关键性轮廓的像素点保留并用黑色取代，而其余像素点将用白色取代，模拟素描效果。传统实现算法如下：

① 把原图像转换成灰度图；② 遍历像素，对当前像素进行如下操作求出差值：

❖ 当前像素与右下角像素进行比较。

❖ 当前像素与周围 8 个点的平均值进行比较。

③ 判断跳变点：如果差值大于指定的阈值，则当前点为跳变点，用黑点描绘，否则当前点为非跳变点，用白点描绘。

（2）将图像转化成油画的实现就是按照指定大小的块对图像分组，将图像中纯色或者相近颜色的像素用色块取代，模拟油画中颜料堆积效果。实现算法如下：

① 按指定块大小对图像进行分组，形成大小相等的块；② 遍历所有块，计算当前块所有像素值的平均值 M；③ 用 M 取代当前色块所有像素值。

除以上素描效果和油画效果，图像还可以通过类比的方法产生各种各样的图像风格化效果。

小　结

本章介绍了图像的基本概念和游戏编程中可能用到的图像处理技术。其中，图像的基本概念包括什么是图像、常用图像的格式及图像文件的解析；游戏编程中涉及的图像处理技术包括颜色混合与半透明效果的实现、常见的图像操作和常见的图像特效等。本章对这些内容并未深入介绍，只是介绍一些原理的概念，读者通过本章的学习，可对图像的处理有一个基本的了解。如果希望深入学习图像处理相关技术，还需参阅专门介绍图像处理的相关书籍。

习题 3

1．BMP 文件中记录了几类信息？请简要列举这些信息分别代表什么。

2．编程生成一个 BMP 文件，实现由白色到蓝色再到黑色的渐变过渡效果。

3．编程实现一张图像的半透明效果。

4．使用 Alpha 融合技术实现图像的融合效果。

5．常见的图像平滑处理操作的方法有哪些？描述其中一种方法的原理。

6．图像的典型操作主要有哪几种？请简要说明其实现的原理和效果。

7．请简要说明图像滤波的作用有哪些，何时会用到图像滤波技术。

8．请简述本章介绍的 5 种图像特效的实现思想。

9．自己实现一个读取 BMP 图像文件的工具函数。

10．自己实现一个保存 BMP 图像文件的工具函数。

第 4 章　游戏引擎概览

在游戏引擎还没有出现之前，制作一款游戏的工作量是相当大的。随着经验的积累，游戏引擎诞生了，它给游戏开发人员节省了大量的人力、物力。本章对现在比较常用的几款游戏引擎做了简单的介绍，并以 Cocos2d-x 为重点介绍了它的核心概念以及相关知识点，还将介绍 Cocos2d-x 的开发环境搭建，以方便读者在后面章节中的学习。

4.1　游戏引擎的提出

在电子游戏产生初期，并没有“游戏引擎”这一概念。尽管那时的游戏大多简单粗糙，但每款游戏的平均开发周期也要达到 8～10 个月。这一方面是由于技术不足，另一方面是因为几乎每款游戏都要从底层硬件开始编写代码，工作量巨大。然而，游戏开发商又希望尽量多地开发出新的游戏，并把它们推销给玩家获取利润。面对这一矛盾，一些有经验的开发者逐渐摸索出了一条“偷懒”的方法：他们重复利用另一款类似题材游戏中的部分代码，作为新游戏的基本框架，这样可以显著节省开发时间和开发费用。“游戏引擎”的概念就是在这样的背景下诞生的。

20 世纪 90 年代中期，随着第一人称射击游戏（FPS）逐渐流行，游戏引擎正式兴起，其中的典型代表是 Id Software 公司的 Doom（毁灭战士）引擎。Doom 引擎不仅从技术上大大提升了第一人称射击游戏的表现力，还有偿地提供给其他开发者使用，开创了引擎授权的先河。从此以后，游戏引擎技术开始了一轮迅猛的发展。游戏引擎技术的出现是游戏程序设计技术发展的里程碑之一，并已成为当前计算机游戏开发的关键技术和核心平台。游戏引擎也是软件工程、专业化分工和游戏产品的独特文化性要求在游戏开发的综合体现，对游戏产业的发展起了巨大的推动作用。

从游戏开发的角度来看，引擎相当于游戏的底层框架平台。框架平台搭好后，只要往里填充内容就可以了。如果把游戏引擎比拟为一个“游戏操作系统”，那么最终的游戏产品则可比拟为一个个具体运行在“游戏操作系统”上的应用程序。如今的游戏引擎已经发展为一套由多个子系统共同构成的复杂系统，从建模、动画到光影和粒子特效，从物理系统、碰撞检测到文件管理、网络流量控制等，包括专业的编辑工具和插件，几乎涵盖了游戏程序设计过程中的所有重要环节。游戏引擎的常见功能有以下 5 方面：

① 光影效果，即场景中的光源对处于其中的人和物的影响方式。游戏的光影效果几乎完全是由引擎控制的，折射、反射等基本的光学原理，以及动态光源、彩色光源等高级效果，都是通过引擎的不同编程技术实现的。

② 动画生成。目前，游戏采用的动画系统可以分为两种：骨骼动画系统、模型动画系统。前者用内置的骨骼带动物体产生运动，比较常见，后者则在模型的基础上直接进行变形。引擎把这两种动画系统预先植入游戏，方便动画师为角色设计丰富的动作造型。

③ 物理模拟。物理模拟可以使物体的运动遵循固定的规律，如当游戏人物跳起时，系统内定的重力值将决定他能跳多高以及下落的速度有多快，而子弹的飞行轨迹、车辆的颠簸方式也都是由物理系统决定的。碰撞检测是物理系统的核心部分，可以检测游戏中各物体的物理边缘。当两个三维物体撞在一起的时候，这种技术可以防止它们相互穿过，这就确保了当人物撞在墙上的

时候不会穿墙而过，也不会把墙撞倒，因为碰撞检测会根据人物和墙之间的特性确定两者的位置和相互的作用关系。

④ 渲染（绘制），是引擎最重要的功能之一。三维模型制作完毕，美工会按照不同的面，把材质贴图赋予模型，这相当于为骨骼蒙上皮肤，最后通过渲染引擎把模型、动画、光影、特效等所有效果，实时计算出来并展示在屏幕上。渲染引擎是所有部件当中最复杂的，它的强大与否直接决定着最终的输出质量。

⑤ 交互控制。游戏引擎还有一个重要的职责就是负责玩家与计算机之间的沟通，处理来自键盘、鼠标、摇杆和其他外设的信号。如果游戏支持联网特性，网络代码也会被集成在引擎中，用于管理客户端与服务器之间的通信。

4.2 常用游戏引擎

根据游戏引擎开发游戏的维度，我们主要将其分为 2D 引擎与 3D 引擎两大类。还有少数的称为“2.5D 引擎”，由于划分界限不一，本书中不做讨论。另外，按照游戏引擎使用是否收费，也可将其分为开源（免费）引擎与商业（收费）引擎。

1. AndEngine

AndEngine 是一款 2D 开源引擎，基于 OpenGL ES 进行图形绘制。AndEngine 使用 Java 语言开发，但在大运算量的耗时功能上，AndEngine 使用 C/C++代码进行开发，从而极大地提高了运行效率。尤其是封装了物理引擎 Box2D，其效率比同等级别的物理引擎高出不少。此外，AndEngine 官方提供了多个扩展包，便于开发者扩展多种功能。

知名手机游戏《Flappy Bird》（如图 4-1 所示）就是采用该引擎开发的。但是，AndEngine 仅适用于 Android 平台的游戏开发，没有官方文档，网络资源较少，其学习难度较大。

图 4-1 《Flappy Bird》游戏画面

2. Cocos2d-x

Cocos2d-x 是 Cocos2d 家族的成员之一，也是一款基于 OpenGL ES 的 2D 开源引擎。相比 AndEngine，除了高效、易于扩展外，Cocos2d-x 的核心优势是跨平台特性。在这个移动终端日益变化的时代，将游戏部署到多个平台是游戏开发者所要考虑的重要问题，Cocos2d-x 的出现为广大开发者带来了福音。Cocos2d-x 允许开发人员利用 C++、Lua 及 JavaScript 来进行跨平台部署，目前其涵盖的平台有 iOS、Android、Windows Phone、黑莓（BlackBerry）等。Cocos2d-x 的跨平台特性最大限度地减少了游戏开发人员的工作量，只需一次编码就可以以最少的改动实现多平台的应用，大大提高了游戏开发效率。市场上广受欢迎的游戏《捕鱼达人》（如图 4-2 所示）、《全民飞机大战》、《保卫萝卜》等都是由 Cocos2d-x 开发的。

图 4-2 《捕鱼达人》游戏画面

3．OGRE

OGRE（Object-Oriented Graphics Rendering Engine，面向对象图形渲染引擎）是一款用 C++ 语言开发的面向场景、非常灵活的 3D 开源引擎，旨在让开发人员更容易、更直接地利用硬件加速的 3D 图形系统开发应用。在所有的 3D 开源引擎中，OGRE 以渲染效果好著称，甚至完全可以达到某些商业引擎的水准。此外，OGRE 具有高度可扩展性，物理引擎就有 4 种不同的选择。OGRE 开源的特性使其用于开发大型 3D 游戏时，能够节约数目可观的授权费，因此受到创业公司或小公司的青睐。其代表作有搜狐畅游开发的《天龙八部》和 Runic Games 开发的《火炬之光》系列（如图 4-3 所示）。然而，从严格意义上讲，OGRE 只是图形渲染引擎，而非完整的游戏引擎，它在用户界面、音频和网络方面的功能几乎为零，需要游戏开发者自行解决。因此，在开发速度方面，OGRE 可能不如其他 3D 开源引擎。

图 4-3 《火炬之光》游戏画面

4．RAGE Engine

RAGE Engine（Rockstar Advanced Game Engine，狂暴引擎）是由电视游戏开发商 Rockstar

公司开发的一款大型 3D 商业引擎。Rage 引擎不但在复杂的游戏 AI 设计方面领先其他引擎，而且网络编程速度非常快。Rage 引擎尤其在兼容与处理较大世界观和天气特效方面非常出色，非常适合多种玩法的游戏，基于这些特性，Rockstar 公司采用该引擎开发了旗下的两大招牌系列续作《GTA4》（如图 4-4 所示）和《马克思佩恩 3》。

由于采用 RAGE Engine 开发的游戏主要面向 PS、Wii、Xbox 三大家用游戏主机平台，与其他顶级引擎相比，用户图形界面质量较差，键盘和鼠标控制优化需要进一步提升。

图 4-4 《GTA4》游戏画面

5. CryENGINE

CryENGINE（尖叫引擎）游戏引擎最初只是由 Crytek 公司为 NVIDIA 开发的技术演示，后来被用于《孤岛惊魂》的开发，从而促成了该引擎的诞生。CryENGINE 也是一款 3D 商业引擎，拥有先进的植被渲染系统，可以无缝地过渡室内室外的地形，适用于大型游戏场景。CryENGINE 自身能够支持物理引擎、音频和动画，尤其是具备强大的美术编辑工具，制作出的画面堪称业界顶级。正是如此，CryENGINE 的代表作《孤岛危机》（如图 4-5 所示）系列才被游戏玩家们称为“显卡杀手”。相对于其他游戏引擎，CryENGINE 引擎显得比较保守，不支持第三方插件，因此，众多优秀的插件都无法和它协同合作。游戏画面上的高水准，使得该引擎的学习门槛较高。

图 4-5 《孤岛危机》游戏画面

6. Unreal Engine

Unreal Engine（虚幻引擎）由 EPIC 游戏公司开发，是一款知名度高、功能全面的 3D 商业引擎。2006 年前后，游戏开始进入高画质高品质时代，被称为“次世代游戏”，即下一代游戏，而

Unreal Engine 正是当时游戏引擎中的杰出代表，至今仍然占据着较高的市场地位。Unreal Engine 具备完整的游戏开发构架，支持多个平台，拥有功能完善的编辑器，并提供了大量的核心技术，渲染效果、材质系统、动画系统等都是相当完美的。Unreal Engine 定位于高端游戏开发，是许多大型游戏公司的首选，往往使得中小游戏公司难以承受，不得不转而使用其他游戏引擎。因此，相对于 RAGE Engine 和 CryENGINE，Unreal Engine 更广泛地以收费授权的方式提供给其他游戏公司使用。采用 Unreal Engine 开发的游戏数目庞大，其中代表作有《战争机器》（如图 4-6 所示）系列、《质量效应》系列和《镜之边缘》等。

图 4-6 《战争机器》游戏画面

7. Unity3D

Unity3D 是由 Unity Technologies 公司开发的一款全面整合的 3D 商业引擎，属于后起之秀。除了大部分 3D 商业引擎支持的 PC 平台和家用游戏主机平台，Unity3D 还可发布游戏至 Android、iOS 和 Windows Phone 三大移动平台，几乎涵盖了所有的主流平台，甚至可以在 PC 上采用 Unity Web Player 插件发布网页游戏，其跨平台特性是独一无二的。此外，相对其他 3D 引擎，Unity3D 的学习门槛低，即使是新入行的开发者也能较快上手。作为 3D 商业引擎，Unity3D 的授权条件也非常平民化，即使是个人开发者也能负担得起（不过提供的工具数量有限，导致制作复杂和多样化的效果比较耗时，有时开发者必须自行创作工具）。基于以上优点，Unity3D 拥有着其他引擎无法匹敌的用户量，采用 Unity3D 开发的游戏日益增多，其中不乏像独立游戏《七日杀》、国产新作《御天降魔传》（如图 4-7 所示）和《雨血前传：蜃楼》这样的优秀作品。

图 4-7 《御天降魔传》游戏画面

综上所述，游戏引擎数量繁多，各有特色。对于新入行的开发者来说，选择一款合适的游戏引擎，循序渐进地学习非常重要。Cocos2d-x 作为 2D 开源引擎，相对 3D 引擎易学易懂，相对商业引擎既节省费用，又可通过源代码学习引擎内部原理，而且跨平台特性使得开发者无须考虑各平台细节，因此适合作为入门引擎学习。后续章节将以 Cocos2d-x 引擎为例，向读者介绍。

4.3 Cocos2d-x 引擎介绍

在当今的手游市场上，使用 Cocos2d-x 制作的游戏也占据了较大比例，因此下面以 Cocos2d-x 引擎作为实例，带大家走入游戏世界。

4.3.1 Cocos2d-x 的核心概念

一个基于 Cocos2d-x 的游戏由不同的场景组成，一个场景又可以容纳不同的层，每层都可以拥有属于自己的节点。节点就是指游戏中的对象，游戏中的所有类几乎都派生于节点类 Node。Cocos2d-x 正是采用节点树结构来管理对象，每个游戏节点拥有自己的属性，如移动、旋转、放大、缩小等，并可以通过对应的方法来修改其属性。在游戏中通过切换不同的场景来完成一个游戏流程，游戏流程的管理由 Director 来执行，每个时刻都有一个场景在独立运行。Cocos2d-x 的基本框架类如图 4-8 所示。

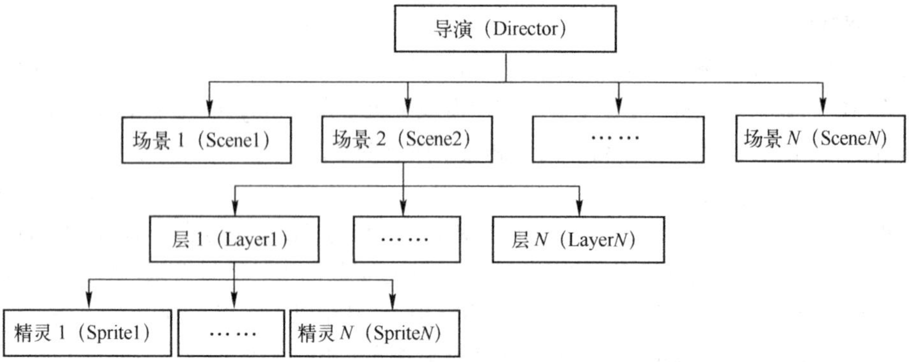

图 4-8 Cocos2d-x 的基本框架类

1. 节点类（Node）

引擎的根源类是 Ref，引擎中所有的类都可以看成它的子类，但它只是作为抽象概念而存在，不具备具体的函数和变量。节点类（Node）也继承自 Ref，是 Cocos2d-x 中的所有类的基类。Node 具备了许多基本功能，几乎所有与渲染相关的类都继承自 Node，场景类（Scene）、层类（Layer）、精灵类（Sprite）、菜单类（Menu）等都可以看成节点类。表 4-1 列出了节点类的主要受保护的成员变量，这些变量都有与之相关的函数，详细的节点类函数可以查看 Cocos2d-x 的 API，以获得更全面的了解。

2. 导演类（Director）

导演类（Director）是整个游戏的“总指挥”，采取单例模式，使用 getInstance()方法获取实例。Director 是整个 Cocos2dx 引擎的控制核心，游戏中的一些常用操作都是由 Director 来控制

表 4-1　Node 的主要保护数据成员

名　称	类　型	说　明
_localZOrder	Int	表示节点相对于其"兄弟"节点的 Z 轴顺序，决定了节点的绘制顺序，zOrder 值小的会被优先绘制，即 zOrder 值大的会遮挡 zOrder 值小的节点
_globalZOrder	Int	全局 Z 轴坐标
_rotationX	Float	节点在 X 轴上的旋转角度值
_rotationY	Float	节点在 Y 轴上的旋转角度值
_scaleX	Float	节点 X 轴的缩放系数
_scaleY	Float	节点 Y 轴的缩放系数
_scaleZ	Float	节点 Z 轴的缩放系数
_skewX	Float	X 轴的扭曲效果系数
_skewY	Float	Y 轴的扭曲效果系数
_position	Point	位置坐标
_anchorPoint	Vec2	节点平移或移位时的锚点
_children	Vector<Node*>	子节点数组
_parent	Node	节点的父节点
_tag	Int	用于识别节点的标识值
_contentSize	Size	未经转换的节点内容大小
_visible	Bool	节点是否可见
_userData	空	用户数据指针
_orderOfArray	Int	当子节点的 Z 值相同时，用该成员变量来决定其顺序
_running	Bool	判断该节点是否在运行

的，如 OpenGL ES 的初始化、场景的转换、游戏暂停继续的控制、世界坐标和 GL 坐标之间的切换、对节点（游戏元素）的控制、游戏数据的保存调用以及获取屏幕尺寸等。Director 的常用数据成员和函数见表 4-2 和表 4-3。

表 4-2　Director 的常用成员变量

名　称	类　型	说　明
_scheduler	Scheduler	用于绑定导演类的调度对象
_eventDispacher	EventDispacher	用于绑定导演类的事件调度对象
_runningScene	Scene	当前正在运行的场景
_openGLView	EGLView	OpenGLView 视图
_animationInterval	Double	游戏的 fps（帧每秒）值
_paused	Bool	Director 是否被暂停
_sendCleanupToScene	Bool	用于判断被替换的场景是否收到 cleanup（清除）消息

表 4-3　Director 的常用函数

函　数	说　明
static Director* getInstance()	返回一个导演对象的共享实例
const Size& getWinSize() const	得到 OpenGL ES 视图的大小
Size getVisibleSize() const	得到可见的 OpenGL ES 视图的大小
void runWithScene(Scene* scene)	运行给定的场景
void pushScene(Scene* scene)	暂停当前运行的场景，将其压栈到场景队列，并将新传入场景设置为当前场景
void popScene()	从堆栈顶端弹出当前场景，运行场景队列中的最后一个场景
void replaceScene(Scene* scene)	用新场景替换当前正在运行的场景
void end()	结束当前正在运行的场景
void pause()	暂停当前正在运行的场景

3．场景类（Scene）

Scene 场景就是构成游戏的一个个界面，游戏中由场景来构成不同的关卡和板块，通过场景的切换来实现游戏不同画面的呈现。通过导演类的介绍，读者可以看到 Director 拥有一系列方法来控制不同场景的切换。切换场景时为了不显得那么突兀，需要使用一些过渡效果。Cocos2d-x 中提供了很多优美的场景切换效果，如旋转、翻页、淡入淡出等，如表 4-4 所示。

表 4-4　Cocos2d-x 中的场景切换效果

类名称	描　述
TransitionJumpZoom	当前场景跳跃着变小，新场景跳跃着变大
TransitionRotoZoom	当前场景旋转变小，新场景旋转变大
TransitionMoveInL	新场景从屏幕左侧进入
TransitionMoveInR	新场景从屏幕右侧进入
TransitionMoveInT	新场景从屏幕上方进入
TransitionMoveInB	新场景从屏幕底部进入
TransitionSlideInL	新场景从左侧滑入屏幕
TransitionSlideInR	新场景从右侧滑入屏幕
TransitionSlideInT	新场景从上方滑入屏幕
TransitionSlideInB	新场景从底部滑入屏幕
TransitionFlipX	水平翻转场景
TransitionFlipY	垂直翻转场景
TransitionFlipAngular	一半水平，一半垂直翻转场景
TransitionShrinkGrow	交错切换，原场景缩小，新场景在其之上变大
TransitionZoomFlipX	水平翻转场景，同时有一定的缩放
TransitionZoomFlipY	垂直翻转场景，同时有一定的缩放
TransitionZoomFlipAngular	一半水平，一半垂直翻转场景，同时有一定的缩放
TransitionFade	淡入淡出，原场景淡出，新场景淡入
TransitionCrossFade	交叉淡入淡出效果
TransitionSplitCols	当前场景切成竖条，上下移动显示新场景
TransitionSplitRows	当前场景切成横条，左右移动显示新场景
TransitionFadeTR	从屏幕的左下角到右上角卷起瓦片显示新场景
TransitionFadeBL	从屏幕的右上角到左下角卷起瓦片显示新场景
TransitionFadeUp	从屏幕的底部到顶部卷起瓦片显示新场景
TransitionFadeDown	从屏幕的顶部到底部卷起瓦片显示新场景
TransitionTurnOffTiles	当前场景随机分成方块，用分成方块的新场景随机替换原场景
TransitonPageTurn	翻页的过渡效果
TransitionPrograssRadialCCW	新场景沿着径向逆时针显示
TransitionPrograssRadialCW	新场景沿着径向顺时针显示
TransitionPrograssHorizontal	新场景沿着横向逐渐显示
TransitionPrograssVertical	新场景沿着纵向逐渐显示
TransitionPrograssInOut	新场景由内到外逐渐显示
TransitionPrograssOutIn	新场景由外到内逐渐显示
TransitionSceneOriented	将整个场景翻转过来

4．层类（Layer）

层类（Layer）也是各类游戏元素的容器，在层类上添加的内容通常是直接显示在屏幕上的内容，如精灵、文本标签等，并可以设置这些游戏元素的属性，如位置、大小、方向等。层类主要用来处理玩家事件响应，接受用户的输入事件，包括触摸事件、鼠标事件、加速度计事件、键盘输入等。此外，与游戏内容相关的逻辑代码也写在“层”中，整理好各“层”的关系之后，只需要按顺序将“层”添加到相应的场景中，就可以将内容显示出来了，通常用 addChild()方法将“层”添加到场景中。

```
addChild(Node child) ;
addChild(Node child, int zOrder);
addChild(Node *child, int zOrder, int tag);
```

上面三个方法中的参数 child 是节点类。一般情况下，对于场景，可添加的节点就是层。先添加的层会被后添加的层覆盖，也可以使用不同的 zOrder 值来为它们指定先后次序。tag 是元素的标识号，游戏当中如果为某个元素设置了 tag 值，那么在它的父节点中就可以利用 tag 值更方便地被找到。“层”可以包含 Sprite（精灵）、Label（标签），甚至其他“层”等任何 Node 作为子节点。层类（Layer）的主要函数如表 4-5 所示。

表 4-5　Layer 的主要函数

函数名称	说　明
void onEnter()	进入层时将会被调用
void onExit()	离开层时将会被调用
void onEnterTransitionDidFinish()	过场动画结束时将会被调用
virtual bool onTouchBegan(Touch* touch,Event* unused_event)	处理用户按下事件
virtual bool onTouchMoved(Touch* touch,Event* unused_event)	处理用户触摸并移动事件
virtual bool onTouchEnded(Touch* touch,Event* unused_event)	处理用户松开事件
virtual bool onTouchCancelled(Touch* touch,Event* unused_event)	处理触摸被打断事件
virtual bool onTouchesBegan(const std::vector<Touch*>& touches,Event* unused_event)	处理用户按下事件，多点触控
virtual bool onTouchesMoved(const std::vector<Touch*>& touches,Event* unused_event)	处理用户触摸并移动事件，多点触控
virtual bool onTouchesEnded(const std::vector<Touch*>& touches,Event* unused_event)	处理用户松开事件，多点触控
virtual bool onTouchesCancelled(const std::vector<Touch*>& touches,Event* unused_event)	处理触摸被打断事件，多点触控

为了方便游戏的开发，Cocos2d-x 内置了几种特殊的层：颜色层（LayerColor）、菜单层（Menu）、复合层（LayerMultiplex）。

颜色层是 Layer 类的子类，除拥有父类 Layer 的属性外，还拥有属于自己的属性：可以添加颜色，并能设置不透明度。创建一个颜色层的语句如下：

```
auto layerColor=LayerColor::create(ccc4(0xFF, 0x66, 0x58, 0x80), 200, 200);
```

其中，第一个参数是 ARGB，即颜色的 α、R、G、B 值，后面两个参数分别是颜色层的宽和高。LayerColor 的子类 LayerGradient 还可以设置两种颜色的渐变效果。

菜单层是专门用来处理游戏与玩家之间的交互动作，主要由各种菜单项 MenuItem 组成，后面的章节中会进行详细的介绍。

复合层是可以一次性创建多个层，在游戏中经常会遇到的情况是：不同场景在切换，但是场景中有很多东西是不变的，这时我们可以将它们分为不同的层，层与层之间的动作互不干扰，这是就需要复合层来管理这些层。

5．精灵类（Sprite）

Cocos2d-x 中的精灵由纹理（Texure）、帧（Frame）和动画（Animation）组成，然后由 OpenGL ES 负责渲染，具有移动、旋转、缩放等属性，并可以执行动画以及接受其他转换。精灵其实是一张图片，由 Texture2D 加载图片，也可以用 Texture2D 生成对应的 SpriteFrame（精灵帧），然后将 SpriteFrame 添加到 Animation 生成动画数据，用 Animation 生成 Animate 动画，最后用 Sprite 执行这个动作，这样就为一个精灵赋予了生命属性，它可以自由地活动在屏幕上。通常使用以下方法来创建精灵。

① 直接创建：

```
auto sprite = Sprite::create("sprite.png");
this ->addChild(sprite);
```

② 使用纹理来创建精灵：

```
auto sprite1 = Sprite::createWithTexture(TextureCache::getInstance()->addImage("sptite1.png"));
this ->addChild(sprite1);
```

③ 使用精灵帧来创建精灵：

```
auto sprite2=Sprite::createWithSpriteFrameName("sprite2.png");
this->addChild(sprite2);
```

表 4-6 和表 4-7 列出了精灵类常用的成员变量和主要公共函数。

表 4-6 Sprite 精灵类的常用成员变量

名 称	类 型	说 明
_rect	Rect	Texture2D 的矩形
_rectRotated	bool	矩形是否被旋转
_offSetPosition	Point	偏移位置
_flippedX	bool	精灵是否会沿水平方向翻转
_flippedY	bool	精灵是否会沿垂直方向翻转
_dirty	bool	精灵是否需要更新
_textureAtlas	TextureAtlas	TextureAtlas 纹理图集的引用

表 4-7 Sprite 精灵类的主要公共函数

函 数 名	说 明
static Sprite* create()	创建一个空的精灵对象
static Sprite* createWithTexture(Texture2D* texture)	使用纹理图像创建一个精灵对象
static Sprite* createWithSpriteFrame(SpriteFrame* pSpriteFrame)	使用精灵帧创建一个精灵对象
static Sprite* createWithSpriteFrameName(const std::string&spriteFrameName)	使用精灵帧的名称创建一个精灵对象
virtual void setTextureRect(const Rect& rect)	重新设置纹理图像
bool isFlippedX(void)const	精灵是否沿水平方向翻转
void setFlippedX(bool flippedX)	设置精灵是否沿水平方向翻转
bool isFlippedY(void)const	精灵是否沿垂直方向翻转
void setFlippedY(bool flippedY)	设置精灵是否沿垂直方向翻转

4.3.2 Cocos2d-x 中的坐标系

Cocos2d-x 是以 OpenGL 和 OpenGL ES 为基础的，所以 Cocos2d-x 使用与 OpenGL 相同的坐标系。该坐标系的原点在屏幕左下角，*X* 轴正方向向右，*Y* 轴正方向向上。标准的屏幕坐标系使用的坐标系则不同，其原点是屏幕左上角，*X* 轴正方向向右，*Y* 轴正方向向下，如图 4-9 所示。

1. 世界坐标系（World Coordinate）

世界坐标系是游戏开发中建立起来的概念，因此“世界”是指游戏世界，也叫绝对坐标系。它建立了其他坐标系所需要的参考标准，是 Cocos2d-x 中一个全局的概念。Cocos2d-x 中的元素是有父子关系的层级结构，通过 Node 的 setPosition()方法设置的位置是相对其父节点的本地坐标系，而不是世界坐标系。最后在绘制屏幕时，Cocos2d-x 会把这些元素的本地坐标映射成世界坐标。

图 4-9 Cocos2d-x 中的坐标系和屏幕坐标系

2．本地坐标系（Node Local）

本地坐标系也叫做局部坐标系和节点坐标系。每个节点都有独立的坐标系，当节点移动或改变方向时，与该节点关联的坐标系将随之移动或改变方向。Node 类设置节点位置的方法是使用父节点的节点坐标系，与 OpenGL 坐标系方向一致，原点在父节点的左下角，*X* 轴向右，*Y* 轴向上。

Node 中定义了 4 个常用的坐标系转换函数：

```
// 把世界坐标转换到当前节点的本地坐标系中
Point convertToNodeSpace(const Point& worldPoint) const;
// 把基于当前节点的本地坐标系下的坐标转换到世界坐标系中
Point convertToWorldSpace(const Point& nodePoint) const;
// 基于 Anchor Point 把基于当前节点的本地坐标系下的坐标转换到世界坐标系中
Point convertToNodeSpaceAR(const Point& worldPoint) const;
// 基于 Anchor Point 把世界坐标转换到当前节点的本地坐标系中
Point convertToWorldSpaceAR(const Point& nodePoint) const;
```

3．锚点（Anchor Point）

锚点用来设置一个节点在其父节点上的位置，本质上是设置节点的锚点在父节点坐标系上的位置。锚点的两个参数在 0～1 之间，其默认值是(0.5, 0.5)，它们代表的是乘数因子。(0.5, 0.5)表示锚点位于节点长度乘 0.5 和宽度乘 0.5，即节点的中心。Cocos2d-x 中层的默认锚点值是(0, 0)，其他节点的默认值为(0.5, 0.5)。

4.3.3 Cocos2d-x 中的用户交互响应

游戏只有与用户交互才有意义，Cocos2d-x 中的事件处理机制就是用于处理人机交互的响应。在 Cocos2d-x 中，用户操作可以分为接收数据、分发事件和监听响应 3 个步骤来完成。下面介绍 Cocos2d-x 中的事件处理机制。

1．接收数据（Touch）

Cocos2d-x 接收的用户数据会被作为统一的数据格式操作和传递，触摸类 Touch 用来存储用户操作信息。Touch 的成员函数如表 4-8 所示。

表 4-8 Touch 类的成员函数

函 数	说 明
Point getLocation() const;	返回当前在 OpenGL 触摸位置的坐标
Point getPreviousLocation() const;	返回之前 OpenGL 触摸位置的坐标
Point getStartLocation() const;	返回在 OpenGL 开始触摸位置的坐标
Point getLocationInView() const;	返回当前触摸在屏幕上的坐标位置
Point getPreviousLocationInView() const;	返回之前触摸在屏幕上的坐标位置
Point getStartLocationInView() const;	返回屏幕开始触摸的位置坐标
void setTouchInfo(int id,float x,float y);	设置用户的操作数据
int getID() const;	返回 id 标识

2．分发事件（EventDispatcher）

当用户数据转换为 Touch 类对象，Cocos2d-x 可以获得有效的用户操作数据后，就进入到分发事件步骤。在 Cocos2d-x 的新版本中使用 EventDispatcher 类来分发用户操作信息。EventDispatcher 类表示一个事件分发器，用于管理事件监听器和事件分发，当一个事件触发时，它会向所有需要响应的对象发送用户操作信息。通过 Director::getInstance()->getEventDispatcher(); 来获取事件分发器。EventDispatcher 类中有一个集合列表，用来保存所有添加了的事件监听器。表 4-9 列出了 EventDispatcher 类的常用函数。

表 4-9 EventDispatcher 类的常用函数

函 数	说 明
void addEventListenerWithSceneGraphPriority(EventListener* listener, Node* node)	添加场景优先事件监听器，第一个参数为事件监听器对象，第二个参数是监听的节点对象
void addEventListenerWithFixedPriority(EventListener* listener, int fixedPtiority)	添加固定优先值的事件监听器，第一个参数为事件监听器对象，第二个参数是固定的优先级
void removeEventListener(EventListener* listener)	删除一个指定的监听器
void removeEventListenerForType(EventListener::Type listenerType)	删除某一类事件监听器
void removeAllEventListener()	删除所有的事件监听器
void setPriority(EventListener* listener,int fixedPriority)	设置指定的事件监听器的优先级值
void setEnabled(bool isEnabled)	设置事件分发器是否可用
bool isEnabled() const	检查是否启用了事件分发器

3．监听响应（EventListener）

Cocos2d-x 设计了监听器类 EventListener 来负责委托和监听用户的响应，它是事件监听器的基类。EventListener 类有 6 个子类：EventListenerTouchOneByOne，单点触摸事件监听器；EventListenerAllAtOnce，多点触摸事件监听器；EventListenerAcceleration，加速度计事件监听器；EventListenerKeyboard，按键事件监听器；EventListenerMouse，鼠标事件监听器；EventListenerCustom，自定义事件监听器。

这里只是介绍了 Cocos2d-x 在的事件处理机制，在后面章节中，还将对这些监听器进行更详细的介绍，让读者对其用户交互有更深刻的理解。

4.3.4 Cocos2d-x 的内存管理机制

内存管理就是应用程序对内存资源的使用和管理技术。因为程序都是依靠内存运转的，所以内存管理对于开发者而言是一项非常重要的技术。尤其是对于手持设备来说，内存资源显得尤为宝贵，因此内存管理更加重要。Cocos2d-x 采用引用计数的方式来进行内存管理。Cocos2d-x 中所有对象几乎都继承自 Ref 基类，Ref 的职责就是对对象进行引用计数管理。

Ref 类的源代码如下：

```
class CC_DLL Ref {
  public:
    void  retain();                                   // 引用计数加 1
    void  release();                                  // 引用计数减 1
    Ref*  autorelease();                              // 自动释放引用计数，返回对象本身
    unsigned int  getReferenceCount() const;          // 返回引用计数值
  protected:
    Ref();                                            // 构造函数，执行之后引用计数为 1
  public:
    virtual ~Ref();                                   // 析构函数
  protected:
    unsigned int  _referenceCount;                    // 引用计数变量
    friend class  AutoreleasePool;                    // 自动释放池类
    #if CC_ENABLE_SCRIPT_BINDING
      public:
        unsigned int  _ID;                            // 对象 id 标识
        int  _luaID;                                  // Lua 脚本的 id
    #endif
};
```

当使用手动引用计数时，若一个程序使用 new 运算符来创建对象，该对象的引用计数加 1，调用对象的 retain()方法也会使其引用计数加 1，调用 release()使其引用计数减 1。当一个对象的引用计数为 0 时，表明程序不再需要它了，那么系统得到通知后，将会回收该对象所占用的内存。

在程序中，retain 和 release 一般都是成对出现的，否则容易造成内存泄漏。如果使用手动引用计数，需要在设计程序的时候就应该明确它在哪个地方被释放，也必须时刻谨记使用 release 来释放对象。这会给程序员带来很多不必要的麻烦，一不小心可就能导致整个程序的崩溃，因此 Cocos2d-x 中提供了自动释放池 AutoreleasePool 来智能地管理内存。

Cocos2d-x 使用 autorelease 声明一个对象指针，这些对象会被加入到 AutoreleasePool 中，它们并不会单独关联到某个自动变量，在每一帧结束的时候再对 AutoreleasePool 中的对象进行清理，所以加入到自动释放池中的对象，其生命周期是从创建开始到当前帧结束。下面的代码展示了 autorelease 方法是如何将一个对象加入到 AutoreleasePool 中的。

```
Ref* Ref::autorelease() {
    PoolManager::getInstance()->getCurrentPool()->addObject(this);
    return this;
}
```

在每一帧结束时，AutoreleasePool 在清理对象时对池中每个对象执行一次 release 操作，若该对象的引用计数为 1，表示从未被使用，则执行 release 之后引用计数为 0，将会被释放。

```
void DisplayLinkDirector::mainLoop(){
    if (! _invalid){
        drawScene();
        PoolManager::getInstance()->getCurrentPool()->clear();          // 释放对象
    }
```

```
}
void AutoreleasePool::clear() {
    #if defined(COCOS2D_DEBUG) && (COCOS2D_DEBUG > 0)
        _isClearing = true;
    #endif
    for (const auto &obj : _managedObjectArray){
        obj->release();
    }
    _managedObjectArray.clear();
    #if defined(COCOS2D_DEBUG) && (COCOS2D_DEBUG > 0)
        _isClearing = false;
    #endif
}
```

注意，Ref 的引用计数并不是线程安全的，在多线程中需要处理互斥锁来保证线程安全。在 Objective-C 中，由于 AutoreleasePool 是语言级别系统实现的，每个线程都有自己的 AutoreleasePool 队列。这里只简单介绍了 Cocos2d-x 是如何管理内存的，对涉及的具体类不做深入阐述，有兴趣的读者可以查看 Cocos2d-x 相关书籍来进一步学习。

4.3.5 Cocos2d-x 中的新增的 3D 特性

Cocos2d-x 从 3.1 版本开始已经支持 OBJ 格式的 3D 静态模型的显示，3.2 版本中开始支持 3D 骨骼动画。目前，在 Cocos2d-x 中可以支持 OBJ、C3T、C3B 三种模型格式。

OBJ：3ds Max 或 Maya 导出的一种格式，Sprite3D 可以通过该格式的资源立即被创建出来，但不支持动画。

C3T（Cocos 3D 文本）：通过 fbv-conv 工具从 FBX 格式转换而来的一种 Json 格式。C3T 格式可以很容易被读取，这也意味着它能够通过发展中的 C3T 格式文件检测数据模型。但是，C3T 是一个大文件格式，所以暂不建议在最终版本的游戏中使用它。

C3B（Cocos 3D 二进制）：二进制文件，也是通过 fbx-conv 工具转换而来的一种格式，同样使用 FBX 格式文件转换得来。C3B 文件不能被人们直接读取，但比 C3T 体积小、运行速度快。游戏开发时，大多会选择 C3T 格式开发或调试，然而在游戏中使用 C3B 格式。

运行 Sprite3D 的动画可以使用 Animation3D 动画类和 Animate3D 动作类，其原理与 2D 差不多。在以后的版本中，Cocos2d-x 将会努力完善它的 3D 属性，使得该引擎具备更强大的功能，为开发者带来更大的便利性。

4.4 Cocos2d-x 开发环境配置

为了进一步学习 Cocos2d-x 引擎，本节将介绍 Cocos2d-x 开发的环境搭建。下面分别介绍 Windows、Android 和 iOS 三大平台下的环境搭建，读者可以根据条件任意选择一平台学习。

4.4.1 Windows 下开发环境配置

1. 需要下载的工具

① Microsoft Visual Studio 2013（Cocos2d-x 3.x 建议使用 Visual Studio 2012 及以上），下载网

址 http://www.microsoft.com/zh-cn/download/details.aspx?id=30678；② Python 2.7.8（建议使用该版本，比较稳定），下载网址 http://www.python.org/downloads/；③ Cocos2d-x 3.7 压缩包，下载网址 http://www.cocos.com/download/cocos2d-x/。

2．安装和配置环境

所需软件都下载好后，便可以安装和配置环境变量了。首先，安装 Visual Studio，选择默认安装即可，如果选择自定义安装，对于学习 Cocos2d-x 来说一定要选中 Visual C++组件。然后，安装 Python，选择默认选项即可，但是要记住 Python 的安装路径，默认路径为 C:/Python27。接下来，配置环境变量，右键单击“计算机”，然后选择“属性”→“高级系统设置”→“用户变量”→“新建”，在弹出的对话框中新建一个变量 PYTHON_HOME，将变量值设为 C:/Python27，如图 4-10 所示。修改环境变量中的 PATH 变量，在末尾添加“;%PYTHON_HOME%”，如图 4-11 所示。

图 4-10　添加变量

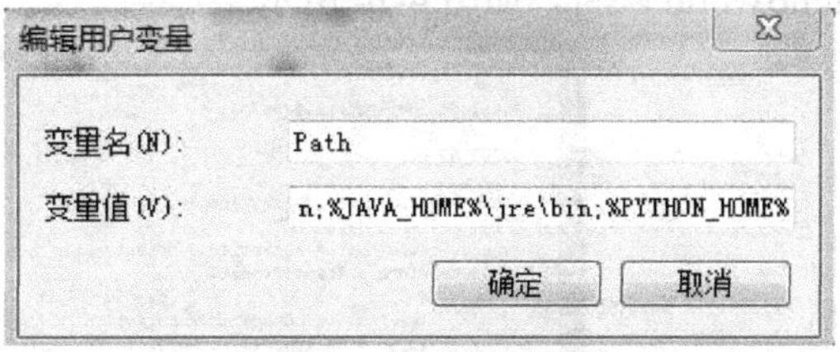

图 4-11　修改 PATH 变量

配置完成后，在命令行中输入“python”，如果显示如图 4-12 所示，则说明配置成功。

图 4-12　配置成功

3．创建 Cocos2d-x 项目

解压 cocos2d-x 3.7 压缩包，如 D:\software 文件夹，进入 D:\software\cocos2d-x-3.7\tools\cocos2d-console\bin 目录，按住 Shift+鼠标右键，在此处打开命令窗口，输入命令“python cocos.py new HelloWorld –p com.coocs2dx.org –l cpp –d myprojects”，如图 4-13 所示。命令行指令解释如下：

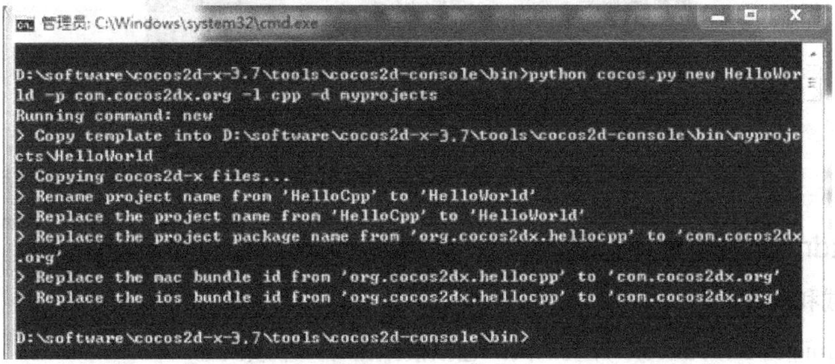

图 4-13　创建项目

① HelloWorld：新建项目名称。

② -p com.cocos2dx.org：android 项目下的包名。

③ -l cpp：新建项目所使用的编程语言。

④ -d myprojects：保存项目的目录。Cocos2d-x 会在当前目录（即 cocos2d-x-3.7 目录）下新建一个 myprojects 文件夹。也可以保存在自己想要存放的地方。

如果一切正常，则项目创建成功。关闭命令行，再次进入 cocos2d-x-3.7 目录，会发现新建的 myprojects→HelloWorld 项目。该项目下有 3 个重要的目录：

❖ proj.android：Android 平台下的项目文件。

❖ proj.ios_mac：iOS 平台下的项目文件。

❖ proj.win_32：Windows 平台下的项目文件。

进入 proj.win_32 目录，双击 HelloWorld.sln 文件（项目解决方案）。使用 Visuall Studio 打开 HelloWorld 项目，如图 4-14 所示。

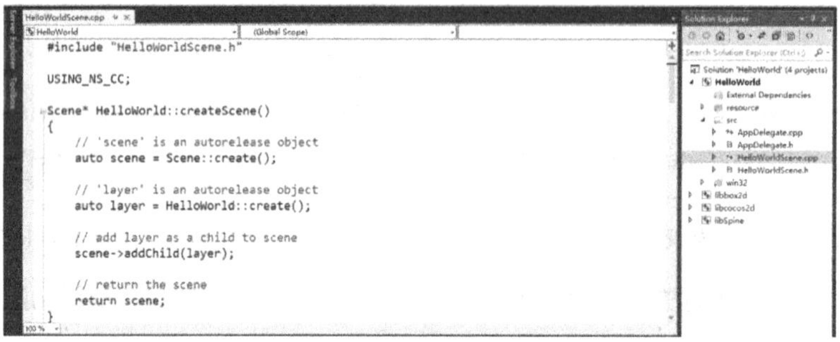

图 4-14　HelloWorld 项目

选择 HelloWorld 并单击右键，将其设为启动项目，展开上方的“调试”按钮，选择“开始执行（不调试）”或按快捷键 Ctrl+F5，开始执行 HelloWorld 项目。第一次执行比较慢，需要等待一段时间，执行结果如图 4-15 所示。

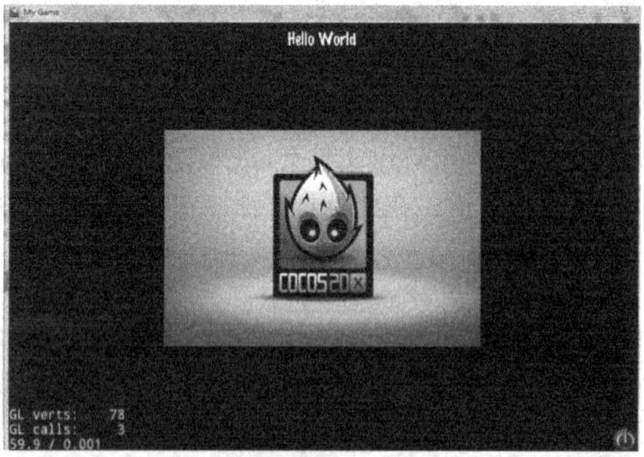

图 4-15　HelloWorld 运行效果

4.4.2　Android 开发环境配置

1．下载和安装

① Android SDK：Android 开发工具，包括模拟器等，下载网址：

http://www.developer.android.com/sdk/index.html

② Android NDK：Android 原生态本地开发包，作为 SDK 的补充，辅助 SDK 进行编译开发，支持 C 和 C++，下载网址：

http://www.developer.android.com/tools/sdk/ndk/index.html

③ JDK：Java Development Kit，是 Java 的开发工具，下载网址：

http://www.oracle.com/technetwork/java/javase/downloads/index.html

下载后直接运行安装即可，如安装路径为 C:\Program Files(x86)\Java\jdk1.7.0_21，添加环境变量"JAVA_HOME=C:\Program Files(x86)\Java\jdk1.7.0_21"，在 PATH 后增加";%JAVA_HOME%bin"。

④ ANT：一个 Apache 基金会下的跨平台的构件工具，可以实现项目的自动构建和部署等功能，这里用来自动构建 Android 程序。下载网址：http://ant.apache.org/bindownload.cgi；

⑤ Eclipse：支持 Java 和 Android 开发的开源集成开发工具。下载 Android SDK 时下载的 ADT 中包含了 SDK 和 Eclipse。

⑥ Python 2.7.8（建议使用该版本，比较稳定），下载网址：

http://www.python.org/downloads/

安装时默认选项即可，设置环境变量可参考前面 Windows 开发环境搭建。

⑦ Cocos2d-x 3.7 压缩包，下载网址：

http://www.cocos.com/download/cocos2d-x/

解压 Cocos2d-x 3.7，假设解压路径为"D:\software\cocos2d-x-3.7"，在环境变量中的 PATH 变量末尾添加";D:\software\cocos2d-x-3.7\tools\cocos2d-console\bin"。

将下载的 Android SDK、Android NDK、ANT 解压到一个文件夹下，如"D:\Android"。

2．设置 Android 的环境变量

右键单击"计算机"，然后选择"属性"→"高级系统设置"→"环境变量"，在这里配置 Android 的环境变量，所需配置的变量名和变量值分别为：

```
ANDROID_SDK_ROOT:D:\Android\adt-bundle-windows-x86-20140321\sdk
NDK_ROOT:D:\Android\android-ndk-r10e
ANT_ROOT:D:\Android\apache-ant-1.9.6\bin
```

3．构建 Cocos2d-x 项目

新建 Cocos2d-x 项目可参照 4.2.1 节，创建好 HelloWorld 后，再次打开命令行，输入

```
cd D:\software\cocos2d-x-3.7\tools\cocos2d-console\bin\myprojects\HelloWorld
```

回车，进入 HelloWorld 所在目录，执行命令

```
cocos compile -p android
```

用来编译当前目录下的 Android 工程，如图 4-16 所示。

图 4-16　编译 Android 工程

回车后，可以看到编译开始，最后如果显示如图 4-17 所示的结果，则说明编译成功。

进入 D:\software\cocos2d-x-3.7\tools\cocos2d-console\bin\myprojects\HelloWorld \bin\debug\android 目录下，可以看到 Android 的文件 HelloWorld-debug.apk，说明构建成功。

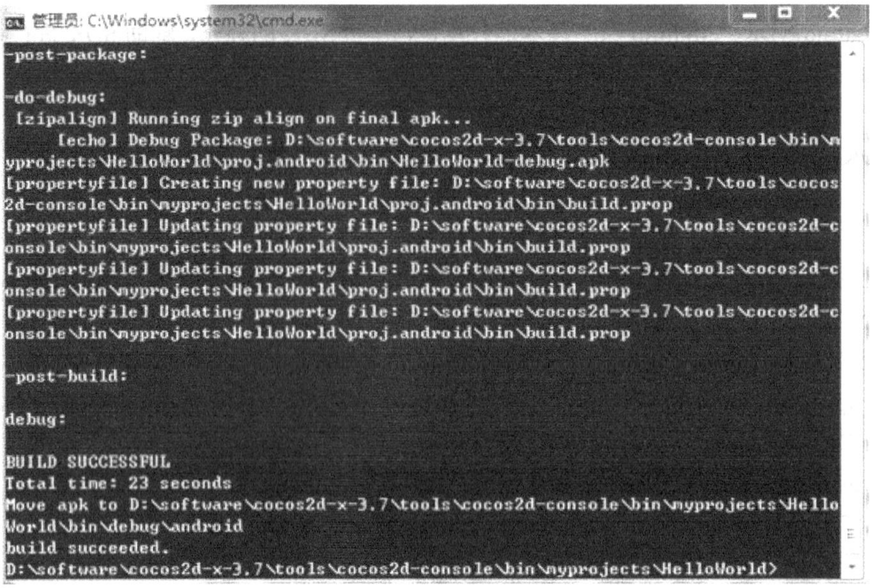

图 4-17　编译成功

4．在 Eclipse 下运行程序

① 找到之前的 adt 目录 D:\Android\adt-bundle-windows-x86-20140321，其中包含了 SDK 和 Eclipse 目录。进入 Eclipse 目录，双击 Eclipse.exe，运行 Eclipse 集成开发工具。

② 确定 SDK 和 NDK 的路径是否正确。选择“Window”→“Peferences”命令，打开选项对话框；选择“Android”节点，查看 SDK Location 是否正确，具体为“D:\Android\adt-bundle-windows-x86-20140321\sdk”。如果没有，则手动把 SDK 的根目录添加进去，如图 4-18 所示。

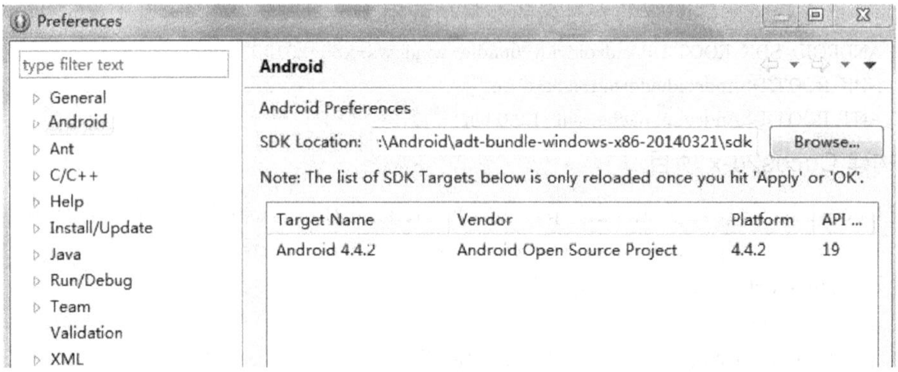

图 4-18　Android 的 SDK 设置

接着选择“Android”→“NDK”节点，在“NDK Location”中输入“D:\ Android\adt-bundle-windows-x86-20140321\android-ndk-r9d”。

③ 导入 HelloWorld 项目。选择“File”→“Import”命令，打开导入对话框，选择“Android”→“Existing Android Codes Into WorkSpace”，如图 4-19 所示，然后单击“Next”按钮。

④ 在 Root Directory 中输入“D:\software\cocos2d-x-3.7\tools\cocos2d-console\bin\myprojects\HelloWorld\proj.android”，如图 4-20 所示。或者单击“Browse”按钮，找到 HelloWorld 项目下的 proj.android 目录，此时会列出 HelloWorld 工程，单击“Finish”按钮把工程导入进来。

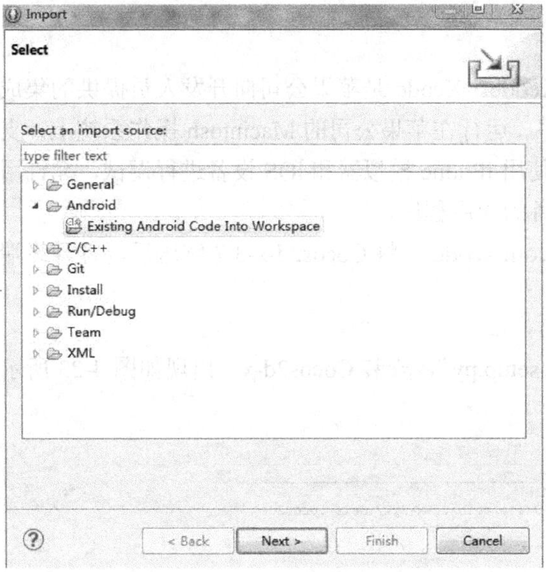

图 4-19　导入 Android 项目

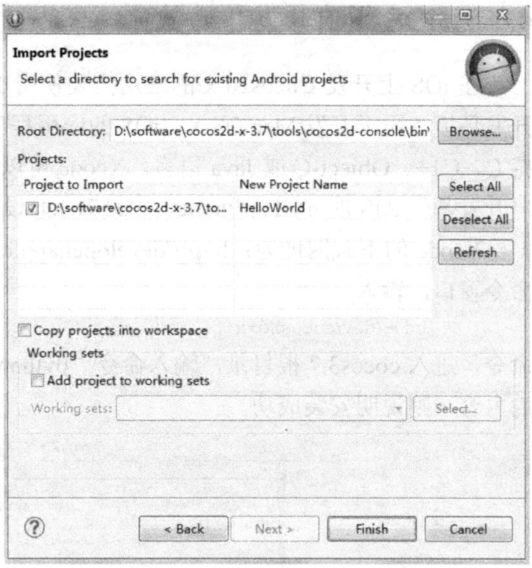

图 4-20　导入 HelloWorld 项目

④ 导入 HelloWorld 项目后，会有红色的错误提示，如图 4-21 所示。这时选择 HelloWorld 项目并单击右键，选择“Properties”命令，再选择“Android”节点，可以看到是因为缺少了 Cocos2d 的包，如图 4-22 所示。

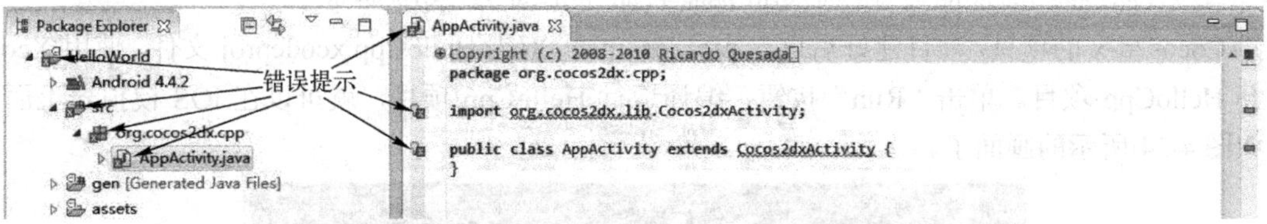

图 4-21　导入 HelloWorld 项目时的错误提示

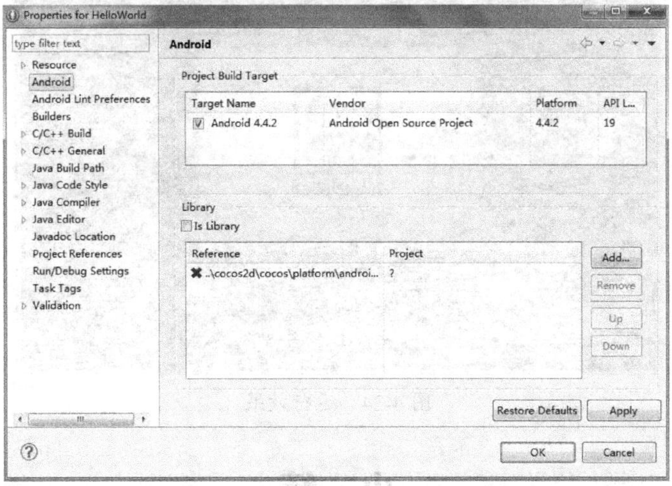

图 4-22　缺少 Cocos2d 的包

解决方法是，到 D:\software\cocos2d-x-3.7\cocos\platform\android\java\src 下将类包复制到当前项目的 src 下即可，或者通过类库项目方式进行引用。

⑤ 连接到 Android 手机，选择“运行”，部署到手机就可以了。

4.4.3 iOS 下的开发环境配置

在 iOS 上开发 Cocos2d-x 的应用需要使用 Xcode。Xcode 是苹果公司向开发人员提供的集成开发环境，用于开发 Mac OS X、iOS 的应用程序，运行在苹果公司的 Macintosh 操作系统上，支持 C、C++、Object-C 或 Java 语言。Xcode 可以使用 iPhone 模拟器和 iOS 设备进行调试，允许用户开发基于 iOS 的 iPad、iPhone、iPad Touch 设备的应用程序。

Xcode 的下载网址为：http://developer.apple.com/xcode/。将 Cocos2d-x-3.7 解压后，打开终端命令窗口，输入

```
cd ~/dev/cocos2d-x-3.7/
```

命令，进入 cocos3.7 根目录，输入命令“python sctup.py”，安装 Cocos2d-x，出现如图 4-23 所示的内容，则说明安装成功。

图 4-23　cocos2d 安装提示

输入命令

```
cocos new HelloCpp -p org.cocos2dx.com -l cpp -d /Users/a123/Desktop
```

创建 Cocos2d-x 的项目，项目建好后进入 proj.ios_mac，双击 HelloCpp.xcodeproj 文件，使用 Xcode 打开 HelloCpp 项目。单击“Run”按钮，编译运行 HelloCpp 项目，就可以在 iOS 模拟器上面看到如图 4-24 所示的画面了。

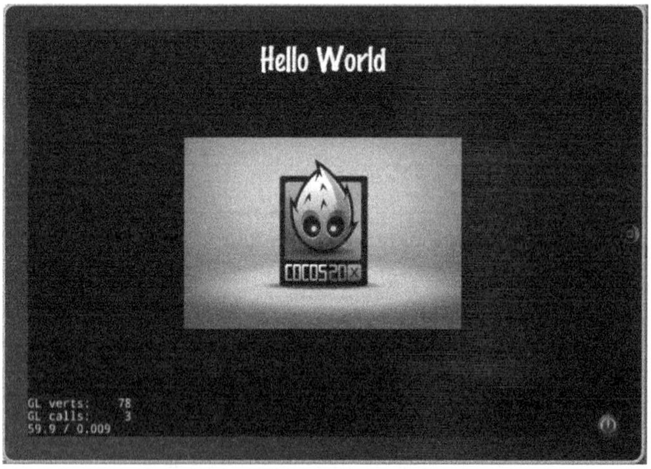

图 4-24　运行效果

小　结

本章主要介绍了游戏引擎产生的背景及其主要功能，列举了若干常用的游戏引擎，侧重介绍了各引擎突出的优点及其缺点。考虑到 Cocos2d-x 属于 2D 开源引擎，文档丰富，容易上手且跨平台能力强，因此本书选择 Cocos2d-x 进行深入探讨。从 Cocos2d-x 引擎总体结构的角度，本章

介绍了其中的一些重要概念，如场景管理、坐标系、用户交互处理、内存管理和新增的 3D 特性等，最后介绍 Cocos2d-x 开发的第一步——开发环境的配置，兼顾了 Windows、Android 和 iOS 三大主流平台，读者将在后续章节中着手创建自己的游戏实例。

习 题 4

1．简述使用游戏引擎的好处。

2．游戏引擎一般有哪些功能？

3．请列举出几款当今市场上比较流行的游戏，并指出其使用的游戏引擎。

4．Cocos2d-x 的核心类包括哪些？

5．Cocos2d-x 中的事件处理机制包含哪几个步骤？

6．Cocos2d-x 是如何管理内存的？

7．使用 Cocos2d-x 创建一个精灵，并在屏幕中显示出来。

8．Cocos2d-x 的导演类采用了单例模式，试简述单例模式的概念。

9．Cocos2d-x 支持哪些 3D 模型格式？有何区别？

10．Cocos2d-x 坐标系与标准屏幕坐标系有何区别？

11．试查找相关资料，对 Cocos2d-x 与 Unity3D 引擎进行比较。

第 5 章　二维游戏场景绘制

二维游戏的编程技术仍然是游戏软件开发的基础。本章将介绍二维游戏的场景绘制相关技术，如二维游戏地图的绘制、文字和字体呈现、菜单项和滚动框及扩展控件的实现等。其中，文本绘制、菜单项、滚动窗口和扩展控件都属于游戏场景。通过这些知识的学习，读者可以进一步了解二维游戏场景绘制效果的基本编程方法，并对游戏的基本结构和交互流程有初步的认识。

5.1　游戏场景的组织和管理

在实时绘制的前提下，确保一定的画面质量，控制每帧绘制的图形数目，并检测游戏中的物理特性等，这就是游戏场景的组织和管理，大致可从三个层面考虑：一是考虑场景的几何组织和优化，着重提高场景的绘制效率，建立优化的场景表达模型；二是考虑场景的画面质量，前提是保证绘制速度，可采用纹理映射、粒子系统等特效生成技术；三是考虑基于真实物理定律的游戏效果模拟，主要包括物理遮挡和碰撞检测。

场景图是游戏场景的一个重要的组织和管理方式，是将场景中的各种数据以图的形式组织在一起的场景数据管理方式，常表现为树状结构。根节点是整个场景，树中的每个节点可以有任意多个子节点，每个节点存储场景集成的数据结构，包括几何物体、相机、声音等属性。

场景图也可以看成一个有向循环图，基于场景图表示的场景绘制分为两步进行。第一步，根据游戏的需要更换场景图必要的部分。这种更新是局部的，不需要从根节点遍历，如果某个节点的状态改变，则会影响所有子节点的状态。第二步，场景的剔除和绘制过程。对于每个节点，首先剔除由于遮挡而不可见的部分，并保存上一节点的绘制状态，待该节点和它的子节点绘制完成后，再恢复上一节点的绘制状态。

场景是游戏中重要的组成部分，也是面对用户的直接的接口。一般来讲，二维游戏场景就是一个个关卡，每个关卡都会因游戏中情节的需要而设定不同的层和精灵。

从系统实现的角度看，二维游戏程序应该具备两个基本功能：交互和输出。交互部分根据用户的操作，改变游戏的各种数据，以反映游戏的当前状态。输出部分处理游戏运行过程中的各种数据，在输出设备（如显示器、音箱）上展现游戏的内容，包括游戏画面、游戏音效、游戏提示等。这两个部件的执行由调度模块指挥，协调它们的运行。简单的调度模块是一个 do-while 循环，串行执行：交互 → 输出 → 再输出 → 再绘制→……当然，也可以将这两个部件分成不同的线程，并行执行。

例如，编写一个探险类的二维小游戏，实现下面的典型场景：玩家控制的游戏角色在地图上移动，寻找各种物品。游戏采用简单的调度模块，即 do-while 循环来控制。图形部件将游戏窗口分割为若干个小块，用地图图像填充，然后读取玩家的位置、方向、状态等信息，将角色绘制到地图上。交互部件不断检测玩家的输入，并据此更改相应的场景节点数据，同时图形部件在显示器上更新场景。

为了实现这个基本的二维游戏框架，首先要实现游戏地图的各种加载和编辑操作，为角色提供游戏环境，添加文字标签、菜单项和扩展控件。本章将叙述如何实现这些操作。

在 Cocos2d-x 中，由导演类 Director 统一管理所有的游戏场景，单一场景由 Scene 类实现，以类似场景图的节点树来组织场景内的游戏元素。

导演类 Director 对场景的管理主要分为以下 5 方面。

① 游戏启动时，运行游戏主场景。

② 不同场景之间的切换。这里分为两种情况：一是根据游戏的需要直接切换当前的场景（当前场景会被释放掉），或者在不释放当前场景的情况下，加载新场景，并将当前场景压入栈中；二是在运行的新场景会被经常用到或者希望保留当前场景的时候。

第二种情况是释放当前场景，运行当前场景之前最近的一个未被释放的场景。如果没有未被释放的场景，则游戏将结束。这个方法与场景切换的第二个方法是相对应的，需要成对使用，这两个方法可以实现游戏中经常出现的操作，如实现由主界面进入游戏说明界面，再返回到主界面。但是这样会相当消耗内存，要切换的场景应该占用少量的内存，并且不会被切换到其他场景。

③ 游戏的暂停。暂停当前场景中的定时器和动作，但场景仍然会显示在屏幕上。

④ 游戏的恢复。恢复当前场景中已经被暂停的定时器和动作。与前一个步骤是相对的。

⑤ 游戏的终止。结束场景，并退出游戏。

5.2 游戏画面背景

游戏画面背景的好坏直接影响游戏产品的销量。开发者习惯性地将游戏画面背景当成“地图”，随着游戏开发技术的不断革新，对游戏画面背景的要求也逐渐提高。

游戏画面背景的特点如下：游戏画面背景通常会覆盖整个显示屏，甚至大于显示屏的大小，整个显示屏无法完全显示，游戏中的其他元素在画面背景层的上方显示。其次，画面背景一般是静态的，但并不一定是完全不动的，有些游戏因剧情需要，或希望游戏画面更具吸引力，会添加动态的画面，如流动的水、飘落的花瓣等。最后，游戏的画面背景不能简单理解为仅仅由单一的图片组成，还存在更复杂的情况。在许多游戏中，画面背景会由很多的层次共同组成，通常分为前景层、远景层、底色层和建筑层。

5.2.1 二维游戏背景的类型

按照维度划分，游戏可以分为二维平面游戏和三维立体游戏，即 2D 游戏类型和 3D 游戏类型。虽然三维技术的问世为游戏产品的带来的巨大的革新和发展，但是二维平面游戏没有因此被替代和埋没。二维游戏因其独特的游戏效果和体验，仍然会在游戏市场中占据一席之地。游戏开发者一直关注着二维游戏中的画面背景的实现技术，因为一成不变的画面感、大同小异的游戏场景会使用户产生视觉疲劳，使游戏产品失去用户。从 30 年前的《超级玛丽》到现在的《捕鱼达人》，游戏中背景画面的实现技术愈发成熟，也因此赢得了更多的玩家。

游戏中背景大致可以分为 3 种：平面滚动型、斜 45 度型、俯视角型。

① 平面滚动型：大多数二维游戏产品均是此类型，多用于冒险类和设计类的游戏。这类游戏的特点是保持游戏主角不动，游戏背景向反方向运动，使游戏主角与背景产生相对运动，从而制作出动画效果。平面滚动型还可以分为横向滚动、纵向滚动和自由滚动 3 种。典型的游戏如《1942》、《塞尔达传说》等。

② 斜 45 度型：主要用于策略类和角色扮演类游戏，允许开发者创建壮观的、详细的视觉效

果，常见于一些日韩的角色扮演类游戏中。这类游戏的特点是背景中的物体具有层次感，有视觉上的遮挡关系。典型的游戏如《最终幻想》、《仙剑奇侠传》等。

③ 俯视角型：常见于棋牌类和策略类的游戏。这类游戏的特点是站在俯视的角度，观察整个游戏。典型的游戏如《三国志》、《黑色沙漠》等。

其实一款游戏的开发设计并不单单局限于一种游戏背景，还可以是以上 3 种类型的任意组合。

5.2.2 游戏地图的创建和显示

在二维游戏中，地图是一个不可或缺的要素。不同的游戏对地图有不同的要求。有些游戏要求地图尽量接近现实，有真实感；有的游戏则只需要一个简单的背景图片。本节将介绍一些常见的地图类型。

如果只需要一幅背景图片，那么可以简单地把图像读取到内存中，在绘制的时候绘制到屏幕上。在一般情况下，地图很大，如果把整个地图作为一个图像文件进行操作，会耗费大量内存资源，或需要长时间读取存储介质上的内容。一般的处理方法是将大的地图区域拆分成小块，每块对应一个小块地图（tile），这些小块的地图可以重复使用，并且可以拼合在一起，形成大的地图。本节将介绍 4 种通用地图实现的方法：固定地图、滚屏地图、多层次地图、菱形地图。

1. 固定地图

固定地图使用固定的背景作为地图，并将屏幕切割成棋盘状的一系列小块。应用程序在内存中保持一个二维数组，保存每个小块对应的编号。绘制时根据数组所提供的信息，在每个小块中画上正确的图块，即可拼接成所需要的地图，如图 5-1 所示。实现代码如下：

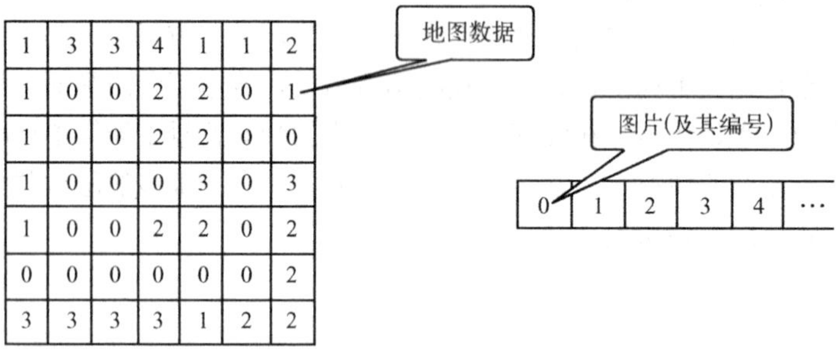

图 5-1 地图的拼接

```
for (yi = 0; yi<Y 轴小地图个数; yi++){
    for(xi = 0; xi<X 轴小地图个数; xi++){
        int  screenx = xi * tile_wide;                // 乘以宽度得到最后屏幕上位置
        int  screeny = yi * tile_high;
        // 这个数组中存放着对应位置的小地图编号，如 1 表示水，2 表示石头，3 表示砖等
        int  tileid = mapping_matrix[yi][xi];
        blit(tillid, screenx, screeny);               // 自编函数，把相应地图贴到正确位置
    }
}
```

其中，blit()函数可以通过调用 Windows 系统的 API 函数 BitBlt()直接实现，说明如下：

```
BitBlt( hdc,                          // 设备上下文句柄 (Handle to Device Context)
        screenx, screeny,
        tile_wide, tile_high,
        hdcSrc,                       // 小地图所在的设备上下文句柄
```

```
tileid * tile_wide, 0,                  // 本例将小地图按编号依次排列，拼接成一起，方便读取，显示
                                        // 时，将编号乘以小地图宽度即得所需小地图图像左上角的横坐标
SRCCOPY);
```

2．滚屏地图

滚屏地图是固定地图的进一步扩展（如图 5-2 所示），可以显示远大于固定地图的图像。每屏只显示部分图像，当游戏中人物角色行进时，根据玩家所在位置，确定显示的地图部分。

图 5-2　滚屏地图

设置变量：

- ❖ Playerx、playery — 人物相对于完整地图左上角的坐标。
- ❖ screen_wide、screen_high — 屏幕的宽和高。
- ❖ xtile — 屏幕上 X 轴上可显示的小地图个数。
- ❖ ytile — 屏幕上 Y 轴上可显示的小地图个数。
- ❖ tileplayerx=playerx/tile_wide — 人物所在格 X 轴下标。
- ❖ tileplayery=playery/tile_high — 人物所在格 Y 轴下标。

应该绘制的地图范围如下：

- ❖ X 轴 — 由 tileplayerx-xtile/2 至 tileplayerx+xtile/2。
- ❖ Y 轴 — 由 tileplayery-ytile/2 至 tileplayery+ytile/2。

当人物在屏幕正中央时，地图到屏幕的位置变化公式为：

```
screenx=xi * tile_wide - playerx + 0.5 * screen_wide
screeny=yi * tile_high - playery + 0.5 * screen_high
```

因此，实现代码变为：

```
int   beginx = tileplayerx - xtile/2;
int   endx = tileplayerx + xtile/2;
int   beginy = tileplayery - ytile/2;
int   endy = tileplayery + ytile/2;
tileplayerx = playerx / tile_wide;
tileplayery = playery / tile_high;
for (yi = beginy; yi<endy; yi++){
    for (xi = beginx; xi<endx; xi++){
        int   screenx = xi * tile_wide - playerx + 0.5 * screen_wide;        // 屏幕上位置
        int   screeny = yi * tile_high -  playery + 0.5 * screen_high;
        int   tileid = mapping_matrix[yi][xi];                               // 地图数据数组
        blit(tillid, screenx, screeny);                      // 自编函数，将相应地图贴到正确位置
    }
}
```

3．多层次地图

当遇到下列情况时，可以考虑使用如图 5-3 所示的多层次地图：需要小地图能重叠或者有层次关系，在背景上有多个物体运动，或者需要模拟物体远近不同的透视关系。多层次地图的实现思想并不复杂。在滚屏地图的基础上设置多个层次的地图即可。不妨设从底往上分别为 0 层、1 层……把地图数据数组改为三维数组。

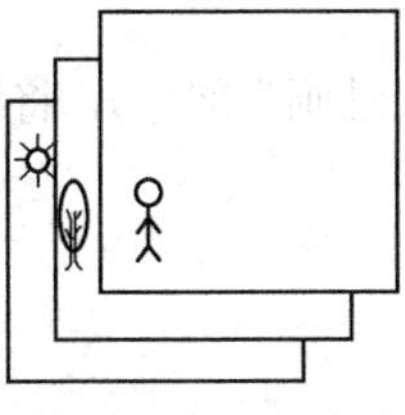
图 5-3　多层次地图

其次，如果希望某层的某一格透明显示，可以采用一个特定的数据（如负数）表示，则：

```
for (yi = beginy; yi<endy; yi++) {
```

```
for (xi = beginx; xi<endx; xi++){
    int screenx = xi * tile_wide - playerx + 0.5 * screen_wide;          // 屏幕上位置
    int screeny = yi * tile_high - playery + 0.5 * screen_high;
    for (layeri=0; layeri<numlayers; layeri++){
        int tileid = mapping_matrix[layeri][yi][xi];                     // 地图数据数组
        if (tileid>=0)
            blit (tillid, screenx, screeny);                             // 把相应地图贴到正确位置
    }
  }
}
```

更进一步，可以使每个图层以不同的速度运动。例如，使底部的表示背景的图层移动慢，前景图层移动快，这与现实生活中近大远小的经验是一致的，从而模拟了景物远近不同的层次感。这种技术又称为视差卷轴（parallax scroller）。具体实现时，可以对每个图层赋予一个单独的观察者位置，设置每层的观察者位置的运动速度不相同，即可达到目的。

4. 菱形地图

除了使用视差卷轴技术来模拟三维效果外，还有一种在二维画面上表现三维场景的常用技术，即菱形地图技术。菱形地图拼接使用的小地图是菱形，而不是上文用到的矩形地图，所以关于贴图位置的计算方法较为复杂。

首先，按照如图 3-6 所示的方式将地图分割并标上二维坐标。通常，前一个坐标值被称为 *x* 坐标，后一个被称为 *y* 坐标。从图 5-4 可以看出，当 *x* 坐标值增大 *n* 时，对应的菱形水平位置右移 *n*×菱形小地图长度/2，竖直位置下移 *n*×菱形小地图高度/2。同理，当 *y* 坐标值增大 *n* 时，对应的菱形水平位置左移 *n*×菱形小地图长度/2，竖直位置下移 *n*×菱形小地图高度/2。

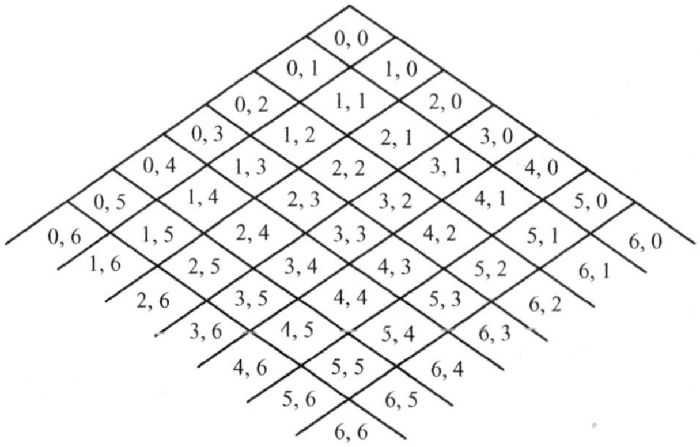

图 5-4 菱形地图的排列

设置变量 MAXSCREENX 和 MAXSCREENY 为窗口的宽和高，TILEWIDE 和 TILEHIGH 为菱形地图的宽和高，Data[100][100]为地图数据数组。创建变量 hdcTiles[4]对应的内存设备中，存储 4 个不同的矩形小地图，地图 4 个角用纯绿色填充。

在输出图像时，使用 TransparentBlt()函数（此函数具体用法见后文“精灵动画”部分），将绿色作为透明关键色，即裁去 4 个角，从而实现菱形图像效果，代码如下：

```
int MapDraw(HDC hdc){
    int  i, j;
    int  lim=MAXSCREENX/TILEWIDE;                    // 所需绘制地图的范围
    for (i=-lim; i<lim; i++){
```

```
            for (j=-lim; j<lim; j++){
                int sx=MAXSCREENX/2-(TILEWIDE/2)+(i*TILEWIDE/2)-(j*TILEWIDE/2);
                int sy=MAXSCREENY/2-(TILEHIGH/2)+(i*TILEHIGH/2)+(j*TILEHIGH/2);
                if((sx<MAXSCREENX) && (sy<MAXSCREENY) && (sx+TILEWIDE>0)
                                && (sy+TILEHIGH>0) && (playerx+i<100 && playerx+i>=0)
                                && (playery+j<100 && playery+j>=0) ){        // 边界判断
                    TransparentBlt(hdcMem, sx, sy, TILEWIDE, TILEHIGH,
                            hdcTiles[Data[playerx+i][playery+j]], 0, 0, TILEWIDE,
                            TILEHIGH, RGB(0, 255, 0));                      // 贴图
                }
            }
            //画到窗口
            BitBlt(hdc, 0, 0, MAXSCREENX, MAXSCREENY, hdcMem, 0, 0, SRCCOPY);
            return 0;
        }
```

在具体实现的时候，可以根据实际需要，参照前面提到的滚屏地图技术，加入键盘控制，通过移动观察者所在位置坐标，使地图能向斜 45° 的 4 个方向延伸。

图 5-5 显示了菱形地图拼接的效果。可以看出，菱形地图确实能很好地增强游戏地图的立体感。所以，该技术在各种流行的二维游戏中都得到了运用。

图 5-5　菱形地图的效果

5.2.3 砖块地图

在 5.2.2 节提到过，如果地图很大，需要将这个地图区域拆分成小块，每块对应一个小块地图，这些小块的地图可以重复使用，并且可以拼合在一起，形成大的地图。这也是砖块地图（Tile Map）的原理。本节将介绍 Cocos2d-x 中砖块地图的实现。砖块地图要求每个小块在地图上占据的区域为四边形或者六边形。将不同的砖块拼接在一起，就可以形成一张完整的游戏地图。这里需要许多不同尺寸的小的纹理来创建砖块，为了提高游戏运行时的绘图效率，可以将这些小纹理当成碎图处理，将它们放入一张大图中再进行绘图。

砖块地图分为平面游戏地图（砖块为矩形，如图 5-6 所示）和斜 45 度角砖块地图（砖块为菱形，如图 5-7 所示）。其中，45 度角砖块地图可以实现三维效果，可以创造出具有空间感、更加真实的游戏界面。

图 5-6　平面游戏地图

图 5-7　斜 45 度角砖块地图

如果将砖块地图按层次划分，那么上面的图层就会遮挡在它下方的图层，并且每个砖块都有

唯一的标记（GID），Cocos2d-x 可以识别并获取砖块的 GID，亦可以通过 GID 值获取砖块。注意：砖块地图的坐标与 Cocos2d-x 的坐标不同，砖块地图的坐标原点在左上角，水平向右为 *X* 轴方向，垂直向下为 *Y* 轴方向；而 Cocos2d-x 的坐标原点在左下角，水平向右为 *X* 轴方向，垂直向上为 *X* 轴方向。

5.2.4 砖块地图编辑器

游戏地图的创建和绘制是十分复杂的事，因而提出了一种图形化工具来完成游戏地图的编辑——砖块地图编辑器（Tiled Map Editor）。砖块地图编辑器是 Cocos2d-x 支持的地图编辑器，Cocos2d-x 可以将编辑器生成的文件（TMX 格式）进行解析。砖块地图编辑器是一个开源的项目，支持 Windows、OS X 和 Linux 等操作系统，分为 Qt 和 Java 两个版本。Qt 即 Q toolkit 跨平台 C++ 图形用户界面应用程序开发框架。砖块底图最开始是基于 Java 开发出来的，后来移植到 Qt 下，现在 Java 版本已经停止更新了，所以下面讲述 Qt 版本的 Tiled Map Editor。

砖块地图编辑器可以在 http://www.mapeditor.org/上进行下载，下载成功后安装即可。安装过程很简单，安装成功的砖块地图编辑器的主界面如图 5-8 所示。

图 5-8　砖块地图编辑器的主界面

接下来介绍如何利用砖块地图编辑器制作游戏地图。

① 新建地图。选择菜单“文件”→“新文件”命令，新建一张地图，如图 5-9 所示，弹出的窗口如图 5-10 所示。其中，“地图方向”的选项“正常”表示垂直 90 度的视角、“45 度”表示 45 度砖块地图；“地图大小”项以块为单位，“宽度”和“高度”都是通过块数来定义的；“块大小”项以像素为单位，“宽度”和“高度”均为每个图块的尺寸；通过地图大小和块大小可以计算出地图的尺寸，单位为像素。这里设置如下：“地图方向”为“正常”，“地图大小”的“宽度”为 20 块，“高度”为 15 块，“块大小”的“宽度”和“高度”均为 32 像素。

完成后的界面如图 5-11 所示，界面上方为工具栏，工具栏下方的几个窗口从左到右依次为属性窗口、地图绘制窗口、工具窗口。

② 新建图块。选择菜单栏“地图”→“新图块”命令，新建图块，如图 5-12 所示，弹出的窗口如图 5-13 所示，并对其进行设置：“图像”项的“source”表示用来绘制地图的素材，将自己准备好的素材导入即可，“边距”和“间距”的默认值为零，但为了在制作地图过程中方便观察，

图 5-9　新建地图

图 5-10　弹出的窗口界面

图 5-11　新建地图完成后的界面

图 5-12　新建图块

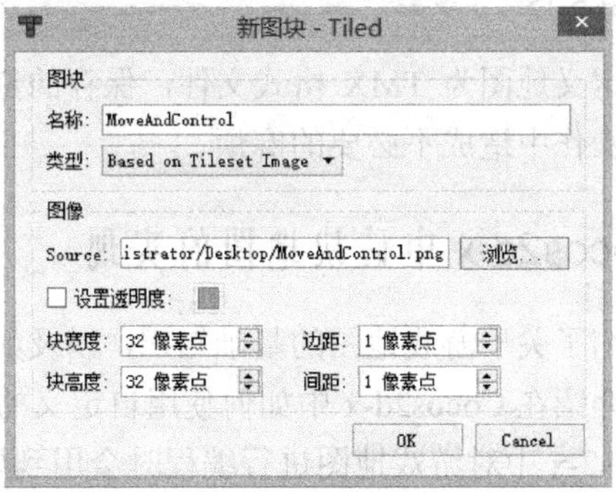

图 5-13　弹出窗口

这里设置“边距”和“间距”的值为 1 像素点。新建图块完成后的界面如图 5-14，在界面的右下角就会出现刚刚新建的图块。

③ 填充工具的使用。在主界面的左上角的第二行有几个工具，分别为图章刷、地形刷、填充和橡皮，如图 5-15 所示。图章刷的作用是单个图块填充，填充是批量填充，橡皮可以抹掉填充错误的图块。

图 5-14 新建图块完成后的界面

④ 修改块层的属性。在主界面的左端有属性窗口中可以对每个块层的属性进行修改。

⑤ 地图的绘制。先在图块窗口选择需要的图块，再在地图绘制窗口，进行地图的绘制，绘制完成的效果如图 5-16 所示。

图 5-15 工具栏

图 5-16 完成地图绘制的效果

保存自定义地图为 TMX 格式文件，保存的位置最好与创建地图时用到的图片文件一致，以免在后来的操作中造成不必要的麻烦。

5.2.5 Cocos2d-x 中砖块地图的实现

前面介绍了关于游戏地图的基础知识，以及如何利用砖块地图编辑器来设计自定义的游戏地图。本节将介绍在 Cocos2d-x 中如何使用自定义的游戏地图。

在 Cocos2-x 中对游戏地图进行编程时会用到如下 3 个类：TMXTiledMap 类（砖块地图集类）、TMXLayer 类（地图层类）、TMXObjectGroup 类（地图物体层类）。

TMXTiledMap 类支持砖块地图编辑器编码的数据文件，可以解析地图文件（TMX 格式）。在编程时经常利用 TMXTiledMap 类的静态 create 方法创建地图对象，函数原型如下：

```
static TMXTiledMap* create(const std::string& tmxFile);
```

其中，参数 tmxFile 为地图文件的路径，注意地图文件和创建地图时用到的文件的位置关系。

然后将地图对象添加到场景中，就可以将自定义的游戏地图加载到游戏中。实现代码如下：

```
auto testMap = TMXTiledMap::create("ddd.tmx");
```

```
addChild(testMap);
```

在一个地图中可以有很多层次，在 Cocos2d-x 中也有这样的一个类来表示地图的一个层次，即 TMXLayer 类。TMXLayer 类是精灵帧批处理类（SpriteBatchNode 类）的子类，地图层包含了地图对象，在创建地图时，地图层就会被创建。但是如果地图层设置为不可见，是不会被创建的，直到被设置为可见时才会被创建。地图对象可以通过地图中的图层名来获得图层名对应的对象，也可以通过标签获得其对应的图层，方法如下：

```
testMap->getChildByTag(1);
testMap->getLayer(layer1);
```

除了地图层还有一个物体层，物体层由许多对象组成，在 Cocos2d-x 中用 TMXObjectGroup 类表示地图中的物体层的对象集合。每个 TMXObjectGroup 类的对象中包含了多个 TMXObject 类的对象。由此可知，TMXObject 类表示地图中的物体层的对象集合中的一个对象。

以上介绍的类均是用来实现 Cocos2d-x 中的砖块地图，接下来介绍如何在游戏中实现拖曳地图的效果，代码片段如下：

```
// 加载游戏地图到游戏中
TMXTiledMap *testMap = TMXTiledMap::create("bgfiled.tmx");
addChild(testMap, 0, 1);
// 设置地图位置
testMap->setPosition(0, 0);
testMap->setAnchorPoint(Point(0, 0));
// 为多触点事件注册事件监听器
auto listener = EventListenerTouchAllAtOnce::create();
// 手指在屏幕上移动时执行回调函数 onTouchesMoved
listener->onTouchesMoved = CC_CALLBACK_2(HelloWorld::onTouchesMoved, this);
// 为多触点事件添加监听器
_eventDispatcher->addEventListenerWithSceneGraphPriority(listener, this);
```

回调函数 onTouchesMoved()中重新定位地图：

```
// 获得第一个触点
auto touch = touches[0];
// 获得连续两触点的增量值
auto d = touch->getDelta();
log("d.x= %f, d.y= %f", d.x, d.y);
// 获得地图对象
TMXTiledMap * node = (TMXTiledMap *)getChildByTag(1);
// 获得地图对象现在的位置坐标
auto curPos = node->getPosition();
// 计算地图大小
int mapWidth = node->getMapSize().width*node->getTileSize().width;
int mapHeight = node->getMapSize().height*node->getTileSize().height;
auto point = CC_POINT_PIXELS_TO_POINTS(Point(mapWidth, mapHeight));
// 获得屏幕大小
Size visibleSize = Director::getInstance()->getVisibleSize();
// 地图要移动的目标位置
auto moveVec = curPos+ d;
// 地图可移动的最大范围
auto maxPos = Point(visibleSize.width - point.x, visibleSize.height - point.y);
// 设置地图对象的新坐标，判断地图要移动的目标位置是否在可以动的范围内，若在，则移动地图，否则地图不动
if((moveVec.x<=0) && (moveVec.x>=maxPos.x) && ((moveVec.y<=0) && (moveVec.y>=maxPos.y)))
```

```
{
    node->setPosition(curPos+ d);
}
else{
    node->setPosition(curPos);
}
```

5.3 文字与字体

计算机游戏在表现形式上，除了图外，文字也是很重要的元素，字体的实现是所有游戏引擎都会提供的一个组件。

一个美观的游戏界面是并不是一个漂亮背景图就可以实现的，文字作为游戏中必不可少的组成部分，在游戏界面中处处可见，可以使用户快速掌握游戏的玩法，迅速进入游戏。这就要求游戏中的文字可以配合游戏背景和游戏的规划来进行合理的设置，以使游戏界面美观、不突兀。但是往往资源有限，可直接利用的资源始终太少，这就需要自己创造资源。本节将介绍如何利用字体编辑器 Bitmap Font Generator 创建自定义的游戏中经常会用到的 FNT 格式的字体文件，还将介绍在 Cocos2d-x 中如何利用系统字体和自定义的字体来绘制文字，实现游戏中文字的多样化。

5.3.1 字体编辑器

在游戏的制作过程中经常涉及 FNT 格式的字体，需要编程人员自行设计，本节介绍如何在 Windows 系统中利用字体编辑器制作 FNT 格式的字体。FNT 格式字体是位图字体，包括一个 PNG 格式的图片文件和 FNT 格式的字体坐标文件。

首先，下载并安装字体编辑器，下载网址为 http://www.angelcode.com/products/bmfont/。下载后安装即可，安装过程很简单。安装成功后，Bitmap Font Generator 的主界面如图 5-17 所示。

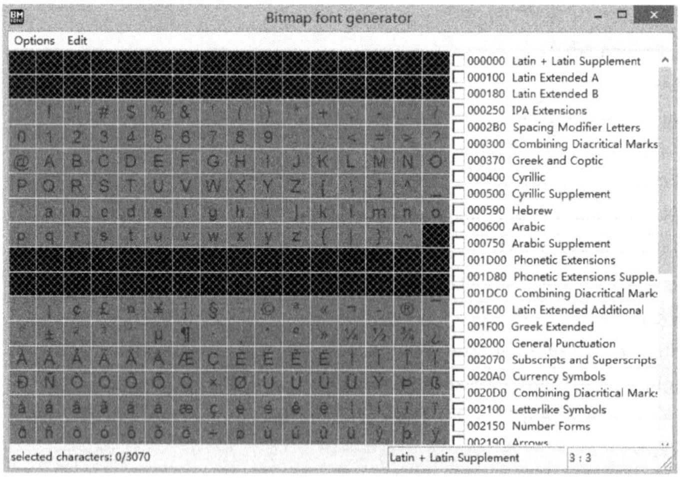

图 5-17 Bitmap Font Generator 的主界面

在 Bitmap Font Generator 的主界面中，左边是单独的字体，右边是字体库，可以从中选择需要的字母和符号，然后单击左上角的“Options”，选择“save bitmap font as...”或者直接按 Ctrl+S 组合键，即可保存。保存后会自动生成两个文件：图片文件（.png）和字体坐标文件（.fnt）。

Bitmap Font Generator 的其他选项介绍如下：

❖ Edit → Lear all chars in font 项——清空所有已选择的字符。

❖ Edit → Select chars from file 项——导入编码为 UTF-8 的文件。

❖ Option → FontSetting 项——设定需要导出的字体，打开的窗口如图 5-18 所示，根据自己的需要设置相应的项即可。

❖ Option → ExportOptions 项——设定导出样式，打开的窗口如图 5-19 所示，根据自己的需要进行设计，选项 Padding 用来设置文字的内边框，利用这个内边框可以对文字进行发光、描边等处理；选项 Presets 用来设置文字初始颜色样式；选项 Font descriptor 用来设置字体描述文件格式；选项 Texture 用来设置纹理图片的格式，一般为 PNG 格式。

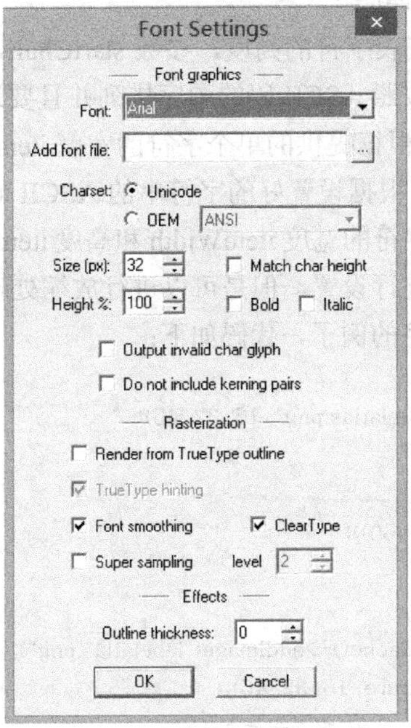

图 5-18 Option → FontSetting 项

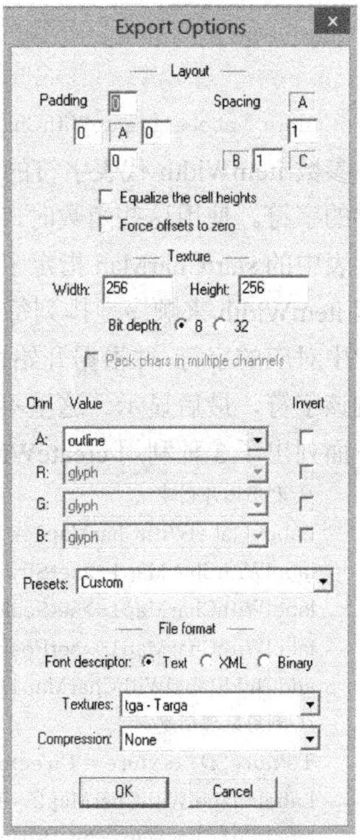

图 5-19 Option → ExportOptions 项

5.3.2 Cocos2d-x 中的文本绘制

在 Cocos2d-x 的文本绘制系统中，既可以直接使用系统提供的文字，也可以自定义绘制文字，这些功能由 Label 类实现。Label 类是一个标签类，是从 Cocos2d-x 3.0 才加入的，它的继承关系如图 5-20 所示。Label 类可以使用图片、纹理、Plist 文件三种方式来创建文字。这三种方法的实现函数原型分别如下：

```
static Label*  createWithCharMap(const std::string  &charMapFile,
                                 int  itemWidth,
                                 int  itemHeight,
                                 int  startCharMap);
static Label*  createWithCharMap(Texture2D*  texture,
                                 int  itemWidth,
                                 int  itemWidth,
                                 int  startCharMap);
```

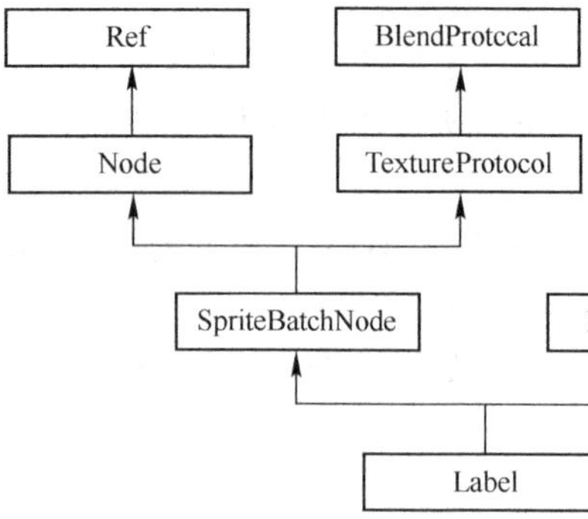

图 5-20 Label 类的继承关系

```
static Label*  createWithCharMap(const std::string& plistFile);
```

其中，参数 itemWidth 代表字符的宽度，参数 itemHeight 代表字符的高度，参数 startCharMap 代表起始的字符。使用这些函数时，图片文件中的字符需要按照 ASCII 码的顺序排列并且要连续，参数列表中的 startCharMap 指定了开始字符的 ASCII 码，并根据提供的单个字符的宽度 itemWidth 和高度 itemWidth 来顺序地排列每个字符。在显示字符时，根据设置好的字符串的 ASCII 码值找到图片中对应的字符，并根据开始字符的 ASCII 码值、单个字符的宽度 itemWidth 和高度 itemWidth 来找到该字符，最后显示。这里不能对创建的文字的大小进行设置，但是可以进行放缩处理。

下面列出了 3 种利用 createWithCharMap()函数创建文字的例子，代码如下：

```
// 利用图片创建
Label* labelWithCharMap1 = Label::createWithCharMap("labelatlas.png", 16, 32, 46);
labelWithCharMap1->setString("97531.");
labelWithCharMap1->setScale(2.0f);
labelWithCharMap1->setPosition(Point(visibleSize.width/2, 650));
addChild(labelWithCharMap1);
// 利用纹理创建
Texture2D* texture = Director::getInstance()->getTextureCache()->addImage("labelatlas.png");
Label* labelWithCharMap2 = Label::createWithCharMap(texture, 16, 32, 46);
labelWithCharMap2->setString("395.67");                    // 设置字符串内容
labelWithCharMap2->setScale(2.0f);
labelWithCharMap2->setPosition(Point(visibleSize.width/2, 600));
addChild(labelWithCharMap2);
// 利用 plist 文件创建
Label* labelWithCharMap3 = Label::createWithCharMap("larabie-16.plist");
labelWithCharMap3 ->setString("LABEL CREATE WITH CHAR MAP BY PLIST");
labelWithCharMap3->setScale(2.0f);
labelWithCharMap3->setPosition(Point(visibleSize.width/2, 550));
addChild(labelWithCharMap3);
addChild(labelWithCharMap3);
```

Label 类可以利用系统字体、自定义的 TTF 字体和 FNT 字体来创建文字，这样创建字体的优势在于可以自定义文字的大小，但是绘制文本的速度很慢。创建系统系统字体的函数原型如下：

```
static Label* createWithSystemFont(const std::string&  text,
                                   const std::string&  font,
                                   float  fontSize,
                                   const Size&  dimension = Size::ZERO,
```

```
                              TextHAlignment  hAlignment = TextHAlignment::LEFT,
                              TextVAlignment  vAlignment = TextVAlignment::TOP);
```

实现自定义字体的方法如下：

```
static Label* createWithTTF(const std::string&  label,
                            const std::string&  fontFilePath,
                            int  fontSize,
                            int  lineSize = 0,
                            TextHAlignment  alignment = TextHAlignment::CENTER,
                            GlyphCollection  glyphs = GlyphCollection::NEHE,
                            const char  *customGlyphs = 0);
```

这两个函数可以对创建的文字的大小、显示区域、对齐方式等属性进行设置。下面利用这两种创建方式来实现文本标签的创建。Label 类实现系统字体的创建：

```
Label* labelSystemFont = Label::createWithSystemFont("Test Label createWithSystemFont", "bitfont", 40);
// 设置字体颜色
labelSystemFont->setColor(Color3B(0, 255, 0));
// 设置字体显示区域
labelSystemFont->setDimensions(500.0f, 100.0f);
// 设置字体的对齐方式
labelSystemFont->setHorizontalAlignment(TextHAlignment::RIGHT);
labelSystemFont->setPosition(Point(visibleSize.width/2, 480));
addChild(labelSystemFont);
```

Label 类实现自定义字体的创建：

```
Label* labelWithTTF = Label::createWithTTF("Test Label createWithTTF", "arial.ttf", 40);
labelWithTTF->setColor(Color3B(0, 255, 0));
labelWithTTF->setDimensions(300.0f, 100.0f);
labelWithTTF->setHorizontalAlignment(TextHAlignment::LEFT);
labelWithTTF->setPosition(Point(visibleSize.width/2, 380));
addChild(labelWithTTF);
```

Label 类可以使用位图来创建文字。创建位图字体需要用的两个文件是图片文件（.png）和字体坐标文件（.fnt）。使用这种方式创建的文本中的每个字都是一个精灵对象，可以有自己的动作，如旋转、缩放或者拥有动作。这些是 LabelBMFont 类的优点，也存在不足，如利用 LabelBMFont 类创建的文本不可以设置字体的大小。不过如果需要改变 LabelBMFont 类创建的文本的大小，也是有方法的，就是通过属性 scale 来进行缩放。创建一个 LabelBMFont 类的文本的函数原型如下：

```
static Label* createWithBMFont(const std::string& bmfontPath,
                               const std::string& text,
                               const TextHAlignment& hAlignment = TextHAlignment::LEFT,
                               int maxLineWidth = 0,
                               const Vec2& imageOffset = Vec2::ZERO);
```

下面的例子就是利用 LabelBMFont()函数实现使用 FNT 文件创建文字，并为单个字添加动作。代码片段如下：

```
// Label 类实现使用位图创建字体
Label* labelBMFont = Label::createWithBMFont("futura-48.fnt", "Test Label createWithBMFont");
labelBMFont->setPosition(Point(visibleSize.width/2, 300));
addChild(labelBMFont);
labelBMFont->cocos2d::Node::setScale(1.5f);
// 获取 labelBMFont 中的单个字符
Sprite* sprite = (Sprite*)labelBMFont->getLetter(5);
```

```
// 放大单个字符
sprite->setScale(1.5f);
// 为单个字符设置动作
RotateBy* rotate1 = RotateBy::create(2.0f, 120.0f);
MoveBy* move1 = MoveBy::create(2.0f, Point(0, -100));
Sequence* mySeq = Sequence::create(rotate1, move1, rotate1,move1->reverse(), rotate1, NULL);
sprite->runAction(mySeq);
```

实现后的效果如图 5-21 所示。

图 5-21　Label 类实现的效果

5.4　菜单项

Cocos2d-x 中有一个内置的菜单系统，可以为游戏创建菜单，由 Menu 类实现。Menu 类是一个菜单的主类，是 Layer 类的子类，包含不同的菜单项。图 5-22 为 Menu 类的继承关系。

在 Cocos2d-x 中，菜单项（MenuItem）属于菜单 UI 系统，可以分为以下 3 类：标签菜单项、精灵菜单项、触发器菜单项。菜单项 MenuItem 类是一个基类，其子类可以加入 Menu 中构成菜单，图 5-23 就是 MenuItem 类的继承关系。

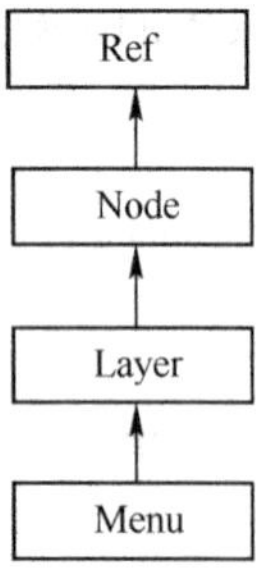

图 5-22　Menu 类的继承关系

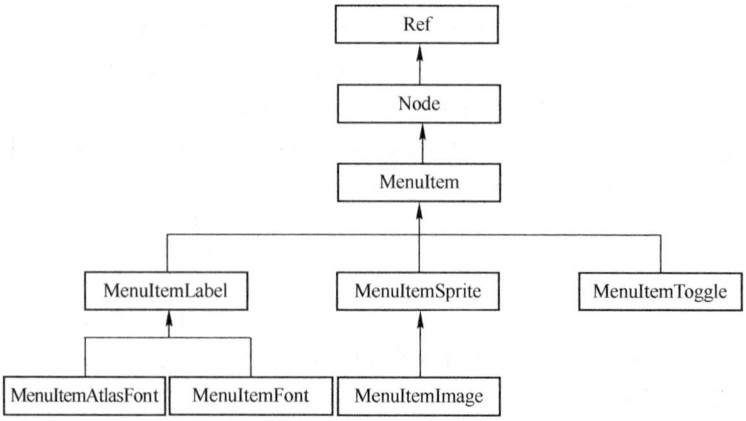

图 5-23　MenuItem 类的继承关系

菜单 Menu 类和菜单项 MenuItem 类的使用过程如下：① 创建菜单（Menu）的对象，并添加到游戏的层（Layer）中；② 创建一个或多个菜单项（MenuItem）；③ 用这些菜单项（MenuItem）添加到菜单（Menu）的对象中。

1. 标签菜单项 MenuItemLabel

标签菜单项 MenuItemLabel 的功能是利用 Label 来实现文字按钮。它的创建函数如下：

```
static MenuItemLabel * create(Node*label, const ccMenuCallback& callback);
```

其中的两个参数分别代表已定义的标签和回调函数。

按照前面提到的菜单项的创建方法，下面实现利用 MenuItemLabel 创建一个标签菜单项，代码如下：

```
// 创建菜单
Menu* menu = Menu::create();
menu->setPosition(Point::ZERO);
addChild(menu);
// 创建 MenuItemLabel 菜单项
Label* labelMIL = Label::createWithSystemFont("MenuItemLabel", "bitfont",40);
labelMIL->setColor(Color3B(0,250,0));
MenuItemLabel* testMIL = MenuItemLabel::create(labelMIL, CC_CALLBACK_1(HelloWorld::testCallback, this));
testMIL->setPosition(Point(visibleSize.width/2,700));
// 将创建好的菜单项添加到菜单中
menu->addChild(testMIL);
```

这里提到的回调函数 testCallback()的作用是当点击菜单项时，产生一系列动作，用于测试菜单项的响应，代码如下：

```
Node* node = (Node*)pSender;
JumpBy* jump = JumpBy::create(2.0f, Point(50, 0), 50, 2);
Sequence* mySeq = Sequence::create(jump, jump->reverse(), NULL);
node->runAction(mySeq);
```

在图 5-23 中可以看出，标签菜单项是文字标签菜单项 MenuItemAtlasFont 和文字菜单项 MenuItemFont 的父类。

2. 文字标签菜单项 MenuItemAtlasFont

文字标签菜单项 MenuItemAtlasFont 类是基于图片文件的文本菜单项，支持 PNG 和 FNT 格式的文件，它的创建函数如下：

```
static MenuItemAtlasFont* create(const std::string&   value,
                                 const std::string&   charMapFile,
                                 int   itemWidth,
                                 int   itemHeight,
                                 char startCharMap,
                                 const ccMenuCallback&   callback);
```

将这个函数的参数列表与 Label 类的 createWithCharMap()函数的参数列表进行对比，不难看出它们有很多相通的地方，也可以说，它们最大的不同在于 MenuItemAtlasFont 的 create 函数列表的最后多了个回调函数，因此可以利用前面介绍的标签菜单项 MenuItemLabel 来实现这个功能，创建 Label 的对象，并将它作为参数传入 MenuItemLabel 的 create 函数中即可。

利用图片创建一个标签菜单项 MenuItemAtlasFont，代码如下：

```
// 创建 MenuItemAtlasFont 菜单项
MenuItemAtlasFont* testMIAF1 = MenuItemAtlasFont::create("MENUITEMATLASFONT",
        "larabie-16.png", 10, 32, 'A', CC_CALLBACK_1(HelloWorld::testCallback,this));
testMIAF1->setScale(2.0f);
testMIAF1->setColor(Color3B(0,250,0));
testMIAF1->setPosition(Point(visibleSize.width/2,650));
```

```
// 将创建好的菜单项添加到菜单中
menu->addChild(testMIAF1);
```

利用 LabelAtlas 和 MenuItemLabel 创建一个标签菜单项 MenuItemAtlasFont，代码如下：

```
// LabelAtlas 与 MenuItemLabel 实现 MenuItemAtlasFont 菜单项
LabelAtlas *testAtlas = LabelAtlas::create("MENU LABELATLAS","larabie-16.png",10, 32, 'A');
MenuItemLabel* testMIAF2 = MenuItemLabel::create(testAtlas,
                                    CC_CALLBACK_1(HelloWorld::testCallback, this));
testMIAF2->setScale(2.0f);
testMIAF2->setColor(Color3B(0, 250, 0));
testMIAF2->setPosition(Point(visibleSize.width/2, 600));
// 将创建好的菜单项添加到菜单中
menu->addChild(testMIAF2);
```

利用 LabelBMFont 和 MenuItemLabel 创建一个标签菜单项 MenuItemAtlasFont，代码如下：

```
// LabelBMFont 与 MenuItemLabel 实现 MenuItemAtlasFont 菜单项
LabelBMFont *testBMFont =  LabelBMFont::create("MENU LABELBMFont", "test.fnt");
MenuItemLabel* testMIAF3 = MenuItemLabel::create(testBMFont,
                                    CC_CALLBACK_1(HelloWorld::testCallback, this));
testMIAF3->setPosition(Point(visibleSize.width/2,550));
// 将创建好的菜单项添加到菜单中
menu->addChild(testMIAF3);
```

3. 文字菜单项 MenuItemFont

使用字体定义的菜单项的另一种方法是使用 MenuItemFont 类实现。MenuItemFont 类可以使显示在屏幕上的文字成为按钮，并且利用系统自带字体来设置文字的字体。它的创建函数如下：

```
static MenuItemFont * create(const std::string& value, const ccMenuCallback& callback);
```

其中的两个参数分别代表要显示的文本内容和回调函数。

利用 MenuItemFont 创建一个文字菜单项，代码如下：

```
// 创建 MenuItemFont 菜单项
MenuItemFont* testMIF = MenuItemFont::create("MenuItemFont",
                                    CC_CALLBACK_1(HelloWorld::testCallback, this));
testMIF->setPosition(Point(visibleSize.width/2, 500));
testMIF->setColor(Color3B(0, 250, 0));
// 将创建好的菜单项添加到菜单中
menu->addChild(testMIF);
```

4. 精灵菜单项 MenuItemSprite

精灵菜单项 MenuItemSprite 的功能是实现是精灵菜单项具有精灵的特点，可以使精灵动起来，用法是将精灵封装到菜单项中，如果要利用图片实现精灵菜单项，需将图片创建为精灵，再封装到精灵菜单项中。精灵菜单项的创建方法：

```
static MenuItemSprite* create(Node  *normalSprite, Node  *selectedSprite,
                              Node  *disabledSprite, const ccMenuCallback&  callback);
```

其中，前 3 个参数分别代表正常显示时的精灵、选中情况下的精灵、失效时的精灵，最后一个参数是菜单操作的回调函数指针。

下面介绍两种 MenuItemSprite 菜单项的创建方法，分别利用图片和标签创建。

① 利用图片创建 MenuItemSprite 菜单项，代码如下：

```
// 利用图片创建
Sprite* sprite = Sprite::create("CloseNormal.png");
```

```
Sprite* selectedSprite = Sprite::create("CloseSelected.png");
MenuItemSprite* testMIS = MenuItemSprite::create(sprite, selectedSprite, sprite,
                                    CC_CALLBACK_1(HelloWorld::testCallback,this));
testMIS->setPosition(Point(visibleSize.width/2,450));
// 将创建好的菜单项添加到菜单中
menu->addChild(testMIS);
```

② 利用标签创建 MenuItemSprite 菜单项，代码如下：

```
// 利用标签创建
Label* labelMIS1 = Label::createWithSystemFont("Normal", "bitfont", 40);
labelMIS1->setColor(Color3B(0,250,0));
Label* labelMIS2 = Label::createWithSystemFont("Selected", "bitfont", 40);
labelMIS2->setColor(Color3B(0,250,0));
Label* labelMIS3 = Label::createWithSystemFont("Disabled", "bitfont", 40);
labelMIS3->setColor(Color3B(0,250,0));
MenuItemSprite* testMIS2 = MenuItemSprite::create(labelMIS1, labelMIS2, labelMIS3,
                                    CC_CALLBACK_1(HelloWorld::testCallback,this));
testMIS2->setPosition(Point(visibleSize.width/2, 400));
// 将创建好的菜单项添加到菜单中
menu->addChild(testMIS2);
```

5. 图片菜单项 MenuItemImage

由 MenuItem 类的继承关系可以看出，图片菜单项 MenuItemImage 继承了精灵菜单项 MenuItemSprite，并且两者的明显区别是图片菜单项可以直接操作图片。

精灵菜单项的创建方法如下：

```
static MenuItemImage* create(const std::string  &normalImage, const std::string  &selectedImage,
                         const std::string  &disabledImage, const MenuCallback  &callback);
```

其中，前三个参数分别代表正常显示时的精灵、选中情况下的精灵、失效时的精灵，最后一个参数是菜单操作的回调函数指针。

菜单项 MenuItemImage 和精灵菜单项 MenuItemSprite 两者也有相似之处。

利用 MenuItemImage 创建一个图片菜单项，代码如下：

```
// 创建 MenuItemImage 菜单项
MenuItemImage* testMTI = MenuItemImage::create("CloseSelected.png","CloseNormal.png",
                         "CloseSelected.png", CC_CALLBACK_1(HelloWorld::testCallback,this));
testMTI->setPosition(Point(visibleSize.width/2,350));
// 将创建好的菜单项添加到菜单中
menu->addChild(testMTI);
```

6. 触发器菜单项 MenuItemToggle

触发器菜单项 MenuItemToggle 可以接收任意的菜单项 MenuItem，作为作为触发器按钮式的开关，用法如下：

```
static MenuItemToggle* createWithCallback(const ccMenuCallback& callback, MenuItem* item, ...);
```

其中，前两个参数是执行将要调用的回调函数的名称和回调函数的目标类传到选择器中，后面的参数可以是多个菜单项，以 NULL 为结束。此时再按下菜单项时，不仅会调用回调函数，还会在这些传入的菜单项中切换。例如：

```
auto item = MenuItemToggle::createWithCallback(CC_CALLBACK_1(MenuLayer0::menuCallback, this),
                                    MenuItemFont::create("On"),
                                    MenuItemFont::create("Off"), NULL);
```

利用 MenuItemToggle 创建一个触发器菜单项，代码如下：

```
// 创建 MenuItemToggle 菜单项
MenuItemFont* item1 = MenuItemFont::create("ON");
MenuItemFont* item2 = MenuItemFont::create("OFF");
MenuItemToggle* testMIToggle = MenuItemToggle::createWithCallback(
                                        CC_CALLBACK_1(HelloWorld::testCallback, this),
                                        item1, item2, NULL);
testMIToggle->setPosition(Point(visibleSize.width/2, 300));
// 将创建好的菜单项添加到菜单中
menu->addChild(testMIToggle);
```

菜单项实现后的效果如图 5-24 所示。

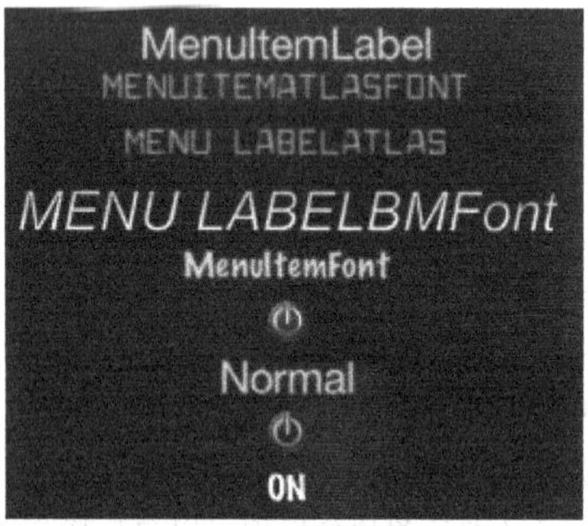

图 5-24　菜单项实现后的效果

5.5　扩展控件

前面介绍了 Cocos2d-x 中的几种基本控件，这些控件主要用于显示文本，如 TTF 文本标签控件 LabelTTF、自定义字体文本标签控件 LabelAtlas 等。本节将介绍 Cocos2d-x 中的其他控件，这些控件将有助于游戏的开发，进一步优化游戏界面和功能的设计，包括支持多页显示的滚动框、Control 系列的控件和游戏中经常用到的 Scale9Sprite。其中，实现多页显示的滚动框的类有两个：ScrollView 类和 TableView 类。Control 系列的控件有很多，本节只介绍游戏中经常会用到的 3 个控件：滑动条控件 ControlSlider、开关控件 ControlSwitch 和按钮控件 ControlButton。其中，滚动框、滑动条控件 ControlSlider、开关控件 ControlSwitch 和按钮控件 ControlButton 属于 extension 扩展包，在使用这几个控件之前，需要在相应用到这些控件的头文件中引入 cocos-ext.h 头文件和命名空间，如下：

```
#include "extensions/cocos-ext.h"
USING_NS_CC_EXT;
```

5.5.1　滚动框

在制作游戏时往往会遇到要显示的内容很多、在一页中在无法完全显示的问题，这个问题可通过 ScrollView 和 TableView 这两个控件来解决。

1. ScrollView 显示多页内容

ScrollView 是一个灵活的滚动控件，滚动的内容是任意的，滚动的区域可以被设定，可以是全屏或是某一区域，多用于游戏需要的图片比窗口大的情况，也可以监听滚动和缩放事件。

ScrollView 类提供了许多不同的设置滚动窗体控件的滚动方向的方法，这里简要说明几种常见的方法，对于不同滚动方向的方法在命名方式存在一定的规律，这里不进行赘述。ScrollView 类中常用的函数如表 5-1 所示。

表 5-1　ScrollView 类中常用的函数

函数原型	说　明
static ScrollView* create();	创建 ScrollView 对象
virtual void setDirection(Direction dir);	设置滚动方向，参数 dir 为滚动方向
void scrollToBottom(float second, bool attenuated);	滚动到最低侧位置，参数 second 为滚动到目标位置的用时，参数 attenuated 代表是否减速滚动到目标位置，取值 true 为减速，false 为不减速
void jumpToBottom();	画面直接跳到最底部
void setInnerContainerSize(const Size &size);	设置控件容器的尺寸，参数 size 为容器尺寸
void addEventListenerScrollView(Ref* target, SEL_ScrollViewEvent selector);	为滚动控件添加监听，参数 target 为指向带有事件处理方法的对象的指针，参数 selector 为 target 提供处理方法

Cocos2d-x 的结构体 Direction 有 4 个参数：不滚动（ScrollView::Direction::NONE），垂直滚动（ScrollView::Direction::VERTICAL），水平滚动（ScrollView::Direction::HORIZONTAL），水平垂直双向滚动（ScrollView::Direction::BOTH）。

ScrollView 类中常用的方法还有很多，包括设置滚动的方式，设置画面跳转的方式等，滚动或者跳转的方式不同，实现的函数也不同，这里不再进行过多介绍，如果想更具体了解 ScrollView 类中的函数，可以参考网页 http://www.cocos2d-x.org/reference/native-cpp/V3.6/index.html。

ScrollView 类还有一些常用的直接或间接继承的函数，如表 5-2 所示。

表 5-2　ScrollView 类中常用的直接或间接继承的函数

函数原型	说　明
virtual void setTouchEnabled(bool enabled);	设置触控是否可用，参数为 true 为可用，false 为不可用
virtual void setSize(const Size &size);	设置列表尺寸

如果监听 ScrollView 的滚动和缩放事件，使用到 ScrollView 的类需要继承 ScrollViewDelegate 类，并重写实现两个函数，分别为：用来监听滚动事件的 scrollViewDidScroll()函数和用来监听缩放事件的 scrollViewDidZoom()函数，函数原型如下：

```
virtual void scrollViewDidScroll(ScrollView* view);
virtual void scrollViewDidZoom(ScrollView* view);
```

实现监听 ScrollView 的滚动和缩放事件的过程将分为以下几步。

① 使用到 ScrollView 的类需要继承 ScrollViewDelegate 类。

② 重写继承的函数，即用来监听滚动事件的 scrollViewDidScroll()函数和用来监听缩放事件的 scrollViewDidZoom()。

③ 在 init()函数中设置 ScrollView 代理：

```
scrollview->setDelegate(this);
```

接下来按照上述步骤，利用 ScrollView 类实现滚动框，代码片段如下：

```
ScrollView *scrollview = ScrollView::create();          // 创建 ScrollView 的对象
Layer *cont = Layer::create();                          // 创建容器，用来存放滚动框中的内容
Sprite *bg = Sprite::create("HelloWorld.png");
bg->setAnchorPoint(Point::ZERO);
bg->setPosition(Point::ZERO);
```

```
cont->addChild(bg);                                          // 将图片精灵放入容器中
scrollview->setContentSize(Size(480,320));                   // 设置滚动框的显示区域
cont->setContentSize(Size(1024,640));                        // 设置容器的大小
scrollview->setContainer(cont);                              // 将容器放入滚动框中
addChild(scrollview);                                        // 将滚动框添加到层中
scrollview->setPosition(Point(600,500));                     // 对滚动框进行相关设置
scrollview->setDirection(ScrollView::Direction::BOTH);
scrollview->setZoomScale(5,true);
scrollview->setDelegate(this);                               // 设置代理
```

重写继承的函数，即用来监听滚动事件的 scrollViewDidScroll()函数和用来监听缩放事件的 scrollViewDidZoom()函数：

```
// 监听 ScrollView 的滚动事件
void HelloWorld::scrollViewDidScroll(cocos2d::extension::ScrollView* view){
    log("scrollViewDidScroll x = %f, y = %f", view->getContentOffset().x, view->getContentOffset().y);
}
// 监听 ScrollView 的缩放事件
void HelloWorld::scrollViewDidZoom(cocos2d::extension::ScrollView* view){
    log("scrollViewDidZoom scale = %f", view->getScale());
}
```

2. TableView 展示多页内容

TableView 继承自 ScrollView，也可以实现多页内容的展示功能，实现的滚动效果要好于 ScrollView，主要用于表格的展示。表 5-3 是 TableView 类中的常用函数。

表 5-3　TableView 类中的常用函数

函数原型	说　明
static TableView* create();	创建 TableView 对象
static TableView* create(TableViewDataSource* dataSource, Size size);	创建 TableView 对象。参数 dataSource 表示指向包含各种数据资源的表格控件的指针，参数 size 表示显示的尺寸
void setVerticalFillOrder(VerticalFillOrder order);	设置单元格的垂直绘制顺序，参数 order 为要设置的绘制顺序
void reloadData();	刷新表格数据
TableViewCell *dequeueCell();	将滑出可视范围的行添加到缓存中

Cocos2d-x 中提供了两种绘制顺序：从上到下（TableView::VerticalFillOrder::TOP_DOWN）、从下到上（TableView::VerticalFillOrder::DOWN_TOP）。

TableView 类的常用函数中涉及 TableViewDataSource 类和 TableViewCell 类，其各自相关的常用函数如表 5-4 和表 5-5 所示。其中，TableViewDataSource 类是 TableView 类的父类，TableView 的每一行都是一个 TableViewCell，可以继承 TableViewCell 类实现自定义的单元格。要想实现通过触控实现选中表格中的内容还需要用到 TableViewDelegate 类，其常用函数如表 5-6 所示。

表 5-4　TableViewDataSource 类中的常用函数

函数原型	说　明
virtual Size tableCellSizeForIndex(TableView *table, ssize_t idx)	获得表格每行的尺寸，参数 table 为指向表格对象的指针，参数 idx 为行对象的索引
virtual Size cellSizeForTable(TableView *table)	获得表格行对象的尺寸，参数 table 为指向表格对象的指针
virtual TableViewCell* tableCellAtIndex(TableView *table, ssize_t idx)	获得表格中每行的内容，参数 table 为指向表格对象的指针，参数 idx 为行对象的索引值
virtual ssize_t numberOfCellsInTableView(TableView *table)	获得单元格的总行数，参数 table 为指向表格对象的指针

表 5-5 TableViewCell 类中的常用函数

函数原型	说　明
ssize_t getIdx();	获得 TableViewCell 对象对应行索引值
void setIdx(ssize_t uIdx);	设置 TableViewCell 对象的行索引值，参数为要设定的索引值
void reset();	重置行对象中的所有值

表 5-6 TableViewDelegate 类中的常用函数

函数原型	说　明
virtual void tableCellTouched(TableView* table, TableViewCell* cell)	响应表格的触控事件，参数 table 为指向表格对象的指针，参数 cell 为指向行对象的指针
virtual void tableCellHighlight(TableView* table, TableViewCell* cell)	响应表格行对象被按下的事件，参数 table 为指向表格对象的指针，参数 cell 为指向行对象的指针。与这个函数相对应的还有一个 tableCellUnhighlight 函数，表示响应表格行对象被释放的事件
virtual void tableCellWillRecycle(TableView* table, TableViewCell* cell)	回收表格行对象，参数 table 为指向表格对象的指针，参数 cell 为指向行对象的指针

TableView 实现多页展示功能的方法如下：① 利用函数创建 TableView 对象；② 设置表格的滚动方向；③ 设置单元格的垂直绘制顺序；④ 将 TableView 对象添加到场景中；⑤ 进行绘制数据，注意 TableView 的类需继承 TableViewDataSource 类，利用继承 TableViewDataSource 类的函数来进行数据的绘制，所以要在自定义的类中实现 TableViewDataSource 类中所有的纯虚函数。

TableView 实现多页展示的代码片段如下：

```
// 在 init()函数中创建 TableView 对象
TableView* tableView = TableView::create(this, Size(500, 300));
// 滚动方向及绘制方向设置
tableView->setDirection( ScrollView::Direction::BOTH);
tableView->setVerticalFillOrder(TableView::VerticalFillOrder::TOP_DOWN);
addChild(tableView);
tableView->setAnchorPoint(Point(0, 0));
tableView->setPosition(Point(50, 100));
```

在自定义的类中实现 TableViewDataSource 类中所有的纯虚函数，代码如下：

```
// 触摸 TableView 对象中的 TableViewCell 时会调用此方法
void HelloWorld::tableCellTouched(TableView* table, TableViewCell* cell){
    log("cell touched at index: %zi", cell->getIdx());
}
// 设置 TableView 对象中每个单元格的大小
Size HelloWorld::tableCellSizeForIndex(TableView *table, ssize_t idx){
    return Size(50, 50);
}
// 为 TableView 对象中每个单元格填上图片菜单项
TableViewCell* HelloWorld::tableCellAtIndex(TableView *table, ssize_t idx){
    TableViewCell *cell = new TableViewCell();
    cell->autorelease();
    Menu * menu = Menu::create();
    menu->setPosition(Point::ZERO);
    for (int i =0 ; i<30; i++) {
        MenuItemImage *item = MenuItemImage::create("CloseNormal.png", "CloseSelected.png",
                        "CloseSelected.png",CC_CALLBACK_1(HelloWorld::equipSelect,this));
        item->setAnchorPoint(Point::ZERO);
```

```
        item->setPosition(Point(50*i+ 40, 15));
        menu->addChild(item);
    }
    cell->addChild(menu,-1);
    return cell;
}
ssize_t HelloWorld::numberOfCellsInTableView(TableView *table) {            // 返回单元格行数
    return 20;
}
void HelloWorld::equipSelect(Ref* pSender) {
    if (curEquipment) {
        curEquipment->setEnabled(true);
    }
    curEquipment = (MenuItemImage*) pSender;
    curEquipment->setEnabled(false);
}
```

5.5.2 滑动条控件

滑动条控件在游戏中经常出现，用于对游戏中某个值的调整，如游戏音效的音量调节由ControlSlider类实现，它是Control类的子类。ControlSlider类中的常用函数如表5-7所示。

表5-7 ControlSlider类中的常用函数

函数原型	说　明
static ControlSlider* create(const char* bgFile, const char* progressFile, const char* thumbFile);	创建ControlSlider对象，参数bgFile为滑动条控件未被拖曳时的背景图片，参数progressFile为滑动条控件被拖曳后的背景图片，参数thumbFile为滑动条控件上控制拖曳圆钮的图片
virtual void setMaximumValue(float val);	设置滑动条最大值，参数val为设置的最大值
virtual void setValue(float val);	设置滑动条当前值，参数val为设置的当前值
virtual void setMinimumValue(float val);	设置滑动条最小值，参数val为设置的最小值

以上简单介绍了ControlSlider类常用的创建方法和简单的参数设定方法，并没有将它赋予真正的功能，若实现功能，需要给滑动条控件添加监听函数addTargetWithActionForControlEvents()，这个监听函数是从其父类Control类继承来的，函数原型如下：

```
virtual void addTargetWithActionForControlEvents(Ref* target,
                                                  Handler action,
                                                  EventType controlEvents);
```

其中，参数target指向带有事件处理方法的对象，参数action表示参数target中的事件的处理方法，参数controlEvents是事件类型。

下面创建一个滑动条控件，并实现对它的监听，代码实现主要分为三步。首先，创建文字标签，方便理解；然后，创建一个滑动条控件，并设置相关参数；最后，为控件添加监听，并实现回调函数（可以在回调函数valueChangeSlider()中对滑动条控件的值进行测试）。代码片段如下：

```
Label* labelCSlider = Label::createWithSystemFont("ControlSlider", "bitfont",30);      // 创建文字标签
labelCSlider->setPosition(Point(visibleSize.width/2-250,visibleSize.height/2));
addChild(labelCSlider);
// 滑动控件 ControlSlider 的实现
testCSlider = ControlSlider::create("sliderTrack.png", "sliderProgress.png", "sliderThumb.png");
testCSlider->setMaximumValue(50.0f);
```

```
testCSlider->setMinimumValue(0.0f);
testCSlider->setValue(25.0f);
testCSlider->setPosition(Point(visibleSize.width/2, visibleSize.height/2));
addChild(testCSlider);
// 添加监听
testCSlider->addTargetWithActionForControlEvents(this,
                                    cccontrol_selector(HelloWorld::valueChangeSlider),
                                    Control::EventType::VALUE_CHANGED);
```

5.5.3 开关控件

在移动设备中开关是一种常见的功能，如游戏中音效的开关。Cocos2d-x 中也相应提供了一种创建开关的控件 ControlSwitch，它也是 Control 类的子类。ControlSwitch 类中的常用函数如表 5-8 所示。

表 5-8 ControlSwitch 类中的常用函数

函数原型	说　明
static ControlSwitch* create(Sprite *maskSprite, Sprite * onSprite, Sprite * offSprite, Sprite * thumbSprite, Label* onLabel, Label* offLabel);	创建 ControlSwitch 对象，参数 maskSprite 表示开关背景，参数 onSprite 表示开关打开时的状态、参数 onSprite 表示开关关闭时的状态、参数 onSprite 表示当前状态时的图片、参数 onSprite 表示开关打开时显示的文本、参数 onSprite 表示开关关闭时显示的文本
void setOn(bool isOn);	设置开关状态，参数 isOn 为 true 时表示开关开，反之为关
bool isOn(void);	获得开关状态
virtual void setEnabled(bool enabled);	设置开关是否可用，参数 enable 为 true 表示开关可用，反之不可用

要实现开关控件的开关功能，就要为创建的开关添加监听函数 addTargetWithActionForControlEvents()，这个函数在 5.5.2 节中已经介绍。

```
// 创建开关控件 ControlSwitch
Label* labelON = Label::createWithSystemFont("ON", "bitfont", 20);
Label* labelOFF = Label::createWithSystemFont("OFF", "bitfont", 20);
Sprite* s1 = Sprite::create("switch-mask.png");
Sprite* s2 = Sprite::create("switch-on.png");
Sprite* s3 = Sprite::create("switch-off.png");
Sprite* s4 = Sprite::create("switch-thumb.png");
testCSwitch = ControlSwitch::create(s1, s2, s3, s4, labelON, labelOFF);
testCSwitch->setPosition(Point(visibleSize.width/2,visibleSize.height/2-50));
addChild(testCSwitch);
// 添加监听
testCSwitch->addTargetWithActionForControlEvents(this,
                                    cccontrol_selector(HelloWorld::valueChangeSwitch),
                                    Control::EventType::VALUE_CHANGED);
```

5.5.4 按钮控件

本节介绍更简单的按钮创建方式，即利用按钮控件 ControlButton 类来实现，继承自 Control 类。表 5-9 是 ControlButton 类中的常用函数。

表 5-9　ControlButton 类中的常用函数

函数原型	说　明
static ControlButton* create();	创建 ControlButton 对象
static ControlButton* create(Node* label, cocos2d::ui::Scale9Sprite* backgroundSprite);	创建 ControlButton 对象，label 为在按钮上显示的文本标签，backgroundSprite 为按钮控件在正常显示时的背景
virtual void setBackgroundSpriteForState(cocos2d::ui::Scale9Sprite* sprite, State state);	设置按钮控件被按下时的背景状态，sprite 为按钮控件被按下时的背景，state 为钮控件的状态
virtual void setTitleColorForState(const Color3B& color, State state);	设置按钮控件被按下时的文字样式，color 为按钮控件被按下时的文字颜色，state 为钮控件的状态

在 Cocos2d x 中，结构体 State 提供了 4 个状态值：默认状态（Control::State::NORMAL），高亮状态（Control::State::HIGH_LIGHTED），禁用状态（Control::State::DISABLED），选中状态（Control::State::SELECTED）。

实现创建的按钮控件的功能与实现滑动条控件和开关控件功能的方法一样，都是为其添加监听函数 addTargetWithActionForControlEvents()。

```
// 创建按钮控件 ControlButton
Label* labelSprite = Label::createWithSystemFont("ControlButton", "bitfont", 30);
Scale9Sprite* bg = Scale9Sprite::create("buttonBackground.png");
Scale9Sprite* bg2 = Scale9Sprite::create("orange_edit.png");
ControlButton* testCButton = ControlButton::create(labelSprite, bg);
// 设置按钮被按下时的状态
testCButton->setTitleForState("PressDown", Control::State::HIGH_LIGHTED);
testCButton->setBackgroundSpriteForState(bg2, Control::State::HIGH_LIGHTED);
testCButton->setPosition(Point(visibleSize.width/2, visibleSize.height/2-100));
addChild(testCButton);
// 添加监听
testCButton->addTargetWithActionForControlEvents(this,
                                    cccontrol_selector(HelloWorld::valueChangeButton),
                                    Control::EventType::TOUCH_DOWN);
```

5.5.5　Scale9Sprite

在前面几节中经常出现 Scale9Sprite 对象，而 Scale9Sprite 究竟是什么？功能又是怎样的？本节将进行介绍。Scale9Sprite 是在游戏编程时经常会用到的控件，在设计游戏的 UI 界面时，常常会遇到各种不等比列的缩放问题，导致画面变形失真，或者希望有些带有圆角的图形在进行缩放时保留圆角，圆角不变形。用 Scale9Sprite 就可以解决这些问题。Scale9Sprite 在缩放图片时可以针对图片不同区域进行不同程度的缩放，从而达到保持原图不变形失真，保证了图片在缩放前后的一致性。Scale9Sprite 将精灵图片分成九宫格样式的 9 个区域，可以自行定义内部格的缩放尺寸，图 5-25 即为拉伸前的图片，图 5-26 为横向拉伸编号为 2、5、8 的区域和纵向拉伸编号为 4、5、6 的区域后的图片，这样的效果就是利用 Scale9Sprite 实现的。

下面介绍 Scale9Sprite 类的一些主要函数，如表 5-10 所示。

在 Cocos2d-x 中有许多 Scale9Sprite 的创建和初始化函数，以及其他相关函数，可以在网页 http://www.cocos2d-x.org/reference/native-cpp/V3.6/index.html 中进行查找。

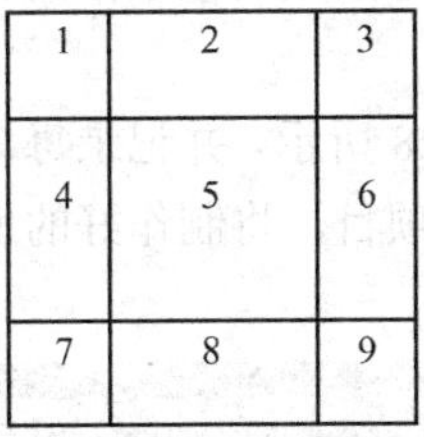

图 5-25　拉伸前的图片

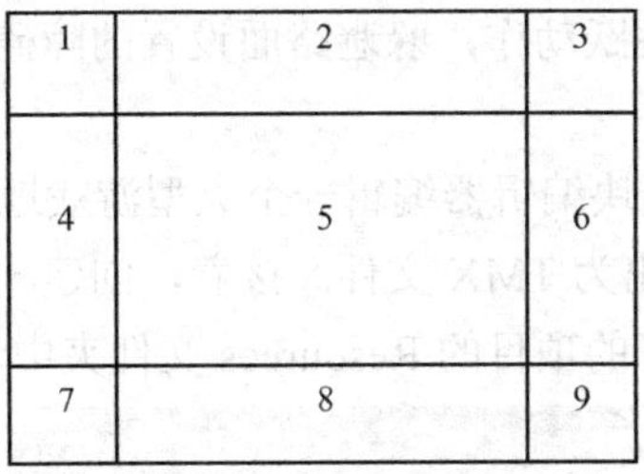

图 5-26　横向拉伸效果

表 5-10　Scale9Sprite 类的主要函数

函数原型	说　明
static Scale9Sprite* create();	创建 Scale9Sprite 对象
static Scale9Sprite* create(const std::string& file, const Rect& rect, const Rect& capInsets);	创建 Scale9Sprite 对象。参数 file 为创建精灵的图片文件目录，参数 rect 为设定的矩形区域，参数 capInsets 用于划分 9 个区域
virtual bool initWithFile(const std::string& file, const Rect& rect, const Rect& capInsets);	初始化 Scale9Sprite 对象。参数 file 为创建精灵的图片文件目录，参数 rect 为设定的矩形区域（此区域为从图片上剪裁出的一部分），参数 capInsets 用于划分 9 个区域
Scale9Sprite* resizableSpriteWithCapInsets(const Rect& capInsets)	重新划分 9 个区域。参数 capInsets 用于划分 9 个区域
virtual void setContentSize(const Size & size)	设置 Scale9Sprite 对象的尺寸。参数 size 为要设置的尺寸

这里解释 Rect 类型。Rect 类型的构造函数有 4 个参数，分别为 x、y、width、height，均为浮点型。在创建 Scale9Sprite 对象时有一个特别的地方，就是参数 capInsets，它用于确定如何对 9 个区域进行划分，这 4 个参数代表的意义需要特殊记忆一下（以图 5-25 为例）：

- 参数 x：编号 1、4、7 区域的宽。
- 参数 y：编号 1，2，3 区域的高。
- 参数 width：编号 2、5、8 区域的宽。
- 参数 height：编号 4、5、6 区域的高。

至此，关于 Scale9Sprite 的内容还没有结束，因为 Scale9Sprite 无法编译通过，Scale9Sprite 并不属于 extension 库，这里需要在头文件中添加包含 UIScale9Sprite 的头文件和命名空间：

```
#include "ui/UIScale9Sprite.h"
using namespace ui;
```

简单实现 Scale9Sprite 的代码片段如下：

```
Sprite* normal = Sprite::create("btn-about-normal.png");          // 显示一个正常大小的图片
normal->setPosition(Point(visibleSize.width/2,visibleSize.height/2));
addChild(normal);
// 利用 Scale9Sprite 对图片进行拉伸处理
Scale9Sprite* bg = Scale9Sprite::create("btn-about-normal.png", Rect(0,0,125,42), Rect(30,13,65,16));
bg->setContentSize(Size(visibleSize.width/4, visibleSize.height/6));
bg->setPosition(Point(visibleSize.width/2, visibleSize.height/4));
addChild(bg);
```

实现的效果如图 5-27 所示。

图 5-27　Scale9Sprite 拉伸

5.6　游戏场景绘制实例——英雄快跑

本节将通过一个游戏实例来为读者详细介绍游戏地图的用法。游戏实例实现的是英雄快跑，通过触屏来实现跳跃动作，躲避路面设置的障碍，并且实现地图滚动效果，当英雄跑到地图终点即为成功。

首先，通过砖块编辑器编辑一个大型游戏地图，如图 5-28 所示，并记录每个要作为地面的图块的 GID 值，导出为 TMX 文件。接着，创建一个 Cocos2d 项目，将制作好的地图和图片资源文件一起放到新建好的项目的 Resources 文件夹中。

图 5-28 游戏地图

接下来，编程实现这个游戏类。实现这个游戏需要新建一个 Config.h 的头文件，该文件用来定义游戏中需要的参数，包括玩家、地图的标记、玩家资源的相关参数、资源路径等，对于这些参数就不进行过多的解释，读者可以找到相应的代码进行阅读。然后实现游戏逻辑，需要新建文件 MapScene.h 和 MapScene.cpp。

在 MapScene.h 文件中要加入以下函数及参数的声明，代码片段如下：

```
void loadMap(std::string mapPath);                          // 加载地图
void addPlayer(Vec2 pos);                                   // 添加玩家
void addTouchListener();                                    // 添加触屏监听
bool onTouchBegan(Touch *touch, Event *unused_event);
void update(float t);                                       // 游戏逻辑
void gameOver();                                            //游戏结束
void success();
//相关参数
bool m_gameOver;                                            // 游戏是否结束
Dir m_jumpDir;                                              // 表示精灵的方向 1, up 2 down
int m_jumpSpeed;                                            // 跳跃速度
bool m_isJump;                          // 表示是否精灵在跳跃，如果跳跃不处理屏幕的触摸
```

在 MapScene.cpp 文件中对这些函数进行实现。

① 在 init()函数中要对初始化相关参数和函数的调用工作，调用的函数包括：加载地图 loadMap()函数，添加玩家的 addPlayer()函数，添加定时调度的函数 scheduleUpdate()，在程序运行时会自动调用程序中重写的 updata()函数，从中实现游戏的逻辑，还要调用触屏监听 addTouchListener()函数。init()函数中的代码片段如下：

```
// 初始化相关参数
m_isJump = false;
m_jumpDir = Dir::STOP;
m_jumpSpeed = PLAYER_JUMP_SPEED;
m_gameOver = false;
loadMap(MAP_TMX_FILE_PATH);                                 // 加载地图
addPlayer(Vec2(80,40));                                     // 添加玩家
this->scheduleUpdate();                                     // 游戏逻辑
```

```
addTouchListener();                                          // 添加触屏监听
```

② 加载地图函数 loadMap()是将游戏地图加载到游戏中。实现过程为，如果游戏地图读取成功，则将游戏地图加载到游戏中，否则输出失败信息，并返回。实现代码如下：

```
// 加载地图
auto map = TMXTiledMap::create(mapPath);
if (map != NULL){
    this->addChild(map, 2);
    map->setTag(MAP_TAG);
    map->setPosition(Vec2(0, 0));
}
else {
    CCLOG("load map failed!");
    return ;
}
```

③ 成功加载了游戏地图后，就可以实现 addPlayer()函数，将玩家添加到游戏中，包括创建玩家跑步的动画效果，有关动画的实现将在第 6 章介绍。本节将按照步骤，简单实现这个动画效果，为第 6 章做好热身工作。下一步创建玩家对象，设置玩家标记，让玩家运行动画，将玩家对象添加到场景中并设置位置坐标。实现的代码片段如下：

```
// 玩家跑动动画
Vector<SpriteFrame* >frameVector;
for(int i=0;i<4;i++){
    auto spriteFrame = SpriteFrame::create(PLAYER_IMG_PATH[i],
                                        Rect(0, 0, PLAYER_WIDTH, PLAYER_HEIGHT));
    frameVector.pushBack(spriteFrame);
}
auto animation = Animation::createWithSpriteFrames(frameVector);
animation->setDelayPerUnit(0.07);
auto animate = Animate::create(animation);
auto player = Sprite::create();                              // 添加玩家
player->setTag(PLAYER_TAG);
player->runAction(RepeatForever::create(animate));
this->addChild(player,10);
player->setPosition(pos);
```

④ 实现游戏的逻辑部分，游戏通过调用定时调度函数 scheduleUpdate()来调用 update()函数，实现每一帧的刷新，并通过重写 update()函数来实现游戏逻辑，从而使游戏达到我们所期望的效果。在 update()函数中，先通过已设置好的标记来获得玩家和游戏地图，并计算玩家相对于地图的坐标，计算方法为获取玩家相对于屏幕的坐标和地图相对于屏幕的坐标（这里由于地图要向左平移，所以 Y 轴坐标不变将一直为 0），将二者相加即为玩家相对于地图的坐标。代码实现如下：

```
// 玩家相对于屏幕的坐标
float player_screen_x = player->getPositionX();
float player_screen_y = player->getPositionY()-player->getContentSize().height/2;
// 地图相对于屏幕的 x 坐标
float map_screen_x = abs(map->getPositionX());
float map_screen_y = 0;
// 玩家相对于地图的坐标
float player_map_x = player_screen_x + map_screen_x;
```

```
float player_map_y = player_screen_y + map_screen_y;
```

还要进行的准备工作是计算玩家脚下地图块的行列编号，行编号的计算方法为玩家相对地图的 *Y* 轴方向的长度除以地图中图块的高度，由于地图中图块的编号是从左到右，从上到下方式，最左上角的图块的行列编号为(0, 0)，位于其右边的图块编号为(0, 1)，下边的图块编号为(1, 0)。而玩家相对地图的 y 坐标是从下到上的，所以在计算列编号的时候要通过一定的换算得出，由于图块的行列编号均为整数，所以在计算的过程中要强制取整，具体算法如下：

```
// 图块大小
float tiledW = map->getTileSize().width;
float tiledH = map->getTileSize().height;
// 玩家脚下地图块行列编号
int tiledX = (int)(player_map_x / tiledW);
int tiledY = (int)(map->getMapSize().height - 1 - player_map_y / tiledH);
```

然后需要检测玩家在不跳动时，如果遇到非地面图块就自动下落。首先要判断玩家的位置是否在地面以上的部分，若在，则进行检测玩家在不跳动时是否遇到非地面图块，如果遇到非地面图块就自动下落，并设置跳跃标志、属性和速度。那么，如何得知在地图中哪些是非地面图块呢？在制作游戏地图时，已经记录下地图中是地面砖块的 GID 值，在这里就起到了关键的作用，可以利用前面计算得到玩家脚下地图块行列编号，通过 getTileGIDAt()函数获得到玩家脚下地砖块的 GID 值，与地图中地面砖块的 GID 值（在程序中需要加 1）进行比较，若不同，则是非地面砖块。实现代码如下：

```
// 不跳动时遇到非地面图块自动下落
if ((int)(player_map_y) / tiledH >= 0){
// 获得地图中 MAP_BG_LAYER_NAME 对应的图层，通过这个图层获得玩家脚下地图块的 GID 值
int playerTiledID = map->getLayer(MAP_BG_LAYER_NAME)->getTileGIDAt(Vec2(tiledX, tiledY));
if ((m_isJump == false) && (m_jumpDir == Dir::STOP) && (playerTiledID != 8)
                && (playerTiledID != 7) && (playerTiledID != 151) && (playerTiledID != 170)
                && (playerTiledID != 171) && (playerTiledID != 172)) {
        m_isJump = true;
        m_jumpDir = Dir::DOWN;
        m_jumpSpeed = 2;
    }
}
```

接着实现玩家的跳跃。玩家跳跃可以分为两种情况：向上跳跃和向下掉落。在向上跳跃的情况下，要让玩家模拟一个减速的过程，当速度减为 0 时，则设置玩家的运动方向为向下掉落。在向下掉落的情况下，要让玩家模拟一个向下加速掉落的过程，这个过程可以利用循环完成，在循环中需要对下落过程中玩家脚下的图块进行检查，判断玩家是否在地面以上的区域，若是，再判断玩家脚下的图块是否为地面图块，如果是地面图块，则停止下落，设置玩家的位置及其他信息。这一过程与前面检测不跳动时遇到非地面图块自动下落的思想类似，在此就不再进行过多的解释。如果玩家掉落的位置在地面以下，则判定游戏结束，调用 gameOver()函数。如果在下落过程并没有遇到地面图块，也没有掉落地面以下的地方，则更新玩家位置，并限定玩家的最大速度，当玩家的速度递增到最大速度，便不再增大。实现代码如下：

```
// 处理玩家的跳跃
if (m_isJump) {
    if (m_jumpDir == Dir::UP) {
        player->setPositionY(player->getPositionY() + m_jumpSpeed);
```

```
            m_jumpSpeed -= 2;
            if(m_jumpSpeed <= 0){
                m_jumpDir = Dir::DOWN;
            }
        }
        else if(m_jumpDir == Dir::DOWN){
            bool check = false;                              // 用于记录玩家是否落到地面上
            for (int i = 0; i < m_jumpSpeed; i += 2) {       // 向下加速掉落
                ...                                          // 计算当前玩家相对于地图的坐标
                ...                                          // 地图相对于屏幕的 x 坐标
                ...                                          // 玩家相对于地图的坐标
                ...                // 玩家在地面以上时，检测脚下的图块是否为地面图块，若是，则对
                                   // check 标记、玩家位置、速度、跳动状态、跳跃标记进行更新
            }
            // 玩家死亡
            if (py <= -100) {
                gameOver();
            }
            // 在掉落的过程中没有检测到地面图块
            if(!check){
                player->setPositionY(player->getPositionY() - m_jumpSpeed);
                m_jumpSpeed += 2;
                if(m_jumpSpeed > PLAYER_JUMP_SPEED){
                    m_jumpSpeed = PLAYER_JUMP_SPEED;
                }
            }
        }
```

在 update()函数中，要做的最后的一件事就是设置地图滚动效果，并且当地图滚动到到其右边界与屏幕有边界重合时，便固定地图的位置，同时更新玩家的位置，让玩家跑到屏幕的右边界处，若玩家超出了屏幕的右边界，则游戏结束玩家胜利，撤销定时器等。代码实现如下：

```
int mapWidth = map->getMapSize().width*map->getTileSize().width;       // 地图尺寸
int visibleWidth = Director::getInstance()->getWinSize().width;        // 屏幕宽度
// 滚动背景地图
this->getChildByTag(MAP_TAG)->setPositionX(this->getChildByTag(MAP_TAG)->getPositionX()-3);
// 地图滚动到右边界与屏幕有边界重合
if(map->getPositionX() < -(mapWidth-visibleWidth)){
    map->setPositionX(-(mapWidth-visibleWidth));                        // 地图的位置固定
    player->setPositionX(player->getPositionX() + 3);                   // 地图静止后移动玩家
    if(player->getPositionX() > visibleWidth ){                         // 玩家的位置超出了屏幕可见范围
        player->setPositionX(visibleWidth );                            // 固定玩家位置
        this->unscheduleUpdate();                                       // 撤销定时器
        this->removeChildByTag(PLAYER_TAG);
        success();                                                      // 玩家胜利
        return;
    }
}
```

至此，游戏的逻辑部分 update()函数已经完成了，看似烦琐的过程，慢慢实现起来还是很有意思的。update()函数中还调用了游戏失败 gameOver()函数和玩家胜利的 success()函数，这两个函

数的实现很简单，都是通过 Label 标签来创建游戏失败和胜利字样的标签，显示到游戏场景中，前面已经介绍了很多创建 Label 标签的方法，这里就不详细说明了。

success()函数的代码如下：

```
void MapScene::success(){
    auto tips = Label::createWithBMFont(TIPS_FNT_PATH, GAME_SUCCESS);
    Size visibleSize = Director::getInstance()->getVisibleSize();
    tips->setPosition(Vec2(visibleSize.width/2, visibleSize.height/2));
    this->addChild(tips,10);
}
```

⑤ 添加触屏监听函数 addTouchListener()函数的实现，触屏事件的内容将在第 10 章进行介绍。这个游戏中涉及的触摸事件是单点触摸事件，利用 EventListenerTouchOneByOne 类进行创建，并通过设置其 onTouchBegan 属性来执行玩家跳跃的动作。onTouchBegan()是一个回调函数，触发 onTouchBegan 事件的时候，就会调用它指向的函数，这里指的是 MapScene 类中的 onTouchBegan()函数。然后为单点触摸事件添加事件监听器。到这里，单点触摸事件的实现就完成了。

addTouchListener()函数和 onTouchBegan()函数的实现代码如下：

```
void MapScene::addTouchListener(){
    // 加入触摸的处理
    auto listener = EventListenerTouchOneByOne::create();
    listener->onTouchBegan = CC_CALLBACK_2(MapScene::onTouchBegan, this);
    Director::getInstance()->getEventDispatcher()->addEventListenerWithSceneGraphPriority(listener, this);
}
bool MapScene::onTouchBegan(Touch *touch, Event *unused_event){
    if (!this->m_isJump) {
        m_isJump = true;
        m_jumpDir = Dir::UP;
    }
    return true;
}
```

游戏运行后的效果如图 5-29 所示。

图 5-29　游戏运行效果

小　结

本章主要介绍二维游戏场景绘制的有关内容。首先，通过对游戏场景的组织和管理的介绍，让读者对游戏场景有初步的了解，为后续的游戏编程打好基础。接着，介绍如何为游戏添加画面背景。在二维游戏中游戏画面背景和游戏地图的区别并不明显，可以简单理解为游戏地图就是游戏画面背景，但是在三维游戏中游戏背景与游戏地图存在明显的差异。然后，介绍 Cocos2d-x 中如何向游戏中添加文字和字体、创建菜单项和一些常见的扩展控件，这些基础知识的储备是必需的，在以后的游戏编程中都会用到这些知识。本章还介绍了砖块地图编辑器和字体编辑器的使用，分别可以创建自定义地图和自定义字体，希望读者可以不厌其烦地进行运用，以掌握其功能。最后，通过一个完整的游戏实例的讲解，让读者更好地掌握并应用本章知识点。

本章介绍的内容对设计出优秀的用户界面提供了强大的技术支持，这些知识在游戏创作时是最常用到的，也是最基本的，如果想要深入学习更多相关内容，还需阅读相关的开发文档。

习题和实验

实验手册（Word 文档）

1. 简述游戏场景在游戏中的作用。
2. 场景切换的内存处理过程是什么？
3. 对游戏场景的多种图片素材，减少内存开销的方法有哪些？
4. 尝试编程实现菱形地图的拼接技术，包括详细的开发文档说明。
5. 利用砖块地图编辑器制作一张大型游戏地图，并加载到游戏中，实现地图拖曳功能。
6. 利用字体编辑器编辑字体，并在游戏中利用编辑好的字体创建文字。
7. 利用 Label 类实现单个字体的动画效果。
8. 编程实现 6 种菜单项，并比较有何不同？
9. 使用两种方法，实现滚动框显示多页内容。
10. 利用滑动控件实现调整游戏中显示的文字大小。

第 6 章　游戏交互界面设计

本章将讲述二维游戏中的交互界面设计的相关知识与方法，介绍交互界面设计的一些基本原则，并以 Cocos2d-x 为例，讲解其 UI 编辑器以及用户交互事件。通过本章的学习，读者应该能够基于交互界面设计的知识和原则来实现一个简单的游戏界面，并且能够运用 Cocos2d-x 中的交互事件实现基本的人机交互操作。

6.1　交互界面设计概述

用户界面（User Interface）是人机交互（Human-Machine Interaction）中的重要层面，是人与计算机之间传递和交换信息的媒介。游戏界面的功能可分为实用功能和审美功能。其中，实用功能完成界面沟通人和计算机的使命，审美功能在满足用户审美要求的同时并辅助实用功能。

游戏界面设计（Game Interface Design，GID）是指对电子游戏中与游戏用户具有交互功能的视觉等实体元素进行布局、规划、导览和切换等，是玩家最直接面对的互动活动，也是玩家对游戏的第一印象。游戏中的很多操作是由界面承载的，所以游戏界面的合理化设计对于一个游戏来说是相当重要的。良好的界面设计是游戏可玩性的要素之一，合理的游戏界面设计就是使游戏在视觉、听觉等多个感知通道上让玩家感到简洁、清爽、有序，并能很好地表达游戏的宗旨和内容，清晰地传递用户与计算机的信息，可以帮助玩家快速上手。

二维游戏界面主要包括游戏主界面、二级界面、弹出界面等，涉及的元素有游戏 Logo、菜单、图标等，其目标就是营造出美观、操作简单并且具有引导功能的人机互动环境。

6.2　游戏的可玩性与交互界面

长期以来，游戏业界对可玩性的定义和作用没有明确的定论，也没有确切的设计原则，这是因为可玩性是一种主观体验，是人的感知、生理和心理活动的一种综合体现。对于同一款游戏，玩家会有不同的可玩性体验。对于一款游戏的可玩性的感知，造成了玩家对游戏的总体评价，也从一定程度上体现出游戏玩家的年龄、性格、性别等，并将游戏玩家区分为游戏群体，形成一定的游戏社区。例如，妇女和老年人可能喜欢玩大富翁游戏，儿童会在 MSN 社区的卡通游戏前流连忘返；喜欢挑战性的人酷爱飞行和汽车类模拟游戏，性格细腻好静的人则陷入仙剑奇侠传之类的 RPG 游戏不能自拔。尽管每个游戏玩家可能无法讲出游戏的具体好玩之处，但是大多数人同意这个观点：当玩家坐下来打开计算机，用鼠标双击游戏图标时的一刹那就能感觉到一种向往的感受，玩过一段时间后就会产生一种依赖性。既然无法明确定义可玩性，那么可玩性的规范化和设计模式更是无从谈起。但是，可玩性可以通过人机界面外在表现出来。人机界面在一定程度上决定并反映了可玩性，通过分析交互界面，可以找到一些规范性的思路去提高游戏的可玩性。即使游戏的创意、设计、情节、引擎合格，设计不合格的交互界面会让游戏操作复杂，初学者上手困难。因此，交互界面在游戏可玩性中起着十分重要的作用，是连接玩家和游戏内核的桥梁。

虽然游戏的创意、设计和情节在很大程度上决定了可玩性，但其技术基础是计算机科学、设计学、心理学和人机交互理论，在表现形式上是通过游戏中的人机活动反映出来。在玩游戏时，玩家所见所感的是游戏的交互界面，而非游戏的内核技术。只有通过交互界面，玩家才能够控制游戏的内核。因此对游戏来说，交互界面展现了可玩性的大部分。从另外一个角度看，一款游戏的可玩性有不同的体现方式，如飞行模拟类游戏需要大投影屏幕和具有沉浸感的立体眼镜，而回合制战略游戏的界面主要是菜单和图标选择。

尽管对游戏的可玩性还没有明确的定义，但可以从以下几方面对游戏的可玩性和交互界面的关系进行描述。

① 游戏可玩性的基础是交互界面的可用性。对于游戏软件来说，如果其交互界面不可用，也没有很好的可学习性，那么游戏玩家就不能很快上手，也无法发挥游戏的娱乐性功能。此时，大部分玩家就可能会知难而退，从而让游戏失去玩家。

② 游戏界面的可操作性是游戏可玩性的一个基本要素，包括手眼协调、条件反射和难度递增等。如果游戏的交互界面没有可操作性，玩家就难以操纵游戏，更谈不上游戏可玩性。

③ 交互界面的沉浸感是大多数游戏可玩性的共性要素之一。交互界面的沉浸感就是让玩家感到自己置身于虚拟的游戏世界，如 FPS 游戏使用三维迷宫和第一视角，使得玩家和游戏主人公融为一体，而 RTS 游戏使用俯视视角，使得玩家有掌控全局的感觉。

④ 交互界面的操作效率也是游戏可玩性的要素之一。不同类型的游戏所采用的操纵游戏的方法往往也不一样。例如，RTS 往往使用一个鼠标就可以完成所有的操作，其操作方法主要体现在鼠标的移动和鼠标按键的交替上；FPS 游戏一般用键盘来控制游戏人物的移动，用鼠标来控制瞄准和射击动作；一些赛车游戏可直接使用类似方向盘的交互设备。

6.3 交互界面设计基础

交互界面设计涉及很多方面，一个好的界面需要有优质的色彩搭配。本节将简要介绍用户界面设计的一些基础知识，使得读者对用户界面设计有一个基本的认识，还将介绍用户界面的形式。了解了这些之后，读者可以根据不同界面的不同需求来设计合理的交互界面。

6.3.1 交互界面的色彩设计

色彩的运用对交互界面的设计至关重要。优秀的色彩搭配是交互界面设计成功的前提和基础。对交互界面来说，色彩较之界面布局具有先声夺人的魅力，同一种界面设计由于色彩的差异会给人截然不同的感受和印象。

色彩是光在人脑中的感觉。光是一种属于一定波长范围内的电磁辐射，当光照射到物体后，物体的反光使人的视觉和大脑产生作用，于是人脑有了色彩的感觉。光照到物体上，一部分被吸收，另一部分被反射，被反射回的光反映了人们看到的物体的颜色。白色的物体之所以为白色，是因为它完全反射了太阳光。黑色的物体之所以为黑色，是因为它完全吸收了光线。自然界中的颜色可以为分非彩色和彩色两大类。非彩色指黑色、白色和各种深浅不一的灰色。其他色彩可以被划归为彩色。尽管客观世界的色彩千变万化，各不相同，但任何彩色都有明度、色相、纯度三方面的性质，又称为色彩的三要素。

明度（brightness/lightness）：也叫亮度，体现颜色的明暗度。如白色明度高，黑色明度低，黄色是明度最高的色彩，紫色是明度最低的色彩。非彩色只有明度特征，没有色相、纯度的区别。

色相（hue）：也叫色泽，是色彩的相貌，是区别色彩种类的名称，如红、橙、黄、绿、青等。

纯度（saturation）：色彩的纯净程度，又称为彩度或饱和度。某一纯色加上白或黑，可降低其纯度，或趋于柔和，或趋于沉重。鲜艳的色彩其纯度一般都比较高，这样的颜色比较刺眼，所以纯度比较高的色彩一般不用在背景上。

游戏作品给用户的感觉是由整体配色的效果决定的。作品的基调是由配色中占最大面积的色彩决定的，是作品的主色调。简单审视一些游戏界面的色彩运用，可以体验到色彩设计的魅力。

6.3.2 交互界面的形式

成功的用户界面有很多，通过对这些用户界面的总结，可以从中得到很多有益的启示。图形用户界面（Graphics User Interface，GUI）是以视觉感知通道为主的人机界面。在 PC 平台上，最重要和最普及的图形用户界面是 WIMP（Window Icon Menu Pointing，窗口、图标、菜单、鼠标）界面。WIMP 界面最早由美国施乐公司发明，奠定了视窗操作系统的基础，直到现在还是主流的操作方式。在 WIMP 界面之后，经历了以其他感知通道为主的各种界面方式，如头盔、立体眼镜、语音、视频、手势、眼神、数据手套（触觉）等多维、多通道、多尺度感知设备和处理方式。多通道感知技术的融合就是在军事仿真中应用广泛的虚拟现实技术。当前热门研究的可穿戴式计算则试图把交互界面从计算机屏幕、鼠标和键盘的束缚中彻底解放出来，利用人体自身及其周围环境，使交互界面成为用户自身的延伸，这在思想上与普适计算、无所不在的计算等类似，包括语音输入、红外设备、智能代理、多通道交互技术、眼球跟踪、姿势控制和虚拟现实技术等。

与游戏机相比，计算机游戏使用了更多的图形用户界面的要素，它们并不是游戏机上的真实控制面板按钮，而是屏幕上显示的菜单、图标、按钮、窗口等。从本质上说，WIMP 界面是一个环形处理通道，即计算机应用程序通过输出设备显示和表达有关系统当前的状态，用户接收信息后，根据自己的要求，决定是否改变系统的状态。如果需要，进一步确定总的目标（目的状态）和具体的实行步骤，然后通过输入设备发出指令，计算机应用程序再处理这些指令，并随之改变内部状态，最后从输出设备更新信息，至此完成一个循环。如此反复循环下去，正如 Windows 的消息循环处理函数。人机交互，或者说游戏，就是无数次的这类循环过程。因此，交互界面设计的问题可以归纳为两个问题：如何将系统信息和状态明白无误地通知用户，如何提供用户发布正确的输入指令的渠道。

（1）信息输出

对于游戏来说，游戏越复杂，需要给玩家提供的信息就越多，如即时战略、角色扮演和大型网络游戏的各种角色状态、武器装备、全局的数据统计等。这些游戏的内部状态或数据都需要井井有条地显示给玩家，否则玩家无法做出正确的判断。

（2）信息输入

在最常见的交互界面中，游戏玩家的输入手段主要包括以下 3 类。

① 菜单：可分为固定式菜单、下拉式菜单、弹出式菜单 3 种。固定式菜单一般用于显示游戏中最重要和级别最高的功能。下拉式菜单又叫级联式菜单，本质上构成了一个树状结构，所占空间小，适合于功能复杂的递进式选择。弹出式菜单在不使用时处于隐藏状态，经常用于显示错误信息和提示。

② 图标：形象地传递信息量。游戏中的图标有多种，有的图标只是起到提示作用，有的图标是文字按钮的图形化，每个图标对应一项功能。

③ 快捷键：即键盘字母组合方式构成的指令发布方式。在快节奏的游戏中，快捷键的使用能极大地提高操作效率，有些快捷键甚至能提供作弊模式。

下面介绍几类常见游戏的交互界面。

1. 命令语言界面

命令语言界面（Command）是最早使用，也是最流行的一种人机界面形式。界面由用户命令驱动，计算机读取用户命令来执行用户的意图，好像是人跟计算机在通过命令交流。这种交流方式的前提是用户正确输入计算机能够理解的命令。由于软件的命令格式并没有标准，因此用户必须记住大量的计算机命令才能正确地与计算机交互，这无形中增加了用户使用软件的难度。在 20 世纪 90 年代中期流行的 MUD（Multi User Dimension）游戏就是一种纯文字界面，如图 6-1 所示。

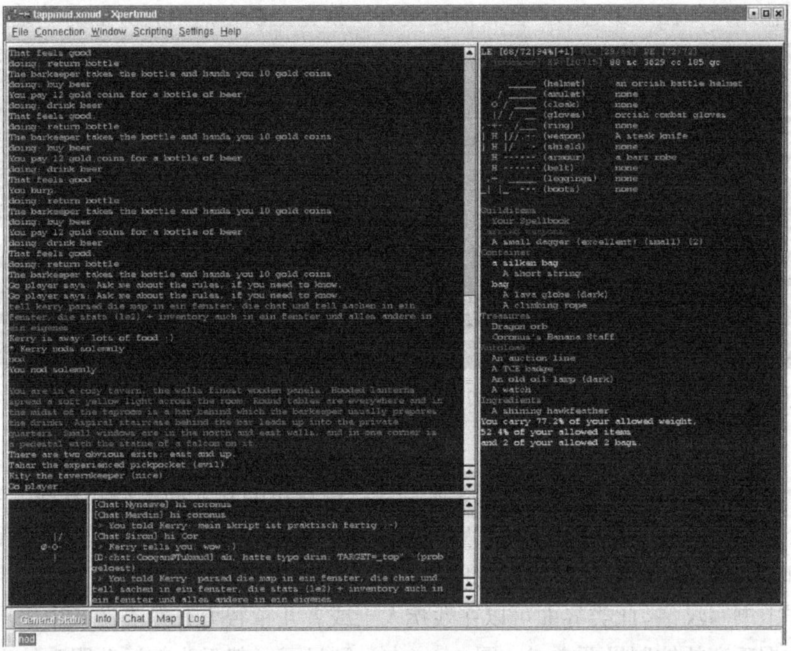

图 6-1　网络游戏 MUD 的典型字符界面

2. 菜单界面

菜单界面是图形用户界面的典型代表。自从苹果公司把图形用户界面引入到操作系统中后，用鼠标选择菜单变成计算机软件的经典操作模式。菜单界面可以把类似的功能集中到一个菜单项中，无形中方便了用户的记忆和查找。菜单项完整地列出了软件支持的功能和操作，使用户可以在很短的时间内熟悉一款游戏或软件的使用方法，特别是依赖于菜单进行信息交流的回合制游戏，如图 6-2 所示。

图 6-2　奥汀科技开发的《三国群英传 online》（一个横向卷轴游戏）

菜单界面具有以下特点：

① 设计友好的菜单界面能够把系统语义（做什么）和系统语法（怎么做）直观地显示出来，并给用户提供各种功能的选择。

② 菜单界面适合结构化的系统。每个菜单项可以对应一个子程序或下一级子菜单。

③ 菜单界面减轻了用户学习、记忆的困难程度，简化了操作。

④ 对于一些常用的操作，如复制、删除等，菜单界面不如快捷键方便。

3. 自然语言界面

自然语言比命令语言更符合使用者的语言习惯，然而自然语言非常复杂，不仅包含语音、语义，还包含语义的延伸以及语义的多重性，这使得自然语言界面的实现十分困难。典型的自然语言界面是语音输入，如图 6-3 所示，但目前还没有一款完全以自然语言界面为基础的流行游戏。

图 6-3 Konami 公司开发的面向 Playstation2 的游戏（Lifeline 采用语音输入）

4. 手势与触控交互界面

大体上分为两种。一种使用数据手套、眼动仪、摄像机捕获人的手势、视线、表情或其他肢体动作，进而控制计算机。人们可以采用 Web 摄像机实现这种技术。另一种是使用计算机的数据笔（stylus）和三维鼠标，根据一段时间内的移动轨迹和速度决定操作命令，典型的例子是数据笔在手写输入屏上书写汉字。此类界面可以在残疾人士或者儿童智力开发类游戏中采用。图 6-4（左）是一个基于数据手套的控制界面方式，图 6-4（右）则显示了基于头部运动跟踪的界面方式。

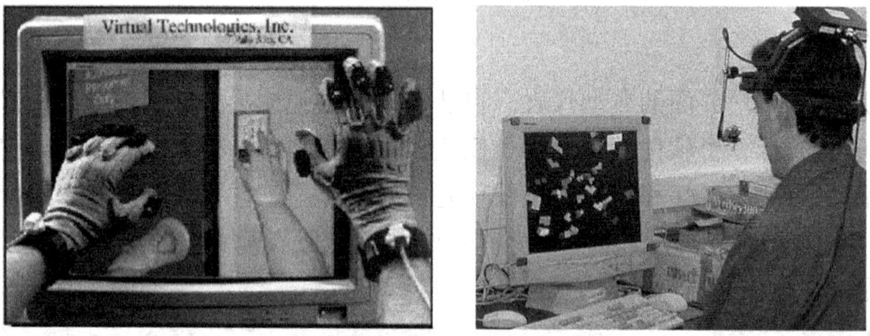

图 6-4 手势控制界面方式（左）、头部运动控制界面方式（右）

5. 穿戴式体感交互界面

游戏产业持续发展的最大威胁是让玩家连续几个小时像一尊泥塑般坐在那里一动不动，从而引发身体上的“游戏综合症”，至少以往那些游戏机带来的游戏方式确实存在这样的问题，直到基于运动传感的 Wii 游戏机的出现，带来的颠覆性的游戏操作方式和体验能让玩家在游戏中不自觉地根据游戏做出各种动作，进行全身运动，如图 6-5 所示。

图 6-5　基于 Wii 手柄的具有自然交互特点的游戏场景（图片来源于相关公司）

基于运动传感的游戏机的出现要归功于微机电系统（MEMS）技术的不断进步，使得传统的运动传感器能够以更小的体积、更高的可靠性和精度应用于交通工具、电子电器等大众消费领域。运动传感器在人机交互方面应用也成为当前的研究的热点之一，目前使用最多的是加速度传感器，它是一种能够测量自身瞬间加速度的器件，具备 6 种感应功能：倾斜度侦测、运动检测、定位侦测、震动侦测、振动侦测、自由落体侦测。它的测量范围可以从几 g 到数千 g，方向从单轴、双轴到三轴都有。任天堂最新的次时代游戏机 Wii 使用装备了加速传感器的手柄作为全新的用户交互方式。苹果公司最近把加速传感器放进了 Mac Book 笔记本电脑和 iPhone 手机中，足以体现电子产品设计潮流的领导者对这种全新交互方式的信心。任天堂推出了 Wii Fit 平衡板，能够检测到加载的重量及其重心位置的控制器，可以通过无线接口与 Wii 进行通信。Wii Fit 对任何人来说都很简单，提供 4 类 40 多种活动，包括有氧运动、力量训练、平衡以及瑜伽，如图 6-6 所示。

图 6-6　基于 Wii Fit 的游戏交互场景（图片来源于相关公司）

6．非接触式体感交互界面

Kinect 是微软基于以色列 PrimeSense 的技术开发而成，作为 Xbox 360 游戏机的外设，它让玩家不需要手持游戏手柄，而是使用语音指令或身体动作进行游戏。其在 2010 年 11 月于美国上市，在销售前 60 天内，卖出 800 万部，成为全世界销售最快的消费性电子产品之一。

2012 年 2 月，微软正式发布拥有完整 SDK 的桌面版本 Kinect——Kinect for Windows，增加了对“近景模式”的支持、提升了骨骼跟踪等 API 的性能、采用了更先进的声学模型等，向 Windows 桌面平台体感应用的开发者敞开了大门。2013 年 5 月发布的 Xbox One 配备了最新的 Kinect 升级版本，将体感识别精度和速度又提升到了更高的级别。

Kinect 有三个镜头（如图 6-7 所示），中间的镜头是 RGB 彩色摄像头，用来采集彩色图像。

左右两镜头分别为红外线发射器和 CMOS 红外线摄像头构成的 3D 结构光深度传感器，用来采集深度数据。彩色摄像头最大支持 1280×960 分辨率成像，红外摄像头最大支持 640×480 成像。Kinect 还搭配了追焦技术，电动底座会随着对焦物体移动改变仰角。

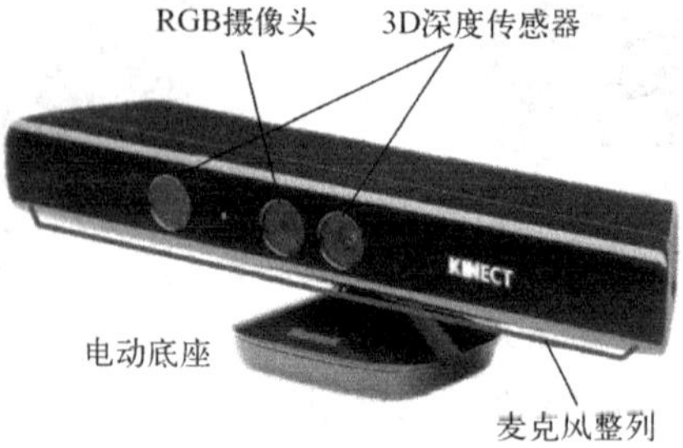

图 6-7　Kinect 构造示意

Kinect 在成像时首先发射红外光斑（如图 6-8 所示），通过红外摄像头拍摄后经过计算获得一个深度图像（如图 6-9 所示），然后计算机对深度图像进行分割识别，判断人体的各关节位置，最终重建骨骼数据（如图 6-10 所示）。

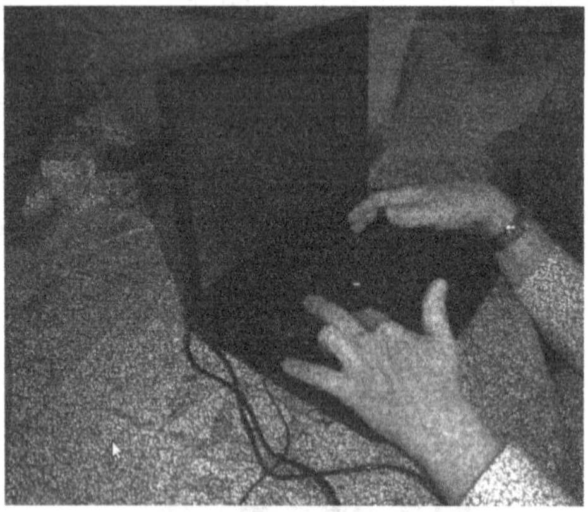

图 6-8　Kinect 发射的红外光斑

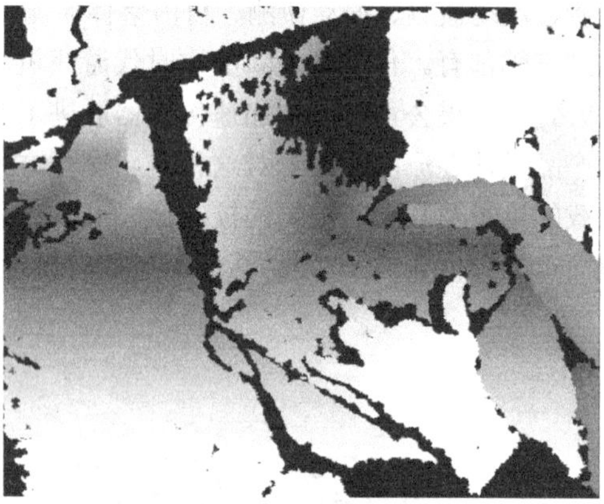

图 6-9　通过 Kinect 获取的深度图和彩色图像

图 6-10　深度图经过处理得到骨骼数据

6.4 游戏软件的交互界面设计

《帝国时代》的设计师们率先提出了前15分钟法则。一款成功的游戏首先要保证被安装后的存活超过15分钟。如果入门级玩家不能在前15分钟顺利地理解和掌握基本操作与游戏规则，并有兴趣进行游戏，或者熟练的玩家不能在前 15 分钟感到有趣和挑战的话，他们就会退出游戏，并将游戏从硬盘上删除。因此，前15分钟决定了一个游戏的命运。然而在短短的15分钟内，游戏可能还无法向玩家展示全部的魅力，甚至游戏设计者在设计时想要炫耀的“与众不同”的技术和创意都没有时间来展示。因此，一款游戏要通过最初的挑剔，必须快速吸引住玩家，而游戏的界面设计是其中很重要的一环。游戏的界面设计与游戏的类型、整体风格联系十分紧密，没有给定的原则指出哪种界面设计是合理的或是吸引人的。尽管如此，游戏软件的界面设计也并非没有规律可循。

① 游戏的界面清晰明了，没有人愿意在玩游戏的时候还要按照烦琐的步骤设置游戏。

② 操作复杂的游戏应提供类似教程或向导资料，帮助用户快速上手。

③ 游戏的界面与游戏的整体风格相一致，不能为了特别突出游戏的界面而破坏更重要的游戏整体风格。

④ 游戏的界面设计中应考虑到国际化的需求。在设计游戏界面中的文字、图片要考虑到发行国家的风土人情和习惯。当地禁忌的文字、图片更不能在游戏界面中出现。另外，由于各国和地区的文字的长短不一，当一个游戏的界面用一种文字表示的时候可能搭配正好合适，用另一种文字表示的时候可能就显得界面搭配失衡。在游戏界面设计中也要考虑这个问题。

在构造用户界面时，必须遵循以下基本原则。

1. 一致性原则

一致性原则是指用户界面的设计应该遵从某种一致的约定，这也是经常被违反的一个原则。一个软件应该要求其概念模式、语言、语法及显示格式等的一致性，在类似的情况下具有一致的操作系列，在提示、帮助和菜单中产生相同的术语。例如，Microsoft的办公系列软件具备高度的一致性原则。一致性原则可以帮助用户在熟悉一款游戏后，能快速熟悉掌握另一款相似或后继版本的游戏，如Quake系列和Doom系列游戏。

2. 提供出错反馈

用户无法容忍一款游戏出现错误，也无法容忍一款游戏莫名其妙地崩溃。软件出错可能是一个永恒的话题，但良好的用户界面设计会将错误信息反馈给用户，让用户决定下一步操作。

3. 保持界面简洁

可以想象，一款布满密密麻麻的菜单和控件的游戏会让玩家顿生恐惧。简洁高效的界面可以突出一些关键的控件，改善可用性。另外，排列整齐、行距一致也可以使软件的界面显得清晰明了。用户界面的简洁也应该符合美学上的原则，即简约美。当然，界面简洁并不代表要削减功能，通过仔细的设计完全可以达到界面简洁与功能强大的平衡。

4. 提供帮助和向导功能

很难想象，一款游戏可以让用户一上手就立即会使用。即使对这个软件非常熟悉的用户也不可能保证不会在使用过程中出错。健忘、易出错是人的固有弱点，因此，提供帮助功能可以帮助用户更好地使用软件。软件可能被各种不同水平的用户使用，帮助功能应该考虑到专家型用户和普通型用户的不同需求。

5．减少用户的记忆量

软件设计的一个目标是易用性。减少用户的记忆量是一个设计良好的软件的基本要求。在各种可能的场合，对用户尽可能多地提醒也是软件人性化的要求。

6.5　Cocos2d-x 中的界面设计

本节将介绍 Cocos2d-x 中与界面相关的知识点。谈到界面，UI 的布局及其使用是一个逃不掉的话题，通过上面理论知识的学习，本节带领读者进入实战状态。通过本节的学习，读者将学会使用 Cocos2d-x 的 UI 编辑器来制作 UI 和设计布局，并加入交互事件，来实现简单的人机交互。

6.5.1　Cocos2d-x 中的 UI 编辑器

Cocos2d-x 自带一个功能强大的免费工具集 CocosStudio，包含了游戏开发中所需要的四大功能工具：动画编辑器、UI 编辑器、数据编辑器和场景编辑器，本书使用 1.3.0.1 版本（其压缩包在 Cocos 官网上可以免费下载）。

CocosStudio 工具集所设计的功能十分全面，就 UI 编辑部分，在 CocosStudio 中有 14 种控件类型，包括：按钮、复选框、精灵、图片、数字标签、自定义字体、进度条、滑动条、文本框、输入框、层容器、滚动层容器、列表层容器、分页层容器，涵盖了 UI 界面制作常见控件类型。

在 CocoUI 框架中，CocoWidget 作为基本组成元素，所有控件都继承自 CocoWidget，与 Cocos2d-x 中的 Node 作用相似。UIScene 管理所有 widget，通过 COCOUISYSTEM->resetSystem(this)初始化，再使用 COCOUISYSTEM->getCurScene()获取当前的 UIScene，就可以在其中添加 widget。此外，COCOUISYSTEM 提供了从 UI 编辑器资源导入 Widget 的功能，这使得 UI 界面的设计与逻辑相分离，更有利于操作和理解。COCOUISYSTEM 作为 CocoUI 框架的管理者，返回 UISystem 对象，它不仅管理着 UIScene，还包含其他必要的特性，如触摸机制的实现。下面通过一个制作按钮的简单例子来讲述使用 CocosStudio 制作游戏中的交互界面的方法。

6.5.2　用户界面编辑器的使用

① 创建项目。打开 CocosStudio，选择 UI Editor，再选择“文件”→“新建”，即可创建一个新项目，在界面的左上角显示的是画布大小，可以调整，这里设置为 960×640。创建好后，出现如图 6-11 所示的界面。

② 导入资源。在新创建项目的资源面板单击右键即可导入资源，本例中导入的按钮正常状态和点击状态所需要的图片为 btn_animation.png 和 btn_animation_select.png。导入后，资源面板状态如图 6-12 所示。

③ 构建 UI 界面。在控件区拖放一个按钮控件放到渲染窗口的合适位置，选中按钮后可以在属性窗口中看到按钮的各种属性，属性中的“名字”更改为“btn_animation”，“Tag”设置为 5，“文本”更改为“animation”，“文本”的颜色设置为“Orange”，大小设置为 21，如图 6-13 所示。最后将资源区的图片 btn_animation.png、btn_animation_select.png 分别拖放到按钮属性中的“正常状态”和“按下状态”框中，此时按钮制作完成，如图 6-14 所示。

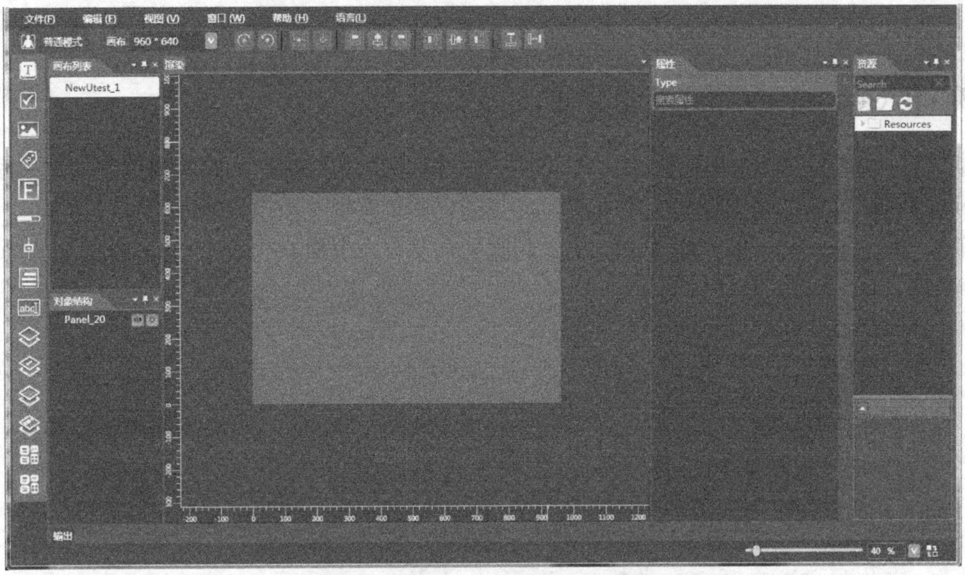

图 6-11　UI Editor 创建新项目界面

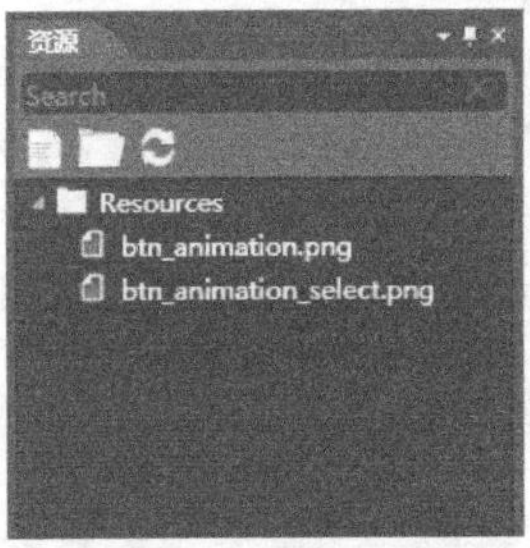

图 6-12　资源面板

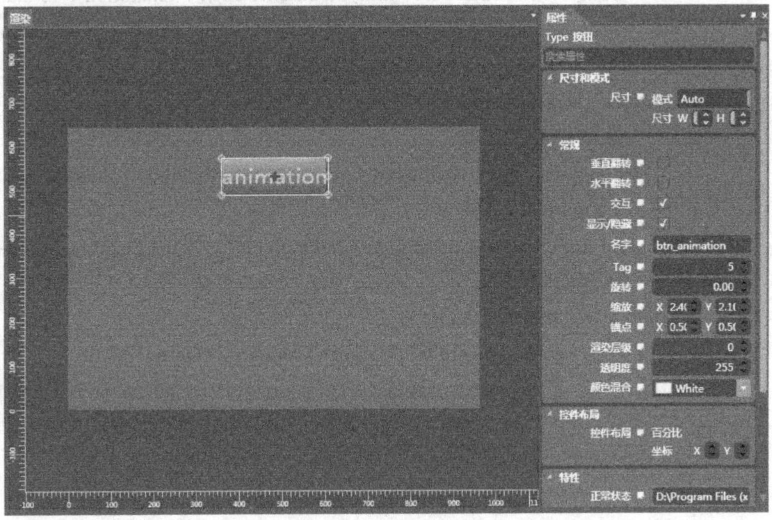

图 6-13　按钮属性设置

④ 导出项目。选择“文件”→“导出项目”，按默认参数即可导出项目，根据提示存储位置可以找到发布文件夹 publish（如图 6-15 所示）。需要使用时，将所有文件放在同一路径即可。

图 6-14　按钮 UI

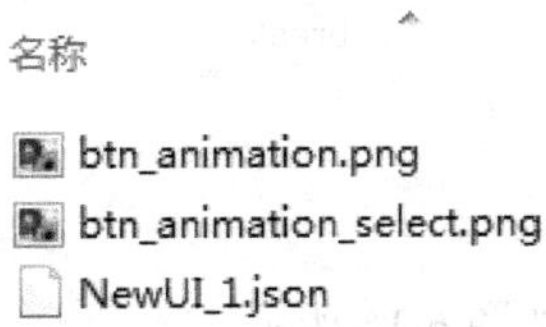

图 6-15　文件结构

6.5.3 在 Cocos2d-x 引擎中的应用

本节将 6.5.2 节制作的按钮控件加到程序中，并实现用按钮控制动画的播放与暂停。因此，在 AnimaScene 的头文件中添加一个 onClick()方法，用于实现单击按钮播放动画的功能。再添加了一个 m_startAnimation 的 bool 变量，用于判断动画是否处于播放状态。另外，改动 AnimaScene 类的初始化 init()方法，具体代码如下：

```
bool AniScene::init() {
    if (!Layer::init()) {
        return false;
    }
    Size visibleSize = Director::getInstance()->getVisibleSize();
    Vec2 origin = Director::getInstance()->getVisibleOrigin();
    m_startAnimation = false;
    // show tips
    auto tips = Label::createWithSystemFont("click \" animation \" to start , pause and
                                      resume the animation", "微软雅黑",14);
    tips->setPosition(Vec2(230,visibleSize.height - 25));
    this->addChild(tips, 5);
    // load ui
    auto layout_root = GUIReader::getInstance()->widgetFromJsonFile("testani/NewUI_1.json");
    // button test callback
    void AniScene::onClick(Ref *pSender, Widget::TouchEventType type) {
        switch (type)  {
            break;
            case cocos2d::ui::Widget::TouchEventType::ENDED:
            if (!m_startAnimation && (m_armature->getAnimation()->isPause() == true)) {
                m_armature->getAnimation()->playWithIndex(0);          // start animation
            }
            else if (m_armature->getAnimation()->isPause() == true) {
                m_armature->getAnimation()->resume();                  // resume animation
            }
            else{
                m_armature->getAnimation()->pause();                   // stop animation
            }
            m_startAnimation = true;
            break;
            default:
                break;
        }
    }
}
```

运行效果如图 6-16 所示。

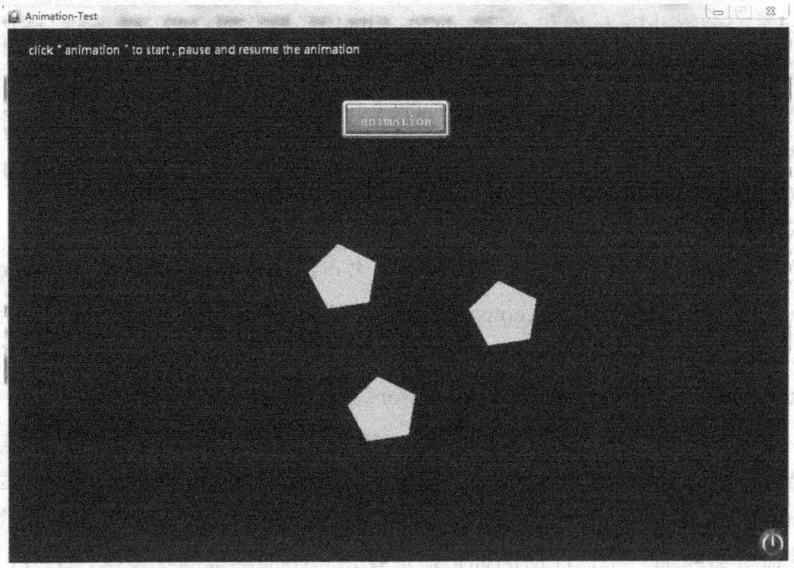

图 6-16　示例运行效果

6.6　Cocos2d-x 中的用户交互

在第 4 章中介绍了 Cocos2d-x 中用于用户交互的事件处理机制，本节将继续展开深入地对其如何监听事件进行探讨。事件监听器 EventListener 类的继承关系如图 6-17 所示。

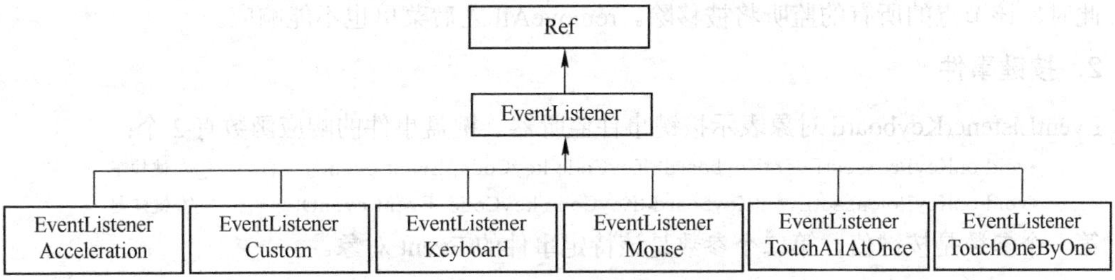

图 6-17　EventListener 类的继承关系

1．触屏事件

在 Cocos2d-x 中可以为任意一个游戏元素添加接收事件，Layer 类提供了很好的技术支持。Layer 类封装了触摸输入的接口，用于接收输入事件，还可以使用 setTouchEnabled()方法来打开或关闭接收触摸的输入。触摸事件分为单点触摸事件（EventListenerTouchOneByOne）和多点触摸事件（EventListenerTouchAllAtOnce）。

（1）单点触摸事件（EventListenerTouchOneByOne）

单点触摸，即一个一个按顺序触摸，其对应的响应函数有 4 个。

① *virtual bool onTouchBegan(Touch *touch,Event *event)：触摸开始。其中，第一个参数是 Touch 对象，表示指定时间段内新增或变化的触摸对象，第二个参数表示该特定事件的 Event 对象。每次触摸事件发生时最先调用的函数，返回一个 bool 值。若返回值为 true，则说明此次触摸事件已经找到目标对象并被处理，之后的 onTouchMoved()、onTouchEnded()和 onTouchCancelled()函数将继续响应，事件分发器对象 EventDispatcher 将停止此次事件的分发，其他事件监听器对象则不会再进行监听该次事件，也不再接收到此次用户操作数据。若返回值为 false，之后的

onTouchMoved()、onTouchEnded()和 onTouchCancelled()函数将不会响应，事件分发器则会将此次事件继续交给其他添加过的事件监听器进行处理。

② *virtual void onTouchMoved(Touch *touch, Event *event)：触摸移动。

③ *virtual void onTouchEnd(Touch *touch, Event *event)：触摸结束。

④ *virtual void onTouchCancelled(Touch *touch, Event *event)：触摸取消。

（2）多点触摸事件（EventListenerTouchAllAtOnce）

多点触摸事件即可以同时响应多个点的触摸。多点触摸也有 4 个对应的响应函数。

① *virtual void onTouchesBegan(const std::vector<Touch*>& touches,Event *event)：触摸开始。

② *virtual void onTouchesMoved(const std::vector<Touch*>& touches,Event *event)：触摸移动。

③ *virtual void onTouchesEnd(const std::vector<Touch*>& touches,Event *event)：触摸结束。

④ *virtual void onTouchesCancelled(const std::vector<Touch*>& touches,Event *event)：触摸取消。

当再次使用 touchListener 时，需要用 clone()函数创建一个新的克隆，这是因为使用 addEventListenerWithSceneGraphPriority()或者 addEventListenerWithFixedPriority()函数时，会对当前使用的事件监听器添加一个已注册的标记，这使得它不能够被添加多次。另外，FixedPriority listener 添加完之后需要手动 remove，而 SceneGraphPriority listener 是与 Node 绑定的，在 Node 的析构函数中会被移除。触摸事件的具体用法可以参考引擎自带的示例程序。移除一个已添加的监听器的语句为：

```
_eventDispatcher->removeEventListener(listener);
```

移除所使用事件分发器中的所有监听器的语句为：

```
_eventDispatcher->removeAllEventListeners();
```

此时，该节点的所有的监听将被移除。removeAll 之后菜单也不能响应。

2. 按键事件

EventListenerKeyboard 对象表示按键事件监听器。键盘事件的响应函数有 2 个：

```
*void onKeyPressed(EventKeyboard::KeyCode keyCode, Event event);      // 键按下
*void onKeyReleased(EventKeyboard::KeyCode keyCode, Event event);     // 键弹起
```

第一个参数是按键值，第二个参数是该特定事件的 Event 对象。

3. 鼠标事件

EventListenerMouse 对象表示鼠标事件监听器，鼠标事件监听器的响应函数有 4 个：

```
*void onMouseDown(Event *event);
*void onMouseUp(Event *event);
*void onMouseMove(Event *event);
*void onMouseScroll(Event *event);
```

4. 加速度计事件

EventListenerAcceleration 对象表示加速度计监听器，加速度计操作在游戏中的应用也很频繁，如赛车游戏中通过摇动手机来控制赛车方向等。其响应函数只有 1 个：

```
void on Acceleration(Acceleration* acc, Event* event);
```

其中，第一个参数是 Acceleration 对象，表示加速度计的操作信息，包含加速度计的三个轴（*X*、*Y*、*Z*）信息，数值范围是(-1, 1)，以重力加速度为单位；第二个参数表示该特定事件的 Event 对象。

5. 自定义事件

Cocos2d-x 的设计是很人性化的，除了提供系统已经定义好的事件外，还提供了一种自定义

事件，那么它的触发时需要人为干涉，而不是由系统自动触发。其创建方式如下：

```
Static EventListenerCustom* create(const std::string& eventName,
                                   std::function<void(EventCustom*)>callback);
```

其中，第一个参数 eventName 表示事件的名称，该名称可以由用户自定义；第二个参数是自定义监听器的事件回调函数。

6.7 游戏界面设计实例——贪食豆

本节将设计一个摇杆类来控制主角的移动了摇杆，控制一个小豆子来碰小球，这里将对这个摇杆类进行详细介绍，其运行效果如图 6-18 所示。

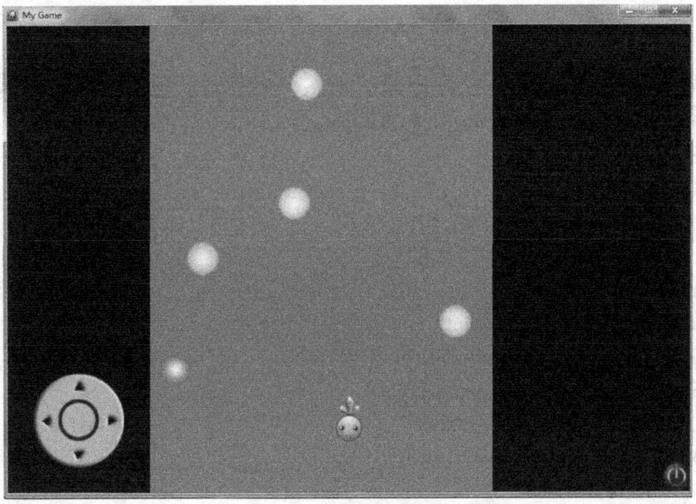

图 6-18 贪食豆运行效果

创建一个 Cocos2d-x 的项目，新建一个 Joystick 类，该类中包含一个枚举类型的数据结构，用于表示摇杆的方向。使用静态方法 create 来创建 Joystick 类，并有一个用来获得方向的函数，其头文件结构如下：

```
#ifndef __JOYSTICK_H__
#define __JOYSTICK_H__
#include "cocos2d.h"
USING_NS_CC;
enum Joystick_dir {
    _LEFT,
    _RIGHT,
    _STOP
};
class Joystick : public Layer{
  public:
    Joystick();
    ~Joystick();
    // 创建摇杆，aPoint 是摇杆中心，aRadius 是摇杆半径，aJsSprite 是摇杆控制点，aJsBg 是摇杆背景
    static Joystick* create(Vec2 aPoint, float aRadius, char* aJsSprite, char* aJsBg);
    Joystick_dir getDirection();                                    // 获取摇杆方向
  private:
```

```
    float getVelocity();                                        // 摇杆力度
    void update(float dt);
    // 初始化，aPoint 是摇杆中心，aRadius 是摇杆半径，aJsSprite 是摇杆控制点，aJsBg 是摇杆背景
    virtual bool init(Vec2 aPoint ,float aRadius ,char* aJsSprite,char* aJsBg);
    virtual bool onTouchBegan(Touch *pTouch, Event *pEvent);
    virtual void onTouchMoved(Touch *pTouch, Event *pEvent);
    virtual void onTouchEnded(Touch *pTouch, Event *pEvent);
  private:
    Vec2 m_centerPoint;                                         // 摇杆中心
    Vec2 m_currentPoint;                                        // 摇杆当前位置
    float m_radius;                                             // 摇杆半径
    Sprite* m_jsSprite;
};
#endif
```

Joystick 类的初始化方法 init()为摇杆创建了形态，并添加了触摸事件监听器，具体代码如下：

```
bool Joystick::init(Vec2 aPoint , float aRadius , char* aJsSprite, char* aJsBg){
    if (!Layer::init()){
        return false;
    }
    m_radius = aRadius;                                         // 摇杆半径
    m_centerPoint = aPoint;                                     // 摇杆控制中心
    m_currentPoint = m_centerPoint;
    m_jsSprite = Sprite::create(aJsSprite);                     // 摇杆控制点
    m_jsSprite->setPosition(m_centerPoint);
    auto _aJsBg = Sprite::create(aJsBg);                        // 摇杆背景
    _aJsBg->setPosition(m_centerPoint);
    _aJsBg->setTag(88);
    this->addChild(_aJsBg);
    this->addChild(m_jsSprite);
    this->scheduleUpdate();
    auto listener = EventListenerTouchOneByOne::create();       // 触摸事件监听器
    listener->onTouchBegan = CC_CALLBACK_2(Joystick::onTouchBegan, this);
    listener->onTouchMoved = CC_CALLBACK_2(Joystick::onTouchMoved, this);
    listener->onTouchEnded = CC_CALLBACK_2(Joystick::onTouchEnded, this);
    Director::getInstance()->getEventDispatcher()->addEventListenerWithSceneGraphPriority(listener, this);
    return true;
}
```

本例中只获取了摇杆的两个方向，有兴趣的读者可以试着获取摇杆的四个方向来控制精灵在上、下、左、右四个方向上移动。获取方向的函数实现较为简单，代码如下：

```
Joystick_dir Joystick::getDirection(){
    if ((m_currentPoint - m_centerPoint).x > 0){
        return Joystick_dir::_RIGHT;
    }
    if ((m_currentPoint - m_centerPoint).x < 0){
        return Joystick_dir::_LEFT;
    }
    return Joystick_dir::_STOP;
}
```

还有一个获得摇杆力度的函数，在代码实现中以两点之间的距离来计算，使用 update()函数来更新摇杆的位置。本例的主要实现为三个触摸函数的实现，通过代码，我们可以清晰地看到它们之间的逻辑关系和联系。代码清单如下：

```
// 获取摇杆力度
float Joystick::getVelocity(){
    return m_centerPoint.getDistance(m_currentPoint);
}
// 更新摇杆按钮位置
void Joystick::update(float dt){
    m_jsSprite->setPosition(m_jsSprite->getPosition() + (m_currentPoint - m_jsSprite->getPosition()) * 0.5);
}
bool Joystick::onTouchBegan(Touch *pTouch, Event *pEvent){
    auto touchPoint = pTouch->getLocation();
    if (touchPoint.getDistance(m_centerPoint) > m_radius){
        return false;
    }
    m_currentPoint = touchPoint;
    return true;
}
void Joystick::onTouchMoved(Touch *pTouch, Event *pEvent){
    auto touchPoint = pTouch->getLocation();
    if (touchPoint.getDistance(m_centerPoint) > m_radius){
        m_currentPoint = m_centerPoint + (touchPoint - m_centerPoint).getNormalized() * m_radius;
    }
    else {
        m_currentPoint = touchPoint;
    }
}
void Joystick::onTouchEnded(Touch *pTouch, Event *pEvent){
    m_currentPoint = m_centerPoint;
}
```

至此，一个摇杆类已经封装好了，然后在 HelloWorldScene 场景中使用它。首先，在头文件中声明一个小豆子主角 bean 和一个遥感类 m_joystick，声明一个放置小球的 Vector 数组以及添加和删除小球的函数。然后，在 CPP 文件中实现它们。init()函数中首先创建了一个背景颜色层，并初始化了豆子 bean 和一个遥感类。此外，启动了三个调度器分别以不同的时间间隔来调用小球的三个生成函数，以及通过实时更新的调度器来启动该程序的 update()函数。代码如下：

```
bool HelloWorld::init(){
    if (!Layer::init()){
        return false;
    }
    visibleSize = Director::getInstance()->getVisibleSize();
    Vec2 origin = Director::getInstance()->getVisibleOrigin();
    // 添加颜色层
    auto colorLayer = LayerColor::create(Color4B(128, 125, 200, 255), 480, visibleSize.height);
    colorLayer->setPosition(Vec2(200, 0));
    this->addChild(colorLayer);
    // add a "close" icon to exit the progress. it's an autorelease object
    auto closeItem = MenuItemImage::create("CloseNormal.png", "CloseSelected.png",
```

```
                                          CC_CALLBACK_1(HelloWorld::menuCloseCallback, this));
    closeItem->setPosition(Vec2(origin.x + visibleSize.width - closeItem->getContentSize().width/2 ,
                              origin.y + closeItem->getContentSize().height/2));
    // create menu, it's an autorelease object
    auto menu = Menu::create(closeItem, NULL);
    menu->setPosition(Vec2::ZERO);
    this->addChild(menu, 1);
    // 小豆子精灵
    bean = Sprite::create("bean.png");
    bean->setPosition(Point(visibleSize.width/2, 100));
    this->addChild(bean, 6);
    // 摇杆
    m_joystick = Joystick::create(Vec2(100, 100), 50.0f, "j-btn.png", "j-bg.png");
    this->addChild(m_joystick, 4);
    // 启动调度器
    this->schedule(schedule_selector(HelloWorld::addBall1), 1.0f);
    this->schedule(schedule_selector(HelloWorld::addBall2), 2.0f);
    this->schedule(schedule_selector(HelloWorld::addBall3), 3.0f);
    this->scheduleUpdate();
    return true;
}
```

这里实现了三个添加小球的函数，具体实现代码几乎是一样的，只不过所使用的图片不同。以 addBall1()为例，来看看是怎么实现添加小球的。代码如下：

```
void HelloWorld::addBall1(float dt){
    auto ball1 = Sprite::create("ball.png");                    // 使用图片创建小球
    // 设置小球的初始位置，这里在 x 方向使用了随机函数 rand()，使得小球在随机位置出现
    ball1->setPosition(Point(207+ rand() % 460, visibleSize.height));
    this->addChild(ball1, 5);
    this->ballVector.pushBack(ball1);                           // 将小球放进 Vector 数组
    auto moveTo = MoveTo::create(rand() % 5, Point(ball1->getPositionX(), -10));    // 移动动作
    // 当小球移动到屏幕下方时回调 removeBall()函数，移除小球
    auto actionDone=CallFunc::create(CC_CALLBACK_0(HelloWorld::removeBall, this, ball1));
    auto sequence=Sequence::create(moveTo,actionDone,nullptr);
    ball1->runAction(sequence);                                 // 执行动作
}
```

移除小球的函数与一般的移除函数一样，是从该层被移除并从 Vector 数组中被移除。

```
void HelloWorld::removeBall(Sprite* ball){
    this->removeChild(ball);
    ballVector.eraseObject(ball);
}
```

小球与小豆子的碰撞检测和小豆子的位置更新放在了 update()函数中，以便能够实时检测，更新状态。update()函数的实现如下：

```
void HelloWorld::update(float dt){
    for (auto ball:ballVector){                                 // 进行碰撞检测
        if (bean->getBoundingBox().intersectsRect(ball->getBoundingBox())){
            auto actionDown =CallFunc::create(CC_CALLBACK_0(HelloWorld::removeBall, this, ball));
            ball->runAction(actionDown);
        }
```

```
        }
        // 控制角色移动
        //向右移动
        if (m_joystick->getDirection() == Joystick_dir::_RIGHT
                                && bean->getPositionX()+ bean->getContentSize().width/2<=680){
            bean->setPositionX(bean->getPositionX()+ 4);
        }
        //向左移动
        if (m_joystick->getDirection() == Joystick_dir::_LEFT
                                &&bean->getPositionX()-bean->getContentSize().width/2>=200){
            bean->setPositionX(bean->getPositionX() - 4);
        }
        //不动
        if (m_joystick->getDirection() == Joystick_dir::_STOP){
            bean->setPositionX(bean->getPositionX());
        }
    }
```

至此，已经做完了小豆子碰气球这样一个小动画，单击“运行”按钮，就可以看到本节刚开始的游戏画面了。本例还有许多可以改善的地方，有兴趣的同学可以对其进行完善，如可以添加积分模块，也可以多设几个关卡等。

小　结

本章介绍了游戏中的交互界面设计的相关概念，分析了游戏的可玩性，简阐了人机交互的概念，并介绍了用户界面设计基础、游戏的交互界面设计以及开发的一些基本原则。

基于 Cocos2d-x 引擎，本章着重介绍了 CocosStudio 中的 UI 编辑器，可以编辑个性化的控件，并添加到前面章节的 Cocos2d-x 项目中去。创建好交互界面后，还需考虑界面元素如何与用户交互的问题，可以将用户交互事件分为触屏事件、按键事件、鼠标事件、加速度计事件和自定义事件五大类。对于每类交互事件，Cocos2d-x 都内置了对应的事件处理函数供开发者调用。最后，本章通过一个游戏实例来演示用户界面的创建和用户事件的处理。

习题和实验

实验手册（Word 文档）

1. 什么是交互界面设计？
2. 请简要阐述游戏的可玩性与交互界面的关系。
3. 交互界面设计需要解决哪些问题？
4. 谈谈对交互界面设计中的色彩设计的理解。
5. 常见的游戏用户界面有哪些？
6. 界面设计的基本原则是什么？
7. CocosStudio 的 UI 编辑器的布局是怎样的？
8. 参照本章的例子，使用 CocosStudio 的 UI 编辑器制作一个简单的 UI 控件。
9. Cocos2d-x 中的用户交互事件有哪些？
10. 使用 Cocos2d-x 实现一个交互事件。

第 7 章　二维游戏动画合成

计算机动画使得游戏更具有趣味性，本章将介绍几种常用的二维计算机动画技术和常用的动画制作软件。为了加深读者对动画的理解，本章还将介绍 Cocos2d-x 中的动作动画类及其动画编辑器，读者可以根据本章的例子来学习和巩固动画的相关知识点，并实现动画。

7.1　计算机动画概述

动画，是指把动态物体的运动过程人为地制作成连续播放的静态画面，以逐格摄影、逐帧录制或者存储的形式将图画记录下来，利用人眼的视觉特点，以一定的速度连续地在屏幕上显示即形成了动画。计算机动画，是根据传统动画的基本原理采用图形图像的处理技术，借助于编程或动画制作软件生成的一系列动态连续图像。

早期的动画基本依靠手绘完成，由许多内容连续但各不相同的画面组成。根据人眼的视觉滞留效应，物体在大脑视觉神经中停留的时间约为 0.1 s，每秒快速切换 24 个画面，那么上一个画面在人脑中消失之前，下一个画面就进入人脑，形成连续的影像。由于快速切换的每幅画面都有所不同，使人在连续观看时产生活动的感觉。

随着动画制作软件的实时完善、硬件的不断强化以及图形算法性能的提高，计算机动画技术在功能上已经比较全面，其效率也达到了相对较高的水平。计算机动画综合利用计算机科学、艺术、数学、物理学和其他相关学科的知识，用计算机生成绚丽多彩的、连续画面，给人们提供了一个充分展示个人想象力和艺术才能的新天地。

7.2　常见计算机动画技术

在游戏中，动画可以给玩家带来动态变化的体验，是游戏内容不可缺少的组成部分。在计算机动画技术中，逐帧动画和关键帧动画是两种最基础的传统动画技术。随着科技的进步，游戏的动画技术也在不断发展，脚本驱动技术和骨骼动画技术就是在传统的动画技术基础上建立起来的具有更好性能的计算机动画技术。随着开发的需求，也随之出现了一些专门用于制作动画的软件。

7.2.1　基本动画技术

1. 逐帧动画

英国动画大师约翰•海勒斯（John Halas）对动画有一个精辟的描述："动作的变化是动画的本质。"逐帧动画就是如上所述的一种经典动画技术。帧是动画中最小单位的单幅影像画面，相当于电影胶片上的每一格镜头。计算机的逐帧动画也采用 7.1 节所述的原理，将组成动画所需的一系列画面分别存放在不同的帧当中，播放动画时是一帧一帧顺序播放的，我们看到的是帧的工作区中的画面，如果这些画面的动作是连续的，那么我们看到的就是一个动画。

由于逐帧动画的帧序列内容不一样，每一帧都需要单独绘制且占据一定的存储空间，不但给制作增加了负担，而且最终输出的文件体积很大。但其优势也很明显，逐帧动画具有非常大的灵活性，几乎可以表现任何想表现的内容，类似电影的播放模式，适合表演细腻的动画，如人物或动物急转身、头发和衣服的飘动、走路、说话以及精致的三维效果等。

2．关键帧动画

在制作逐帧动画时，动画制作的灵活性虽然很大，但是由于每帧图片都需要我们动手操作产生，制作起来比较麻烦，导致耗费大量时间。关键帧动画的出现能够有效地弥补这一缺陷。

关键帧动画是计算机动画技术中最基本且应用最广泛的方法。关键帧，是指角色或者物体运动或变化中的关键动作所处的那一帧。关键帧的概念来源于传统的动画片制作，在早期迪士尼的动画制作室，先由熟练的动画师设计动画片中的关键帧，然后由一般的动画师设计中间帧。

计算机在关键帧动画技术中的应用，取代了动画师设计中间帧的过程。在关键帧创作出来以后，中间帧不再需要人工来产生，而是由计算机计算出来。在制作这类动画时，只需将第一个图片和最后一个图片（分别是起始状态和最终状态）分别插入到两个帧中，中间的过渡帧则由计算机自动产生。

关键帧动画技术让动画师从一段连续动作的画面中选出少数几帧画面作为关键帧（这几帧画面由动画师确定，一般是对动作变化影响较大的动作转折点处，它们对这段连续运动起着关键的控制作用），然后在这些关键帧的基础上，自动生成所期望的全部帧序列，可大大加快动画制作的过程。

在技术实现上，关键帧动画技术的核心是关键帧的选取和中间帧的插补算法，即如何有效指定关键帧中的人物姿势，如何通过插值生成中间帧。在指定关键帧中人物的姿势时，需要让动画师方便地指定所有物体的运动要点，并通过这些运动要点高效地形成一系列的关键帧；中间帧的生成主要通过插值方法来连续地、平滑地生成运动要点在其他帧中的位置，并最终形成所期望的动画序列。

7.2.2　脚本驱动的动画技术

不同于经典的逐帧动画和关键帧动画技术，脚本驱动的动画技术主要应用于游戏开发中。在进行游戏开发尤其是RPG游戏的开发时，很难把游戏的所有内容都通过程序代码来实现，一般采用脚本语言来描述和驱动游戏中的各人物角色。例如，可以使用脚本语言来控制游戏中的各玩家的互动过程，也可以用脚本来浏览菜单、控制游戏中的打斗、处理游戏玩家的装备等。在功能上，脚本语言与程序设计代码比较类似，但脚本语言不属于游戏代码的一部分。在本质上，脚本语言是一个外部的、具有良好可读性的操作指令集，不属于游戏代码，是外部的数据集，可以被随意修改，而不需要重新修改和编译原来的代码。

从程序设计的角度来看，游戏开发过程往往是游戏内容的一个逐步求精的过程，在游戏开发和测试中，可能需要对游戏内容进行不断的修改和完善。如果使用脚本语言来描述和驱动游戏的内容，就可以让艺术家和游戏设计人员直接来完成游戏内容的修改，而不需要重新修改和编译原来的程序设计代码。脚本语言具有很强的面向艺术家的特点，易于理解，可读性强，在进行修改和编辑时非常直观和方便，交互性友好，适合一般用户尤其是艺术创作人员使用。在游戏开发中，把不断变化的游戏内容采用脚本来描述，实际上遵循了软件工程中的将程序代码和数据分开的思想，可以高效地对游戏内容进行改动和完善。

因此，在游戏开发中也常常采用脚本驱动的动画技术。脚本语言可以对动画序列中的运动描述和运动控制模型进行基本的组织和编排。脚本可以指定动画人物如何运动、做什么，如何与场景以及其他动画人物进行交互等行为，也可以控制具体的运动任务，包括对动画人物的运动路径进行规划、在运动的过程中避开障碍物、与场景的交互动作（开门等）、动画人物之间的运动协调和同步等。

在一个典型的脚本动画系统中，其脚本描述模型的核心部分为动画描述模型、运动控制模型和动画的自适应能力。动画描述模型是用户控制动画生成的方法，不同的模型反映了不同系统的自主能力以及动画师与系统交互的抽象层次。运动控制模型主要指动画中人物运动的生成方法，有运动学模型、动力学模型和行为模型等。动画系统中的自适应能力使一个运动对象能使用本身和环境的信息来调整自己的运动。

7.2.3 骨骼动画技术

骨骼动画，主要用于表现动画中角色的运动过程。逐帧动画的每一帧都是角色特定姿势的一个快照，动画的流畅性和平滑效果都取决于帧数的多少。而骨骼动画则与人体的运动方式类似，把角色的各部分身体部件图片绑定到一根根互相作用连接的“骨头”上，通过控制这些骨骼的位置、旋转方向和放大缩小而生成动画。

在逐帧动画中需要存储每一帧画面，而骨骼动画只需要少量的图像资源，并把骨骼的动画数据保存在一个 JSON 文件里，占用的空间非常小。图 7-1 为一个角色实现骨骼动画所需的资源。骨骼动画易于混合使用，如使角色同时完成走路、转头和挥手三种动作。

图 7-1 某角色骨骼动画所需资源

此外，可以使用骨骼动画编辑器来进行骨骼动画的编辑，Spine 就是一款针对二维骨骼动画的编辑工具。Spine 具备良好的 UI 界面以及比较完善的功能，是一个比较成熟的骨骼动画编辑器。使用 Spine 制作的骨骼动画同样也可以用在 Cocos2d-x 游戏引擎中，本书对此不作详细介绍，有兴趣的同学可以参考相关资料进行深入学习。

7.2.4 常见动画制作软件及其文件格式

计算机动画制作软件中应用最广泛的有 Flash、3ds MAX 和 Maya 等，相应的文件格式方面各有差异。

1. Flash

Flash 是由美国 Macromedia 公司推出的一款二维交互式动画制作软件，可以将音乐、声效和可动的画面融合在一起，制作出高品质的动画效果。Flash 动画在短短几年时间内就从网络迅速推广到影视媒介，甚至成为动画制作者所必须掌握和了解的一款软件。Flash 具备灵巧的图形绘制功能，且能够导入专业级绘图工具，如 Adobe Illustrator 等绘制的图形，还可以将图形分成许多单一的元素进行编辑。Flash 易学易上手，其人性化的设计和交互特性可以让用户通过单击按钮、选择菜单来控制动画的播放，其良好的界面让用户可以很快地掌握它的使用方法。

Flash 主要支持 GIF、FLIC、SWF、MOV 和 QT 二维动画格式，也支持 AVI 的三维动画格式。

2．3ds MAX

3ds MAX，全称为 3D Studio MAX，是 Discreet 公司开发的一款基于 PC 系统的三维动画渲染和制作软件。3ds MAX 的制作流程十分简洁高效，上手相对容易，其操作界面由标题栏、菜单栏、工具栏、命令面板、绘图区域、视图控制区、动画控制区等组成。3ds MAX 支持很多工具的使用，如 Slate 材质编辑器、Quicksilver 硬件渲染器、Autodesk 材质库等。3ds MAX 使用角色动画工具包（CAT）来制作和管理角色，分层、加载、保存、重新贴图和镜像动画，使得这些操作更方便、灵活。CAT 已经完全集成在 3ds MAX 中，动画制作人员可以使用 CAT 中的默认设置在更短的时间内获得高质量的动画效果。也可以为角色设置完全自定义骨架，加入任意形态、嵌入式自定义行为和程序性控制器等。

3ds MAX 制作的三维动画一般存为其独有的 MAX 格式，也支持 AVI 和 MPEG 格式。

3．Maya

Autodesk Maya 是由美国 Autodesk 公司出品的世界顶级的三维动画软件，主要用于专业的影视广告、角色动画、电影特技等。Maya 的制作效率十分高，渲染效果也很好，其强大的功能获得了广大使用者的喜爱。Maya 集成了 Alias、Wavefront 动画及数字效果技术，并与建模、数字化布料模拟、毛发渲染、运动匹配技术相结合，操作灵活，是一款高端的动画制作软件。Maya 现在在国内外使用相当普遍，很多公司利用 Maya 作为他们的主要创作工具，如《指环王》系列、《星球大战》系列、《哈里波特》系列等都使用了 Maya 作为他们的动画制作工具。

Maya 制作的三维动画一般存为其独有的 MB 格式，也支持通用的 AVI 格式。

常用的二维动画制作软件还有 Toon Boom Studio、Aura 和 FlipBook 等，三维动画制作软件还有 Softimage XSI、LightWave 等，它们在动画制作方面各有所长，用户可根据游戏创作需要选用。

7.3 Cocos2d-x 中的动作类

Cocos2d-x 提供了多种动作，从而可以创建出不同的动态效果。

7.3.1 瞬时动作（ActionInstant）

瞬时动作（ActionInstant）是指瞬时完成，中间没有过渡效果，直接产生运动效果的动作。所有瞬时动作都继承自 ActionInstant 类。Cocos2d-x 中的瞬时动作包括显示（Show）、隐藏（Hide）、闪烁（ToggleVisibility）、翻转（FilpX、FilpY）等。

① Show、Hide 用来显示和隐藏节点对象。创建动作如下：

```
auto show=Show::create();                    // 创建 Show 动作
node->runAction(show);                       // 节点执行 Show 动作
```

② ToggleVisibility：切换节点对象的 visible 属性。创建动作如下：

```
auto visibility= ToggleVisibility::create(); // 创建 ToggleVisibility 动作
node->runAction(visibility);                 // 节点执行 ToggleVisibility 动作
```

③ 回调动作（ActionCallFunc）。回调动作也继承自瞬时动作，但有点特殊，即节点执行这些动作时，不会直接修改节点的属性，而是调用某个特定的方法。其继承关系如图 7-2 所示。

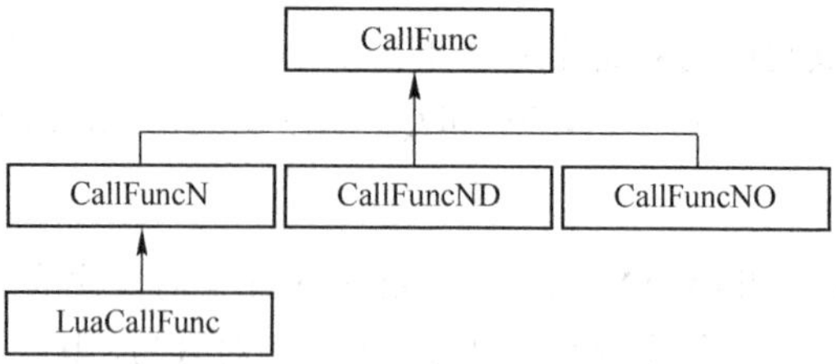

图 7-2 回调动作的继承关系

CallFunc 是最简单的函数回调，不包含任何参数，只是调用函数；CallFuncN 在调用函数时可以传递一个参数，参数表示要调用动作的节点对象，“N”即 Node。CallFuncND 则是以 Node 对象和数据作为参数，“D”即“data”，可以是任何类型的数据。CallFincNO 是以 Node 作为回调函数的，“O”即“Object”。

7.3.2 延时动作（ActionInterval）

延时动作，顾名思义，其动态效果的展现需要一段时间，如色彩渐变动作 TintTo 和 TintBy、淡入（FadeIn）淡出（FadeOut）、移动动作 MoveTo 和 MoveBy、跳跃动作 JumpTo 和 JumpBy、缩放动作 ScaleTo 和 ScaleBy、旋转动作 RotateTo 和 RotateBy 等，其父类都是 ActionInteval 类。延时动作还可分为属性变化动作、位置变化动作和可变速动作等。

1. 属性变化动作

① ScaleTo：让节点在一定时间内缩放到原始大小的对应比例。例如：

```
auto scaleTo=ScaleTo::create(2,2);       // 定义 ScaleTo 动作，节点将在 2 秒内放大到原始大小的 2 倍
node->runAction(scaleTo);                // 执行 ScaleTo 动作
```

② ScaleBy：让节点在一定时间内基于当前大小缩放到当前大小的对应比例。例如：

```
auto scaleBy=ScaleBy::create(2,2);       // 定义 ScaleBy 动作，节点将在 2 秒内放大到当前大小的 2 倍
node->runAction(scaleBy);//执行 ScaleBy 动作
```

③ RotateTo：让节点在一定时间内在原始角度上旋转指定角度。例如：

```
auto rotateTo=RotateTo::create(2,45);   // 定义 RotateTo 动作，节点在 2 秒内在原始角度基础上旋转 45 度
node->runAction(rotateTo);//执行 RotateTo 动作
```

④ RotateBy：让节点在一定时间内在当前节点角度的基础上再旋转指定角度。例如：

```
auto rotateBy=RotateBy::create(2,45);   // 定义 RotateBy 动作，节点在 2 秒内在当前角度的基础上再旋转 45 度
node->runAction(rotateBy);//执行 RotateBy 动作
```

⑤ FadeIn、FadeOut 让节点在一定时间内淡入或淡出。创建动作如下：

```
auto fadeIn=FadeIn::create(2);           // 创建 FadeIn 动作，执行该动作的节点会在 2 秒内淡入
node->runAction(fadeIn);                 // 执行 FadeIn 动作
```

⑥ TintTo：在一定时间内将节点着色渐变到指定的 RGB 色彩值。例如：

```
auto tintTo=TintTo::create(2,0,255,0);  // 创建 TintTo 动作，执行该动作的节点会在 2 秒内变成绿色
node->runAction(tintTo);                 // 执行 TintTo 动作
```

⑦ TintBy：在一定的时间内在节点的当前色彩值上加上相应的 RGB 色彩值。例如：

```
auto tintBy=TintBy::create(2,-100,0,0); // 创建 TintBy 动作，执行该动作的节点会在 2 秒内在节点色彩值上着色渐变
node->runAction(tintBy);                 // 执行 TintBy 动作
```

2. 位置变化动作

① MoveTo：让节点在一定时间内移动到指定位置。例如：

```
//定义 MoveTo 动作，让节点在 2 秒内从当前位置移动到屏幕中心
```

```
auto moveTo=MoveTo::create(2, Point(winSize.width/2, winSize.height/2));
node->runAction(moveTo);                                    // 执行 MoveTo 动作
```

② MoveBy：让节点在一定时间内从原来的位置相对移动一定像素。例如：

```
// 创建 MoveBy 动作，节点将在 2 秒内向右移动 320 像素，向上移动 480 像素
auto moveBy=MoveBy::create(2, Point(320, 480));
node->runAction(moveBy);                                    // 执行 MoveBy 动作
```

③ JumpTo：让节点在一定时间内沿抛物线移动到某一位置。例如：

```
//定义 JumpTo 动作，节点将在 2 秒内从当前位置跳到(320, 480)位置，每次跳跃高度为 20，跳 2 次
auto jumpTo=JumpTo::create(2.0, Point(320, 480), 20, 2);
node->runAction(jumpTo);                                    // 执行 JumpTo 动作
```

④ JumpBy：让节点在一定时间内沿抛物线相对移动一定像素。例如：

```
//定义 JumpBy 动作，节点将在 2 秒内从当前位置跳跃(320, 480)像素
auto jumpBy=JumpBy::create(2.0, Point(320, 480), 20, 2);
node->runAction(jumpBy);                                    // 执行 JumpBy 动作
```

3．可变速动作（ActionEase）

可变速类继承自延时动作类 ActionInterval，而其他可变速类都继承自 ActionEase。在正常情况下，游戏中精灵是匀速运动的，但为了使游戏更真实，精灵移动的快慢必须有所变化。ActionEase 就是改变动作运行时的时速的，该类动作一般是成组出现的，在命名上有 In、Out、InOut 三种后缀，分别表示由慢到快、由快到慢、先由慢到快，再由快到慢。

EaseIn、EaseOut、EaseInOut 为最常用的一组可变速度动作类，都是 EaseRateAction 的子类，EaseRateAction 正是继承自 ActionEase 类。这三个动作在技术实现和执行效果上几乎完全一样，只是在速度的变化效果上略有不同，分别与其后缀 In、Out、InOut 对应。它们都是由静态函数 create(ActionInterval* action, float rate)来创建实例的。第一个参数为其动作类的对象，第二个参数为速度变化率，数值 1.0f 为动作原始正常速度，数值越小，速率越慢，数值越大，速率越快。

除上述三个常用可变速度动作类外，Cocos2d-x 中还设置了很多其他变化的类，如 EaseSineIn、EaseSineOut、EaseSineInOut，EaseExponentialIn、EaseExponentialOut、EaseExponentialInOut，EaseBounceIn、EaseBounceOut、EaseBounceInOut，EaseElasticIn、EaseElasticOut、EaseElasticInOut 等。

4．延迟的指定（DelayTime）

延迟动作类继承自延时动作 ActionInterval 类，执行该动作就是使动作的发生延迟一段时间，常用于组合动作中，成为一个具有定时功能的动作序列。延迟动作在游戏中是非常重要的一个动作，其创建方法为 static DelayTime* create(float d)，参数表示延迟动作的发生需要等待的时间。

7.3.3 组合动作（ActionAcombination）

组合动作也继承自延时动作类（ActionInterval）。

① Sequence：该组合动作可以包含多个动作，并顺序执行其所包含的的动作，但该组合动作只能包含 FinitTimeAction 动作。下面的几条语句展示了 Sequence 的功能。

```
auto sprite = Sprite::create("Pea.png");                          // 创建一个精灵
sprite->setPosition(Vec2(150 , visibleSize.height/2 + origin.y));  // 设置精灵的位置
auto rotateTo = RotateTo::create(1, 180, 180);                     // 创建 RotateTo 动作
// 创建 MoveTo 动作
auto moveTo = MoveTo::create(1, Point(visibleSize.width/2 , visibleSize.height/2 + origin.y));
auto rotateBy = RotateBy::create(1, 180, 180);                     // 创建 RotateBy 动作
```

```
auto sequence = Sequence::create(rotateTo, moveTo, rotateBy, NULL);    // 创建 Sequence 动作
sprite->runAction(sequence);                                            // 精灵执行动作
```

运行上述程序代码，就可以看到精灵先旋转 180 度、平移到指定位置、再旋转回来的效果。

② Spawn：该组合动作可以让节点同时执行多个动作。例如：

```
auto sprite = Sprite::create("Pea.png");                                // 创建精灵对象
sprite->setPosition(Vec2(visibleSize.width/2 , visibleSize.height/2));  // 设置位置
auto rotateBy = RotateBy::create(1, 360, 360);                          // 创建 RotateBy 动作
auto scaleBy = ScaleBy::create(1, 2);                                   // 创建 ScaleBy 动作
auto spawn = Spawn::create(rotateBy, scaleBy, NULL);                    // 创建 Spawn 动作
sprite->runAction(spawn);                                               // 执行动作
```

运行上述程序代码就可以看到精灵同时放大旋转的效果。

③ Repeat：该组合动作让节点在一定的时间内重复执行某个动作。下面的语句可以让上面创建的 Spawn 动作重复执行 2 次。

```
auto repeat = Repeat::create(spawn, 2);                                 // 创建 Repeat 动作
sprite->runAction(repeat);                                              // 执行动作
```

④ RepeatForever：该组合动作让节点重复执行某个动作。例如：

```
auto sprite = Sprite::create("Pea.png");                                // 创建精灵
// 设置精灵的位置
sprite->setPosition(Vec2(visibleSize.width/2 + origin.x, visibleSize.height/2 + origin.y));
auto rotateBy = RotateBy::create(1, 360, 360);                          // 创建 RotateBy 动作
auto repeatForever = RepeatForever::create(rotateBy);                   // 创建 RepeatForever 动作
sprite->runAction(repeatForever);                                       // 精灵执行动作
```

运行上述程序代码，可以看到精灵在不断地执行 RotateBy 动作。

7.3.4 速度的指定（speed）

Speed 类直接继承自 Action 类，不属于瞬时动作，也不属于延时动作，与 ActionEase 也没有关系，它只能独立地被节点对象执行，不能参与组合动作当中。Speed 类创建实例的函数为

```
static Speed* create(ActionInterval* action,float speed);
```

其中，第一个参数为将要执行的动作对象，第二个参数为动作执行的速度，该值为 1.0f 时表示正常速度，2.0f 表示为原速度的 2 倍，0.5f 则表示为原速度的一半。例如，让精灵从屏幕左下角以原来速度的一半跳跃到屏幕的右上角的代码如下：

```
auto sprite = Sprite::create("grossinis_sister1.png");                  // 创建精灵
sprite->setPosition(Vec2(150, 150));                                    // 设置精灵的位置
// 创建 JumpTo 动作
auto jumpTo = JumpTo::create(3,Point(visibleSize.width-100, visibleSize.height-100), 20, 5);
auto speed = Speed::create(jumpTo, 0.5f);                               // 创建 Speed 动作
sprite->runAction(speed);                                               // 精灵执行动作
```

7.3.5 跟随动作（follow）

Follow 类也直接继承自 Action 类，指一个节点跟随另外一个动作同步运动的动作，同样不能用于组合动作中。Follow 类创建实例的方法如下：

```
static Follow* create(Node *followedNode, const Rect& rect=Rect::ZERO);
```

其中，第一个参数是要跟随的节点，第二个参数为跟随的范围，用于限制跟随对象的移动区域，若没有传入该参数，则为无跟随范围。如下代码可以让镜头跟随精灵动作。

```
auto sprite = Sprite::create("grossinis_sister1.png");                 // 创建精灵
sprite->setPosition(Vec2(150, visibleSize.height/2));                   // 设置精灵的位置
auto moveBy = MoveBy::create(3, Point(visibleSize.width-150, 0));       // 创建 MoveBy 动作
auto moveBack = moveBy->reverse();                                      // 创建 MoveBy 的 reverse 动作
auto sequence = Sequence::create(moveBy, moveBack, NULL);               // 创建 Sequence 动作
sprite->runAction(sequence);                                            // 精灵执行动作
// 镜头跟随精灵动作
this->runAction(Follow::create(sprite, Rect(0, 0, visibleSize.width*3-100, visibleSize.height)));
```

7.4 Cocos2d-x 中的动画

游戏中的一些动画效果是动作类无法完成的，因此 Cocos2d-x 中提供了一些动画类。本节介绍 Cocos2d-x 中与动画相关的类，以及动画编辑器的使用。

7.4.1 Cocos2d-x 中与动画相关的类

动画是游戏中必不可少的一个元素。以精灵动画为例，当一个精灵连续显示一段影像时，其连贯动作就会形成模拟运动的效果。实际上，这段影像是由许多张纹理图片组成的，游戏开发者把这些单张图像指定为动画帧。动画帧不仅可以是一张张图片，也可以是一张纹理图片中的一个矩形区域。下面介绍 Cocos2d-x 中与动画相关的几个类。

① AinmationFrame（动画帧）：新版本中使用 AinmationFrame 来表示动画帧对象，而旧版本中的 SpriteFrame（精灵帧）则被看成一个精灵对象的属性。从这个意义上，动画就是由许多动画帧组成的，按照一定的次序和时间间隔，逐个显示所包含的动画帧而形成的运动效果。

② AnimationCache（动画帧缓冲）：用于缓存所有的动画和动画帧，是一个单例类。其实它就是一个存放动画帧对象的缓冲池，与一般缓冲池一样，其目的是提升动画渲染的性能。

③ Animation（动画）：封装了一系列动画帧以及动画帧之间的播放间隔，是动画帧元素的集合对象，决定了动画帧的播放顺序和时间间隔。

```
auto animation=Animation::create();                 // 创建一个动画
animation->addSpriteFrameWithFile("1.png");         // 将单张图片添加为精灵帧
animation->setDelayPerUnit(3.0f/20.0f);             // 设置动画播放属性，3 秒 20 帧
```

④ Animate（动画呈现动作）：一个动画序列（Animation）是由许多个动画帧（AnimatonFrame）组成的，而 Animation 只是一个动画帧的有序集合，并不能执行动作，就是一个专门用来呈现动画的持续动作类，它也继承自延时动作类 ActionInterval。例如：

```
auto animate=Animate::create(animation);            // 创建动画动作
sprite->runAction(animate);                         // 执行动画动作
```

7.4.2 Cocos2d-x 中的动画编辑器

Cocos2d-x 自带一个功能强大的免费工具集 CocosStudio，包含了游戏开发中所需要的四大功能工具：动画编辑器、UI 编辑器、数据编辑器和场景编辑器。本书采用 1.3.0.1 版本，本节主要介绍 CocosStudio 中的动画编辑器。动画编辑器用于编辑游戏中使用的角色动画、特效动画、场景动画等动态的游戏资源。动画编辑器支持碎图导出，整图导出等多种资源优化方式，同时支持关键帧动画、序列帧动画、骨骼动画等多种动画编辑方式。动画编辑器支持对 Flash、PSD、Plist 资源的解析。下面通过制作一个简单的动画来带大家初步认识 CocosStudio。

（1）创建项目

下载安装好 CocosStudio 后，打开 CocosStudio，将出现如图 7-3 所示的界面。

图 7-3　CocosStudio 运行界面

选择“Animation Editor”→“文件”→“新建”，创建新项目，这里命名为 UI_Example。创建好项目后会出现如图 7-4 所示的界面，界面左上角显示的是画布大小，可以对其进行调整，这里调整为 960×640。

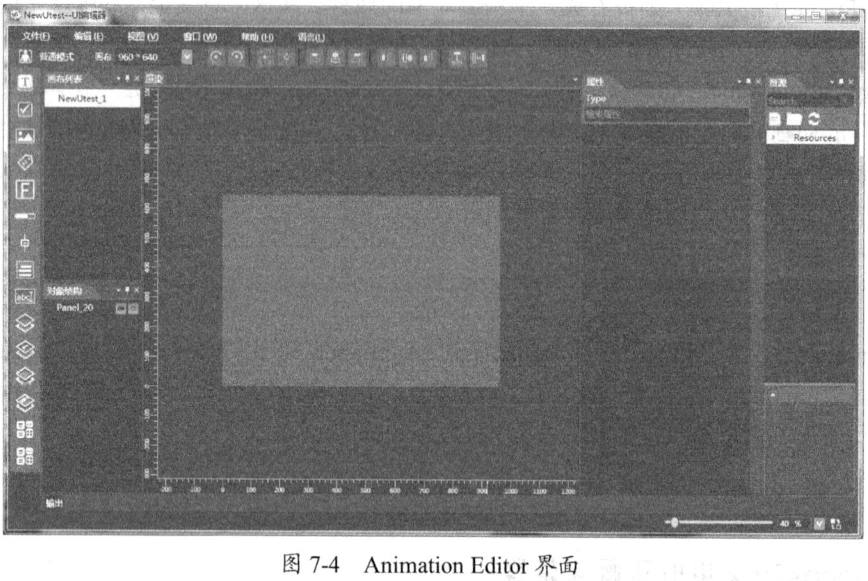

图 7-4　Animation Editor 界面

（2）导入资源

在新创建项目资源面板单击右键，然后选择导入资源，本例中导入图片资源 button.png，如图 7-5 所示。导入后，资源面板状态如图 7-6 所示。

（3）编辑动画

渲染窗口有两种模式：形体模式和动画模式。形体模式：用户可以在该模式下组装角色部件或绑定骨骼。动画模式：编辑、调整和生成动画。

图 7-5　资源图片 button.png

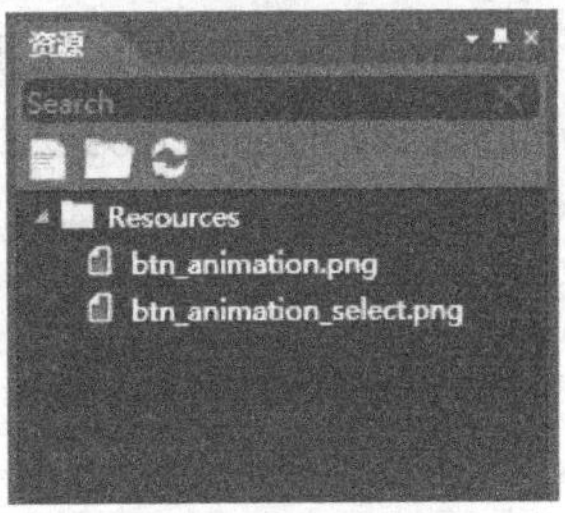

图 7-6　资源面板

在形体模式将导入的五边形图片素材拖放到渲染窗口，复制 2 份，将 3 个五边形分别命名为 p1、p2、p3，摆出如图 7-7 所示的形状。

切换进入动画模式。在渲染区拉出参考线如图 7-8 所示，交点即为 A、B、C、D、E、F。

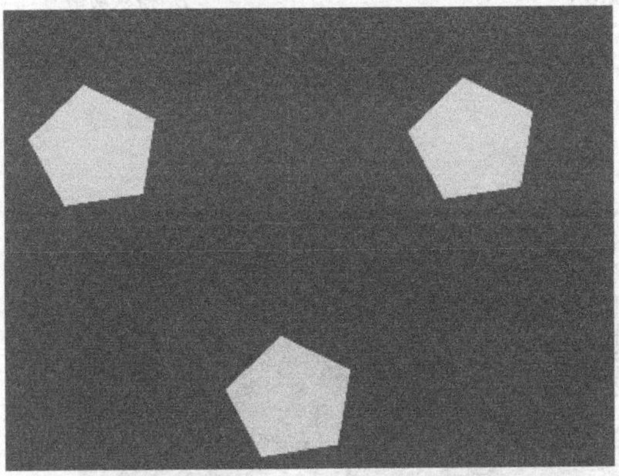

图 7-7　p1、p2、p3

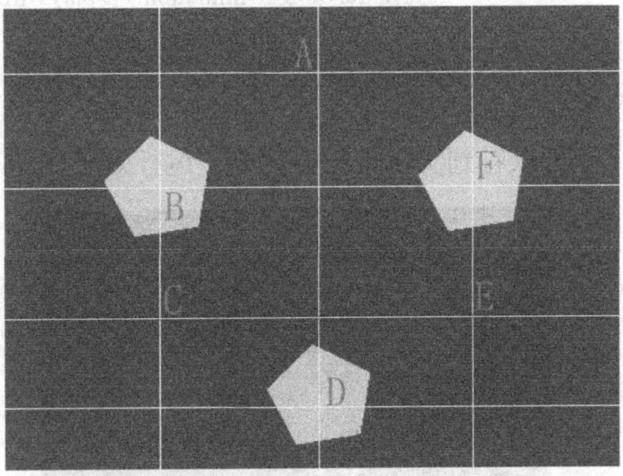

图 7-8　渲染区画面

在动画帧区，在时间轴 p1、p2、p3 上分别在 15 帧和 30 帧处添加关键帧，见图 7-9。

在时间轴上做如下操作：① 选中第 15 帧关键帧，此时把 p1 移动到 C 点，p2 移动到 A 点，p3 移动到 E 点；② 选中时间轴第 30 帧关键帧，此时把 p1 移动到 D 点，p2 移动到 B 点，p3 移动到 F 点。到此动画设定完成，可以单击动画帧区播放键预览动画。

（4）导出动画

选择“文件”→“导出项目”，使用默认参数即可导出动画，打开发布目录，文件结构如图 7-10 所示。使用时，需要将所有文件放在同一路径。

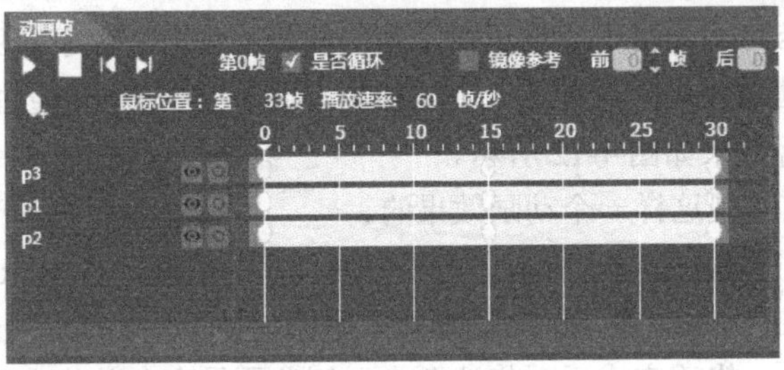

图 7-9　添加关键帧

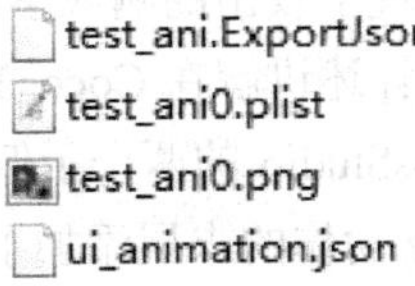

图 7-10　文件结构

7.4.3　Cocos2d-x 中动画的实现

7.4.2 节中使用 CocosStudio 制作了一个简单的动画，下面把这个动画运用到 Cocos2d-x 工程项目中。首先，创建一个名为 TestAnima 的工程项目，将 7.4.2 节中导出的文件放到新项目 Resources

文件夹下。打开 proj.win32 文件夹下的.sln 文件，添加一个 AnimationScene 类，在其初始化方法中加载动画。AnimaScene 的初始化方法实现如下：

```
bool AniScene::init() {
    if (!Layer::init()) {
        return false;
    }
    Size visibleSize = Director::getInstance()->getVisibleSize();
    Vec2 origin = Director::getInstance()->getVisibleOrigin();
    // 加载动画
    ArmatureDataManager::getInstance()->addArmatureFileInfo("testani/test_ani.ExportJson");
    m_armature = Armature::create("test_ani");
    m_armature->setPosition(visibleSize.width/2 + 100, visibleSize.height/2 - 100);   // 设置动画位置
    m_armature->getAnimation()->playWithIndex(0);                                      // 播放动画
    this->addChild(m_armature);
    return true;
}
```

可以看到实现代码很简单，运行效果如图 7-11 所示。

图 7-11　动画效果

7.5　游戏动画实例——侠客行

本节带来一个有趣的动画实例，将使用 CocosStudio 的动画编辑器自带的示例动画产生了两个主要角色——英雄和敌人，并在 Cocos2d-x 项目中实现了两个角色的相互攻击。程序中除了两个主要角色的动画外，还有背景云朵的动画效果，封装了一个摇杆类，用于控制英雄角色的移动并为其实现了攻击的响应事件。程序运行效果如图 7-12 所示。

下面详述讲解在 Cocos2d-x 中是如何实现这样一个动画效果的。

CocosStudio 的两个示例动画如图 7-13 和图 7-14 所示，为了方便程序的处理，在 Hero 动画的 loading 动作的末尾添加了帧事件 loading_end，在 attack 动画的末尾添加帧事件 attack_end，同样为 Enemy 动画中的动作添加了帧事件。修改完成后，将这两个示例动画导出，并将它们放到 Cocos2d-x 项目的 Resources 文件夹下。

在新建的 Cocos2d-x 项目中新建一个 Hero 类，其中实现了英雄的移动、状态变化等动作。其头文件如下：

图 7-12　格斗动画

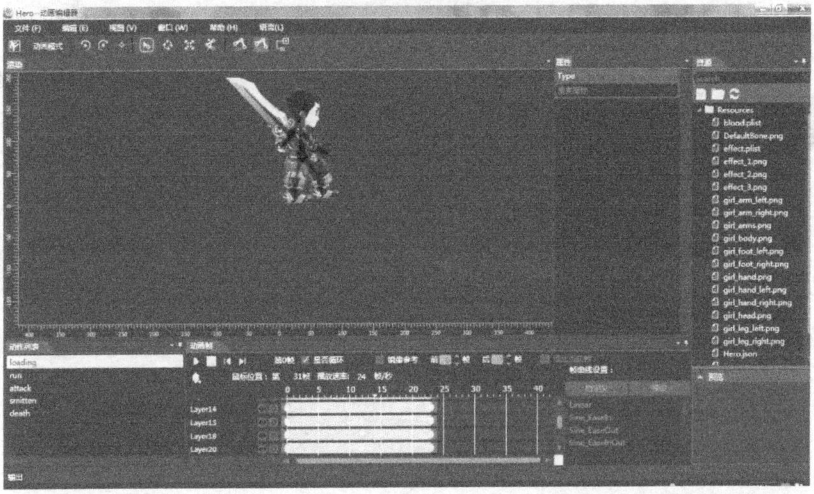

图 7-13　Hero 动画

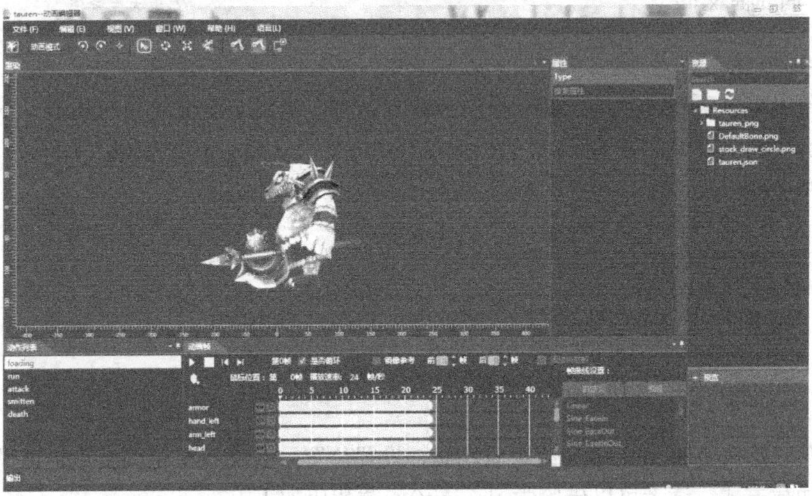

图 7-14　Enemy 动画

```
#ifndef __HERO_H__
#define __HERO_H__
#include "config_set.h"
class Hero : public Sprite{
  public:
    Hero();                                    // 初始化英雄的状态变量
    ~Hero();
    static Hero* create(Vec2 position);        // 创建一个 Hero 类
    void update(float delta);                  // 实时更新英雄的状态
    void play(State state);                    // 用于控制英雄被击中时的状态变化:设置受伤控制变量为 true
    void hurt();                               // 被击中
    void showBloodTips(int s);                 // 显示扣血数字
    void flyend(Label* label);                 // 扣血数字移动并消失
    virtual bool init(Vec2 position);          // 初始化英雄的各种参数
    // 帧事件
    void onFrameEvent(cocostudio::Bone *bone, const std::string& evt,
                                     int originFrameIndex, int currentFrameIndex);
    // 一系列 set()和 get()函数
    Armature* getArmature() { return m_armature; }           // 获得动画
    bool isAttack() { return m_isAttack; }                   // 是否受到攻击的状态反馈
    void setAttack(bool attack) { m_isAttack = attack; }     // 设置攻击状态
    int getLife() { return m_life; }                         // 返回生命值
    void setLife(int life) { m_life = life; }                // 设置生命值
    bool isDeath() { return m_isdead; }                      // 判断是否死亡
    int getMaxLife() { return m_max_life; }                  // 返回最大生命值
  private:
    Armature* m_armature;                                    // 获得的动画
    State m_state;                                           // 状态
    bool m_isrunning;                                        // 是否正在移动
    bool m_isdead;                                           // 是否死亡
    bool m_isAttack;                                         // 是否正在攻击
    bool m_ishurt;                                           // 被击状态
    int m_life;                                              // 生命值
    int m_max_life;                                          // 最大生命值
};
#endif
```

在头文件中可以看到，英雄类拥有很多函数和私有变量用于实现的相应功能。下面介绍这些函数是如何实现的。首先，在 Hero 类的构造函数中初始化英雄的状态变量。代码如下：

```
Hero::Hero(){
    m_isrunning = false;
    m_isdead = false;
    m_isAttack = false;
    m_ishurt = false;
    m_max_life = 500;
    m_life = m_max_life;
}
```

然后，在初始化函数 init()中加载英雄动画，设置位置，以及调用相关函数。这里使用了骨骼动画的通用加载方式，读者可以借鉴学习。init()函数代码如下：

```
bool Hero::init(Vec2 position){
    if (!Sprite::init()){
        return false;
    }
    //加载英雄的骨骼动画
    ArmatureDataManager::getInstance()->addArmatureFileInfo("animation/Hero/Hero.ExportJson");
    m_armature = Armature::create("Hero");          // Hero 的所有动作、骨骼都会放在 m_armature 里
    if (m_armature == NULL){
        CCLOG("hero load error!");
        return false;
    }
    m_armature->setPosition(Vec2::ZERO);            // 设置位置
    m_armature->getAnimation()->play("loading");  // 播放 loading 动画
    // 帧事件回调
    m_armature->getAnimation()->setFrameEventCallFunc(CC_CALLBACK_0(Hero::onFrameEvent,
        this, std::placeholders::_1, std::placeholders::_2, std::placeholders::_3, std::placeholders::_4));
    this->addChild(m_armature);
    this->setPosition(position);
    this->scheduleUpdate();                          // 启动 update()函数
    return true;
}
```

初始化函数中除了初始化英雄角色外还使用“this->scheduleUpdate()”来启动 update()函数的调用。在 update()函数中实现了英雄的状态变化，如左右移动、是否受到攻击、是否在移动、是否受伤、是否死亡等。update()的代码如下：

```
void Hero::update(float delta) {
    if (m_life <= 0) {                                    // 如果生命值小于 0，则展示死亡动画
        play(DEATH);
    }
    switch (m_state) {                                    // 状态的判断，每个状态都有相应的动作
        case STAND:                                       // 初始状态
            // 跑动结束只执行一次 loading 动画，避免点击 attack 动作无法播放
            // 如果英雄没有死亡，没有受伤
            if ((m_isrunning == true) && (m_isdead == false)&& (m_ishurt == false)) {
                m_armature->getAnimation()->play("loading");
                m_isrunning = false;
            }
            break;
        case MOVELEFT:                                    // 向左移动
            if ((this->getPositionX() > 0) && (m_isdead == false)
                                 && (m_ishurt == false) && (m_isAttack == false)) {
                if (m_isrunning == false){
                    m_armature->getAnimation()->play("run");
                    m_isrunning = true;
                }
                if (m_armature->getScaleX() != -1){       // 反转
                    m_armature->setScaleX(-1);
                }
                this->setPositionX(this->getPositionX() - 4);
            }
```

```
            break;
        case MOVERIGHT:                                  // 向右移动
            if ((m_isAttack == false) && (this->getPositionX()<Director::getInstance()->getVisibleSize().width)
                                    && (m_isdead == false)&& (m_ishurt == false)) {
                // m_isrunning 控制变量防止 update 时不断执行 play("run"), 则永远显示 run 动画第一帧
                if (m_isrunning == false) {
                    m_armature->getAnimation()->play("run");
                    m_isrunning = true;
                }
                if (m_armature->getScaleX() != 1.0){        // 反转
                    m_armature->setScaleX(1);
                }
                this->setPositionX(this->getPositionX() + 4);
            }
            break;
        case ATTACK:                                     // 攻击，设置攻击状态变量为 true，并播放攻击动画
                if (m_isdead == false&& (m_ishurt == false)) {
                    m_isAttack = true;
                    m_armature->getAnimation()->play("attack");
                }
                break;
        case DEATH:                                      // 死亡状态，设置死亡变量为 true，并播放死亡动画
                if (m_isdead == false) {
                    m_isdead = true;
                    m_armature->getAnimation()->play("death");
                }
                break;
        case SMITTEN:                                    // 颤抖状态，当英雄受到攻击时会播放一次该状态
                if (m_isdead == false) {
                    if (m_ishurt == true) {
                        m_armature->getAnimation()->play("smitten");
                        m_ishurt = false;
                    }
                }
                break;
    }
}
```

注意，在这里使用了一个 m_isrunning 的 bool 型变量，由于程序的执行速度很快，update()函数也是每帧调用，而英雄的攻击动画是一个过程，如果没有设置该变量，那么英雄的攻击动画会无法显示，只会播放 run 动作的第一帧。在其他状态下，都需要设置相关控制变量和动作。

接下来是帧事件的监听。onFrameEvent()函数的功能就是监听动画的帧事件：判断攻击和颤抖两个动画是否播放结束，如果播放结束，就播放初始状态。该函数的用法比较简单，但读者还是要好好体会，并能够在实际程序中运用。

```
void Hero::onFrameEvent(cocostudio::Bone *bone, const std::string& evt,
                        int originFrameIndex, int currentFrameIndex) {
    if (strcmp(evt.c_str(), "attack_end") == 0){            // 攻击动画播放结束
        m_armature->getAnimation()->play("loading");
        m_isAttack = false;
```

```
        }
        if (strcmp(evt.c_str(), "smitten_end") == 0) {                    // 颤抖动画播放结束
            m_armature->getAnimation()->play("loading");
        }
    }
```

最后是英雄受到攻击时的扣血效果，在受伤函数 hurt()中调用 showBloodTips()函数，显示扣血的数字效果。代码如下：

```
    void Hero::hurt(){                                                    // 根据基础伤害造成随机伤害
        showBloodTips(30);
        this->play(SMITTEN);                                              // 播放颤抖动画
    }
    void Hero::showBloodTips(int s){                                      // 显示扣血
        int hitCount = 1;
        int hitRand = rand()%10;
        if (hitRand > 3 && hitRand < 8) {
            hitCount = 2;
        }
        else if (hitRand > 7) {
            hitCount = 3;
        }
        for (int i = 0; i < hitCount; i ++) {
            int hurt_blood = s + rand()%8;
            setLife(m_life - hurt_blood);                                 // 扣血
            auto label = Label::createWithBMFont("fonts/futura-48.fnt", StringUtils::format("-%d", hurt_blood));
            label->setColor(Color3B::RED);
            this->addChild(label, 5);
            label->setPosition(Vec2(0, 0) + Vec2(20 + rand()%80, 10 + rand()%80));
            label->runAction(Sequence::create(MoveBy::create(0.7f, Vec2(0, 30)),
                            CallFunc::create(CC_CALLBACK_0(Hero::flyend, this, label)),
                            NULL));
        }
    }
    void Hero::flyend(Label* label) {
        label->setVisible(false);
        label->removeFromParent();
    }
```

至此，已经创建了一个 Hero 类，并赋予了它生命和动作。另一个敌对角色 Enemy 的实现与 Hero 类似，只是加载的动画不一样，读者可以参考 Hero 类来实现 Enemy 类（完整代码可以在 http://www.hxedu.com.cn 免费下载），这里不再详细介绍。

下面简单介绍与 Enemy 类有关的 AIManager 类。AIManager 类的实现比较简单，在本例中，该类只实现了让 Enemy 自动攻击和行走的功能，而在实际的游戏项目中，AI 类的实现可以很复杂（在后面的章节中会详细介绍）。AIManager 的代码如下：

```
    #include "AIManager.h"
    AIManager* AIManager::create(Node* parent) {
        AIManager* pRet = new(std::nothrow) AIManager();
        if (pRet && pRet->init(parent)) {
            pRet->autorelease();
```

```
        return pRet;
    }
    else{
        delete pRet;
        pRet = NULL;
        return NULL;
    }
}
void AIManager::setAI(Enemy* enemy, Hero* hero) {
    m_enemy = enemy;
    m_hero = hero;
    this->scheduleUpdate();
    auto sss = Sequence::create(DelayTime::create(0.8),
                                CallFunc::create(CC_CALLBACK_0(AIManager::moveLeft, this)),
                                DelayTime::create(1),
                                CallFunc::create(CC_CALLBACK_0(AIManager::attack, this)),
                                DelayTime::create(0.3f),
                                CallFunc::create(CC_CALLBACK_0(AIManager::moveRight, this)),
                                DelayTime::create(0.7),
                                CallFunc::create(CC_CALLBACK_0(AIManager::stand, this)),
                                DelayTime::create(0.5),
                                CallFunc::create(CC_CALLBACK_0(AIManager::attack, this)),
                                NULL);
    auto act = RepeatForever::create(sss);
    this->runAction(act);
}
bool AIManager::init(Node* parent) {
    if (!Node::init()) {
        return false;
    }
    parent->addChild(this);
    return true;
}
void AIManager::update(float delta) {                        // 敌人动作
    if (m_enemy_state == State::STAND) {
        m_enemy->play(STAND);
    }
    else if (m_enemy_state == State::MOVELEFT) {
        m_enemy->play(MOVELEFT);
    }
    else if (m_enemy_state == State::MOVERIGHT) {
        m_enemy->play(MOVERIGHT);
    }
    else if (m_enemy_state == State::ATTACK) {
        m_enemy->play(ATTACK);
    }
}
AIManager::AIManager() {
    m_enemy_state = State::MOVELEFT;
```

```
}
void AIManager::moveLeft() {
    m_enemy_state = MOVELEFT;
}
void AIManager::moveRight() {
    m_enemy_state = State::MOVERIGHT;
}
void AIManager::attack() {
    m_enemy_state = State::ATTACK;
}
void AIManager::stand() {
    m_enemy_state = State::STAND;
}
```

本例中封装的摇杆类 Joystick 已经在第 6 章中详细介绍。准备好所有的角色、道具后，就可以启动一场格斗了。新建一个 AnimationScene 类，在该类中添加英雄、敌人、血条等，并实现其战斗场景。AnimationScene 类的头文件如下：

```
#ifndef __ANIMATION_SCENE_H__
#define __ANIMATION_SCENE_H__
#include "config_set.h"
#include "Joystick.h"
#include "Hero.h"
#include "Enemy.h"
#include "MyContactListener.h"
#include "AIManager.h"
class AnimationScene : public Layer {
  public:
    AnimationScene();
    ~AnimationScene();
    virtual bool init();                                // 初始化函数
    CREATE_FUNC(AnimationScene);
    static Scene* createScene();                        // 创建场景
    void update(float delta);                           // 更新函数
    void attackCallback(Ref* pSender);                  // 攻击回调函数
  private:
    Joystick* m_joystick;                               // 摇杆
    MyContactListener* m_contactListener;               // 碰撞检测
    AIManager* m_aimanager;                             // AI manager

    Hero* m_player;                                     // 英雄
    Enemy* m_enemy;                                     // 敌人
    Sprite* m_bloodBar_h;                               // 英雄的血条
    Sprite* m_bloodBar_e;                               // 敌人的血条
};
#endif
```

在头文件中可以清楚地看到该类具有哪些元素，在初始化函数 init()中，为该类的一些参数做了初始化。先添加一个背景颜色层和地图，然后添加两张背景云朵的图片，为后面的动画做准备，背景文字 VS 以及英雄和敌人的血条。再添加一个摇杆，用于控制英雄的移动以及攻击按钮，然后两个主角登场。这里为他们设置了 AI 和碰撞检测。init()的代码如下：

```
bool AnimationScene::init() {
    if (!Layer::init()){
        return false;
    }
    Size visibleSize = Director::getInstance()->getVisibleSize();
    // 背景，创建一个颜色层
    auto background = LayerColor::create(Color4B(128,128,128,255), 960, 640);
    background->setPosition(Vec2(0, 0));
    background->setTag(110);
    this->addChild(background);
    // 地图
    auto map = TMXTiledMap::create("animation/background/background.tmx");
    if (map == NULL) {
        CCLOG("map load failed!");
        return false;
    }
    Size mapSize = map->getMapSize();
    Size tiledSize = map->getTileSize();
    map->setPosition(Vec2(0, 0));
    map->setTag(111);
    this->addChild(map, 2);
    //在背景层里添加云朵，使用两张图片来实现动态效果
    auto cloud_1 = Sprite::create("animation/background/cloud.png");
    cloud_1->setPosition(Vec2(visibleSize.width/2, visibleSize.height/2));
    cloud_1->setTag(112);
    this->addChild(cloud_1);
    auto cloud_2 = Sprite::create("animation/background/cloud.png");
    cloud_2->setPosition(Vec2(cloud_1->getPositionX() + cloud_1->getContentSize().width,
                                                              visibleSize.height/2));
    cloud_2->setTag(113);
    this->addChild(cloud_2);
    // 背景文字 VS
    auto tips_vs = Label::createWithBMFont("fonts/futura-48.fnt","VS");
    tips_vs->setPosition(Vec2(visibleSize.width/2,visibleSize.height - 80));
    this->addChild(tips_vs, 5);
    // 血条
    m_bloodBar_h = Sprite::create("animation/background/1-new.png");
    m_bloodBar_h->setTag(10000);
    auto blood_bg_h = Sprite::create("animation/background/1-new-f.png");
    m_bloodBar_h->setPosition(Vec2(m_bloodBar_h->getContentSize().width/2 + 5, visibleSize.height - 50));
    blood_bg_h->setPosition(Vec2(m_bloodBar_h->getContentSize().width/2 + 5, visibleSize.height - 50));
    this->addChild(blood_bg_h, 5);
    this->addChild(m_bloodBar_h, 5);
    m_bloodBar_e = Sprite::create("animation/background/2-new.png");
    m_bloodBar_e->setTag(10001);
    auto blood_bg_e = Sprite::create("animation/background/2-new-f.png");
    m_bloodBar_e->setPosition(Vec2(visibleSize.width - m_bloodBar_e->getContentSize().width/2 - 5,
                                                              visibleSize.height - 50));
    blood_bg_e->setPosition(Vec2(visibleSize.width - m_bloodBar_e->getContentSize().width/2 - 5,
```

```
                                                    visibleSize.height - 50));
    this->addChild(blood_bg_e, 5);
    this->addChild(m_bloodBar_e, 5);
    // 摇杆
    m_joystick = Joystick::create(Vec2(100,100), 50.0f,
                        "animation/control/j-btn.png", "animation/control/j-bg.png");
    this->addChild(m_joystick, 4);
    // 攻击按钮
    auto attackItem = MenuItemImage::create("animation/control/j-btn.png",
                                    "animation/control/j-btn.png",
                                    CC_CALLBACK_1(AnimationScene::attackCallback, this));
    attackItem->setPosition(Vec2(visibleSize.width - 80, 100));
    auto act1 = FadeOut::create(1);
    auto act2 = FadeIn::create(1);
    auto act3 = Sequence::create(act1, act2, NULL);                    // 按钮闪烁动作
    auto act = RepeatForever::create(act3);                            // 一直播放该动作
    attackItem->runAction(act);                                        // 执行动作
    auto menu = Menu::create(attackItem, NULL);
    menu->setPosition(Vec2::ZERO);
    this->addChild(menu, 5);
    // enemy
    m_enemy = Enemy::create(Vec2(visibleSize.width - 200, 150));
    this->addChild(m_enemy, 3);
    // hero
    m_player = Hero::create(Vec2(visibleSize.width/4, 100));
    this->addChild(m_player, 3);
    // AI
    m_aimanager = AIManager::create(this);
    m_aimanager->setAI(m_enemy, m_player);
    m_contactListener = MyContactListener::create(this, m_player, m_enemy);   // 碰撞检测
    this->scheduleUpdate();                                            // 启动 update()函数
    return true;
}
```

初始化函数 init()中创建了一个碰撞检测的监听类 MyContactListener，该类就是实现英雄和敌人的碰撞检测功能的。MyContactListener 主要是在其 update()函数中根据相应的规则实时检测两个角色是否产生了碰撞，从而做出相应的动作。该函数实现代码如下：

```
// hero 攻击 enemy。获得 Hero 的骨骼层上的渲染节点坐标，并将其转换为世界坐标进行碰撞检测
//这里取 hero 上的 4 个点作为检测点
void MyContactListener::update(float delta){
    Vec2 hero_p_1 = m_hero->getArmature()->getBone("Layer17")->getDisplayRenderNode()->convertToWorldSpaceAR(Vec2(0,0));
    Vec2 hero_p_2 = m_hero->getArmature()->getBone("Layer17")->getDisplayRenderNode()->convertToWorldSpaceAR(Vec2(0,15));
    Vec2 hero_p_3 = m_hero->getArmature()->getBone("Layer17")->getDisplayRenderNode()->convertToWorldSpaceAR(Vec2(0,30));
    Vec2 hero_p_4 = m_hero->getArmature()->getBone("Layer17")->getDisplayRenderNode()->convertToWorldSpaceAR(Vec2(0,50));
    Rect enemy_rec = Rect(m_enemy->getPositionX(),m_enemy->getPositionY() - 40, 20, 40);
    // 如果敌人没有死亡，而英雄正在攻击，并且敌人的包围圈围住了英雄上面四个点之一则攻击成功，敌人受伤，血条减少
    if (!m_enemy->isDeath() && m_hero->isAttack() && (enemy_rec.containsPoint(hero_p_1)
                    || enemy_rec.containsPoint(hero_p_2) || enemy_rec.containsPoint(hero_p_3)
                    || enemy_rec.containsPoint(hero_p_4))) {
```

```
        m_enemy->hurt();
        m_hero->setAttack(false);
    }
    // enemy 攻击 hero，方法同上
    Vec2 enemy_p_1 = m_enemy->getArmature()->getBone("ax")->getDisplayRenderNode()->convertToWorldSpaceAR(Vec2(0,0));
    Vec2 enemy_p_2 = m_enemy->getArmature()->getBone("ax")->getDisplayRenderNode()->convertToWorldSpaceAR(Vec2(0,30));
    Rect hero_rec = Rect(m_hero->getPositionX() - 10,m_hero->getPositionY() - 20,20,40);
    if (!m_hero->isDeath() && m_enemy->isAttack()
                &&(hero_rec.containsPoint(enemy_p_1) || hero_rec.containsPoint(enemy_p_2))) {
        m_hero->hurt();
        m_enemy->setAttack(false);
    }
}
```

回到 AnimationScene 类中，为英雄设计一个攻击按钮，单击该按钮，则英雄会进行攻击。该按钮的响应函数实现比较简单，其任务就是改变英雄和敌人的状态，代码如下：

```
void AnimationScene::attackCallback(Ref* pSender) {
    m_player->play(ATTACK);
    m_enemy->play(ATTACK);
}
```

AnimationScene 类中还有一部分重要的功能代码，被放入到 update()函数中。由于 update()函数是实时调用更新的，所以放在这里的代码片段，其状态当然也是需要变化的，如该函数中的云动画。血条的更新和使用摇杆来控制角色移动的代码也放在了 update()函数中，具体实现如下：

```
void AnimationScene::update(float delta){
    // 背景云动画
    Size visibleSize = Director::getInstance()->getVisibleSize();
    auto cloud_1 = (Sprite*)getChildByTag(112);
    auto cloud_2 = (Sprite*)getChildByTag(113);
    if (cloud_1->getPositionX() > -(3 / 2 *cloud_1->getContentSize().width - visibleSize.width)){
        cloud_1->setPositionX(cloud_1->getPositionX() - 1);
    }
    else{
        cloud_1->setPositionX(visibleSize.width/2);
    }
    cloud_2->setPositionX(cloud_1->getPositionX() + cloud_1->getContentSize().width);
    // 更新血条
    float temp_e = float(m_enemy->getLife()) / m_enemy->getMaxLife();
    float x = 44 + (354-88-44)*(1-temp_e);
    m_bloodBar_e->setTextureRect(Rect(x,0,354 - x,m_bloodBar_e->getContentSize().height));
    m_bloodBar_e->setPositionX(visibleSize.width - m_bloodBar_e->getContentSize().width/2 - 5);
    float temp_h = float(m_player->getLife()) / m_player->getMaxLife();
    m_bloodBar_h->setTextureRect(Rect(0, 0, 88+(354-88-44)* temp_h,
                                m_bloodBar_h->getContentSize().height));
    m_bloodBar_h->setPositionX(m_bloodBar_h->getContentSize().width/2 + 5);
    // 控制角色移动
    if (m_joystick->getDirection() == Joystick_dir::_RIGHT){
        m_player->play(MOVERIGHT);
    }
    else if (m_joystick->getDirection() == Joystick_dir::_LEFT){
```

```
        m_player->play(MOVELEFT);
    }
    else if (m_joystick->getDirection() == Joystick_dir::_STOP) {
        m_player->play(STAND);
    }
    else if (m_joystick->getDirection() == Joystick_dir::_STOP){
        m_player->play(STAND);
    }
}
```

至此，整个格斗动画就完成了，单击运行按钮，可以看到本节最开始展示的动画效果。读者可以根据自己的兴趣爱好来完善本节的例子，使其更具有可玩性，这里只是作为一个参考例子。

小　结

本章首先解释了计算机动画的概念，介绍了常用的计算机动画技术，有逐帧动画、关键帧动画、脚本驱动的动画和骨骼动画等，介绍了常用的动画制作软件如 Flash、3ds Max 和 Maya 等及其文件格式。接着，具体研究了 Cocos2d-x 中动作类，包括瞬时动作、延时动作、组合动作、速度指定和跟随动作，文中都给出了实现动作的代码，读者可以参考这些代码创建需要的动作。本章进一步介绍了 Cocos2d-x 中的动画类，还介绍了在 CocosStudio 动画编辑器中创建动画的过程。将创建好的动画通过动画类来播放，即可在运行程序时显示动画效果。最后，通过一个动画游戏实例，本章完整地演示了动画在游戏中的运用，这样不仅巩固了本章涉及的知识点，还能提高读者编写和组织代码的能力。

习题和实验

实验手册（Word 文档）

1．什么是计算机动画？
2．常见的计算机动画技术有哪些？
3．Cocos2d-x 中的动作有哪些？
4．使用 Cocos2d-x 创建一个精灵，让它完成移动和跳跃动作。
5．Cocos2d-x 如何实现动画？
6．使用 CocosStudio 编辑器来创建动画有什么好处？
7．使用 CocosStudio 制作一个简单的动画。

第 8 章　碰撞检测和运动模拟

现实世界存在着各种物理现象和物理规律：物体相互碰撞、物体相互遮挡和物体相对运动等。在二维游戏中，需要通过编程的方式来模拟这些物理现象和物理规律，使游戏中的虚拟世界更接近现实中的真实世界。本章将介绍碰撞检测、物体遮挡技术、物体运动模拟等知识以及 Cocos2d-x 的物理引擎 Box2D。

8.1　碰撞检测

对运动物体的碰撞判断是许多游戏程序中不可或缺的要素：人物与物体碰撞、人物与人物的碰撞等。常见的碰撞检测方法一般有：区域检测、碰撞点检测和颜色检测。

在要求的精确度不高的情况下，可以使用区域检测来判断碰撞，将被检测物体置于某种规则形状之中进行判断。例如，将两个复杂图形的碰撞检测简化为两个矩形或两个圆的碰撞检测。矩形可以通过比较各自的左上角和右下角的坐标来实现检测；圆一般要通过圆心距与各自半径的关系来检测。这种检测方式速度快，但如果用单个检测区域来表示物体的话，显然精度不高，有可能出现两物体还没碰撞就误判的情况。为了尽可能减少这种情况的产生，可以对一个物体设定多个检测区域（如图 8-1 所示），尽量使检测区域的外形与物体轮廓接近。

图 8-1　基于区域检测的碰撞判断

碰撞判断的另一种方法是基于碰撞点检测来判断，其实也是区域检测的一种（如图 8-2 所示），不同的只是用碰撞点来代替碰撞区域。如果运用得当，可以减少碰撞检测的工作量。一般在两个运动物体中的一个物体上设置碰撞点，在另一个物体上设置检测区域，游戏运行时逐个判断碰撞点是否在检测区域中。

在二维游戏中也可以通过颜色检测来判断碰撞情况，提供了一种较为精确但相对耗时的检测方法。如图 8-3 所示，要检测汽车与树林的碰撞（或是遮盖）情况，就要为树林做一张掩码图，将树林主体轮廓用黑色填充。要产生汽车驶入树林后面的效果，先在背景上贴上汽车的图像，然后在上面用镂空图技术画上树林。然后，判断汽车图像在树林图像上的相对位置，将汽车图像上的点与掩码图上相应位置的点做按位“与”操作，检查结果中是否有黑色点（RGB 值为 0）存在。联想到前面讲过的，任何颜色的 RGB 值与黑色图形进行按位与运算，将得到黑色。如果预先排除汽车图像中原本的黑色部分及汽车图像中的白色部分，那么黑色点的出现就表明发生了碰撞。

基于颜色判断来判断碰撞情况的实现代码下所示，其中 bm 为汽车图像的 BMP 信息头，汽车图像的数据放在数组 px 中，掩码图与汽车图像所在位置相对应的部分的数据放在数组 px1 中。

图 8-2　碰撞点检测

图 8-3　基于颜色检测来判断碰撞所需要使用的图像

关于 BMP 文件图像数据读取，请参照前面的半透明贴图部分的例子。

```
    if (bm.bmBitsPixel != 32) {                          // 每像素 4 字节，Alpha 通道+ RGB 值
        return;
    }
    PixelBytes = bm.bmBitsPixel / 8;                     // 每像素字节数
    for (ty=0;ty<bm.bmHeight;ty++) {
        for (tx=0;tx<bm.bmWidth;tx++) {
            rgb_b = ty*bm.bmWidthBytes+ tx*PixelBytes;
            if ((px[rgb_b] != 255 && px[rgb_b+ 1] != 255 && px[rgb_b+ 2] !=255)        //排除白色
                    && (px[rgb_b] != 0 && px[rgb_b+ 1] != 0 && px[rgb_b+ 2] !=0)) {  //排除黑色
                b = px[rgb_b] & px1[rgb_b];
                g = px[rgb_b+ 1] & px1[rgb_b+ 1];
                r = px[rgb_b+ 2] & px1[rgb_b+ 2];
                if(b == 0 && g==0 && r==0){               // 检测到黑色，表示已经重叠，在此处进行相应的处理
                    break;
                }
            }
        }
    }
```

8.2 物体遮挡关系

当需要进一步在地图上放置人物、障碍物等物体图像时，就会面临这样一个问题：地图上表示较远处物体的图像与表示较近物体的图像重叠的时候，近处物体的图像应该遮挡远处物体（画家消隐方法）。那么，应该如何实现这一特性呢？可以采取的方法是使用前面用到的多层地图。这是一个好主意，但是为每个物体指定一个层次太复杂，故可改进为：为每个贴图对象指定一个关键值。在需要进行贴图时，先根据关键值对涉及的对象进行排序，并记录下排序的结果，再根据排序结果，按照由远到近的顺序将各贴图对象贴到目标位置上，就能达到所期望的画面效果。

对象关键值的指定有多种方法，由设计者根据需要而定。例如，可以把对象的 *Y* 轴坐标作为关键值，定义值较小的为较远物体，即可得到预期的效果。

8.3 物体运动模拟

某些游戏中可能需要模拟现实世界中的物体运动，常见的有下落、摩擦、弹跳等。对于这些运动，可以依照物理公式，计算运动物体的坐标并在屏幕上显示。例如，要实现一个简单的小球运动的动画，用变量 x、y 记录小球的坐标，v_x、v_y 记录小球运动的速度，a_x、a_y 记录 x 和 y 方向上的加速度。这样就可以按照物理公式计算出小球的运动轨迹。如想达到小球在窗口的每条边上

反弹的效果，只要判断出小球与窗口边缘的碰撞，并在碰撞时将小球相应轴向的运动速度取相反数即可。若有更严格的要求，可以加入对摩擦、重力等因素的考虑，实现更复杂的运动模拟。具体的计算公式，请有兴趣的读者查阅有关物理学教材。

8.4 Cocos2d-x 中的物理引擎

从物理学的角度上，可以把世界分为两种：现实世界和物理世界，现实世界是可见的，物理世界则是不可见的。物理世界就是通过现实世界中可见物体的属性（重力、摩擦力、弹力和回复力等），计算下一个时间点会发生的状况。在物理世界中，物体通常分为动态（可以移动的）的物体和静态（不可以移动的）的物体。顾名思义，静态物体从来都不会动，而且不会被移动；动态物体可以相互撞击，也可以与静态物体进行碰撞。动态物体具有位置（position）、旋转（rotation）、密度（density）、摩擦度（friction）、回复力（restitution）等属性。在游戏中使用物理引擎来模拟现实世界中的运动，物理引擎通过为刚性物体赋予真实的物理属性的方式来计算运动、旋转和碰撞响应。

Cocos2d-x 中内置了 Box2D 和 Chipmunk 两个物理引擎。Box2D 使用 C++语言编写，拥有完整的说明文档，并且支持多种语言，是一个可靠、高效、广为应用的物理引擎。Chipmunk 使用 C 语言编写，是 Cocos2d 最早引入的物理引擎，但是 Chipmunk 相关的说明文档较少。

在 Cocos2d-x 的 3.0 之后的版本中，将 Box2D 和 Chipmunk 封装到引擎内部，创建了自己的物理引擎 Physics，游戏开发者不需要调用物理引擎接口，Cocos2d-x 与物理引擎进一步融合，将物理世界融入场景中，Node 类中存在物体属性，对物理引擎的世界、物体、形状等也进行了封装，形成了物理世界（PhysicsWorld）、物理物体（PhysicsBody）、物理形状（PhysicsShape）等，还提供了更简单的碰撞检测机制，使物理引擎的使用更简单。

虽然 Cocos2d-x 中可以简化物理引擎的使用，但为了更好地学习游戏的物理模拟，了解物理引擎的相关知识也是很有必要的。现在大多数游戏开发者使用的物理引擎都是 Box2D，所以下面对 Box2D 的相关概念进行简要介绍。

8.4.1 Box2D 简介

Box2D 是由 Erin Catto 开发，最早应用在 Flash 游戏中，是 AS 语言版本。后来用 C++语言编写，是一款开源的二维物理引擎，可以实现二维刚体的全方位模拟，因此开发人员只需关心相关物理属性的设置，如重力、密度和摩擦系数等。Box2D 物理引擎刚刚公布，便深受游戏开发者的瞩目，如《搬运佬》和《愤怒的小鸟》都是利用 Box2D 这款物理引擎开发的。而且 Box2D 提供不同语言的实现，包括 C++、Java、Flash、C#和 Python 这 5 个版本。

Cocos2d-x 引擎是结合了 Box2D 物理引擎一起发布的，不用单独下载 Box2D 引擎，现在的 Box2D 物理引擎是用 C++语言编写的，因此在 Cocos2d-x 引擎中可以方便地被调用。注意，Box2D 物理引擎是可以单独运行的，如果读者对 Box2D 物理引擎感兴趣，可以单独下载 Box2D 物理引擎，下载网址为 http://www.box2d.org。下面是 Box2D 的核心概念。

刚体（rigid body）：无论怎么碰撞物体，其几何大小都不会改变，即物体上的形状之间的距离是不变的，这样的物体被称为“刚体”。在 Box2D 中，用物体代替刚体。

物体（b2Body）：物理引擎中的所有对象都是物体。

世界（b2World）：物体（b2Body）和夹具（b2Fixture）等相互作用的集合，在创建世界时，需要指定重力参数。

单位：在 Box2D 中，使用物理中的米作为单位。在 Cocos2d-x 中是使用像素作为单位的，从图形引擎到物理引擎的转换，其实只是长度单位从对象空间变换到图像空间而已。

物体定义（b2BodyDef）：在创建物体前，需要先创建物体定义（b2BodyDef），通过单个物体定义可以创建多个物体，也可以指定物体的类型、位置、角度、阻尼、重力系数、是否是子弹和用户自定义数据等属性。

物体工厂方法：用来创建物体和销毁物体。

子弹（bullet）：高速移动的物体。

形状（b2Shape）：可以分为圆形、多边形、线段形和链形。形状类（b2Shape）是严格依附于物体的几何结构。

夹具（b2Fixture）：形状本身不包含物体信息，因此在 Box2D 中提供了夹具类（b2Fixture），让形状和物体可以绑定在一起。

夹具定义（b2FixtureDef）：与物体的创建类似，夹具定义的创建是在夹具的创建之前，夹具定义可以设置物体的物理属性，如物体的形状、密度和摩擦力等属性。

8.4.2 Box2D 中的相关类

Box2D 引擎中常用的结构体包括：二维向量（b2Vec2 结构体）、包围盒（b2AABB 结构体）、物体定义（b2BodyDef）、夹具定义（b2FixtureDef）、关节定义（b2JointDef）。常用的类有世界（b2World）、物体（b2Body）、形状（b2Shape）、夹具（b2Fixture）、关节（b2Joint）和接触（b2Contact）。

1. 二维向量（b2Vec2 结构体）

b2Vec2 结构体在 Box2D 引擎中被广泛使用，表示二维向量，由两个 float32 类型的参数构成，分别为 x、y，这两个属性均为 float32 类型，分别表示在 *X* 轴或 *Y* 轴的分量，并支持取负值运算、及+=、-=、*=的操作符。物体的各种属性都可能会用到它。

b2Vec2 结构体还存在一些比较实用的方法，如将创建 b2Vec2 类型实例的方法，将向量设置为零向量的方法，设置 *X* 轴或 *Y* 轴分量的方法，计算向量的长度、长度的平方、垂直向量的方法，将向量转换成单位向量的方法，判断向量是否有效的方法。创建一个重力的实例向量的方法如下：

```
b2Vec2 gravity(0.0f,-10.0f);
```

2. 包围盒（AABB 结构体）

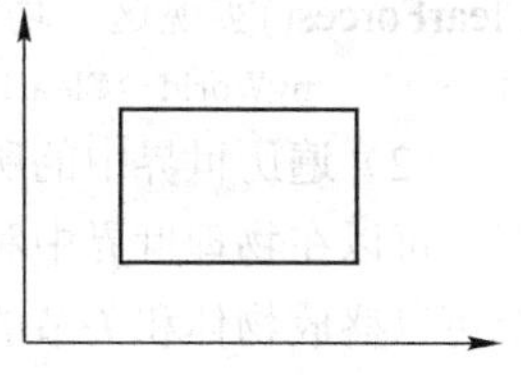

图 8-4　包围盒边界

b2AABB（Axis Aligned Bounding Box，轴向对齐包围盒）结构体表示的是轴对齐的包围盒，也就是盒子的四个边两两与两坐标轴平行，如图 8-4 所示。b2AABB 主要用来加快碰撞检测的速度，所以应该注意的是包围盒的尺寸可以大于或等于实际物体的尺寸。

b2AABB 结构体中有两个属性：lowerBound 和 upperBound，均为 b2Vec2 类型，分别代表包围盒的左下角顶点和右上角顶点。b2AABB 结构体中较为实用的方法有判断包围盒是否有效，获得包围盒的周长、中心坐标、中心到包围盒的右上角的向量等。

3. 世界（b2World 类）

在 Box2D 中，世界类表示物理世界，而物理世界就是物体、形状和约束相互作用的集合，可以在物理世界中利用相关的工厂方法对物体或关节进行创建和删除，从而实现物理模拟。注意，创建一个物理世界的对象时必须给出它的重力，如果创建的物理世界并未涉及与重力相关的属性，可以将重力设置为 0；而且，在删除物理世界的对象之后，其中所包含的全部物体和关节都将被删除。

创建和删除一个世界对象很简单，代码如下：

```
b2World* myWorld = new b2World(gravity);
delete myWorld;
myWorld = NULL;
```

世界有三种重要的功能：使用驱动函数让世界运动起来，遍历世界中的所有物体和关节，AABB 查询。

（1）使用驱动函数让世界动起来

在创建一个世界对象后，需要让它运动起来，Box2D 中提供了一个驱动函数 Step()，其功能是实现一次迭代模拟，函数中有三个参数，分别指定时间步、速度迭代次数、位置迭代次数。在一个游戏中，其时间步应该是固定的，不固定的时间步将影响游戏运行时的效果。时间步也影响着游戏的性能，稍大的时间步可以在低帧率时优化性能。通常，时间步应该不大于 1/30 秒，而 1/60 秒的时间步会呈现一个高质量的模拟。迭代次数控制着约束求解器对世界中的接触和关节的遍历次数。虽然迭代的次数越多，模拟的效果越好，但是频率越大，迭代次数越多，会降低游戏的整体响应性能。

驱动函数的方法如下：

```
float32 timeStep = 1.0f/60.0f;                    // 设置时间步
int32 velocityIterations = 8;                     // 设置速度迭代次数
int32 positionIterations = 3;                     // 设置位置迭代次数
myWorld->Step( timeStep, velocityIterations, positionIterations);
```

但是这段代码并不能使世界运动起来，还需要将这段代码放在一个可以被循环调用的函数中。在时间步完成后，就可以根据获得的物体对象和关节经过物理模拟之后新的信息，来更新游戏画面，使二者达到同步的效果。注意，虽然在游戏循环的任意位置都可以实现驱动世界，但是世界内部的事件发生顺序是不可以改变的，不能先通过时间步获得碰撞结果，然后创建这个物体。

最后，执行完驱动函数 Step()后，应该清除作用在物体上的所有力，b2World 类提供了函数 ClearForces()实现这一功能，用法如下：

```
myWorld->ClearForces();
```

（2）遍历世界中的所有物体和关节

可以在物理世界中利用相关的工厂方法对物体或关节进行创建和删除，也就是说，世界是一个可以盛放物体和关节的容器，在这个容器中可以获取其中所有的物体和关节，并遍历它们。

b2World 类中提供了获取物体对象列表（GetBodyList）、关节对象列表（GetJointList）、碰撞对象列表（GetContactList）、获得物体数量（GetBodyCount）、关节数量（GetJointCount）、碰撞数量（GetContactCount）的方法。这里仅以遍历世界中物体对象为例，其他几种方法的实现也类似。先遍历世界中的物体，并逐个唤醒，再删除世界中所有物体。代码片段如下：

```
//遍历世界中的物体，并逐个唤醒
for (b2Body *curBody = myWorld->GetBodyList(); curBody; curBody->GetNext()){
    curBody->SetAwake(true);
}
//删除世界中的所有物体
b2Body* node = myWorld->GetBodyList();
while (node){
```

```
        b2Body* curBody = node;
        GameSprite* curSprite = (GameSprite*)curBody->GetUserData();
        if (curSprite->isDead()){
            myWorld->DestroyBody(curBody);
        }
    }
```

（3）AABB 查询

AABB 查询方式是 Box2D 中提供的访问物体对象的方式之一，可以找到在某一区域中的所有的对象。AABB 代表一个已经固定尺寸的矩形盒子。在 b2World 类的对象中为此使用 broad-phase 的数据结构，提供一个时间复杂度为 log*n* 的快速查询方式。其基本思想是：根据已知世界坐标的 AABB，通过世界对象获得大概相交于 AABB 形状之内的对象的数组。在这里，需要自定义继承 b2QueryCallback 类的一个类 MyCallBack，并实现 b2QueryCallback 类中的 ReportFixture()方法。ReportFixture 方法的实现代码如下：

```
bool MyCallBack::ReportFixture(b2Fixture* fixture){
    b2Body* body = fixture->GetBody();
    body->SetAwake(true);
    return true;
}
```

然后创建这个自定义类的对象进行 AABB 查询，实现代码如下：

```
MyCallBack callBack;
b2AABB aabb;
aabb.lowerBound.Set(1.0f,1.0f);
aabb.upperBound.Set(2.0f,2.0f);
myWorld->QueryAABB(&callBack,aabb);
```

b2World 类中常用的其他函数如表 8-1 所示。

表 8-1　b2World 类中常用的其他函数

函数原型	说　明
void SetDestructionListener(b2DestructionListener* listener)	设置摧毁监听器。参数 listener 表示要摧毁的监听器对象
void SetContactListener(b2ContactListener* listener)	设置碰撞监听器。参数 listener 表示要设置碰撞监听的对象
b2Body* CreateBody(const b2BodyDef* def)	创建物体对象。参数 def 表示物体定义的实例。与 DestroyBody 函数相对
b2Joint* CreateJoint(const b2JointDef* def)	位图数据相对于文件开始处的偏移，单位字节
void SetGravity(const b2Vec2& gravity)	设置重力向量。参数 gravity 为新重力向量
b2Vec2 GetGravity()	获得重力向量

4．物体（b2Body 类）

b2Body 类是 Box2D 中十分重要的元素。物体具有位置和速度等属性，也可以应用力、扭矩和冲量到物体，可以创建和删除夹具对象。在 Box2D 中，物体是不能自行创建的，需要利用世界 b2World 类中的 CreateBody()方法进行创建。可以通过物体对象为物体设置或获得物体的线速度、角速度和质量等。

物体被分为 3 种：静态物体（b2_staticBody）、运动物体（b2_kinematicBody）和动态物体（b2_dynamicBody）。静态物体 b2_staticBody 类型的物体的特点为：零质量，永远不会移动且不会与其他静态物体发生碰撞。运动物体 b2_kinematicBody 类型的物体的特点为：零质量，拥有自己的速度，不会对力做出反应，可以被用户手动移动。动态物体 b2_dynamicBody 类型的物体的特点为：有质量且不为零，可以被完全模拟，可以根据作用力运动，并且可被用户人为移动。

b2Body 类中的常用函数如表 8-2 所示。

表 8-2　b2Body 类中的常用函数

函数原型	说　明
b2Fixture* CreateFixture(const b2FixtureDef* def)	创建物体夹具的对象。参数 def 为夹具定义的实例
void DestroyFixture(b2Fixture* fixture)	销毁夹具对象。参数 fixture 为要销毁的夹具对象
const b2Vec2& GetPosition()	获得物体的位置
float32 GetAngle()	获得物体的角度
void SetLinearVelocity(const b2Vec2& v)	设置物体的线速度。参数 v 为要设置的角速度向量
const b2Vec2& GetLinearVelocity()	获得物体的线速度
void SetAngularVelocity(float32 omega)	设置物体的角速度。参数 omega 为要设置的角速度
float32 GetAngularVelocity()	获得物体的角速度
float32 GetMass()	获得物体的质量
void SetMassData(const b2MassData* data)	设置物体的质量数据
void ResetMassData()	获得重力向量

5．物体定义（b2BodyDef 结构体）

在 Box2D 中，如果希望创建一个物体对象，在此之前就必须创建一个物体定义（b2BodyDef 结构体）。Box2D 可以将物体定义中存放的数据进行复制，一个物体定义可以创建多个物体，定义了许多与物体相关属性，如物体的类型（type）、位置坐标（position）、弧度值（angle）、线速度（linearVelocity）、角速度（angularVelocity）、衰减、休眠系数、锁定旋转（fixedRotation）、子弹（bullet）、激活状态（active）、用户数据（userData）等。此外，b2BodyDef 结构体中只有一个构造函数 b2BodyDef()。其基本属性介绍如下：

① 物体的类型确定物体是静态物体（b2_staticBody）、运动物体（b2_kinematicBody）还是动态物体（b2_dynamicBody）

② 位置坐标（position）和弧度值（angle）是物体最基本的属性。

③ 物体的运动受其定义的线速度（linearVelocity）和角速度（angularVelocity）限制。

④ 衰减是用于表示减小物体在世界中的速度的物理概念，但与摩擦不同，摩擦是作用在两个相互接触的物体上的，而衰减是一直存在的抑制物体运动的量。衰减的取值可以从 0 到无限大，取值 0 代表没有衰减，无限大则代表满衰减。一般，衰减值在 0～0.1 之间。衰减还分为线速度衰减（linearDamping）和角速度衰减（angularDamping）两种，均为 float32 类型，默认值为 0。在程序中，对线速度衰减要谨慎使用，它会使物体运动效果有些漂浮。

⑤ 休眠系数描述物体是否醒着（awake）和是否允许休眠（allowSleep），默认值均为 true。如果确定物体已经停止运动，那么物体将会进入休眠状态，休眠的物体只会消耗很小的 CPU 开销。使一个正处在休眠的物体醒过来有三种方法：当一个运动（醒着）的物体接触到一个休眠的物体的时候，当删除了物体上的关节或触点的时候，还可以手动唤醒休眠的物体或者设置物体休眠。代码如下：

```
myBodyDef.awake = true;
myBodyDef.allowSleep = true;
```

⑥ 子弹（bullet）常指一类运动速度很快但尺寸很小的物体，只适用于动态物体。具有子弹属性的对象，在与物体碰撞时会执行连续碰撞检测（CCD）。其默认值为 false，如果需要将某一物体按照子弹的方式处理，需要设置其值为 true。

⑦ 激活状态（active）：如果物体处于激活的状态，则可以进行物理模拟和碰撞检测，但当物体处于非激活状态时，则该物体不会行物理模拟和碰撞检测，与其连接的关节也不会被模拟，不会被其他物体所激活，处于此状态的物体只能被人为激活。物体默认为激活状态，值为 true。

⑧ 用户数据（userData）：物理世界中存在物体、夹具和关节三种对象，都允许利用 void 指针来附加用户数据。用户数据是开发者自定义的数据对象，在游戏中利用 void 指针将物理世界的数据结构与自己的游戏引擎相结合，可以将一个物体对象对应一个游戏元素。所有物体中的用户数据会将物体与游戏程序相关联。在使用用户数据时应保持数据的一致性，确保所有物体的用户数据都指向相同的对象类型。

物体定义中的其他常见属性如表 8-3。

表 8-3 物体定义中的其他常见属性

属　性	说　明
b2Vec2 linearVelocity	物体的线速度，默认值为 0.0f
float32 angularVelocity	物体的角速度，默认值为 0.0f
bool fixedRotation	是否锁定旋转，默认值为 true
float32 gravityScale	物体上的重力系数，默认值为 1.0f

至此，可以容易地创建一个静态物体对象，代码如下：

```
b2Vec2 gravity;
gravity.Set(0.0f, 0.0f);
b2World* myWorld = new b2World(gravity);
b2BodyDef myBodyDef;
myBodyDef.type = b2_staticBody;
b2Body* body = myWorld->CreateBody(&myBodyDef);
```

6．形状（b2Shape 类）

现实世界中的物体是有形状的。在 Box2D 中，物体的形状主要用于进行碰撞检测，可以附加在物体上的使用，也可以单独使用。形状由 b2Shape 类实现，是一个基类。Box2D 中各种形状的类均是这个类的派生类。在游戏的制作中，通常会使用到如下派生类：b2CircleShape 类（圆形）、b2PolygonShape 类（多边形）、b2EdgeShape 类（线段形）和 b2ChainShape 类（链形）。它们之间的继承关系如图 8-5 所示。

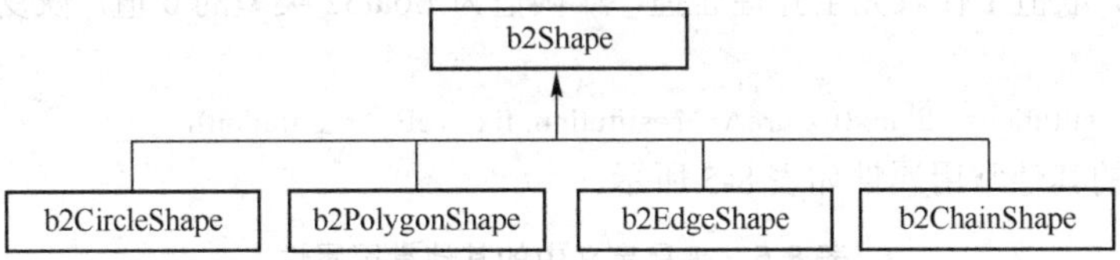

图 8-5　b2Shape 类与其子类的继承关系

b2CircleShape 类主要用于描述圆形物体，并会存放一些相关信息。

b2PolygonShape 类主要用于描述多边形物体，并会存放一些相关信息。注意，这里的多边形并不是任意的，必须是凸多边形。

b2EdgeShape 类主要用于描述线段物体，并会存放一些相关信息。

b2ChainShape 类主要用于描述链形物体，并会存放一些相关信息。链形是一条或多条首尾相连的线段组成，可以是闭合的，也可以是断开的。

b2Shape 类是 b2CircleShape 类、b2PolygonShape 类、b2EdgeShape 类和 b2ChainShape 类的父

类，那就说明 b2Shape 类中存在一些通用的属性和方法可供这 4 个类使用。b2Shape 类中有两个属性，分别表示形状类型（m_type）和半径（m_radius）。形状类型的数据类型是枚举型，有 5 个可取值：e_circle、e_edge、e_polygon、e_chain、e_typeCount。半径的数据类型为 float32。

b2Shape 类中的一些常用函数如表 8-4 所示。

表 8-4　b2Shape 类中的一些常用函数

函数原型	说　明
virtual b2Shape* Clone(b2BlockAllocator* allocator)	利用分配器克隆形状。参数 allocator 为分配器对象
Type GetType()	获得形状类型
virtual int32 GetChildCount()	获得子节点数量
virtual void ComputeMass(b2MassData* massData, float32 density)	计算形状的质量。参数 massData 为计算结果的对象，参数 density 为密度值

7. 夹具（b2Fixture 类）和夹具定义（b2FixtureDef 结构体）

Box2D 中的形状本身不包含物体信息，那么，物体的信息存放在什么地方呢？原来在 Box2D 中有一个夹具（b2Fixture 类），夹具的作用就是进行物理模拟，让形状和物体可以绑定在一起，让形状也有物体的信息，并且一个物体可以绑定一个或多个夹具。

与物体的创建类似，要想创建一个夹具对象就要先创建一个夹具定义。夹具定义（b2FixtureDef 结构体）可以设置物体的物理属性，如物体的形状（shape）、密度（density）、摩擦系数（friction）、恢复系数（restitution）等。

① 密度（density）：计算物体质量，值可以为 0 或者负值，默认值为 float32 类型的 0 值。可以通过夹具类的 SetDensity()方法设置物体的密度，也可以通过物体类的 ResetMassData()方法对物体的质量进行更新。

② 摩擦系数（friction）：两个相互滑动的物体之间存在摩擦。Box2D 物理引擎支持静态摩擦和动态摩擦，一般，摩擦系数的值设定在 0～1 之间，取值 0 代表没用摩擦，取值 1 代表会发生强摩擦，默认值为 float32 类型的 0.2。当想要获得两个相互滑动的物体之间的摩擦系数时，通过以下公式计算：

```
float32 friction = sqrtf(fixtureA->friction*fixtureB->friction);
```

③ 恢复系数（restitution）：使对象反弹起来。一般，恢复系数的值设定在 0～1 之间，取值 0 代表非弹性碰撞，取值 1 代表完全弹性碰撞，默认值为 float32 类型的 0 值。恢复系数的计算公式如下：

```
float32 restitution= b2Max(fixtureA->restitution, fixtureB->restitution);
```

夹具定义中的其他常用属性如表 8-5 所示。

表 8-5　夹具定义中的其他常用属性

函数原型	说　明
void* userData	用户数据，默认值为 NULL
bool isSensor	物体发生碰撞后是否不由 Box2D 进行物理模拟，而是由自定义物理模拟，默认值为 false。若为 true，则由 Box2D 进行碰撞检测，但不模拟碰撞后的物理运动，否则执行自定义的碰撞后的物理运动
b2Filter filter	碰撞筛选，可以防止某些形状发生碰撞

另外，夹具定义中也只有一个构造函数 b2FixtureDef()。

下面来创建一个夹具对象，代码如下：

```
b2CircleShape circle;
```

```
b2FixtureDef  myFixtureDef;
myFixtureDef.shape = &circle;
myFixtureDef.density = 1.0f;
b2Fixture* myFixture = body->CreateFixture(&myFixtureDef);
```

8. 关节（b2Joint 类）和关节定义（b2JointDef 结构体）

关节（b2Joint 类）在 Box2D 中的作用是将物体约束到世界或其他物体上。继承关节的类有很多，如距离关节、旋转关节、棱柱关节、滑轮关节、齿轮关节等。

① 距离关节：实现 b2DistanceJoint 类，用于描述两个物体上的两点之间的距离为常量。

② 旋转关节：实现 b2MotorJoint 类，用于实现强制两物体共享一个锚点，锚点为世界坐标下的锚点。

③ 棱柱关节：实现 b2PrismaticJoint 类，用于实现两个物体沿着特定的轴相向运动，不允许相对旋转。

④ 滑轮关节：实现 b2PulleyJoint 类，用于实现理想的滑轮效果。

⑤ 齿轮关节：实现 b2RevoluteJoint 类，用于实现复杂的机械装置。

关节也有其相对应的定义叫做关节定义（b2JointDef 结构体），用来记录一些几何数据。同理，继承关节类的这些类也有相对应的定义，这些定义也继承了关节定义（b2JointDef 结构体），如距离关节定义（b2DistanceJointDef 结构体）、旋转关节定义（b2MotorJointDef 结构体）、棱柱关节定义（b2DPrismaticJointDef 结构体）、滑轮关节定义（b2PulleyJointDef 结构体）、齿轮关节定义（b2RevoluteJointDef 结构体）。在这些结构体中，每个不同关节定义中都新增了其特有的属性。

9. 接触（b2Contact 类）

接触（b2Contact 类）在 Box2D 中的作用是管理形状间的碰撞，接触有不同的种类，用于管理不同形状间的碰撞。

下面介绍接触监听器 b2ContactListener 的作用，通过实现 b2ContactListener 类就可以获得接触的数据，从而可以实现对接触的形状进行操作。接触监听器 b2ContactListener 类支持 4 个事件的发生：处理开始接触事件的 BeginContact()函数，处理结束接触事件的 EndContact()函数，接触响应前改变接触的 PreSolve()函数，接触响应后改变接触的 PostSolve()函数。了解了这些，就可以自定义继承 b2ContactListener 类的接触监听器，用于监听碰撞，实现自定义的功能。例如：

```
// 自定义的碰撞检测器
class GameContactListener : public b2ContactListener {
 public:
    GameContactListener();
    ~GameContactListener();
    void BeginContact(b2Contact* contact);
    void EndContact(b2Contact* contact);
    void PreSolve(b2Contact* contact, const b2Manifold* oldManifold);
    void PostSolve(b2Contact* contact, const b2ContactImpulse* impulse);
};
```

8.4.3 Box2D 的使用

前面已经介绍了很多关于 Box2D 物理引擎的基础知识，也对创建世界、物体定义、物体、形状、夹具定义、夹具的方法进行了简单介绍，本节将对 Box2D 物理引擎的使用再做一个系统的描述，这里利用更具体的代码片段来整理这个过程：① 定义重力；② 创建物理世界；③ 创建物体定义，并设置其相关属性，通过用户数据将物体与精灵绑定；④ 创建物体，通过设置用户数据，将物体与精灵绑定；⑤ 创建形状，并设置形状大小等属性，若前面已经将物体与精灵绑定，这里的形状大小需要根据精灵的大小设置；⑥ 创建夹具定义，并设置其相关属性；⑦ 创建夹具，将物体与形状的其他物理属性关联。

下面按照上述过程来实现一个物理世界，并在世界中添加一个与圆形图片绑定的圆形物体。实现代码如下：

```
b2Vec2 gravity(0, -10);                                    // 设置重力
b2World* world = new b2World(gravity);                     // 创建物理世界
Sprite* sprite = Sprite::create("ball.png");               // 创建精灵
addChild(sprite);
Vec2 vec = Vec2(300,600);
sprite->setPosition(vec);
Rect rect = sprite->getTextureRect();                      // 获得精灵图片的大小
// 创建物体定义，并设置其相关属性
b2BodyDef bodydef;
bodydef.type = b2_dynamicBody;
bodydef.position.Set(vec.x/pixToMeter,vec.y/pixToMeter);
bodydef.userData = sprite;                                 // 将精灵与物体定义绑定
b2Body *body = world->CreateBody(&bodydef);                // 创建物体
// 创建形状，并设置大小
b2CircleShape circle;
circle.m_radius = (rect.size.width/2.0)/pixToMeter;
// 创建夹具定义，并设置其相关属性
b2FixtureDef fixtureDef;
fixtureDef.shape = &circle;
fixtureDef.density = 0.2f;
fixtureDef.restitution = 0.5f;
body->CreateFixture(&fixtureDef);                          // 创建夹具，将物体与形状等其他物理关联属性
```

8.5 游戏物理模拟实例

本节将介绍两种方法创建物理世界，实现物理模拟，一种是基于 Box2D 物理引擎实现的桌球类的游戏实例，另一种是利用 Cocos2d-x 中封装的物理引擎实现的彩球自由落体的物理模拟。

8.5.1 基于 Box2D 的游戏实例

利用 Box2D 实现一个小球碰撞的游戏：以白球为基准，可以选择左侧的游戏区域中的任意其他位置，在右侧的击球力量控制框来设置击球力度。游戏运行效果如图 8-6 所示。

实现这个游戏的制作需要数据配置文件 GameConfig.h、封装各类球（基准白球和普通彩球）的文件 BilliardSprite.h 及其实现 BilliardSprite.cpp、物理世界场景的实现 PhysicsBox2dScene.h 和 PhysicsBox2dScene.cpp 文件。

配置文件 GameConfig.h 用于定义游戏中数据，如定义代表一米的像素值、设置（能量条背景、能量条、瞄准虚线、基准白球、瞄准图片、瞄准杆）的标记、设置基准白球的最大速度、多个彩球图片文件、设置彩球的初始位置，代码如下：

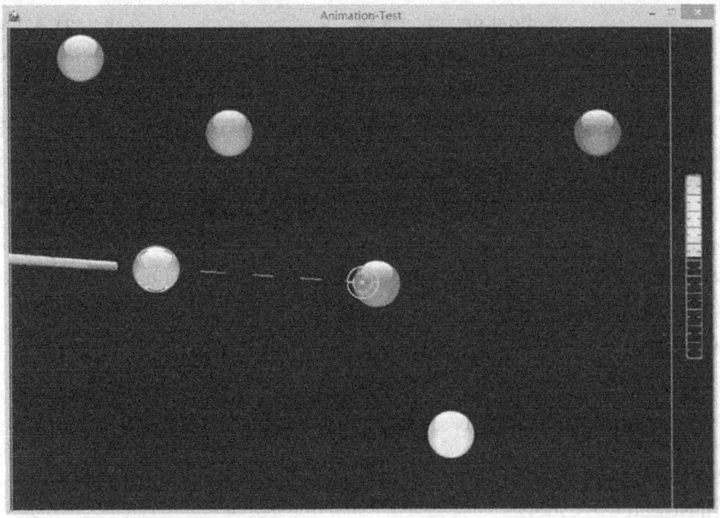

图 8-6 游戏运行效果

```
#define PTM_RATIO 32                                          // 定义 32 像素代表 1 米
// 设置标记
static const int SLIDER_BG_TAG = 1000;                        // 能量条背景标记
static const int SLIDER_TAG = 1001;                           // 能量条标记
static const int DASH_LINE_TAG = 1002;                        // 瞄准虚线标记
static const int MAIN_BILLIARDS_TAG = 1003;                   // 基准白球的标记
static const int AIM_ICON_TAG = 1004;                         // 瞄准图片的标记
static const int AIM_GAN_TAG = 1005;                          // 瞄准杆的标记
// 设置基准白球的最大速度
static const int MAX_SPEED = 2600;
// 多个彩球图片文件
static const std::string ball[5] = {"Ball/3.png", "Ball/4.png", "Ball/5.png", "Ball/6.png", "Ball/10.png"};
// 设置彩球的初始位置
static const Vec2 ballPos[] = {Vec2(300,500), Vec2(500,300), Vec2(100,600),
                               Vec2(600,100), Vec2(800,500)};
```

接下来编写实现各类球功能的类 BilliardSprite 类，继承 Sprite 类。BilliardSprite 类中包括的共有函数有：更新函数 update()、创建基准白球对象函数 create()、初始化函数 init()、设置对象线速度函数 SetLinearVelocity()、获得对象线速度函数 SetLinearVelocity()、设置对象名字函数 setName()、获得对象名字函数 getName()、获得对象的位置函数 getPosition()，以及构造函数和析构函数。私有数据成员包括：对象名（_name）、精灵（_sprite）、物体（_body）。

更新函数 update()用于更新基准白球对象中精灵的位置，实现代码如下：

```
void BilliardSprite::update(float t) {
    _sprite->setPosition(Vec2(_body->GetPosition().x * PTM_RATIO,
                              _body->GetPosition().y * PTM_RATIO));
    _sprite->setRotation(-1 * CC_RADIANS_TO_DEGREES(_body->GetAngle()));
}
```

创建 BilliardSprite 类对象的函数 create()声明时采用默认值的声明方式，如果创建球时没有为其设置密度、摩擦系数和恢复系数，那么采用默认值，声明如下：

```
static BilliardSprite* create(char* name, bool isStatic, bool isBullet,
                              b2World* world, std::string picPath, Vec2 position,
```

```
                    float density = 1.0,                    // density default = 1.0f
                    float friction = 0.1,                   // friction default = 0.1f
                    float restitution = 0.78 );             // restitution default = 0.78f
```

这个函数的实现过程是，动态创建一个 BilliardSprite 的指针对象 pRet，使用 std::nothrow 的目的是在内存不足时 new (std::nothrow)并不抛出异常，而是将指针置 NULL，如果创建的 pRet 不为空且顺利完成了 pRet 的初始化，则返回 pRet，否则删除 pRet，返回空指针。实现代码如下：

```
BilliardSprite *pRet = new(std::nothrow) BilliardSprite();
if (pRet && pRet->init(name, isStatic, isBullet, world, picPath, position, density, friction, restitution)) {
    pRet->autorelease();
    return pRet;
}
else {
    delete pRet;
    pRet = NULL;
    return NULL;
}
```

初始化函数 init()声明时也采用默认值的声明方式，与 create()函数类似，声明如下：

```
virtual bool init(char* name, bool isStatic, bool isBullet,
                  b2World* world, std::string picPath, Vec2 position,
                  float density = 1.0,                    // density default = 1.0f
                  float friction = 0.1,                   // friction default = 0.1f
                  float restitution = 0.78);              // restitution default = 0.78f
```

实现的功能是创建精灵、创建一个圆形的物体，关于物体的创建在 8.4 节已经详细介绍，这里不再过多介绍物体的创建过程。在创建物体定义时需要判断物体是否是静态，若非静态，则应将物体定义的对象的 type 设置为动态 b2_dynamicBody，再对物体是否为子弹进行判断，若是，则将物体定义的 bullet 属性修改为 true。接着，对物体的状态进行判断，如果物体是非静态的（动态），则创建一个夹具定义并定义其相关参数，再创建夹具，将物体与形状相关联，并具有一些属性。最后，设置定时器，定时更新基准白球对象中精灵的位置。实现代码如下：

```
if (!Sprite::init()) {
    return false;
}
_name = name;
_sprite = Sprite::create(picPath);                      // 创建精灵
this->addChild(_sprite);
b2BodyDef bodyDef;                                      // 创建物体定义
if (!isStatic) {
    bodyDef.type = b2_dynamicBody;
}
if (isBullet) {
    bodyDef.bullet = true;
}
bodyDef.position.Set(position.x / PTM_RATIO, position.y / PTM_RATIO);
...                                                     // 创建物体 body，省略
...                                                     // 创建形状并设置半径，省略
if (isStatic) {                                         // 静态
    _body->CreateFixture(&circle,0.0f);
}
```

```
else {           // 动态，创建物体定义，并对物体定义的 shape、density、friction、restitution 参
                 // 数进行初始化，并创建夹具将物体与形状关联
    ...
}
this->scheduleUpdate();
return true;
```

设置对象线速度函数 SetLinearVelocity()、获得对象线速度函数 SetLinearVelocity()、设置对象名字函数 setName()、获得对象名字函数 getName()、获得对象的位置函数 getPosition()、构造函数和析构函数的实现比较容易。构造函数并未实现任何功能，析构函数只是对球的名字进行了非空判断。若非空，则将小球的名字赋值为空 NULL。其他实现代码如下：

```
void SetLinearVelocity(b2Vec2 velocity) { _body->SetLinearVelocity(velocity); };
b2Vec2 GetLinearVelocity() { return _body->GetLinearVelocity(); };
char * getName() { return _name; };
void setName(char* name) { _name = name; } ;
b2Vec2 getPosition() { return _body->GetPosition(); };
```

通过以上操作，初步完成了本次游戏制作的准备工作，接下来进行游戏物理场景的设计，实现 PhysicsBox2dScene 类。PhysicsBox2dScene 类继承自 Layer 类，这里实现的构造函数用于初始化类中的成员变量，析构函数用于删除物理世界对象，创建场景的 create()函数大家都很熟悉，在此就不进行介绍。这里还包括：场景初始化函数 init()，实现单点触摸事件的开始、移动和结束的回调函数（onTouchBegan()、onTouchMoved()、onTouchEnded()），更新函数 update()，初始化物理世界函数 initPhysics()，用于设置瞄准图片位置、更新虚线、球杆的位置和角度的函数 updateLine()，更新力量进度条函数 updatePowerSlider()，重载的由像素转换成米的切换坐标系函数和由米转换成像素的切换坐标系函数。最后两个函数的实现很简单，代码如下：

```
b2Vec2 PhysicsBox2dScene::changePos(Vec2 pos) {                    // 切换坐标系，像素→米
    return b2Vec2(pos.x/PTM_RATIO, pos.y/PTM_RATIO);
}
cocos2d::Vec2 PhysicsBox2dScene::changePos(b2Vec2 pos) {           // 切换坐标系，米→像素
    return Vec2(pos.x*PTM_RATIO, pos.y*PTM_RATIO);
}
```

类中的成员变量如下：

```
b2World*   _world;                                   // 物理世界
GameContactListener*   _ContactListener;             // 碰撞检测
BilliardSprite*   _mainBilliards;                    // 基准白球
float   _sliderSpeed;                                // 力量进度条的速度
float   _angle;                                      // 击球方向角度
bool   _aim;                                         // 是否处于瞄准状态
bool   _canAim;                                      // 是否允许瞄准
Vec2   _aimPos;                                      // 准星位置
Rect   _aimRect;                                     // 瞄准区矩形
float   _curPower;                                   // 当前击球力度
Rect   _powerRect;                                   // 力量条滑动区域
bool   _powerEnd;                                    // 击球结束，力量可以归零
```

下面详细介绍游戏的实现。

① init()函数主要对游戏中的场景进行划分，由图 8-6 可以看出，屏幕分为左右两部分，左边大窗口为游戏窗口（即物理世界，将在 initPhysics()函数中进行设置），右边小窗口用于放置力量

条，边界的划分由条形的图片实现。在右窗口中，可以设置力量进度条的背景、占用的区域、力量进度条的图片。力量进度条是在游戏过程中由玩家进行操作，用于控制击球的力量，所以需要设置为不可见，在玩家进行操作时再更改其可见性。然后，初始化瞄准区域（左窗口）、物理世界，创建并初始化基准白球和多个普通彩球，添加单点触摸监听，设置定时器并定时调用 update() 函数，创建并初始化瞄准虚线、瞄准图片和球杆精灵，并设置为不可见，当玩家进行瞄准操作时方设为可见。部分实现代码如下：

```
auto slider_right = Sprite::create("slider/bg-left.png");           //力量进度所在区域的右侧边框
slider_right->setPosition(Vec2(visibleSize.width - 2, visibleSize.height / 2));
this->addChild(slider_right, 2);
// 物理世界的左边框与力量进度所在区域的右侧边框的实现类似，位置设置为 Vec2(3, visibleSize.height/2)
// 物理世界的右边框与力量进度所在区域的右侧边框的实现类似，位置设
// 置为 Vec2(visibleSize.width - 60, visibleSize.height / 2)
auto slider_bg = Sprite::create("slider/bg-f.png");                // 力量进度条的背景
slider_bg->setPosition(Vec2(visibleSize.width - 30, visibleSize.height / 2));
this->addChild(slider_bg, 2, SLIDER_BG_TAG);
_powerRect = Rect(visibleSize.width - 58, 0,58, visibleSize.height);  // 力量进度条所占区域
auto slider = Sprite::create("slider/fg-f.png");                   // 力量进度条的图片
this->addChild(slider, 3, SLIDER_TAG);
slider->setVisible(false);
_aimRect = Rect(0, 0, visibleSize.width - 60, visibleSize.height);  // 初始化瞄准区域
this->initPhysics();                                               // 初始化物理世界

// 创建基准白球，并初始化
_mainBilliards = BilliardSprite::create("main", false, true, _world,
                        "Ball/8.png", Vec2(200, visibleSize.height/2));
this->addChild(_mainBilliards, 10, MAIN_BILLIARDS_TAG);
for (int i=0;i<5;i++){                                              // 创建多个彩球，并初始化
    auto ballSprite = BilliardSprite::create("ball",false, false, _world, ball[i], ballPos[i]);
    this->addChild(ballSprite);
}
...                                                                // 添加单点触摸监听，代码省略
this->scheduleUpdate();                                            // 设置定时器，定时调用 update 函数
// 创建并初始化瞄准虚线
auto dashLine = Sprite::create("aim/dot_line.png");
this->addChild(dashLine, 2, DASH_LINE_TAG);
dashLine->setAnchorPoint(Vec2(0.5, 0));
dashLine->setVisible(false);
// 创建并初始化瞄准图片
auto aim_icon = Sprite::create("aim/aim.png");
this->addChild(aim_icon, 10, AIM_ICON_TAG);
aim_icon->setScale(0.4f);
aim_icon->setVisible(false);
// 创建并初始化球杆
auto aim_gan = Sprite::create("aim/gan-f.png");
this->addChild(aim_gan, 10, AIM_GAN_TAG);
aim_gan->setAnchorPoint(Vec2(0.5, 0));
aim_gan->setScale(0.6f);
aim_gan->setVisible(false);
```

② 初始化物理世界函数 initPhysics()主要进行的工作是创建世界，并定义世界的四周边框，由于这一部分在 8.5 节已经进行详细介绍，这里就不再赘述。实现代码如下：

```
b2Vec2 gravity;                                          // 设置重力
gravity.Set(0.0f, 0.0f);
_world = new b2World(gravity);                           // 创建世界
_world->SetAllowSleeping(true);                          // 允许睡眠
_world->SetContinuousPhysics(true);                      // physics test 避免碰撞检测不连续产生碰撞穿透
// 创建物理世界的边界
b2BodyDef groundBodyDef;
groundBodyDef.position.Set(0, 0);
b2Body* groundBody = _world->CreateBody(&groundBodyDef);
groundBody->SetUserData("boundary");
b2EdgeShape groundBox;                                   // 定义边界形状
// 下边界
groundBox.Set(b2Vec2(0,0), b2Vec2(s.width/PTM_RATIO, 0));
groundBody->CreateFixture(&groundBox, 0);
// 上边界
groundBox.Set(b2Vec2(0, s.height/PTM_RATIO), b2Vec2(s.width/PTM_RATIO,s.height/PTM_RATIO));
groundBody->CreateFixture(&groundBox, 0);
// 左边界
groundBox.Set(b2Vec2(0, s.height/PTM_RATIO), b2Vec2(0, 0));
groundBody->CreateFixture(&groundBox, 0);
// 右边界
groundBox.Set(b2Vec2((s.width - 60)/PTM_RATIO, s.height/PTM_RATIO),
                                         b2Vec2((s.width - 60)/PTM_RATIO, 0));
groundBody->CreateFixture(&groundBox, 0);
```

③ 单点触摸事件的实现。在游戏中，玩家通过触摸屏幕左边的可瞄准区域来瞄准目标，辅助工具有：瞄准图片，基准白球与选中的目标之间的虚线（瞄准虚线）和在基准白球后面与瞄准虚线在一条直线上的球杆，实现一个模拟打球的画面。再通过触摸屏幕右面的进度条区域，设置击球的力量，之后通过物理模拟实现碰撞效果。

触摸开始的回调函数 onTouchBegan()用于当触摸可瞄准区域且区域内允许瞄准目标时，设置瞄准图片位置，更新虚线、球杆的位置和角度等。瞄准图片的位置就是触摸的起点位置，瞄准虚线和球杆的位置和角度需要根据基准白球和触摸起点的连线向量进行设置，这些细节问题均在 updateLine()函数中处理。再利用_powerEnd 标记击打事件结束，力量可以归零。实现代码如下：

```
// 判断触摸起点是否在可瞄准区域内且目标是否允许被瞄准
if (_aimRect.containsPoint(touch->getLocation()) && _canAim) {
    _aim = true;// 瞄准标记
    ...                        // 获取球杆击打的方向，并设置瞄准图片位置，更新虚线、球杆的位置和角度
    ...                        // 获取基准白球在物理世界中的坐标，并转化成屏幕坐标
    auto start_p = changePos(_mainBilliards->getPosition());
    auto end_p = touch->getLocation();
    updateLine(start_p, end_p);
}
_powerEnd = false;             // 击打结束，力量可以归零
return true;
```

触摸移动的回调函数 onTouchMoved()用于处理两种情况。一种情况是当触摸力量条区域在可

瞄准区域且已经有了瞄准目标（即被瞄准状态_aim 标记为 true）时，才可以操作力量条，设定击打的力量大小，并更新力量条的进度（由 updatePowerSlider()函数实现）。另一种情况是当触摸的起点和触摸移动时的点均在可瞄准区域内且允许瞄准目标时，可以更新瞄准虚线、瞄准图片、球杆的位置和角度。实现代码如下：

```
auto slider_bg = (Sprite*)getChildByTag(SLIDER_BG_TAG);
// 判断触摸起点是否在可瞄准区域内且目标是否处于被瞄准状态
if (_powerRect.containsPoint(touch->getStartLocation()) && _aim) {
    _curPower = touch->getStartLocation().y - touch->getLocation().y;    // 获得当前设置的击打力量
    // 设置击打力量的两个极限值
    if (_curPower<0) {
        _curPower = 0;
    }
    else if (_curPower > slider_bg->getContentSize().height) {
        _curPower = slider_bg->getContentSize().height;
    }
    updatePowerSlider(_curPower);
}
// 判断触摸起点是否在可瞄准区域内且目标是否允许被瞄准
else if (_aimRect.containsPoint(touch->getStartLocation()) && _canAim) {
    if (_aimRect.containsPoint(touch->getLocation())) {        // 判断触摸过程中的点是否在可瞄准区域内
        auto start_p = changePos(_mainBilliards->getPosition());
        auto end_p = touch->getLocation();
        updateLine(start_p, end_p);
    }
}
```

触摸结束的回调函数 onTouchEnded()用于处理当触摸起点在可瞄准区域内且目标处于被瞄准状态时，设置力量进度条和基准白球的速度，并在击球结束后设置瞄准虚线、瞄准图片、球杆的状态为不可见。进入击球状态后，在所有运动物体都静止下来之前无法再进行瞄准和击球，将力量进度条归零，等待下一次触摸事件的发生。实现代码如下：

```
// 判断触摸起点是否在可瞄准区域内且目标是否处于被瞄准状态
if (_powerRect.containsPoint(touch->getLocation()) && _aim) {
    auto slider_bg = (Sprite*)getChildByTag(SLIDER_BG_TAG);
    _sliderSpeed = _curPower / slider_bg->getContentSize().height * 50.0f; // 力量进度条的速度
    auto start_p = changePos(_mainBilliards->getPosition());
    auto end_p = _aimPos;
    auto v = changePos((end_p - start_p).getNormalized());           // 获得击球的方向
    float q = _curPower / slider_bg->getContentSize().height;        // 获得击球力量的百分比
    // 设置白球速度
    _mainBilliards->SetLinearVelocity(b2Vec2(v.x * q * MAX_SPEED, v.y * q * MAX_SPEED));
    // 击球结束后，设置虚线、瞄准图片、球杆不可见
    auto dash_line = (Sprite*)getChildByTag(DASH_LINE_TAG);
    dash_line->setVisible(false);
    auto aim_icon = (Sprite*)getChildByTag(AIM_ICON_TAG);
    aim_icon->setVisible(false);
    auto aim_gan = (Sprite*)getChildByTag(AIM_GAN_TAG);
    aim_gan->setVisible(false);
    // 击球后，在所有物体都静止之前无法再进行瞄准和击球
```

```
    _canAim = false;
    _aim = false;
    _powerEnd = true;                                              // 力量条可以归零
}
```

④ 在介绍单点触摸事件的实现时，涉及两个并未实现的函数：用于设置瞄准图片位置、更新虚线、球杆的位置和角度的函数 updateLine()，更新力量进度条函数 updatePowerSlider()。

updateLine()函数是玩家在可瞄准区域中选择的目标点来设置瞄准图片的位置，并根据基准白球的位置与选择的目标点的连线获得击球方向的角度，代码片段如下：

```
_aimPos = end_p;
// 设置瞄准图片位置
auto aim_icon = (Sprite*)getChildByTag(AIM_ICON_TAG);
aim_icon->setPosition(_aimPos);
aim_icon->setVisible(true);
// 更新虚线位置和角度
_angle = (_aimPos - start_p).getNormalized().getAngle() ;
auto dashLine = (Sprite*)getChildByTag(DASH_LINE_TAG);
dashLine->setPosition(start_p);
dashLine->setTextureRect(Rect(0, 0, 2, abs((end_p - start_p).getLength())));
dashLine->setRotation(CC_RADIANS_TO_DEGREES(-_angle) + 90.0f);
dashLine->setVisible(true);
// 计算球杆位置和角度，并更新
auto aim_gan_pos = Vec2((((end_p-start_p).getLength()+ 45) * start_p.x-45*end_p.x)/(end_p-start_p).getLength(),
            (((end_p-start_p).getLength()+ 45)*start_p.y-45*end_p.y) / (end_p-start_p).getLength());
auto aim_gan = (Sprite*)getChildByTag(AIM_GAN_TAG);
aim_gan->setPosition(aim_gan_pos);
aim_gan->setRotation(CC_RADIANS_TO_DEGREES(-_angle) - 90.0f);
aim_gan->setVisible(true);
```

updatePowerSlider()用于更新力量进度条的进度。力量进度图片的大小是由设定的力量而定的，实现代码如下：

```
auto slider = (Sprite*)getChildByTag(SLIDER_TAG);
auto slider_bg = (Sprite*)getChildByTag(SLIDER_BG_TAG);
Size visibleSize = Director::getInstance()->getVisibleSize();
slider->setPosition(Vec2(visibleSize.width - 30,
                visibleSize.height/2 + slider_bg->getContentSize().height/2 - power / 2));
slider->setTextureRect(Rect(0, 0, slider_bg->getContentSize().width, power));
slider->setVisible(true);
```

⑤ 由定时器调用的更新函数 update()主要实现的功能是：使用驱动函数 Step()让物理世界动起来，通过遍历世界中的物体，寻找醒着的动态物体，让其减速运动，当速度减小到一定值后，便让其休眠，击球结束后，实现力量进度条需要有一个逐渐减小回缩到零的过程，最后对世界中的物体再次进行遍历，待所有运动物体均静止后，才能再次进行瞄准。实现代码如下：

```
float timeStep = 1.0f / 60.0f;                                  // 时间同步
int32 velocityIterations = 8;                                   // 速度迭代次数
int32 positionIterations = 1;                                   // 位置迭代次数
// 使用驱动函数让物理世界动起来
_world->Step(timeStep, velocityIterations, positionIterations);
// 遍历物理世界中的物体
for (b2Body* Cur = _world->GetBodyList(); Cur; Cur = Cur->GetNext() ) {
```

```
        // 判断当前物体是否是动态的且是否醒着
        if ( Cur->GetType() == b2_dynamicBody && Cur->IsAwake() == true ) {
            // 模拟阻力
            Cur->SetLinearVelocity(b2Vec2(Cur->GetLinearVelocity().x * 0.989,
                                                Cur->GetLinearVelocity().y * 0.989));
            // 当前物体速度减小到最小值时，便设置物体休眠
            if( abs(Cur->GetLinearVelocity().x) < 0.5f && abs(Cur->GetLinearVelocity().y) < 0.5f ) {
                Cur->SetAwake(false);
            }
        }
    }
    if (_powerEnd) {                                // 击球结束，力量可以归零
        if (_curPower !=0) {                        // 力量条不为零，逐渐减小
            _curPower -= _sliderSpeed;
        }
        else if (_curPower <= 0) {
            _curPower = 0.0f;
        }
        updatePowerSlider(_curPower);               // 更新力量进度条
    }
    // 计算醒着的动态物体个数
    int awak = 0;
    for (b2Body* Cur = _world->GetBodyList(); Cur; Cur = Cur->GetNext() ) {
        if ( Cur->GetType() == b2_dynamicBody && Cur->IsAwake() == true ) {
            awak ++;
        }
    }
    if (awak == 0) {                                // 所有球静止才可以进行瞄准
        _canAim = true;
    }
```

至此，一个模拟桌球的游戏就诞生了。可以进一步利用前面提到的接触监听器来监听两个小球的碰撞，实现碰撞的其他效果。有兴趣的读者可以尝试更改上面的游戏，实现接触监听器。

8.5.2 Cocos2d-x 的物理引擎 Physics 的应用

应用 Cocos2d-x 自己封装的物理引擎 Physics 实现的物理模拟，相比 Box2D 就简单很多了，现在就利用这种更简单的方法实现模拟自用落体的物理场景。

① 新建一个 Cocos2d-x 的项目，在实现文件中不需要引入任何头文件，修改创建场景的 createScene 函数中创建场景和层的方法。代码如下：

```
// 创建物理世界
auto scene = Scene::createWithPhysics();
auto layer = PhysicsScene::create();
scene->addChild(layer);
return scene;
```

② 在初始化函数 init()中要定义物理世界的边界，添加单点触摸监听。代码如下：

```
// 定义世界的边界
auto body = PhysicsBody::createEdgeBox(visibleSize, PHYSICSBODY_MATERIAL_DEFAULT,5.0f);
auto edgeNode = Node::create();
```

```
edgeNode->setPosition(Vec2(visibleSize.width/2,visibleSize.height/2));
edgeNode->setPhysicsBody(body);
this->addChild(edgeNode);
// 触摸监听
auto listener = EventListenerTouchOneByOne::create();
listener->onTouchBegan = CC_CALLBACK_2(PhysicsScene::onTouchBegan, this);
Director::getInstance()->getEventDispatcher()->addEventListenerWithSceneGraphPriority(listener, this);
```

③ 在开始触摸的回调函数中实现在触摸的地方添加物体，实现代码如下：

```
Vec2 location = touch->getLocation();
addNewSpriteAtPosition(location);
return false;
```

④ 实现在触摸的地方添加物体的函数中，准备了多张不同的小球图片，让它们随机产生不同的小球与物理物体绑定，实现代码如下：

```
int picpath = rand() % 11;
auto sp = Sprite::create(StringUtils::format("Ball/%d.png", picpath));
auto body = PhysicsBody::createCircle(sp->getContentSize().width / 2);
sp->setPhysicsBody(body);
sp->setPosition(p);
this->addChild(sp, 2, 100);
```

实现效果如图 8-7 所示。

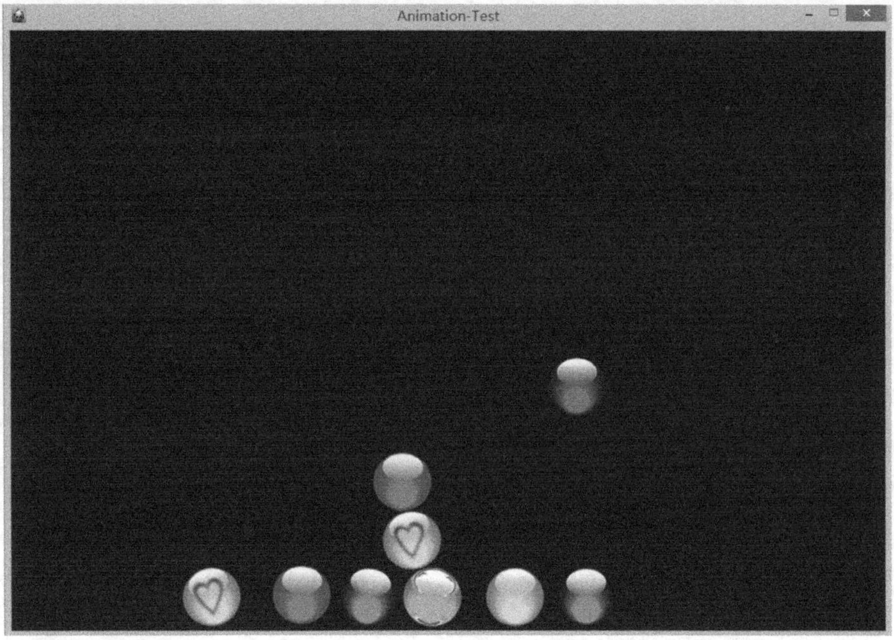

图 8-7　游戏运行效果

小　结

从整体上来看，本章从两方面介绍游戏的物理模拟。一方面是理论知识，包括碰撞检测、物体的遮挡技术和物体运动模拟。理论知识看起来虽然枯燥，却是精华的部分，希望读者慢慢领悟。另一方面是实战部分，通过介绍 Box2D 物理引擎的使用和游戏实例来使读者可以更快速地掌握物理引擎的用法，实现物理模拟。物理引擎可以使游戏的效果更逼真，不需要过多的定义和操作就可以实现。本章介绍了 Cocos2d-x 中封装的物理引擎 Physics，它的用法就比 Box2D 的用法简单得多，但是总体思路是相通的。

习题和实验

实验手册（Word 文档）

1. 简述物理模拟对游戏制作的作用。
2. 现在的主流物理引擎都包括哪些方面的技术？
3. 常见的碰撞检测方法有哪些？这些方法在什么情况下使用会比较合适
4. 在物理引擎中应该如何处理真实世界中的遮挡关系？
5. 简述模拟物体运动的简单思路。
6. 简述 Box2D 有哪些特点，为什么要使用 Box2D 物理引擎？
7. 实现简单的基于颜色检测的碰撞检测过程
8. 简述 Box2D 中创建世界中物体的过程，并编程实现。
9. 利用 Box2D 物理引擎编程实现小球自由落体运动。
10. 对比 Box2D 物理引擎和 Cocos2d-x 封装的物理引擎 Physics 实现的游戏实例，分析二者之间的联系。

第 9 章　游戏粒子系统

游戏中的爆炸、火焰、水、雾等效果通常使用粒子系统来实现。本章将讲述粒子系统的算法原理、相关概念以及粒子编辑器等。

9.1　粒子系统概述

粒子系统（particle system）是一系列独立个体的集合，这些独立个体就称为粒子。从物理上看，粒子可以抽象为空间中的一个点，这个点拥有某些属性，并随时间运动。通常，粒子的属性包括位置、速度、加速度、能量、方向等。粒子以一定的物理规律和生命周期在场景中运动，具有随机性。在粒子运动过程中，粒子属性被显示、修改和更新。

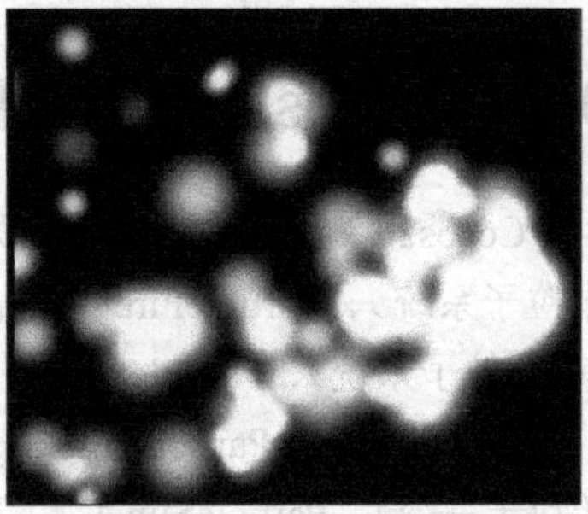

图 9-1　简单的粒子系统效果图
（资源来自 Particle Designer）

基于粒子系统的建模一般采用许多形状简单的微小粒子（如点、小立方体、小球等）作为基本元素，粒子的创建、消失和运动轨迹受多种因素影响，如粒子自身的冲力、重力、粒子与其他物体的碰撞等。粒子与其他物体的碰撞检测需要耗费大量的时间，在游戏中一般不予考虑。由粒子系统表示的物体，要么是指定时刻粒子的位置，如火、雪、烟，要么是粒子的一部分运动轨迹，如草和树。

游戏场景中的很多画面效果和物体都可以用粒子系统来模拟，包括烟、火焰、爆炸、血溅等。游戏引擎中通常设计一个专门的模块，即粒子系统，以完成对它们的模拟。由于粒子系统包含大量的运动粒子，必须综合平衡粒子系统的计算效率、速度和可扩充性。在设计粒子系统时，必须避免粒子的数量过多。图 9-1 为一个简单的粒子系统效果。

9.2　粒子效果

游戏中由粒子系统产生的画面特效也常被称为粒子效果。虽然 Cocos2d-x 引擎已经能够制作出动态效果很好的游戏界面，但是对于像水、火、雾等事物的效果，如果仅使用帧动画来实现，其动态效果还是难以满足玩家的需求。如果采用连续画面来产生动画效果，其内容都是固定的，在视觉效果上没有变化，一旦美术人员完成动画制作，那么它就永远是看上去的样子了。这样的动画制作成本相对较高，美术人员要把每个动画帧都单独绘制成图片，这种大负荷的苦力劳动对开发者来说也是不能接受的。粒子系统使得制作出来的效果更具有变化性，不仅节约了成本，其视觉效果也更生动，如图 9-2 所示。现在的游戏引擎中一般带有粒子系统，下面就以 Cocos2d-x 中的粒子系统为例，感受粒子效果的绚丽。

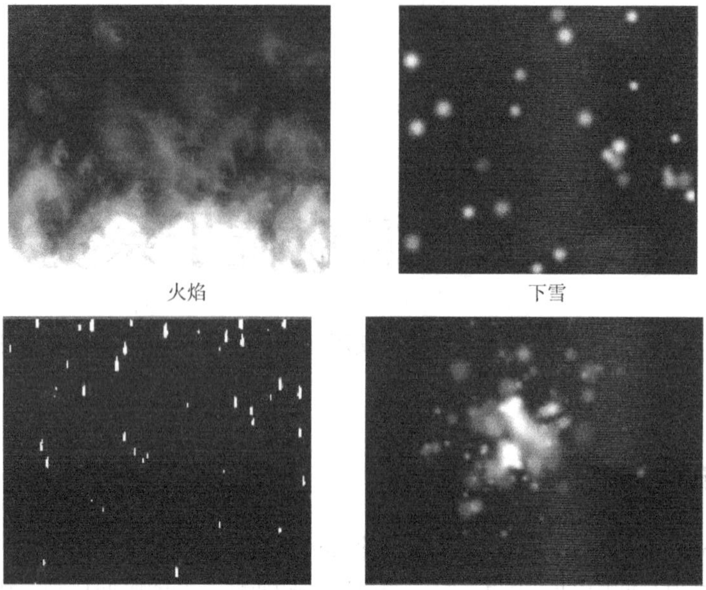

图 9-2　常见的粒子效果（资源来自 Particle Designer）

9.3　Cocos2d-x 中的粒子系统

Cocos2d-x 引擎中提供了强大的粒子系统，其默认的粒子系统有 11 种：ParticleExplosion（爆炸粒子系统）、ParticleFire（火焰粒子系统）、ParticleFireworks（烟花粒子系统）、ParticleFlower（花朵粒子系统）、ParticleGalaxy（银河系粒子系统）、ParticleMeteor(流星粒子系统)、ParticleRain（下雨粒子系统）、ParticleSmoke(烟雾粒子系统)、ParticleSnow（下雪粒子系统）、ParticleSpiral（旋转粒子系统）、ParticleSun（太阳粒子系统）。图 9-3 是粒子系统的继承关系图。

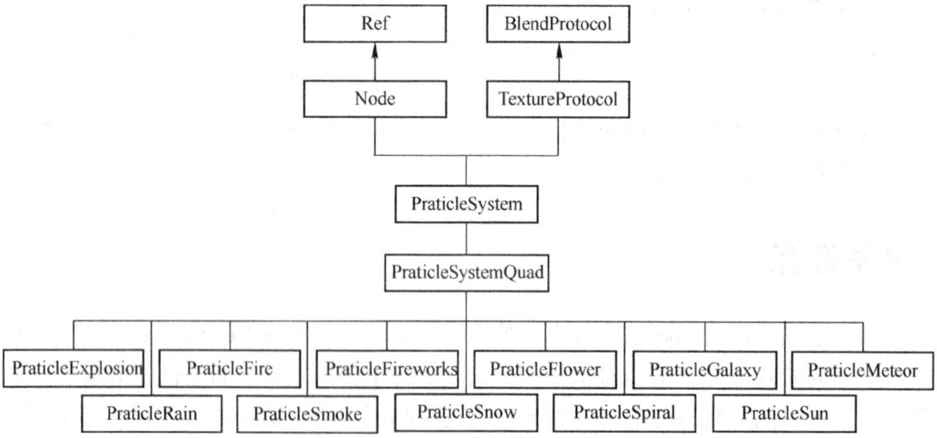

图 9-3　粒子系统关系继承（资源来自 Cocos2d-x 官网）

1．粒子系统基类 ParticleSystem 类

ParticleSystem 类继承自 Node 类，是粒子系统的基类，是整个系统的核心，该类中提供了各种方法用于设置粒子的基本属性，如生命、开始旋转、结束旋转、开始颜色、结束颜色、开始大小、结束大小以及贴图等。ParticleSystem 类的常用函数如表 9-1 所示。

表 9-1　ParticleSystem 的常用函数

函数原型	说　明
bool initWithFile(const std::string& plistFile)	使用 plist 文件初始化一个粒子系统
bool initWithDictionary(ValueMap& dictionary)	从 ValueMap 中初始化一个粒子系统
Virtual bool initWithTotalParticles(int numberOfParticles)	使用固定数量的粒子来初始化一个粒子系统
Void resetSystem()	重置粒子系统
Void stopSystem()	停止发射粒子
Bool isFull()	判断粒子系统是否已满
Virtual void update(float dt)override	实时更新粒子系统

2．ParticleSystemQuad 类

ParticleSystemQuad 类是 ParticleSystem 类的子类，使用该类创建的粒子系统可以缩放，创建的粒子大小也可以是任意的浮点数。ParticleSystemQuad 类也支持矩阵，除了具有 ParticleSystem 类的函数外，还拥有自己特有的函数：

void initIndices()：初始化顶点的 indices（指数）。

void initTexCoordsWithRect(const Rect& rect)：使用矩形测量点初始化一个纹理。

void setDisplayFrame(SpriteFrame *spriteFrame)：将一个新的 SpriteFrame 设置为粒子。

3．ParticleBatchNode 类

ParticleBatchNode 类可以包含多个粒子系统，即将所有的粒子系统包含在一个纹理图集中。其效果有点类似于精灵表单，且只需要使用一个 OpenGL ES，就可以将所有的粒子系统绘制出来，减少了绘制的开销，并且提高了粒子系统的渲染速度。若在项目中需要使用多个粒子系统，可以使用 ParticleBatchNode 类。其常用函数如下：

static ParticleBatchNode* createWithTexture(Texture2D * tex, int capacity = kParticleDefaultCapacity)：根据 Texture2D 初始化粒子系统，默认容量为 500。

static ParticleBatchNode* create (const std::string& fileImage,int capacity = kParticleDefaultCapacity)：根据纹理图片文件初始化粒子系统，默认容量为 500。

9.4　粒子的生命周期

粒子的生命周期包含了出生、成长和死亡三个阶段。粒子在引擎中作为一个对象而存在着，一旦诞生，都要经历一个完整的生命周期，如图 9-4 所示。

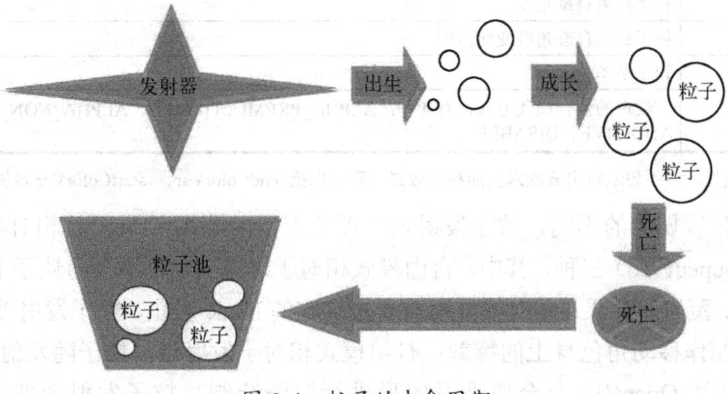

图 9-4　粒子的生命周期

粒子是粒子系统中基本的对象，用于表现画面效果。在引擎中一般会存在一个粒子池，用于存放等待复活的粒子。发射器从粒子池中获取一个粒子，通过计算赋予其初始的属性后，便将粒子发射出去。初始化的过程可以被看成粒子的出生。粒子被发射出去之后，衰减器会在粒子运动过程中，不断刷新数据来修正它的属性。这个过程可以视为粒子成长过程。粒子慢慢衰减，最后它就会进入死亡状态。死亡的粒子会被放入粒子池中，等待重新被激活。每个粒子都要经历这样一个过程，其中发射器的作用是设置粒子的属性。

9.5 粒子属性

一个功能强大的粒子系统会拥有多种多样的属性，这样才能配置出绚丽多样的粒子效果。表 9-2 中列出了粒子系统的主要属性。

表 9-2 粒子系统的主要属性

主要属性	说 明
_duration	发射器生存时间，即可以发射粒子的时间，与粒子的生存时间是不同的。以秒为单位，-1 表示永远
_emissionRate	每秒喷发的粒子数目
_emitterMode	发射器模式，分为重力模式（GRAVITY）和半径模式（RADIUS，也叫放射模式）
_totalParticles	场景中存在的最大粒子数目
_isAutoRemoveOnFinish	粒子结束时是否自动删除
_life	粒子生命，即粒子的生存时间
_lifeVar	粒子生命变化范围
_endSize	粒子结束时的大小，-1 表示与初始大小一致
_endSizeVar	粒子结束大小的变化范围
_startSize	粒子的初始大小
_startSizeVar	粒子初始大小的变化范围
_angle	粒子角度
_angleVar	粒子角度变化范围
_endColor	粒子结束颜色
_endColorVar	粒子结束颜色变化范围
_startColor	粒子初始颜色
_startColorVar	粒子初始颜色变化范围
_positionType	粒子位置类型，分为自由模式（FREE）、相对模式（RELATIVE）和打组模式（GROUPED）
_posVar	发射器位置的变化范围（横向和纵向）
_sourcePosition	发射器原始坐标位置
_endSpin	粒子结束自旋角度
_endSpinVar	粒子结束自旋角度变化范围
_texture	粒子贴图纹理
_blendFunc	纹理的混合模式方法，有 4 种：ALPHA_PREMULTIPLIED、ALPHA_NON_PREMULTIPLIED、ADDITIVE、DISABLE

注：对于粒子的颜色属性，若不想编辑出五颜六色的粒子效果，则可以把_endColorVar、_startColorVar 设置为(0, 0, 0, 0)。

针对粒子的位置属性的不同，粒子发射器可以分为自由模式（Free）、相对模式（Relative）和打组模式（DroupedFree）三种。其中，自由模式相对于屏幕自由，不会随粒子节点移动而移动，可用于产生火焰、蒸汽等效果；相对模式相对于被绑定的 Node 静止，粒子发射器会随 Node 移动而移动，可用于制作移动角色身上的特效；打组模式相对于发射点，粒子随发射器移动而移动。

Cocos2dx 使用 OpenGL 混合原理对图形进行渲染绘制。粒子发射器的混合属性值是以

BlendFunc 结构体作为数据的，有 4 种混合模式：DISABLE、ALPHA_PREMULTIPLIED、ALPHA_NON_PREMULTIPLIED 和 ADDITIVE。其参数分别为：

```
DISABLE = {GL_ONE, GL_ZERO};
ALPHA_PREMULTIPLIED = {GL_ONE, GL_ONE_MINUS_SRC_ALPHA};
ALPHA_NON_PREMULTIPLIED = {GL_SRC_ALPHA, GL_ONE_MINUS_SRC_ALPHA};
ADDITIVE = {GL_SRC_ALPHA, GL_ONE};
```

其中：

- ❖ GL_ZERO：表示使用 0.0 作为因子，相当于不使用这种颜色参与混合运算。
- ❖ GL_ONE：表示使用 1.0 作为因子，即完全地使用了这种颜色参与混合运算。
- ❖ GL_SRC_ALPHA：表示使用源颜色的 alpha 值来作为因子。
- ❖ GL_DST_ALPHA：表示使用目标颜色的 alpha 值来作为因子。
- ❖ GL_ONE_MINUS_SRC_ALPHA：表示用 1.0 减去源颜色的 alpha 值来作为因子。
- ❖ GL_ONE_MINUS_DST_ALPHA：表示用 1.0 减去目标颜色的 alpha 值来作为因子。

混合方式就是通过某种方式将两种颜色混合在一起，从而实现特殊的效果。混合方式是一种常用的技巧，可以用来实现半透明，通过不同的设置能够得到不同的混合结果，会产生一些有趣或者奇怪的图像，读者可以自行尝试。

在粒子系统中，发射器模式分为重力模式和半径模式。其中，重力模式（modeA）用于模拟重力，它让粒子围绕一个中心点移近或移远，优点是动态效果很好，而且移动很有规则。半径模式（modeB）则是让粒子以圆圈的方式旋转，可以创造出螺旋效果让粒子急速前进或后退。重力模式和半径模式都具备自己特有的属性，表 9-3 和表 9-4 分别列出了两种模式下各自的属性。

表 9-3　重力模式属性

重力模式属性	说　明
radiaAccel	粒子径向加速度，即平行于重力方向的加速度
radiaAccelVar	粒子径向加速度变化范围
speed	粒子速度
speedVar	粒子速度变化范围
tangentialAccel	粒子切向加速度，即垂直于重力方向的加速度
tangentialAccelVar	粒子切向加速度变化范围

表 9-4　半径模式属性

半径模式属性	说　明
endRadius	结束半径
endRadiusVar	结束半径变化范围
rotatePerSecond	粒子每秒围绕起始点的旋转角度
rotatePerSecondVar	粒子每秒围绕起始点的旋转角度变化范围
startRadius	初始半径
startRadiusVar	初始半径变化范围

9.6　粒子编辑器

通过 9.5 节的介绍，读者可以看到粒子系统的多样性以及粒子属性的复杂性，因此，为了减少时间浪费并能够更直观地感受到粒子效果，一些开发者就开发了粒子编辑器。

1. Particle Editor

Particle Editor 是 Windows 平台下的粒子效果编辑器，其下载网址为

https://github.com/fjz13/Cocos2d-x-ParticleEditor-For-Windows

下载压缩包后直接解压，打开 EXE 文件，即可运行该粒子效果编辑器，如图 9-5 所示。

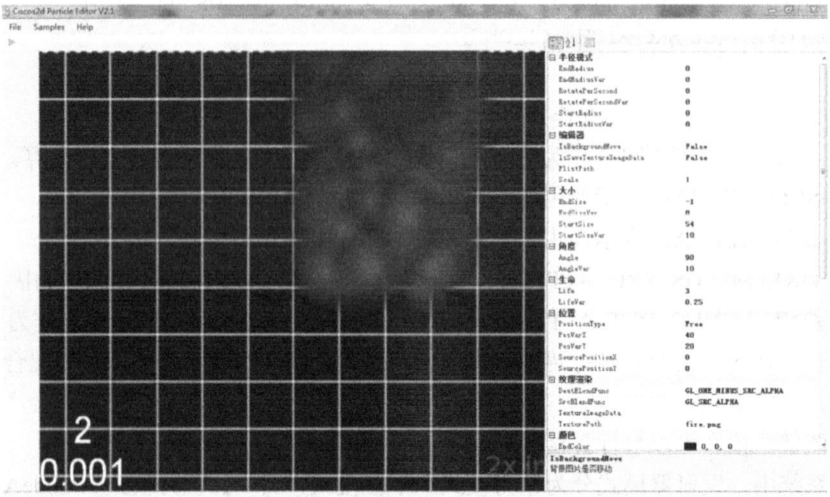

图 9-5 Particle Editor 界面

粒子效果是通过编辑其属性和发射器制作出来的，Particle Editor 界面右侧是粒子的相关属性，左侧为预览效果的展示。在其可视化界面上可以方便地进行操作、修改粒子的各种属性，以达到预期的效果。此外，Sample 选项下提供了一些系统已经做好的粒子效果，也可以在这些已有的效果上做修改，如图 9-6 所示。

2. Particle Designer

Particle Designer 是 Apple 系统下的粒子系统开发工具，是一款需要付费的软件。可以通过 http://perticledesigner.71squared.com 网页下载试用版，但试用版不能导出文件，购买后才可以导出。安装完成后打开 Particle Designer，其运行效果如图 9-7 所示。

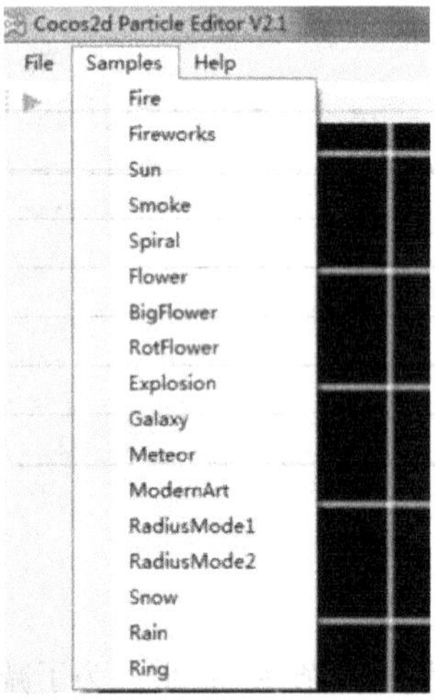

图 9-6 Sample 选项

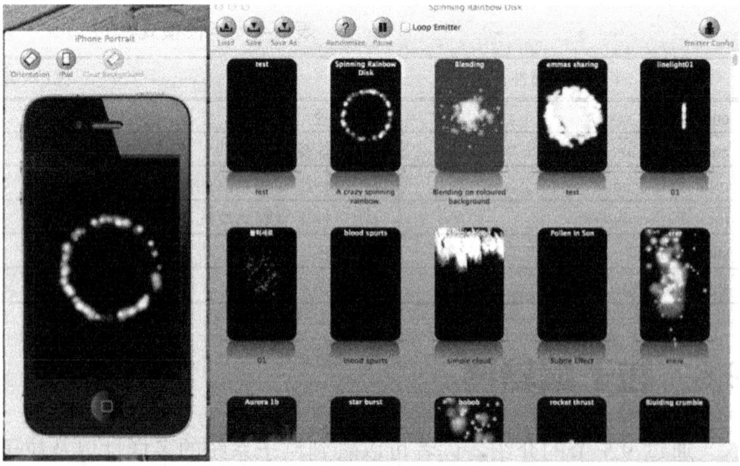

图 9-7 Particle Designer 运行界面

界面右侧显示的是 Particle Designer 提供的粒子系统，单击其中任何一个粒子系统，就可以在左侧的模拟器中看到放大的粒子效果。模拟器上有两个比较常用的按钮："Orientation" 用于切换模拟器的方向，"iPad" 可以让模拟器在 iPhone 和 iPad 之间进行切换。

界面右侧上方的各按钮的作用如下：

- Load：载入一个已有的粒子系统。
- Save：将当前的粒子系统保存到默认目录。
- Save As：另存为。
- Randmize：随机设置粒子系统的所有属性值，会产生随机的粒子效果。
- Pause：暂停当前粒子系统的预览效果。
- Emitter Config：调整粒子系统的属性。

选择一种粒子效果，单击"Emitter Config"按钮，会显示该粒子效果的属性设置界面，如图 9-8 所示。在属性设置界面中做任何属性调整，都可以在左侧的模拟器上显示出对应的视觉效果。获取到满意的粒子效果后，单击"Save As"按钮，在"Save As"框中输入要保存的文件名称，在"File Format"框中选择"cocos2d(plist)"，勾选"Embed texture"，该选项将粒子纹理图保存到 PLIST 文件中。如果不勾选，则会生成对应的 PNG 文件，这时需要将 PLIST 文件和 PNG 文件一起添加到项目中。单击"Save"按钮，这时会在保存目录下生成一个 PLIST 文件。

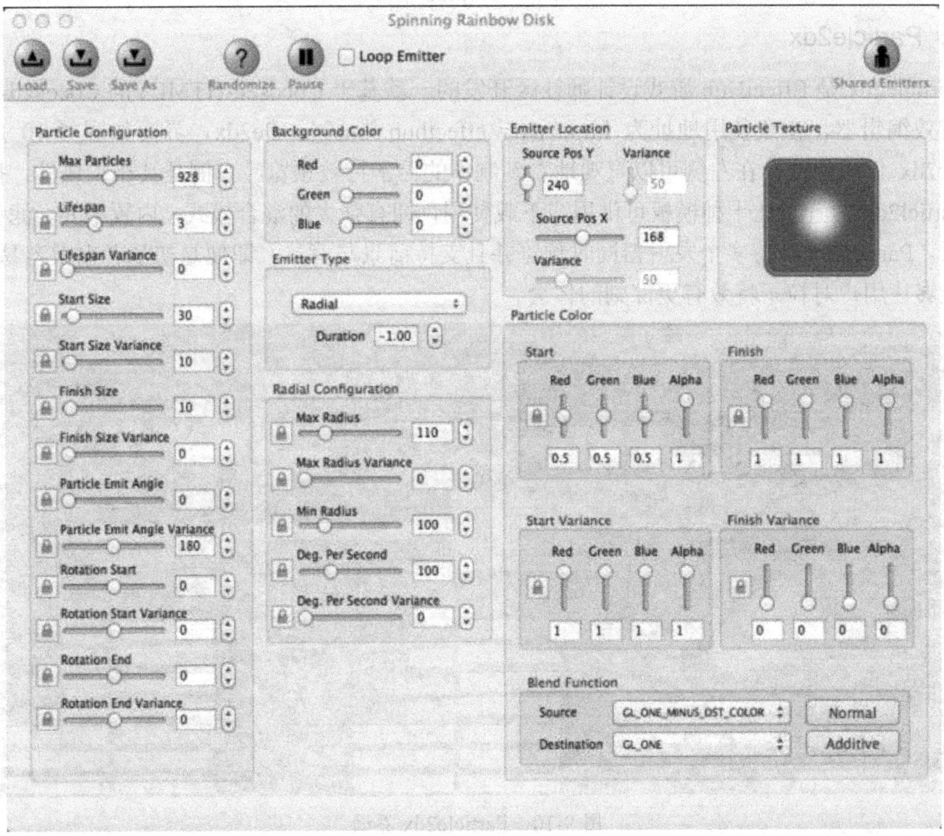

图 9-8　粒子属性界面

3. V-Play

在实际开发中，Particle Designer 是一款使用率较高的工具，但是它有一个很不利的地方，即它不能跨平台工作。Particle Designer 只能在 Apple 系统下使用，而 V-Play 是一款跨平台的粒子编辑器，不仅支持 Mac 和 Windows 平台，还支持 iOS 和 Android 设备。V-Play 的下载地址为 http://games.v-play.net/particleeditor/，界面如图 9-9 所示。V-Play 的功能没有 Particle Designer 强大，也没有 Particle Designer 那么庞大的粒子效果库可以选择，但可以关注其今后的发展。

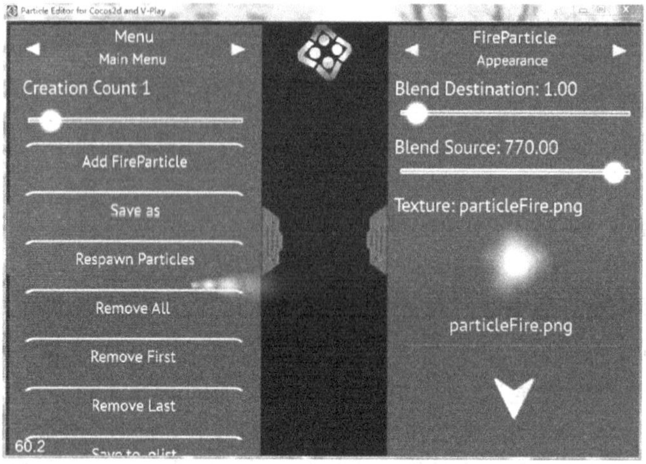

图 9-9　V-play 界面

4. Particle2dx

Particle2dx 是 EffectHub 游戏设计师社区开发的一款基于 Cocos2d-HTML5 的 Cocos2d-x 在线粒子特效编辑器，在线使用地址为 http://www.effecthub.com/particle2dx，界面如图 9-10 所示。Particle2dx 使用便捷，在左侧可以直观地看到制作的粒子特效预览，右侧是其相关属性，操作方便。Particl2dx 内置了几十种模板可供用户下载使用，拥有强大的混合模式，内置柔光、滤色等常用模板。Particl2dx 支持多个发射器同时预览并且支持前景与背景。即便是初学者也很容易上手，并且能够让用户对粒子特效有更深刻的体会。

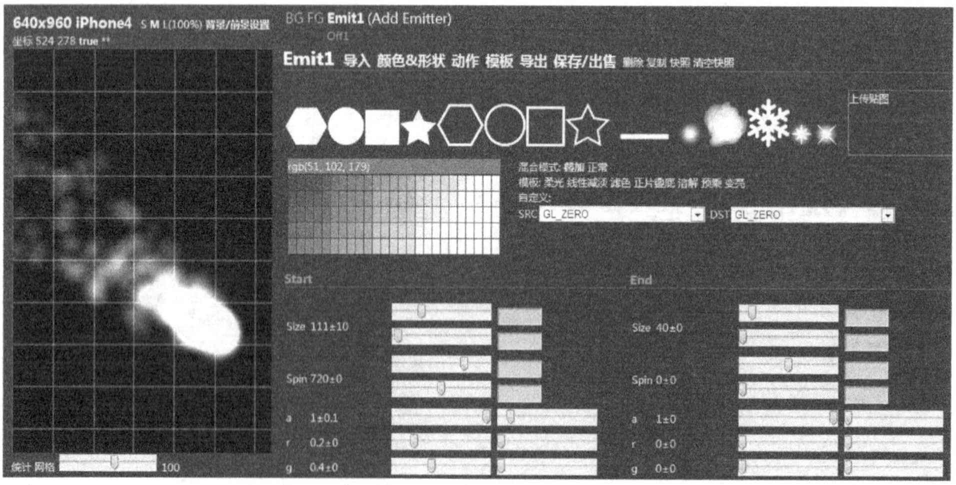

图 9-10　Particle2dx 界面

Particle2dx 是基于 HTML5 的在线编辑器，所以它没有操作系统和浏览器限制，并且是完全免费的。Particle2dx 后台存储是基于 EffectHub 的云服务，支持上传自己的特效到云端并且出售盈利。Particle2dx 中可以查看 fork 社区里面其他人制作的特效，而且有中英双语支持。

9.7 粒子系统实例——烟花瀑

本节将给出一个粒子效果的实例。我们使用 Particle Designer 制作一个简单的粒子效果，并将它应用在了程序中，还封装了一个粒子类，实现了一个简单的粒子特效，如图 9-11 所示。

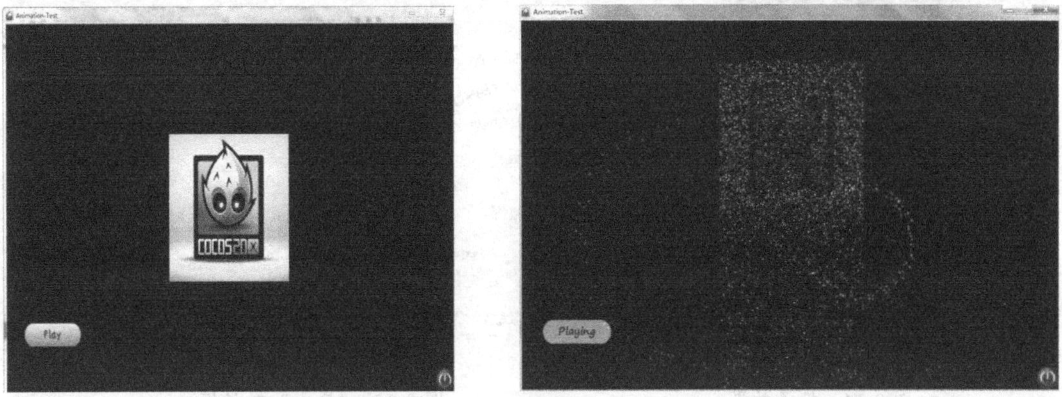

图 9-11　运行效果

① 使用 Particle Designer 制作一个粒子效果。打开 Particle Designer，选择 test 作为基础模板，这时模拟器中的运行效果如图 9-12 所示。单击“Emitter Config”，设置该粒子效果的各参数，如图 9-13 所示。调整好参数后，看到的粒子效果如图 9-14 所示。

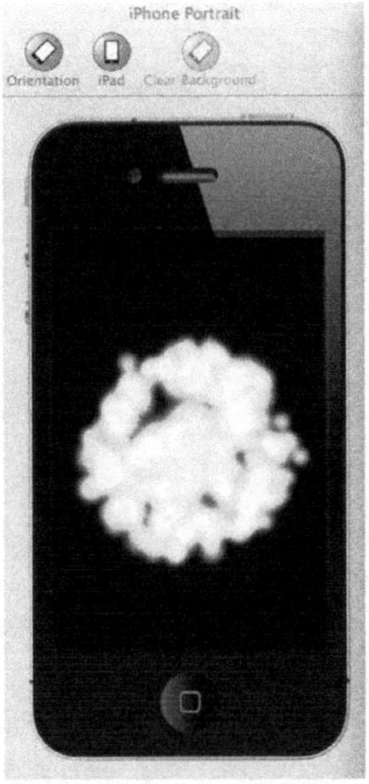

图 9-12　test 运行效果

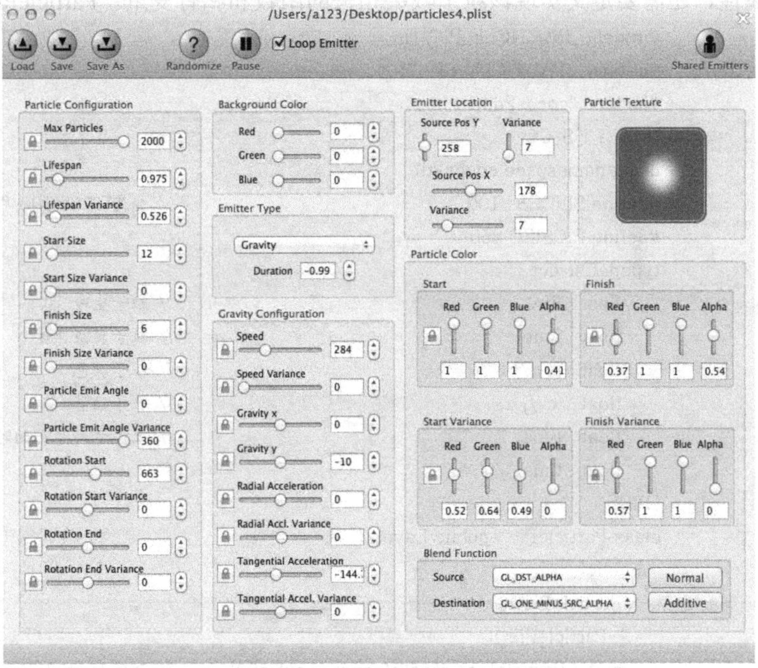

图 9-13　参数调整

② 导出该粒子效果。单击“Save As”按钮，弹出如图 9-15 所示的对话框，填写该文件的名称，并选择保存路径。注意：对话框中有一个“Eembed texture”选项，勾选该选项则将只导出 PLIST 文件，否则还会导出一张对应的 PNG 图像。两者效果是一样的，这里勾选“Eembed texture”选项。至此，一个简单的粒子效果创建完毕，接下来将把它应用到 Cocos2d-x 程序中。

图 9-14　粒子效果

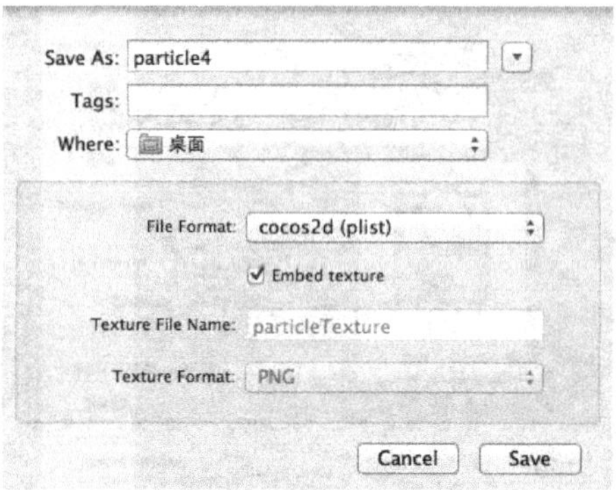

图 9-15　“导出”对话框

③ 创建一个 Cocos2d-x 的项目，并将需要用的资源全部放到该项目的 Resources 文件夹下。本例将自己封装一个简单的粒子效果，该粒子效果是利用分割一张图片制作成的，因此需要创建一个 ParticlePic 类。在该类的头文件中定义图片的分割块数和一个结构体，用于表示粒子的相关属性，还需要定义实现该粒子效果相关的函数和私有变量。ParticlePic.h 代码清单如下：

```
#ifndef __PARTICLE_PIC_H__
#define __PARTICLE_PIC_H__
#include "cocos2d.h"
USING_NS_CC;
using namespace cocos2d;
#define SLICES   100                              // 分为 100×100 片
#define PICSIZE 256
typedef struct {
    float  life;                                  // 粒子生命
    float  fade;                                  // 粒子衰减速度
    float  r, g, b;                               // 粒子颜色
    float  x, y, z;                               // 粒子位置
    float  time;                                  // 上抛运动经历的时间
    float  timeg;
}PICS;
class ParticlePic : public Layer {
  public:
    ParticlePic();
    ~ParticlePic();
    static ParticlePic* create(const char* pic);  // 创建 ParticlePic 类
    bool run();                                   // 播放粒子效果
    bool isComplete() { return m_complete; }      // 是否播放结束
  private:
    virtual bool init(const char* pic);           // 初始化函数
    void update(float delta);                     // 更新函数，调用 drawPic 实时更新粒子
    void setVisible(bool visible);                // 设置粒子是否可见
```

```
        void initPicTexture(const char* pic);              // 使用图片初始化 ParticlePic
        bool drawPic();                                    // 绘制粒子效果
    private:
        PICS  m_particlespics[SLICES][SLICES];             // 100×100 的粒子矩阵
        Sprite*  m_sprites[SLICES][SLICES];                // 100×100 的精灵矩阵
        int  m_wait;                                       // 与粒子生命值一起控制粒子是否结束播放
        float  m_upcastSpeed ;                             // 粒子上抛初始速度
        bool  m_showPic;                                   // 显示
        bool  m_complete;                                  // 是否播放结束
};
#endif
```

然后在 CPP 文件中实现这些方法。

④ 在静态函数 create()中创建一个 ParticlePic 类，并在初始化函数 init()中调用 initPicTexture()函数来初始化 ParticlePic 类。代码如下：

```
ParticlePic* ParticlePic::create(const char* pic) {
    ParticlePic* pRet = new ParticlePic();
    if (pRet && pRet->init(pic)){
        pRet->autorelease();
        return pRet;
    }
    else{
        delete pRet;
        pRet = NULL;
        return NULL;
    }
}
bool ParticlePic::init(const char* pic) {
    if (!Layer::init()){
        return false;
    }
    m_upcastSpeed = 2.4f;                                  // 粒子上抛初始速度
    m_showPic = false;
    initPicTexture(pic);                                   // 初始化图片
    return true;
}
void ParticlePic::initPicTexture(const char* pic){
    Texture2D* texture = Director::getInstance()->getTextureCache()->addImage(pic);
    for (int i = 0; i < SLICES; i++){
        for (int j = 0; j < SLICES;j++) {
            m_sprites[i][j] = Sprite::createWithTexture(texture, Rect(i * PICSIZE / SLICES,
                                j * PICSIZE / SLICES, PICSIZE / SLICES, PICSIZE / SLICES));
            addChild(m_sprites[i][j]);
            m_sprites[i][j]->setAnchorPoint(Point::ZERO);
        }
    }
}
```

⑤ 在 run()函数中初始化粒子的属性。启动 update()函数，在 update()函数中会调用 drawPic()函数绘制粒子效果，并对其进行实时的更新。代码如下：

```
bool ParticlePic::run() {
    m_wait = 0;                                              // 初始化控制变量
    m_complete = false;                                      // 表示播放未结束
    Size visibleSize = Director::getInstance()->getVisibleSize();
    for (int i = 0; i < SLICES; i++){                        // 贴图纵向分割为 SLICES 行
        for (int j = 0; j < SLICES; j++){                    // 贴图横向分割为 SLICES 列
            m_sprites[i][j]->setVisible(true);               // 设置该图块可见
            m_sprites[i][j]->setPosition(visibleSize.width / 2 - PICSIZE / 2 + (i * PICSIZE / SLICES),
                                visibleSize.height / 2 + PICSIZE / 2 - (j * PICSIZE / SLICES));
            m_particlespics[i][j].life = 0.5f;               // 初始化生命为 0.2
            m_particlespics[i][j].fade = rand_0_1() / 10.0f + 0.003f;         // 随机生命衰减速度
            m_particlespics[i][j].r = 0.0f;                  // 粒子颜色红色分量
            m_particlespics[i][j].g = 255.0f;                // 粒子颜色绿色分量
            m_particlespics[i][j].b = 255.0f;                // 粒子颜色蓝色分量
            // X 轴位置初始值
            m_particlespics[i][j].x = float(visibleSize.width / 2 - PICSIZE/2 + (i * PICSIZE / SLICES));
            // Y 轴位置初始值
            m_particlespics[i][j].y = float(visibleSize.height / 2 + PICSIZE / 2 - (j * PICSIZE / SLICES));
            // Z 轴位置初始值
            m_particlespics[i][j].z = 0.0f;
            m_particlespics[i][j].time = 0.0f;               // 上抛运动经历的时间
            m_particlespics[i][j].timeg = rand_0_1() / 5.0f + 0.05f;          // 随机时间变化单位值
            m_sprites[i][j]->setColor(Color3B(m_particlespics[i][j].r,
                              m_particlespics[i][j].g, m_particlespics[i][j].b));
        }
    }
    this->scheduleUpdate();
    return true;
}
bool ParticlePic::drawPic() {
    Size visibleSize = Director::getInstance()->getVisibleSize();
    if (m_wait % 300 >= 0 && m_wait % 300 <= 154) {
        m_showPic = false;
    }
    if (m_wait % 300 >= 155 && m_wait % 300 <= 299){
        m_showPic = true;
    }
    m_wait += 1;                                             // 控制变量自加 1
    float newHeight;
    for (int i = 0; i < SLICES; ++i) {
        for (int j = 0; j < SLICES; ++j) {
            if (m_particlespics[i][j].life<0) {
                m_sprites[i][j]->setVisible(false);
            }
            // 更新粒子的位置等属性
            m_particlespics[i][j].time += m_particlespics[i][j].timeg;
            m_particlespics[i][j].r = 0.0f + rand()%256;             // 粒子颜色红色分量
            m_particlespics[i][j].g = 255.0f - rand()%256;           // 粒子颜色绿色分量
            m_particlespics[i][j].b = 255.0f - rand()%256;           // 粒子颜色蓝色分量
```

```
            // 自由上抛公式
            newHeight = m_upcastSpeed * m_particlespics[i][j].time
                        - 0.5f * 0.98f * m_particlespics[i][j].time * m_particlespics[i][j].time;
            m_particlespics[i][j].y += newHeight;
            if (newHeight < 0.0f) {                              // 下落时粒子生命开始衰减
                m_particlespics[i][j].life -= m_particlespics[i][j].fade;
            }
            if (m_showPic && m_particlespics[i][j].life < 0.0f){        // 粒子生命耗尽
                this->setVisible(false);
                m_complete = true;
                this->unscheduleUpdate();
                return true;
            }
            m_sprites[i][j]->setPosition(m_particlespics[i][j].x, m_particlespics[i][j].y);
            m_sprites[i][j]->setColor(Color3B(m_particlespics[i][j].r,
                                    m_particlespics[i][j].g, m_particlespics[i][j].b));
        }
    }
    return false;
}
```

至此，已经封装好了一个自定义的粒子效果，下面会在程序中将其效果展示出来。

⑥ 新建一个 ParticleScene 类，通过一个按钮将之前通过 Particle Designer 制作的粒子效果和自定义的粒子效果播放出来。ParticleScene.h 文件的代码如下：

```
#ifndef __PARTICLE_SCENE_H__
#define __PARTICLE_SCENE_H__
#include "cocos2d.h"
#include "extensions/cocos-ext.h"
#include "cocostudio/CocoStudio.h"
#include "ui/CocosGUI.h"
#include "ParticlePic.h"
USING_NS_CC;
USING_NS_CC_EXT;
using namespace cocos2d;
using namespace cocostudio;
using namespace cocos2d::ui;
class ParticleScene : public Layer {
  public:
    ParticleScene();
    ~ParticleScene();
    virtual bool init();                              // 初始化函数
    CREATE_FUNC(ParticleScene);
    static Scene* createScene();                      // 创建一个场景
    void update(float delta);                         // 更新函数
    void menuCloseCallback(Ref* pSender);
    void playBtnOnClick(Ref* pSender,extension::Control::EventType eventType);     // 按钮响应函数
    void particlesUpdate(float delta);                // 系统自带的粒子更新函数
  private:
    ParticlePic*  m_particle_pic;                     // ParticlePic 类
```

```
    ParticleSystemQuad*  m_currParticle;          // Cocos2d-x 自带的粒子系统 ParticleSystemQuad 类
    bool  m_flag;                                 //控制变量，用于告诉程序 ParticlePic 是否播放结束
    Sprite*  m_bg_img;                            //图片精灵
    ControlButton*  m_play_btn;                   //控制按钮
};
#endif
```

该类的初始化函数 init()的主要工作是创建需要使用的精灵图片，并使用图片创建一个 ParticlePic 类，添加控制按钮。代码如下：

```
// 图片
m_bg_img = Sprite::create("particle/HelloWorld.png");
m_bg_img->setPosition(Vec2(visibleSize.width/2, visibleSize.height/2));
this->addChild(m_bg_img);
// 创建分割图片
m_flag = false;
m_particle_pic = ParticlePic::create("particle/HelloWorld.png");
this->addChild(m_particle_pic);
//创建按钮控件 ControlButton
ui::Scale9Sprite* bg1 = ui::Scale9Sprite::create("particle/btn-play-normal.png");
ui::Scale9Sprite* bg2 = ui::Scale9Sprite::create("particle/btn-play-selected.png");
ui::Scale9Sprite* bg3 = ui::Scale9Sprite::create("particle/btn-play-disabled.png");
m_play_btn = ControlButton::create(bg1);
// 设置按钮被按下时的状态
m_play_btn->setBackgroundSpriteForState(bg1, Control::State::NORMAL);
m_play_btn->setBackgroundSpriteForState(bg2, Control::State::HIGH_LIGHTED);
m_play_btn->setBackgroundSpriteForState(bg3, Control::State::DISABLED);
m_play_btn->setAdjustBackgroundImage(false);
m_play_btn->setPosition(Vec2(100 , 100));
addChild(m_play_btn,10);
// 添加监听
m_play_btn->addTargetWithActionForControlEvents(this,cccontrol_selector(ParticleScene::playBtnOnClick),
                                                extension::Control::EventType::TOUCH_DOWN);
this->scheduleUpdate();
```

单击“Play”按钮时，触发 playBtnOnClick()函数，启动调度器调用 particlesUpdate()函数使用自带的粒子系统播放 Particle Designer 制作的粒子效果，并执行 ParticlePic 的 run()函数来播放自定义的粒子效果。代码如下：

```
void ParticleScene::playBtnOnClick(Ref* pSender,extension::Control::EventType eventType) {
    m_flag = false;
    m_bg_img->setVisible(false);
    /*    使用调度器播放系统粒子效果，延迟 2 秒播放，每隔 0.5 秒播放一次，
          循环次数是 unsigned 类型，故-1 表示一个很大的数，可以认为是无数次
    */
    schedule(schedule_selector(ParticleScene::particlesUpdate), 0.5f, -1, 2.0f);
    m_particle_pic->run();                            // 播放自定义的粒子效果
}
void ParticleScene::particlesUpdate(float delta) {
    Size visibleSize = Director::getInstance()->getVisibleSize();
    m_currParticle = ParticleSystemQuad::create("particle/particles4.plist");      // 加载粒子
    m_currParticle->retain();                                                       // 引用
```

```
        m_currParticle->setBlendAdditive(true);                    // 设置混合模式为 true
        m_currParticle->setScale(0.8f);
        addChild(m_currParticle, 20);
        //粒子出现的位置设置为随机出现
        float x = visibleSize.width / 2 - 256 + rand_0_1() * 512;
        float y = visibleSize.height / 2 - 128 + rand_0_1() * 256;
        m_currParticle->setPosition(Point(x, y));
    }
```

在该类的 update()函数中会实时监测 ParticlePic 是否播放完成，若完成，则通知调度器停止监测，并将“Play”按钮置为可用状态。update()函数代码如下：

```
    void ParticleScene::update(float delta){
        m_flag = m_particle_pic->isComplete();   // 判断粒子是否播放结束
        if (!m_flag ){                           // 未结束，则将按钮设为不可用
            m_play_btn->setEnabled(false);
        }
        else if (m_flag){                        //若结束，则停止更新，将图片设为可见，按钮设为可用状态
            unschedule(schedule_selector(ParticleScene::particlesUpdate));
            m_bg_img->setVisible(true);
            m_play_btn->setEnabled(true);
        }
    }
```

现在就可以运行程序了。单击“Play”按钮，将看到本节开始展示的粒子效果。粒子效果本身就变化多端，改变一些参数就会有奇妙的粒子效果，读者可以发挥自己的想象制作出更绚丽的粒子效果。

小　结

本章介绍了粒子系统的概念和常见的几种粒子效果，根据 Cocos2d-x 中的粒子系统相关类，解释了粒子的生命周期和属性。粒子系统中粒子参数繁多，需要频繁修改才能达到预期的效果，因此采用代码编辑时效率低下。为了直观地显示粒子效果，提高工作效率，通常使用粒子编辑器来实现所需的粒子效果。本章介绍了 4 款粒子编辑器，其中 Particle Editor 是 Windows 平台下的，Particle Designer 是 Apple 平台下的，V-Play 则具有跨平台特性，但其功能不是特别强大，Particle2dx 是一款网页的在线编辑器。Cocos2d-x 对这些编辑器都支持，读者可以根据自己的条件或喜好来选择使用。最后，通过一个实例来演示自行编辑的粒子效果，使读者对粒子系统及其使用有了一个更直观的认识。

习题和实验

实验手册（Word 文档）

1. 什么是粒子系统？
2. 使用粒子系统有什么好处？
3. Cocos2d-x 中都有哪些粒子系统？
4. 简述粒子的生命周期。
5. 粒子的属性都有哪些？其作用分别是什么？

6．简要解释粒子的重力模式和半径模式。

7．本章介绍的粒子编辑器各自的优点和缺点分别是什么？

8．简单介绍一款你所知道的粒子编辑器。

9．粒子系统在其他方面的应用有哪些？

10．请选择一款粒子编辑器制作一个简单的粒子效果。

第 10 章　游戏音效编程

在游戏中，除视觉画面外，最重要的信息反馈通道就是声音，声音通常能指导视觉感知，甚至比视觉感知更集中、更有效。游戏中的脚步声、水声、枪声、撞击声等空间的暗示能使得玩家有效地判断自己的方位，包括距离和方向感等，极大地提高游戏的逼真度和沉浸感。声音也能传递不同的心情和意境，给玩家以情景提示，如沉重的、压迫感的和狭窄的声音能造成强烈的空间感，回音能造成开阔、冷静的空间感，从而有效增加游戏的空间可感知度。另外，游戏中的音乐可以在听觉的感官上将玩家带入游戏世界并引导游戏的情境。如果没有音乐，精彩的画面也会显得单调。著名的 RPG 游戏“仙剑奇侠传”，如果没有美妙的背景音乐，整个游戏将逊色不少。在场景中搭配适当的音乐，更能让玩家融入剧情当中。本章将从声音原理讲起，介绍声音的基本要素、常见的声音引擎，并具体讲解在 Cocos2d-x 中音效的实现。

10.1　声音基础

声音是任何能够被人耳所感知的信号，即 50～22000 Hz 之间的压力波，具有振幅和频率等属性。声音的低频部分不仅被耳朵，也可被身体所感知。在计算机系统中，声音和音乐可以统称为音频信号（Audio），一般采用信号处理的方法对声音进行加工和处理。本节将介绍声音信号处理的基础理论知识，主要包括声音的生成、编码、存储和合成。

1. 声音的生成

声音表现为波形，可以记录、保存以及精确播放。为了清晰了解计算机的发声原理，首先需要了解声波转化成为数字信号的原理。假设要开发一款动作类游戏，需要录制一些喊叫的声音。一般来说，捕捉声音的过程是通过声卡上的 ADC（模拟数字转换器）来完成的。当按下录音按钮后，声卡就开始捕捉声音。每隔一小段时间，ADC 就检查麦克风传送过来的电信号，并把这个信号的强弱转化为一个对应的数值。这个数值通过声卡的驱动程序，最终被传递给录音程序并保存在内存或硬盘上。声音采集的流程和波形信号的表达形式如图 10-1 所示。

在声音采集过程中，每次采集的数据称为一个采样（sample），每秒钟的采样次数称为采样率（sample frequency）。采样率的单位是 Hz（赫兹），表示每秒钟采样的个数。例如，8000 Hz 表示每秒钟采样 8000 次。采样率在音效设计中的作用可以类比为图像中的分辨率，高分辨率意味着高的图像质量，而高的采样率则代表声音会更精细。一般来说，常用的采样率有 3 种：11025 Hz、22050 Hz 和 44100 Hz。其中，44100 Hz（44.1 kHz）是 CD 音频的采样率，也就是说，录制一盘 CD 每秒钟需要采样 44100 次。

除了采样率外，声音还有一个属性就是采样品质（sample quality）。采样品质直接影响了采样的精确性。如果说采样率是音效中的“分辨率”，那么采样品质就可以比作“色深（color depth）”，所以使用的位（bit）越多，描述的精确度就越高。采样品质的两个常用值是 8 bit 和 16 bit。8 bit 品质将采样分为 256 个不同的级别；16 bit 品质则可以表示 65536 个级别。显然，后者比前者的音质要高。举一个形象的例子，如果使用 1 bit，只能用“有声”和“无声”来形容采样，这显然是不够的。

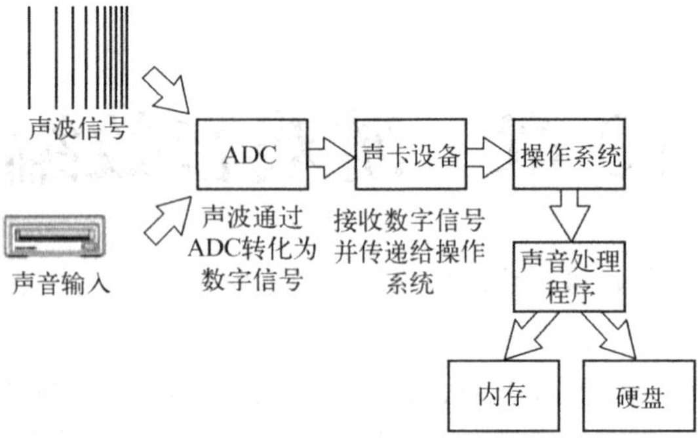

（a）声音的数字采集流程

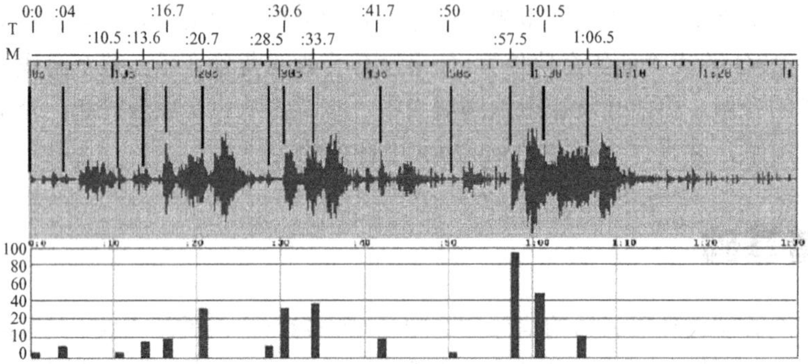

（b）声音的波形信号的表达形式

图 10-1　声音采集流程和声音的表达形式

计算机的发声过程与存储过程正好相反。计算机首先从存储器中读出采样数据，然后将这些数据传输给声卡，转换成为模拟信号，最后由扬声器完成声音的播放。

2. 声音的编码存储

将声音的数字信号直接存放在存储器上会极大地耗费资源空间。例如，每秒钟 CD 品质的声音信号占据的空间是 176 KB，那么 3 分钟长度的歌曲容量是 31 MB。解决的办法是对音频压缩和解压缩。每种压缩算法对应一种编码方式，利用时空连贯性、查找表等技术将一段声音信号用更简短的数据形式表示。在声音播放时，被编码的信号采用对应的解码算法恢复到原始信号。

压缩算法分为两类：有损压缩和无损压缩。有损压缩的含义是解压缩后的音频信号与初始信号有出入。如果追求高压缩率的音频编码方式，必须牺牲一定的音质。无损压缩的压缩率低于有损压缩，RLE（Run-Length Encoding，游程编码）算法就是一种无损压缩，将连续出现的相同的信号压缩为单个信号和信号出现的次数。例如，一个单声道的 WAV 文件中包含了 2 分钟的连续无声信号，按照不压缩的 WAV 格式存储，这些信号就是 88200 字节（Byte）的数据。如果使用 RLE 算法，就可以简单地用“0, 88200”表示。

有损压缩算法的代表是 MPEG Layer 3，即俗称的“MP3”。MPEG 本身是用于视频压缩的技术，MP3 是其中用于记录声音的部分。MP3 的编码方式把部分并不需要的信息过滤掉，如一些人耳听不到的高频率信号，或者一些无用的环境噪音，也就是有损压缩。但是，这种“精度损失”对普通的听众不会有大的影响，而对于那些听觉敏锐的人来说就会彰显出来。CD 音轨上记录的信号是模拟信号，因而可以被看成无损记录。如果在安静的环境下比较 CD 音乐和 MP3 的歌曲，可以感觉到 MP3 的声音比 CD 稍微柔和。

常见的压缩算法不限于上述这两种，它们的编码和解码原理各不相同。游戏编程中通常不涉及底层的编码、解码，在此不再赘述。

3. 声音的合成

随着游戏产业的迅猛发展，早期游戏中播放简单的背景音乐的方式早已不能满足游戏玩家的需求，当前的游戏开发可能需要创造一个真实世界中并不存在的声音环境，或者创造一个不自然的声音；也可能需要将在不同环境的声音进行处理，使得它们像出现在同一个环境中；或者对同一个声音处理，使得它听起来像出现在不同的环境中。这些需求决定了在游戏中需要对原始的声音信号进行合成处理。声音的合成处理一般有模拟合成、调频合成和波表合成等方式。模拟合成只是把不同频率的波形简单叠加，并对叠加后的声音信号进行滤波；调频合成是通过改变频率输出波形；波表合成是把录制下来的每种乐器的声音，以数字化形式存放，然后通过选择哪件乐器演奏、音量和音速、混合和平移参数等，来“奏响”记录下来的声波来合成出新的声音。

在游戏中，最常见的声音合成方式是同时播放多个声音（背景音乐、语音、事件反应音等）。将这些声音混合在一起并播放的过程，就是声音合成的一种最常见形式——混音。混音的办法有很多种，其中最简单的方法就是将两个声音样本的数值依次相加起来，如图 8-2 所示。

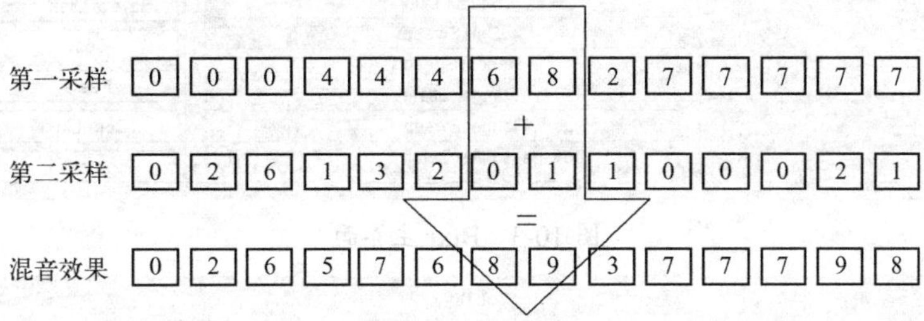

图 10-2　混音处理

尽管这个方法理论上并不正确，但确实有效。当然，要获得更好的混音效果必须采用复杂的合成方法。比较成熟的算法的基本思路都是通过一系列的数学计算和查表。Windows 操作系统下已经有很多成熟的音频开发引擎，特别是利用 DirectX Audio 实现多种混音方式，游戏程序员只要知道如何调用相关的 API 接口函数就可以了。

4. 简单的音效制作工具——Bfxr 游戏音效生成器

前面介绍了很多有关声音的基础概念，下面介绍一款简单易用的游戏音效生成器——Bfxr。Bfxr 游戏音效生成器支持在线使用和下载使用，可以登录 http://www.bfxr.net/进行在线使用，也可以在这个网站上下载这个软件，下载后不需安装，解压后即可使用，打开后的界面如图 10-3 所示。左上角的 9 个按钮分别代表 9 种基础音效效果，如果要新建音效，需要勾选在它们下方的“Create New Sound”。其下有 3 个按钮，分别代表应用音效、重置音效和复制音效。新建的音效就会出现在左下角的空白框中，可以对这些创建的音效进行重命名和删除，中间框中最上有两个选项分别代表音效合成器和音效混合器。音效合成器是针对单个音效进行设计，而音效混合器是将多个已经设计好的音效合为一个音效。在音效合成器的选项下有 9 大波形函数和众多参数，以供设计出更优质的音效。在音效混合器的选项（如图 10-4 所示）中可以将已经设计好的音效添加进来，进行混合。

在界面显示的右上角的框中可以展现自定义音效的波形，“Play”按钮的功能就是播放音效，接下来就是设置音量，导出音效、复制、粘贴、复制链接的功能。如果想了解更多关于 Bfxr 游戏音效生成器的内容，可以单击“About”按钮。

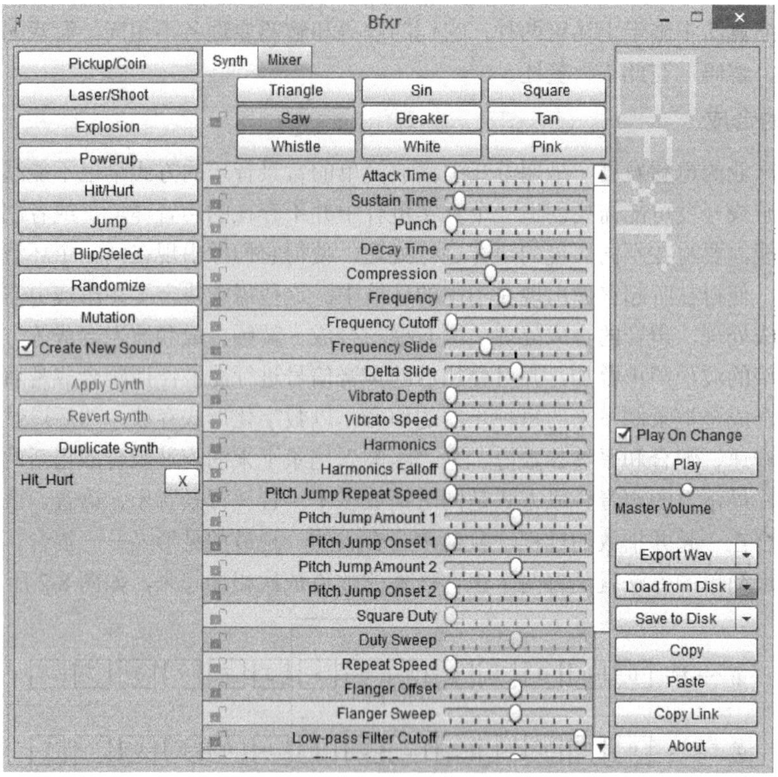

图 10-3　Bfxr 主界面

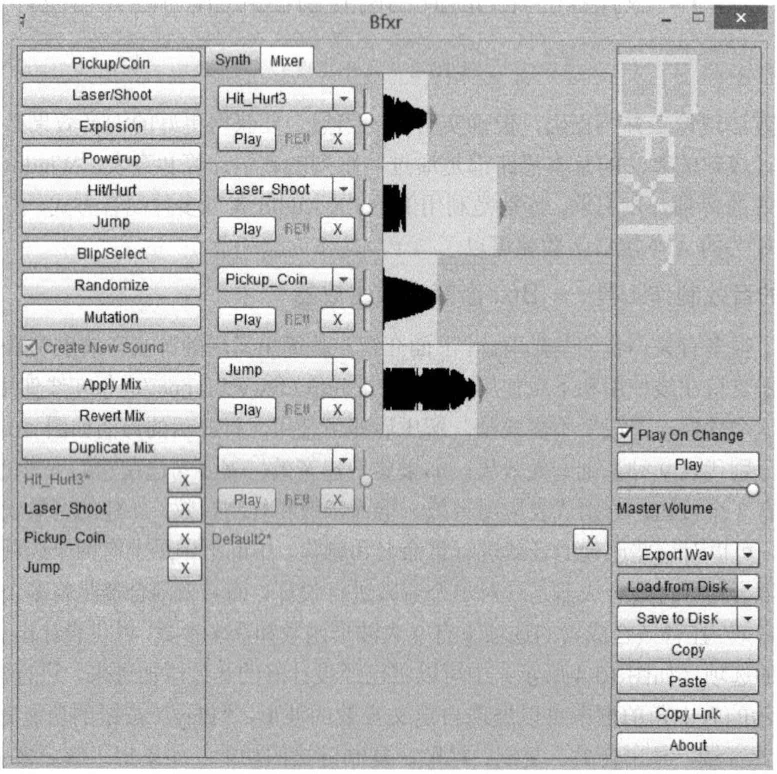

图 10-4　音效混合器的选项

10.2 常见的音效引擎

对于大多数的游戏开发者来说，没有必要自行实现音效引擎。互联网提供了很多功能强大的音效引擎下载，开发者通过简单的调用就能实现非凡的效果。因此在掌握了声音原理后，主要任务是了解音效引擎的接口，并将音效引擎整合到游戏引擎中。

1. BASS

BASS 是 Windows 平台下的常用声音引擎，支持常用的声音格式（WAV、MP3 和 WMA 等）。BASS 支持多种开发语言，开发接口是 DirectX，支持 EAX 和 3D 音效；提供了 C/C++函数库，而且为 Visual Basic、Delphi、MASM 和 TMT Pascal 等语言预留了接口。由于功能强大，因此 BASS 被个人开发者广泛使用。BASS 对免费软件开发者免费，对于共享和商业软件开发收费。

2. MikMod

MikMod 是一个跨平台的免费软件，最早由 Jean-Paul Mikkers（MikMak）开发，目前主要由 Miod Vallat 来维护。此外，很多热心的开发者也在为 MikMod 的发展做贡献。MikMod 引擎支持几乎所有的流行音频格式，而且可以在大多数常用操作系统上运行，包括 Windows、Mac、BeOS、UNIX 和 Linux。MikMod 是一个免费软件。

3. FMOD

FMOD 是一个“资深”的声音引擎，支持几乎所有的开发平台，甚至可以运行在 PS2、Xbox 或 GameCube 上。FMOD 基于标准 C++语言开发，因此可以在任意 C++编译器下使用，而且提供了对 EAX 等高级混音效果的支持。FMOD 引擎对免费软件开发者免费，对于共享和商业软件开发收费。

4. ModPlug

ModPlug 是一个非常简单的引擎，提供普通的声音的特效处理。ModPlug 的编程接口相当简单，支持几乎所有流行的声音格式，而且播放效果较为出色。ModPlug 提供了 C++、Visual Basic 和 Delphi 语言的接口，也可以作为 ActiveX 控件嵌入程序中。ModPlug 是一个免费软件。

5. Miles Sound System

Miles Sound System 是一个快速开发工具，也是目前最好的音频开发库，最初由 John Miles 在 1991 年夏季发布，已经有超过 3000 个游戏使用它作为开发引擎。Miles Sound System 能够实现几乎所有的音效处理要求，但是价格不菲。

6. EAX

EAX（Environmental Audio Extension，环境音效果扩展）是创新公司在推出 SB Live 声卡时所推出的 API 插槽标准，主要针对一些特定环境，如音乐厅、走廊、房间、洞窟等，生成声音效果器。如果需要特殊音效，可以通过 DirectX 和驱动程序交给声卡处理，并展现出不同声音在不同环境下的反映，还可以通过多件式音箱的方式，达到立体的声音效果。当前很多游戏都支持 EAX 规范。EAX 可以集成在 DirectSound 和 OpenAL（一种由创新公司主推的类似于 OpenGL 的跨平台开放式音频开发库）中使用。EAX 的开发资料详见 http://developer.creative.com。

7. Dolby Digital Encoding

杜比编码（Dolby Encoding）可以将 5.1 声道的全部采样压缩到一个统一的比特流中，是专业的音频开发工具。与立体声的两个声道的信息压缩到一个 WAV 文件中一样，杜比编码可以将左、右、中心、左环绕和右环绕声道编码到一起。杜比数字技术的两个优势是控制声音播放的动态范围、保持不同声音播放时的声响度一致性。这两种功能在系统中的实现是独立的。在解码时，每隔几毫秒调整环音的增益、降低声音的峰值电平、提升低电平段的信号，从而达到动态范围的控制。声音切换等声响度的控制由传输给解码器的数据指令来完成，在回放时，解码器会将其实际环音增益设定为一个特殊值。这两种控制数据可以在录音棚创建并监听其效果，然后作为附加信息传输给解码器。杜比编码的开发资料详见 http://www.dolby.com。

10.3 Cocos2d-x 中的音乐和音效

声音是一款游戏的不可或缺的一个组成部分，游戏中的声音一般分为两类：背景音乐和声音特效。这两类的声音的区别明显：背景音乐用来配合游戏故事情节，烘托气氛，声音特效则用来配合游戏情节，起辅助作用。另外，背景音乐的长度长、频率低，从进入游戏开始播放到退出游戏停止播放，而且同一时刻只能播放一首，一般采用 MP3 格式文件，而游戏音效长度短、频率高，同一时刻可以播放多个音效，一般会采用 WAV、OGG、CAF 格式文件。

在游戏中，音乐拥有着不可缺少的地位，是游戏的一个十分必要的组成部分。除了游戏中的故事情节的设定外，音乐能够带给用户最直接的感受。选择一款合适游戏情节设定，情感主流的音乐也是值得关注的。试想，如果将《植物大战僵尸》的游戏音乐换上了其他抒情类的音乐，感觉大大不同，格格不入。

音效也是游戏中重要的组成部分，在打击类游戏中，缺少音效会使游戏的效果大打折扣，游戏音效在大程度上给玩家以鼓励和继续玩下去的兴趣。

Cocos2d-x 中的音效引擎库为 CocosDenshion，Cocos2d-x 的项目中已经包含了音效引擎库 CocosDenshion。在游戏制作过程中，如果希望使用音效引擎库时，只需引入 SimpleAudioEngine 类即可，且命名空间为 CocosDenshion，代码如下：

```
#include "SimpleAudioEngine.h"
using namespace CocosDenshion;
```

要实现 SimpleAudioEngine 类中的方法也很简单，实现代码如下：

```
SimpleAudioEngine::getInstance()->[方法];
```

Cocos2d-x 在不同的开发平台下支持的音乐与音效格式有所不同，如表 10-1 和表 10-2 所示。

表 10-1 Cocos2d-x 支持的音乐格式

平　台	支持格式
Android	MP3、MID、OGG 和 WAV
iOS	AAC、CAF、MP3、M4A 和 WAV
Windows	MID、MP3 和 WAV

表 10-2 Cocos2d-x 支持的音效格式

平　台	支持格式
Android	OGG 和 WAV
iOS	CAF 和 WAV
Windows	MID 和 WAV

10.3.1 音乐和音效的预加载

在游戏中即时加载游戏的音乐和音效是一件很费时的事，往往会出现音乐、音效与游戏画面和动画不同步的问题，削弱游戏的效果。因此，为了预防这种情况的发生，就需要对要播放的音乐与音效进行预加载，会使用到下面两种函数。

void preloadBackgroundMusic(const char* pBGMFilePath)：预加载游戏背景音乐，参数为音乐

文件的位置。

void preloadEffect(const char* pEFFFilePath)：预加载游戏音效，参数为音效文件的位置。

10.3.2 播放和停止

Cocos2d-x 中实现音乐与音效的播放与停止的方法也很简单，表 10-3 介绍了几种实现游戏中音乐与音效的播放和停止的函数。

表 10-3 音乐与音效的播放和停止的函数

函数原型	说 明
unsigned int playEffect(const char* pEFFFilePath, bool bloop = false)	播放游戏音效。各参数含义，参数 pEFFFilePath 是游戏音效文件的位置，参数 bloop 是设置游戏音效是否循环播放，默认为 false（只播放一次）。返回值为无符号整型值，作为播放此音效的唯一标识，用于停止播放指定
void playBackgroundMusic(const char* pBGMFilePath, bool bloop = false)	播放游戏背景音乐。其各参数含义与播放游戏音效的方法 playEffect()函数相似，参数 pBGMFilePath 是游戏背景音乐文件的位置，参数 bloop 是设置游戏背景音乐是否循环播放，默认为 false（只播放一次）
void stopEffect(unsigned int effSoundId)	停止播放指定音效。参数 effSoundId 是要停止播放的指定游戏音效的标识，通过播放游戏音效的方法 playEffect()函数来获得
void stopAllEffects()	实现的功能是停止播放所有游戏音效
void stopBackgroundMusic()	停止播放游戏背景音乐

游戏背景音乐与游戏音效的播放和停止功能的代码中，主要利用开关控件来实现播放和停止功能。实现这一系列功能的函数可以分成两类：一类是实现播放声音，创建开关控件的函数；另一类是响应开关控件的回调函数，从中对声音进行设置。第一类函数的代码可以分为四步实现：首先进行声音的播放，其次创建文本便于理解，然后创建开关控件，最后为开关控件添加监听。在第二类的回调函数中也可以分成两步实现：获取开关控件的状态，然后确认开关控件的状态，并进行相应的操作。

① 函数 playBgMusic()实现背景音乐的播放，创建开关控件，并为之添加监听，代码如下：

```
SimpleAudioEngine::getInstance()->playBackgroundMusic("LuckyDay.mp3");          // 播放背景音乐
// 创建文字标签
Label* label = Label::createWithSystemFont("BackgroundMusic", "bitfont", 30);
label->setPosition(Point(visibleSize.width / 2 - 150, 700));
addChild(label);
// 创建开关控件
Label* labelON = Label::createWithSystemFont("ON", "bitfont",20);
Label* labelOFF = Label::createWithSystemFont("OFF", "bitfont",20);
Sprite* s1 = Sprite::create("switch-mask.png");
Sprite* s2 = Sprite::create("switch-on.png");
Sprite* s3 = Sprite::create("switch-off.png");
Sprite* s4 = Sprite::create("switch-thumb.png");
bgMusicSwitch = ControlSwitch::create(s1, s2, s3, s4, labelON, labelOFF);
bgMusicSwitch->setPosition(Point(visibleSize.width / 2, 700));
addChild(bgMusicSwitch);
// 添加监听
bgMusicSwitch->addTargetWithActionForControlEvents(this,
        cccontrol_selector(HelloWorld::valueChangeBGM), Control::EventType::VALUE_CHANGED);
```

② 回调函数 valueChangeBGM()实现对开关控件的状态变化做出相应的动态，让开关控件控制着背景音乐的播放与停止，其代码如下：

```
bool isOn = bgMusicSwitch->isOn();              // 获取开关控件的状态
if(isOn){                                       // 判断开关控件的状态，并进行相应的操作
    log("bgMusicSwitch is ON");
    SimpleAudioEngine::getInstance()->playBackgroundMusic("LuckyDay.mp3");
}
else{
    log("bgMusicSwitch is OFF");
    SimpleAudioEngine::getInstance()->stopBackgroundMusic();
}
```

游戏音效的播放和停止的实现与游戏背景音乐的播放和停止类似，但是相关函数不同。函数 playAllEff()与回调函数 valueChangeALL()实现的功能是让所有游戏音效播放和停止，还会让游戏"音效一"与"音效二"的开关控件也更新到相应的状态。函数 playEffMusic1()与回调函数 valueChangeEFF1()实现的功能是让所有游戏"音效一"播放和停止，函数 playEffMusic2()与回调函数 valueChangeEFF2()实现的功能是让所有游戏"音效二"播放和停止。

函数 playAllEff()的实现代码如下：

```
// 播放游戏音效
id1 = SimpleAudioEngine::getInstance()->playEffect("gem-0.wav", true);
id2 = SimpleAudioEngine::getInstance()->playEffect("FX081.mp3", true);
...                                                        // 创建文字标签
...                                                        // 创建开关控件
...                                                        // 添加监听
effAllSwitch->addTargetWithActionForControlEvents(this,
        cccontrol_selector(HelloWorld::valueChangeALL), Control::EventType::VALUE_CHANGED);
```

回调函数 valueChangeALL()的实现代码如下：

```
// 获取开关控件的状态
bool isOn = effAllSwitch->isOn();
if(isOn) {                                   // 判断开关控件的状态，并进行相应的操作
    log("effAllSwitch is ON");
    id1 = SimpleAudioEngine::getInstance()->playEffect("gem-0.wav",true);
    id2 = SimpleAudioEngine::getInstance()->playEffect("FX081.mp3",true);
    effSwitch1->setOn(true);
    effSwitch2->setOn(true);
}
else{
    log("effAllSwitch is OFF");
    SimpleAudioEngine::getInstance()->stopAllEffects();
    effSwitch1->setOn(false);
    effSwitch2->setOn(false);
}
```

函数 playEffMusic1()的实现与函数 playEffMusic2()的实现大同小异，在这里只介绍函数 playEffMusic1()的实现代码：

```
...                                                        // 创建文字标签
...                                                        // 创建开关控件
...                                                        // 添加监听
effSwitch1->addTargetWithActionForControlEvents(this,
        cccontrol_selector(HelloWorld::valueChangeEFF1), Control::EventType::VALUE_CHANGED);
```

回调函数 valueChangeEFF1()的实现与回调函数 valueChangeEFF1()的实现也类似，这里也只

对回调函数 valueChangeEFF1()的实现代码进行介绍：

```
bool isOn = effSwitch1->isOn();                         // 获取开关控件的状态
if(isOn) {                                              // 判断开关控件的状态，并进行相应的操作
    log("effSwitch1 is ON");
    id1 = SimpleAudioEngine::getInstance()->playEffect("gem-0.wav", true);
}
else {
    log("effSwitch1 is OFF");
    SimpleAudioEngine::getInstance()->stopEffect(id1);
}
```

10.3.3 暂停和恢复播放

游戏运行时，因玩家的不同需求或需要，游戏的音乐和音效可以进行不同的设置，最常见的就是对游戏的音乐和音效进行暂停和恢复播放。表 10-4 介绍了几种简易的实现游戏的音乐和音效的暂停和恢复播放的函数。

表 10-4 音乐和音效的暂停和恢复播放的函数

函数原型	说 明
void pauseBackgroundMusic()	暂停播放游戏的背景音乐。暂停后可以利用恢复播放背景音乐方法来重新播放背景音乐。游戏进入后台时调用这个函数
void pauseEffect(unsigned int effSoundId)	暂停播放指定的游戏音效。参数 effSoundId 是将暂停播放的指定游戏音效的标识，通过播放游戏音效的 playEffect()函数来获得
void pauseAllEffects()	暂停播放所有游戏音效
void resumeBackgroundMusic()	恢复播放背景音乐，重新播放背景音乐。在游戏恢复前台运行时调用这个函数
void resumeEffect(unsigned int effSoundId)	恢复播放指定的游戏音效。参数 effSoundId 是将暂停播放的指定游戏音效的标识，通过播放游戏音效的 playEffect()函数来获得
void resumeAllEffects()	恢复播放播放所有游戏音效

注意，在一般情况下，暂停播放游戏的背景音乐的函数和恢复播放背景音乐的函数是在 Cocos2d-x 的 AppDelegate 类的事件处理函数中被调用。

实现暂停和恢复播放游戏背景音乐和游戏音效的函数与实现游戏背景音乐和游戏音效的播放和停止的函数类似，代码的实现部分在这里就不再赘述，有兴趣的读者可以自行实现。

10.3.4 其他成员

前面已经具体介绍了 SimpleAudioEngine 类中的一些最基本的函数，表 10-5 中是对前面几节的补充，这些函数会为游戏的效果增色不少。这些函数在游戏的制作过程中很常用，现在介绍如何利用滑动控件来对游戏音量进行调整：首先创建文字标签，便于我们理解，然后创建滑动控件，最后对滑动控件添加监听，通过对应的回调函数来实现声音的音量调整，实现的代码片段如下：

```
// 创建背景音乐的文字标签
Label* label = Label::createWithSystemFont("BackgroundMusic Volumn", "bitfont",30);
label->setPosition(Point(visibleSize.width/2,visibleSize.height/2+ 50));
// 创建背景音乐的滑动控件
bgVSlider = ControlSlider::create("sliderTrack.png", "sliderProgress.png", "sliderThumb.png");
bgVSlider->setMaximumValue(1.0f);
bgVSlider->setMinimumValue(0.0f);
bgVSlider->setValue(0.5f);
```

表 10-5　SimpleAudioEngine 类中的其他函数

函数原型	说　明
virtual void rewindBackgroundMusic()	暂停播放游戏的背景音乐。暂停后可以利用恢复播放背景音乐方法来重新播放背景音乐。在游戏进入后台时被调用
virtual bool isBackgroundMusicPlaying()	暂停播放指定的游戏音效。参数 effSoundId 是将暂停播放的指定游戏音效的标识，通过播放游戏音效的 playEffect()函数来获得
virtual bool willPlayBackgroundMusic()	暂停播放所有游戏音效
virtual float getBackgroundMusicVolume()	恢复播放背景音乐，重新播放背景音乐。在游戏恢复前台运行时被调用
virtual void setBackgroundMusicVolume(float volume)	恢复播放指定的游戏音效。参数 effSoundId 是将暂停播放的指定游戏音效的标识，通过播放游戏音效的 playEffect()函数来获得
virtual float getEffectsVolume()	获得所有游戏音效的音量
virtual void setEffectsVolume(float volume)	设置所有游戏音效的音量。参数 volume 表示设置游戏音效的音量，取值范围为 0～1.0
virtual void unloadEffect(const char* filePath)	将预加载游戏音效从缓存中删除。参数 filePath 表示音效文件的存储路径
static void end()	关闭 SimpleAudioEngine 类对象实例，释放音效引擎所占资源

```
bgVSlider->setPosition(Point(visibleSize.width/2,visibleSize.height/2));
addChild(bgVSlider);
// 添加监听，实现背景音乐的音量调整
bgVSlider->addTargetWithActionForControlEvents(this,
          cccontrol_selector(HelloWorld::bgValueChange), Control::EventType::VALUE_CHANGED);
...                                        // 创建游戏音效的文字标签与创建背景音乐的文字标签类似
...                                        // 创建游戏音效的滑动控件与创建背景音乐的滑动控件类似
// 添加监听，实现游戏音效的音量调整
effVSlider->addTargetWithActionForControlEvents(this,
          cccontrol_selector(HelloWorld::effValueChange), Control::EventType::VALUE_CHANGED);
return true;
```

实现背景音乐的音量调整的回调函数 bgValueChange()与实现游戏音效的音量调整的回调函数 effValueChange()的代码类似。bgValueChange()函数的代码如下：

```
float bgVolume =bgVSlider->getValue();                                    // 获得滑动条的值
SimpleAudioEngine::getInstance()->setBackgroundMusicVolume(bgVolume);     // 设置音量
```

10.4　游戏音效编程实例

本节将介绍如何制作一个简单的钢琴小游戏。

① 利用 CocosStudio 的 UI 编辑器制作出一个钢琴界面，如图 10-5 所示，图中的每个白色钢琴键都是一个按钮，黑键为简单的图片精灵。还要为每个按钮设置标签，方便在程序中访问。

② 利用 CocosStudio 的动画编辑器编辑一个简单的喇叭播放音乐的小动画，如图 10-6 所示。

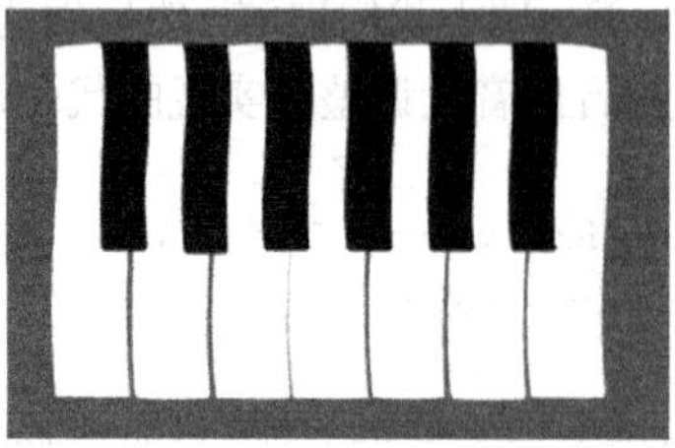

图 10-5　钢琴界面

图 10-6　喇叭小动画

③ 创建一个名为 AudioScene 的项目，AudioScene.cpp 文件的主要工作将在 init()函数中完成。

在 init()函数中将加载钢琴界面，通过在 UI 编辑器中设置的标记，获取每个白色钢琴键的按钮，并为这些按钮添加监听、设置回调函数 onClick()。代码片段如下：

```
// load piano ui
auto piano_ui = GUIReader::getInstance()->widgetFromJsonFile("piano/pianoFace/piano_1.json");
if (piano_ui == NULL) {
     CCLOG("load ui failed!");
    return false;
}
// show ui
this->addChild(piano_ui);
// add button click callback
auto btn_1 = (Button *)piano_ui->getChildByTag(1);
btn_1->addTouchEventListener(CC_CALLBACK_2(AudioScene::onClick,this));
auto btn_2 = (Button *)piano_ui->getChildByTag(2);
btn_2->addTouchEventListener(CC_CALLBACK_2(AudioScene::onClick,this));
auto btn_3 = (Button *)piano_ui->getChildByTag(3);
btn_3->addTouchEventListener(CC_CALLBACK_2(AudioScene::onClick,this));
auto btn_4 = (Button *)piano_ui->getChildByTag(4);
btn_4->addTouchEventListener(CC_CALLBACK_2(AudioScene::onClick,this));
auto btn_5 = (Button *)piano_ui->getChildByTag(5);
btn_5->addTouchEventListener(CC_CALLBACK_2(AudioScene::onClick,this));
auto btn_6 = (Button *)piano_ui->getChildByTag(6);
btn_6->addTouchEventListener(CC_CALLBACK_2(AudioScene::onClick,this));
auto btn_7 = (Button *)piano_ui->getChildByTag(7);
btn_7->addTouchEventListener(CC_CALLBACK_2(AudioScene::onClick,this));
```

④ 在 init()函数中对用动画编辑器编辑的动画进行加载，并进行播放。代码片段如下：

```
// load animation
ArmatureDataManager::getInstance()->addArmatureFileInfo("piano/pianoAnimation/pianoAnimation.ExportJson");
m_armature = Armature::create("pianoAnimation");
if (m_armature == NULL) {
    CCLOG("animation load failed!");
    return false;
}
m_armature->setPosition(visibleSize.width/2 - 200, visibleSize.height/2 + 180);
this->addChild(m_armature);
m_armature->getAnimation()->playWithIndex(0);
```

⑤ 为每个钢琴白键添加监听，设置回调函数，所以编写一个回调函数 onClick()，实现按下不同的键播放出不同的音效。在 onClick()函数中，通过传来的按钮获取其标记，并通过 switch 语句进行确认，实现播放出不同的音效。代码片段如下：

```
auto btn = (Button *)pSender;
switch (btn->getTag()) {
    case 1:
        switch (type) {
            case cocos2d::ui::Widget::TouchEventType::BEGAN:
                SimpleAudioEngine::getInstance()->playEffect("piano/audio/1.wav");
                break;
            default:
                break;
```

```
            }
            break;
        ...                                                    // 省略其他按键的效果实现
    }
```

这里只列出了一个按钮的相关配置，还有 6 个按钮需要设置，方法与这个按钮的实现相似，请读者自行实现。

⑥ 在 AudioScene.h 文件中添加回调函数 onClick()的声明：

```
void onClick(Ref *pSender, Widget::TouchEventType type);
```

实现的最终效果如图 10-7 所示。

图 10-7　游戏效果

小　结

本章介绍了声音方面的基础理论知识，包括声音的生成过程、编码存储及合成，并介绍了几种常见的声音引擎。接着，本章介绍了 Cocos2d-x 提供的音频引擎库 CocosDenshion 及其核心类 SimpleAudioEngine 类。SimpleAudioEngine 类提供了简单易用的接口来控制处理声音，简化了游戏中的音效编程的复杂性，只要记住相应函数的含义和用法，就可以实现游戏中的音效编程。最后，本章给出了一个基于 Cocos2d-x 声音引擎 CocosDenshion 的钢琴小游戏实例。

习题和实验

实验手册（Word 文档）

1．声音的压缩算法有几种？分别是什么？它们之间有何区别？
2．简述游戏的背景音乐和游戏音效的区别。
3．简述声音采集的过程。
4．描述声音播放的过程。
5．3D 音效与 2D 音效的区别是什么？
6．简单描述 3D 音效的原理。
7．3D 音效的实现过程包括哪些步骤？
8．利用 Bfxr 游戏音效生成器编辑一个自定义的音效，并在游戏中播放。
9．编程实现，利用开关控制游戏背景音乐和音效的播放、停止、暂停和恢复播放。
10．编程实现，利用滑动条控制背景音乐和音效的音量。

第 11 章 游戏中的人工智能

人工智能（Artificial Intelligence，AI）是研究、开发用于模拟、延伸和扩展人脑智能的理论、方法、技术及应用系统的一门新兴学科。人工智能研究的目的是使用计算机来模拟人类的思维过程和智能行为，如学习、推理、思考、规划等。例如，最近击败围棋大师的 AlphaGo 堪称人工智能的典型代表。人工智能研究的重点是寻求最佳地解决问题的方法，不太关注硬件性能与运行时间的限制。游戏中的人工智能需要充分考虑计算资源的有效性，在响应速度得到保证的基础上寻求智能行为模拟的解决方案。

游戏 AI，就是在游戏中使用计算机来使游戏角色模拟人的思维过程和智能行为。如动作游戏中的怪物，在发现人类时呼唤同伴并主动攻击，在受到攻击时进行防御和反击，看起来像真的怪物做出反应一样，这些行为都是通过游戏 AI 技术来实现的。在一款游戏中，AI 的重要性是不言而喻的。在动作游戏中，AI 可以扮演怪物与玩家打斗；在射击游戏中，AI 可以扮演友军与玩家并肩作战；在策略游戏中，AI 可以扮演一国势力与玩家争夺天下。可见，游戏 AI 技术的运用能给玩家提供更丰富、更真实的游戏挑战，提升游戏的趣味性，从而激发玩家的兴趣。游戏 AI 技术对游戏项目开发的成败具有非常重要的影响。

11.1 游戏 AI 概述

早期的游戏由于画面比较简陋，游戏开发人员的主要精力集中在游戏场景的绘制方面，力求呈现给玩家具有真实感的游戏场景和逼真的角色造型，通过精致的游戏画面来吸引玩家的注意。随着计算机能力的提高、游戏引擎的快速发展，画面精良的游戏层出不穷，游戏画面优势对玩家的吸引力逐渐减弱。于是，一部分开发人员开始考虑提高游戏角色行为的“真实性”，使游戏场景中角色具备类似真人的判断和反应能力。为了达到这个目的，需要大量运用游戏 AI 技术。

为了模仿人的智能，游戏 AI 通常采用类似人脑的机制。典型的游戏 AI 系统分为感知、记忆、分析、决策四部分。

感知部分相当于人类的眼睛、耳朵等感官，用于获取游戏环境中的信息。例如，在策略游戏中，通过感知部分来获取敌军数量、兵种、阵型等情报。

记忆部分与人脑的记忆功能相同，将感知得到的信息以计算机接受的格式进行存储。例如，在射击游戏中，需要存储友军和敌军的位置、武器弹药数量等信息。

分析部分是游戏 AI 系统的核心，相当于人类智能中最重要的判断推理能力、各种游戏 AI 技术，尤其是复杂的 AI 技术。例如，游戏中的怪物选择攻击目标时可以选择距离最近的目标，或生命值最低的目标，也可以选择战斗力最强的目标，选择的过程需要通过恰当的分析方法来实现，选择的结果可能对游戏的走势起到决定性作用。

决策部分相当于人类控制手脚运动的中枢神经信号，在游戏世界中是将 AI 系统的决策和行为作用到游戏角色上。例如，在足球游戏中，游戏 AI 系统经过感知、记忆和分析，球员应该采取射门动作，而决策部分调用角色射门的动画，将射门行为表现出来。

在游戏 AI 的设计上，最重要的原则是功能性和娱乐性的平衡。如果游戏 AI 功能太差，表现得相当“愚蠢”，那么玩家当然会觉得索然无味。相反，如果游戏AI功能近乎完美，甚至比玩家的决策更胜一筹，那么玩家会在与AI的博弈中屡战屡败，从而产生沮丧和失望的情绪，阻碍游戏继续进行。毕竟大部分玩家玩游戏是为了寻求娱乐，而不是为了到游戏世界寻求挫败。因此，游戏AI的设计既要功能强大，又要让玩家赢多输少，在功能性和娱乐性两方面达到平衡。

11.2 游戏AI基本类型

为了让游戏AI模仿玩家的操作，AI角色需要在游戏世界中移动，根据环境变化做出反应动作。对于AI控制的非玩家角色（Non-Player Character，NPC），往往需要按照一定的策略，相互协调和合作。游戏AI可分为三种：漫游AI、行为AI和策略AI。

漫游AI确定一个游戏对象如何在游戏世界中移动，并对其运动进行控制。在漫游AI系统中，需要确定AI角色在游戏世界中移动的路径、速度和运动方式等。例如，在角色扮演游戏中，怪物角色会在地图上随机走动或来回巡逻；在竞速游戏中，赛车选择合适的路线和速度，尽快到达终点；在射击游戏中，士兵在移动的同时还需躲避飞来的子弹。

如果漫游过程不受游戏环境变化的影响，那么可以采用随机方式或预定义的方式实现特定的漫游行为。如果漫游中需要根据游戏环境的变化更换路径，则需要根据其他游戏角色的位置，改变目标角色的速度或方向。游戏中的自动寻路是一种典型的漫游AI技术，在各类游戏中应用十分广泛，相关内容将在11.4节中具体介绍。

行为AI用于规定一个游戏对象在游戏世界中的行为方式，以及面对游戏环境的动态变化做出恰当的反应。例如，在角色扮演游戏中，怪物在未发现玩家时原地睡觉，玩家靠近时惊醒；在体育游戏中，球员在无球状态下跑位，有球状态下突破或传球；在动作游戏中，怪物未被激怒时采用单体攻击，被激怒后发动范围攻击。

行为AI可以是一系列单独动作组成的行为模式集合，也可以与漫游AI的行为模式关联在一起。例如，游戏中经常出现的游戏角色之间的追逐和躲避行为，可以分解为一次次的路径、速度或运动方式的改变。行为AI在游戏中的另一个作用是调节游戏的难度。例如，怪物的睡觉行为可以减少玩家面对的敌人数量，降低了游戏难度；而怪物被激怒后发动大范围攻击的行为，则会增加玩家受到的伤害，提高了游戏难度。

策略AI一般作用于多个游戏对象的调度和资源分配，而漫游AI和行为AI主要作用于单个游戏对象。例如，在魔幻类即时战略游戏中，AI控制军队作战时将生命值高、防御力强的战士置于阵型前排，保护后排的魔法师、射手和牧师并吸收伤害；魔法师对敌军造成魔法伤害，射手负责输出物理伤害，牧师则积极治疗受伤的友军，这样就形成了常见的作战策略。

由于策略AI作用于多个游戏对象，在一些游戏中也可以是单个游戏对象漫游AI或行为AI的组合。例如，在三国类策略游戏中，通过移动军队中各个士兵的位置，可以摆出“两仪四象阵”、“八门金锁阵”等阵型；通过安排各士兵的动作，可以营造埋伏、突袭、冲锋等战术。

策略AI涉及的游戏对象数目较多，而游戏策略又处于不断发展变化中，因此策略AI的设计难度明显高于漫游AI和行为AI。

11.3 常用的游戏AI技术

常见的游戏AI技术包括有限状态机、模糊逻辑、人工神经网络、遗传算法和脚本语言等。

有些技术已经在游戏开发中使用多年，有些技术当前正在流行，有些则是游戏开发人员正在积极尝试利用的新方法。

11.3.1 有限状态机

有限状态机（Finite State Machine，FSM）是表示有限个状态以及在这些状态之间的转移和动作等行为的数学模型。有限状态机是使用最频繁的游戏 AI 技术之一，主要由于它实现简单，比较容易理解和调试，而且适用面广。

有限状态机由有限个状态组成，这些状态连接成一个有向图，每条边称为一个转换，图中的一个状态是当前状态。有限状态机可以接受一个输入，这个输入可以影响状态转换，并将导致一个状态转换的发生（即从当前状态转换到输出状态）。状态转换基于一个状态转换函数，该函数可以根据输入的次序和当时的状态模型决定什么状态可以转变成当前状态。状态转换完成后，输出状态则替换了当前状态。

一个简单的有限状态机如图 11-1 所示，当前状态（也是初始状态）为 S0，接受输入之后，可以沿 *a*、*b* 或 *c* 边转换为 3 种状态：S1、S2 或 S5。根据不同的输入，新的状态又可以沿 *a*、*b* 或 *c* 边转换为其他状态，从而实现在有限状态机中任意两个状态之间的转换。

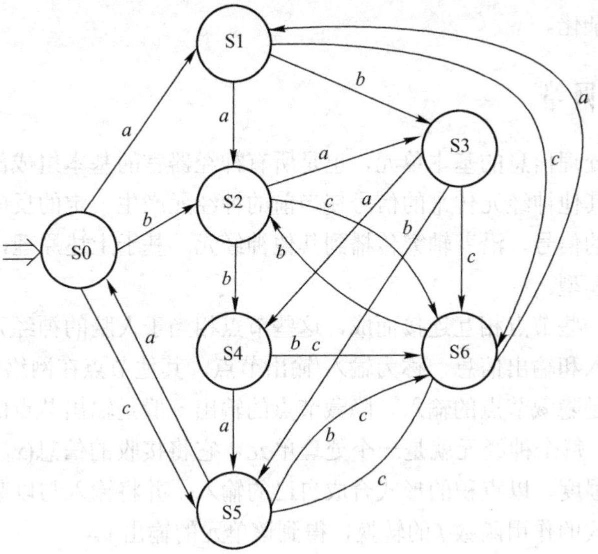

图 11-1　有限状态机示意

有限状态机在游戏中的典型应用是游戏角色的行为 AI。例如，在射击游戏中，人物具有行走、跑步、巡逻、搜索、格斗、射击等状态，处于“巡逻”状态听到脚步声时，转换到“搜索”状态；在“搜索”状态发现敌人时，若距离近，则转换到“格斗”状态，若距离远，则转换到“射击”状态；当敌人逃跑时，转换为“跑步”状态。

有限状态机的主要不足是：有限状态机的结构复杂性随着状态规模的增加而呈几何级数增长，这使得维护相对困难。但是，它确实能提供一些简单并有效的解决方案，并且可以与其他游戏 AI 技术集成在一起使用。

11.3.2 模糊逻辑

人们常常把事物划分为有无、长短、高低等，传统计算机通常只能按照“是与否”、“对与错”、“0 与 1”这样的二元逻辑进行判断，而对冷、热、大、小这样的模糊概念无能为力，在这一方面，计算机远远不如人脑。

模糊逻辑创造性地采用了多值逻辑，对以往计算机的二值原则提出了挑战。模糊逻辑的理论基础是模糊集合论。模糊集合论认为，论域上的对象从属于集合，是逐渐过渡的，而不是突然变化的。因此，模糊逻辑把元素属于集合的观念模糊化，承认论域上存在着既非完全属于某集合，又非完全不属于某集合的元素；它又把“属于”这一概念量化，承认论域上的不同元素对同一集合有着不同的隶属度。**隶属度**，是指一个元素属于某一集合的程度。

模糊逻辑是以模糊集合论为工具来研究模糊思维的推理，以及模糊语言的形式、规律的科学。它从研究模糊性出发，着力研究模糊推理的规律，来更为恰当地处理对象从属边界和情态的不确定性，以及对象资格程度的渐变等模糊性问题。

在游戏开发中，模糊逻辑能使用一些模糊值来表示一些模糊不清的概念和知识进行推理，广泛地应用于决策推理和行为选择。例如，决定一个怪物对玩家的害怕程度、对玩家的威胁程度等。

模糊逻辑虽然在模糊思维模拟方面有着绝对的优势，但是，如果能有简单、清晰的数学或者物理模型来解决游戏中的有关智能模拟的问题，并能得到满意的结果，就没必要使用模糊逻辑，否则将使简单问题复杂化。

11.3.3 人工神经网络

神经元是人脑中处理信息的基本单元，也是所有神经器官的基本组成部分。神经元之间通过轴突连接在一起。从其他神经元传来的信号使当前的神经元产生一定的反应。如果该反应达到一定的阈值，则产生新的信号，沿着轴突传播到其他神经元。基于上述原理，人工神经网络是一个模拟大脑功能的数学模型。

人工神经网络由一些节点相互连接而成，这些节点相当于人脑的神经元细胞。有些节点与外部环境连接，负责输入和输出信息，称为输入/输出节点。其他节点在网络内部，称为隐藏节点。输入节点的输出一般是隐藏节点的输入，隐藏节点的输出一般是输出节点的输入。

如图 11-2 所示，每个神经元就是一个处理单元，它将接收的信息(x_0, x_1, …, x_n)通过用(w_0, w_1, …, w_m)表示互联强度，以点积的形式合成自己的输入，并将输入与以某种方式设定的阈值 θ 相比较，再经某种形式的作用函数 f 的转换，得到该单元的输出 y。

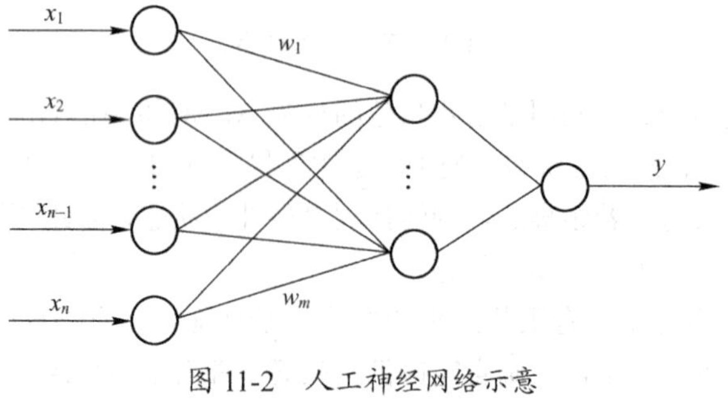

图 11-2 人工神经网络示意

人工神经网络的实现通过一个训练过程来完成，并且需要大量的输入、输出数据。神经网络的训练首先是初始化，即随机设定各条边的互联强度（权重）值，对于给定的一对输入和输出，当前的神经网络计算出输出值，将其与预期的输出值相比较，并根据两者之间的差值调整各条边的权重值。神经网络也可以自动学习，但是其学习的收敛速度比有监督的训练慢很多。

人工神经网络的核心思想是模拟动物神经系统功能的机器学习方法，并通过反复调节系统内部中各神经元之间的连接参数，使得训练的神经网络系统在大多数情况下可以做出最优或者近似最优的反应。

有些神经网络形成的行为系统并非固定不变，可以通过不断学习动态调整，并不断适应新的情况，这是神经网络的优势所在。神经网络特别适合使用的场合是：无法明确给出一个算法解析解时、存在充足的样本时、需要从数据中获取信息时。神经网络正是由于具有学习和自适应能力而被游戏业界寄予厚望，游戏设计师希望通过神经网络设计出更具竞争性的游戏，即游戏角色和玩家能根据对抗过程中的经验和教训及时调整战略。

然而，目前由于设计人员缺乏理论指导、神经网络训练费时费力、内部逻辑难以分析等原因，神经网络目前在游戏业的应用还不普遍。

11.3.4 遗传算法

人工智能学者从大自然的优胜劣汰的现象得到启发，试图把这种机制引入到 AI 系统中，从而形成了一个新的 AI 技术——遗传算法。遗传算法使用适者生存原理和基因遗传原理（基因突变和基因杂交），直接模拟生物进化过程，通过随机选择、杂交和突变等对程序、算法或者一系列参数进行操作，形成最佳的问题解决方案。

在算法实现上，遗传算法是在一群个体中，通过基因突变（改变个体结构属性）、交配（选择个体）和繁殖（合而为一），再通过进化过程，观察每个个体对环境的适应能力，最终获得更适合环境的个体。遗传算法解决实际问题的技术关键有两点。第一，如何将实际问题中的个体进行遗传编码；第二，如何确定个体对环境的适应函数。以即时战略游戏为例，如果要决定在 8 种不同的建筑中选择当前应该修建哪种建筑，只需要 3 位编码即可。更复杂的编码方法则可以将复杂的策略选择考虑进去。

对游戏而言，物种个体可以是各种游戏角色，也可以是游戏角色的一个属性或功能。例如，一个游戏中，不同的游戏人物角色、怪物们有不同的属性，并有繁殖功能，那么在与玩家的对抗中能够存活并成功逃走的怪物，将更可能生育下一代，它们将更机智、更难对付，从而使得游戏更有竞争性。更广义的遗传算法可以用来解决优化问题，如即时战略游戏的策略选择等，归根结底都是最优化问题。

遗传算法的弱点是速度慢，占用 CPU 资源多，这些都影响了它在游戏中的应用。目前，使用遗传算法比较多的是宠物养成类的游戏。

11.3.5 脚本语言

游戏脚本类似乐器演奏的乐谱，采用了符号化的语言，可以规定游戏角色的智能行为和整个游戏的进程：在什么时候、什么条件下执行什么动作，地图上出现什么、消失什么，角色状态的改变，都可以在游戏脚本中详细说明。因此，在智能模拟方面，游戏脚本可以看成一种具有行为解释功能的 AI 技术。

游戏脚本在游戏开发中非常重要。在策略游戏中，游戏脚本的作用最明显。例如，在某关卡中布置了大量的敌人，如果不用脚本加以控制，敌人将蜂拥而上，玩家绝对抵挡不住。在脚本控制的情况下，每隔一定时间有一部分敌人进入搜寻与攻击状态，其他敌人则保持等待状态。此时，玩家将与敌人一部分一部分战斗，把他们各个击破，既能顺利过关，又能获得一种“横扫千军”的成就感，从而达到娱乐的目的。

从系统实现的角度看，脚本语言实际上是一个程序设计语言。但是，脚本语言已经针对某些场合中的特殊任务进行了相当的简化。脚本语言往往是确定性的，一般要求游戏开发人员将所有人物角色和游戏场景预先在代码中实现。游戏中的脚本语言主要用于从外部控制游戏引擎，其内容和范围依赖于具体的问题，所能处理的问题从简单的系统配置、创建各种事件、创建怪物的智能行为到复杂的实时语言翻译。

脚本语言把游戏中的代码变成类似的高级自然语言，极大地降低了游戏中的编程难度，并将游戏中的很多复杂方面进行了屏蔽和隐藏。使得一些不懂编程的人员，如游戏策划人员和美工人员，也能通过脚本进行编程。例如，游戏策划人员可以使用脚本编写故事情节，美工人员可以通过脚本进行动画设计。

游戏开发中使用游戏脚本的一个明显优点是：脚本语言、游戏的数据结构和代码库相互独立，使得非编程人员可以在一个相对安全的环境中对游戏做各种修改，并可以由玩家对游戏中的智能行为进行扩展。它的另外一个优点体现在没有程序员帮助的情况下，游戏设计人员能通过脚本语言对游戏进行各种智能测试和参数调整，这将大大提高游戏开发的效率。

11.4 二维游戏寻路与 A*算法

11.2 节中提到，游戏寻路是漫游 AI 的典型代表，是游戏开发中最常见的问题之一。本节将探讨二维游戏中的寻路技术及常用的寻路算法，并重点介绍 A*算法的基本原理及其实现。

11.4.1 游戏寻路技术

在游戏寻路中，首先需要采取适当的方式将游戏世界表达出来，常用的方法之一是将游戏世界中的路径信息转换为一个可搜索的图结构。

将游戏世界信息转化为图结构的方法有很多，通常采用的是对原来的地图信息进行预处理，构造出一个简化的新地图，然后在新构造的地图基础上实现路径的快速寻找。例如，使用预处理器检测地面上的路径和障碍等元素，并在地图上作标记，建造一个只使用地面信息的简化地图，实现路径的快速寻找。

除此之外，构造简化地图还可以采用矩阵分析法，即把游戏地图均匀转换为二阶矩阵单元，如采用 Map[256][256]表示 256×256 单元的地图，其中 Map[i][j]代表该坐标可能的地图元素类型，如平地、边缘、高地、水池等，然后可以扩张矩形区域的长和宽，使得其 4 个顶点都至少与 1 个“障碍”相邻接，而且保证所有可通行的地图元素类型属于且只属于一个矩形单元。

在将地图场景转换为图结构后，接下来需要确定地图中障碍物的处理方法。在障碍对象的处理方面，由于一般的障碍物都可以转换为便于处理的凸多边形，因此在游戏世界的路径寻找技术中，一般将障碍对象通过某种简化或预处理，使得所有的障碍对象都被看成一个凸多边形。其次，将障碍对象分为两种：可以穿越的障碍，只能绕行的障碍。对于只能绕行的障碍，可根据一定的地图信息选择一个方向绕行。对于可以穿越的凸多边形障碍，可根据直接路径连接障碍区域的入口或者出口，从而形成穿越。

最后，确定采用何种技术寻找合适的路径。在游戏 AI 中，路径寻找问题被转化为对图的搜索问题。给定起点位置和终点位置，需要在特定的环境中找出一系列的运动过程，使得游戏人物快速、有效地从起点位置到达终点位置。通过对图的搜索，寻找合适路径的方法有很多，常用的图搜索方法有两类：盲目搜索方法和启发式搜索方法。

盲目搜索方法是指，在搜索的过程中，除了能够区分目标位置和非目标位置外，没有其他参考信息。最常见的盲目搜索方法有广度优先搜索和深度优先搜索方法。广度优先搜索是从初始状态一层一层地向下找，直到找到目标为止。深度优先搜索是按照一定的顺序查找完一个分支，再查找另一个分支，直至找到目标为止。但广度和深度优先搜索都有致命的缺陷，因为这两种方法是在一个给定尺寸的图中穷举，在图的面积十分庞大且不可预测的情况下，搜索的节点数会呈几何级数增长，从而导致搜索效率降低，甚至在规定时间内难以完成搜索任务。

启发式搜索方法则是在搜索的过程中计算目前位置与初始位置的距离，同时由启发函数估计目前位置和目标位置的距离，进而增进搜索的效率。在具体步骤上，启发式搜索需要对每个搜索的位置进行评估，得到最好的位置，再从这个位置进行搜索，直至目标节点为止，这样可以省略大量的搜索路径。因此，在启发式搜索中，对状态位置的评估十分重要，对问题了解愈多，便能设计出愈好的启发函数。采用不同的评估函数有不同的效果。

一般情况下，启发式搜索中的位置评估函数表示为：

$$f(n) = g(n) + h(n)$$

其中，$f(n)$是节点 n 的估价函数，$g(n)$是在状态空间中从初始节点到节点 n 的实际代价，$h(n)$是从节点 n 到目标节点最佳路径的估计代价。

启发式搜索技术可节省大量时间，在具体实现上有多种算法，如局部择优搜索法、最好优先搜索法、A*算法等。启发式搜索算法都使用了启发函数，对问题愈了解，便能够设计出愈好的启发函数，其显著缺点是不能保证在存在解的情况下搜索成功。为了弥补这一不足，并在时间性能和求解能力之间取得平衡，启发式搜索技术在具体选取最佳搜索节点时的策略也不尽相同。启发式搜索中典型的是 A*算法，下面详细介绍。

11.4.2 A*算法及其实现

A*算法在游戏寻路中的应用非常广泛，只不过需要加上一些约束条件，使得在搜索的效率和求解能力之间获得很好的平衡。一些寻路问题希望能够求解出图中的最短路径，用最快的方法求解问题。A*算法就具备这一特性，它所找到的路径成本总是最小的。

A*算法通过估价函数来对状态位置进行评估，估价函数表示如下：

$$f'(n) = g'(n) + h'(n)$$

式中，$f'(n)$是节点 n 的估价函数；$g'(n)$是起点到节点 n 的最短路径代价，可以计算得出；$h'(n)$是节点 n 到目标节点的启发式的估计代价，是对实际代价的猜测。由于实际上 $f'(n)$无法预知，所以可用上述启发式搜索中的估价函数 $f(n)$近似。当 $g(n)>= g'(n)$时，可以用 $g(n)$代替 $g'(n)$；当 $h(n)<= h'(n)$时，可以用 $h(n)$代替 $h'(n)$。如果采用一个估价函数可以找到最短路径，则称它具有可采纳性。

为了便于理解，这里讨论最简单的情形：假设图为二阶矩阵 MAP[i][j]，由若干个 10×10 的小方格拼接而成，单个方格分为可到达或不可到达两种状态。位于方格上时，最多可以沿上、下、左、右和两条对角线共 8 个方向移动。上、下、左、右移动一步代价为 10，沿对角线移动一步代价为 10×14。由于 h 值为估计代价，只考虑上、下、左、右 4 个方向移动，不考虑对角线移动，如从 MAP[1][1]到 MAP[3][3]，h=40 而不是 h=28。给定起点和终点，通过 A*算法找出起点到终点的最短路径。

根据上述情形，采用 A*算法寻找最短路径的执行过程如下。

（1）将起点插入 OPEN 表。OPEN 表是 A*算法需要维护的一张链表，用于存放可以到达而未被访问的节点，表中节点均有待检验。

（2）在 OPEN 表中查找具有最小 f 值的节点。对于起点而言，$g=0$，$f=h$。

① 若 OPEN 表为空，则表示没有相邻节点可以访问，寻路失败。

② 若 OPEN 表不空，则把查找到的节点作为当前节点，将其移入 CLOSED 表中。CLOSED 表也是一张链表，由于存放 OPEN 表中已经检验过的节点。

③ 若当前节点为终点，则寻路成功，转到第（4）步

（3）循环检验当前节点相邻 8 个方向的每个节点。

① 若该相邻节点不可到达或者已经在 CLOSED 表中，将其忽略。

② 若该相邻节点已存在 OPEN 表中，则判断从起点经过当前节点到达该相邻节点的 g 值是否比原来更小。若是，则修改该节点的 f、g、h 值，并将该相邻节点的父节点设为当前节点，否则不进行操作。

③ 若该相邻节点可到达而不在 OPEN 表中，则计算它的 f、g、h 值并加入 OPEN 表，将该相邻节点的父节点设为当前节点。

④ 若所有方向检查完毕，则返回②；未检查完毕，则继续循环。

（4）从终点开始遍历 CLOSED 表中的父节点，进行逆向提取，遍历得到的节点即组成了从起点到终点的路径。

根据 A*算法的执行过程，代码实现如下。

设置地图参数如下：

```
#define MAP_WIDTH 50                          // 定义地图长、宽为 50
#define MAP_HEIGHT 50
#define UNIT 10                               // 定义每个方格边长为 10
```

定义节点的各种状态：

```
#define ACCESS 1                              // 方格可到达、不可到达
#define NOT_ACCESS 2
#define ORIGIN 3                              // 路径起点、终点
#define DESTINATION 4
#define IN_OPENLIST 5                         // 节点在 OPEN 表、CLOSED 表中
#define IN_CLOSEDLIST 6
```

定义节点结构：

```
struct mapNode {
    int  status;                              // 节点的状态标志
    int  xCoordinate;                         // 节点的横、纵坐标
    int  yCoordinate;
    int  fValue;                              // 节点的 f 值，g 值，h 值
    int  gValue;
    int  hValue;
    mapNode*  parent;                         // 节点的父节点指针
};
```

定义地图数组：

```
mapNode map[MAP_WIDTH][ MAP_HEIGHT];
```

定义 OPEN 表结构：

```
struct openList {
    mapNode   *openNode;
    openList*  next;
};
```

为了便于查找 OPEN 表中 f 值最小节点，在节点插入 OPEN 表时已按 f 值从小到大排列，因此 OPEN 表中第一个元素就表示 f 值最小的节点。具体代码在后面列出。

定义 CLOSED 表结构：

```
struct closedList {
    mapNode   *closedNode;
    closedList*  next;
};
```

定义从 OPEN 表插入节点到 CLOSED 表中的函数：

```
void insertNodeToClosedList(closedList* close, openList* &open) {
    if (open->openNode->status != IN_CLOSEDLIST)   // 将节点状态设置为在 CLOSED 表中
        open->openNode->status = IN_CLOSEDLIST;
    //如果 CLOSED 表为空，将 OPEN 表第一个元素直接插入 CLOSED 表，然后删除该元素
    if (close->closedNode == nullptr) {
        close->closedNode = open->openNode;
        openList* tempOpen = open;
        open = open->next;
        delete tempOpen;
        return;
    }
    while (close->next != nullptr)                 // 如果 CLOSED 表不空，向后找到最后一个元素
        close = close->next;
    closedList* tempClose = new closedList;        // 将 OPEN 表第一个元素插入 CLOSED 表末尾
    tempClose->closedNode = open->openNode;
    tempClose->next = nullptr;
    close->next = tempClose;
    openList* tempOpen = open;                     // OPEN 表删除第一个元素
    open = open->next;
    delete tempOpen;
}
```

定义检验当前节点相邻 8 个方向的节点的函数：

```
bool checkNeighboringNodes(openList* open, mapNode* node) {
    // 定义当前节点相邻 8 个方向的坐标变化
    const int neighborDirection[8][2]={{-1,-1}, {-1,0}, {-1,1}, {0,-1}, {0,1}, {1,-1}, {1,0}, {1,1}};
    for (int i = 0; i<8; i++) {
        // 得到相邻节点的 x、y 坐标
        int neighborX = node->xCoordinate + neighborDirection[i][0];
        int neighborY = node->yCoordinate + neighborDirection[i][1];
        // 若相邻节点位于地图之外、或不可到达、或已在 CLOSED 表中，则不考虑
        if (neighborX >= 0 && neighborY >= 0
                    && neighborX <MAP_WIDTH && neighborY <MAP_HEIGHT
                    &&map[neighborX][neighborY].status != NOT_ACCESS
                    &&map[neighborX][neighborY].status != IN_CLOSEDLIST) {
            // 若相邻节点已在 OPEN 表中，判断是否有更小的 g 值，有，则改变父节点
```

```
            if(map[neighborX][neighborY].status == IN_OPENLIST){
                ifChangeParent(neighborX, neighborY, i, node)
                ;
                else {                                           // 若相邻节点为可到达
                    map[neighborX][neighborY].parent = node;     // 将当前节点设为其父节点
                    // 计算该相邻节点的 f、g、h 值
                    calculateValues(neighborX, neighborY, i, node, destination);
                    // 将该相邻节点插入 OPEN 表
                    insertToOpenList(open, &map[neighborX][neighborY]);
                }
            }
        }
    }
    return true;
}
```

其中，计算相邻节点 f、g、h 值的函数如下：

```
void calculateValues(int x, int y, int i, mapNode* node, mapNode* destination) {
    // 若沿对角线移动，g 值增加 1.4 个单位边长，否则 g 值增加 1 个单位边长
    if (i == 0 || i == 2 || i == 5 || i == 7){
        map[x][y].gValue = node->gValue + 1.4*UNIT;
    }
    else {
        map[x][y].gValue = node->gValue + UNIT;
    }
    // h 值为该相邻节点沿水平、竖直方向移动到终点的距离
    map[x][y].hValue=(abs(destination->xCoordinate-x)+ abs(destination->yCoordinate-y))*UNIT;
    map[x][y].fValue = map[x][y].gValue + map[x][y].hValue;
}
```

将节点插入 OPEN 表的函数定义如下，为了便于查找 f 值最小的节点，将 OPEN 表中的元素按 f 值从小到大排列。

```
void insertToOpenList(openList* open, mapNode* node) {
    if (node->status != DESTINATION) {          // 若当前节点不是终点，将状态设置为在 OPEN 表中
        node->status = IN_OPENLIST;
    }
    openList* tempOpen = new openList;          // 新建一个 openList 元素
    tempOpen->next = nullptr;
    tempOpen->openNode = node;
    while (open->next != nullptr) {             // 从 OPEN 表头开始寻找
        // 若当前节点的 f 值小于表中元素的 f 值
        if (node->fValue < open->next->openNode->fValue) {
            openList* tempAdd = open->next;     // 将新建元素插入到表中元素之前
            tempOpen->next = tempAdd;
            open->next = tempOpen;
            break;
        }
        else {                                  // 若不小于，则继续向后寻找
            open = open->next;
        }
```

```
    }
    open->next = tempOpen;                          // 若未找到，则将新建元素插入到 OPEN 表末尾
}
```

判断相邻节点是否有更小 *g* 值的函数如下：

```
bool ifChangeParent(int x, int y, int i, mapNode * node) {
    if (i == 0 || i == 2 || i == 5 || i == 7) {                 // 若沿对角线移动
        //若相邻节点 g 值大于当前节点 g 值超过 1.4 个单位
        if (map[x][y].gValue> node->gValue + 1.4*UNIT) {
            map[x][y].parent = node;                            // 设置当前节点为父节点
            // 修改节点的 g，f 值，h 值不变
            map[x][y].gValue = node->gValue + 1.4*UNIT;
            map[x][y].fValue = map[x][y].gValue + map[x][y].hValue;
        }
        return true;
    }
    else {                                                      // 若沿水平、垂直方向移动，同理
        if (map[x][y].gValue > node->gValue + UNIT) {
            map[x][y].parent = node;
            map[x][y].gValue = node->gValue + UNIT;
            map[x][y].fValue = map[x][y].gValue + map[x][y].hValue;
        }
        return true;
    }
    return false;
}
```

在 aStar()函数中实现 A*算法的执行过程如下。其中，initMap()函数需完成地图所有节点信息的初始化，包括起点和终点的选取。由于地图设置的灵活性大，本节不实现具体的初始化方法。

```
int aStar() {
    initMap();                                                  // 初始化地图信息
    openList* open = new openList;                              // 新建 OPEN 表和 CLOSED 表
    closedList* close = new closedList;
    // 将起点作为 OPEN 表中第一个元素
    open->openNode = origin;
    open->next = nullptr;
    close->closedNode = nullptr;
    close->next = nullptr;
    while (checkNeighboringNodes(open, open->openNode)) {  // 循环检验 8 个方向的相邻节点
        insertNodeToClosedList(close, open);                    // 从 OPEN 表中选取节点插入 CLOSED 表
        if (open == nullptr) {                                  // 若 OPEN 表为空，则寻路失败
            cout << "Failed to find path!" << endl;
            break;
        }
        if (open->openNode->status == DESTINATION) {        // 若寻路成功，则打印路径上的节点坐标
            cout << "Path coordinates are: " << endl;
            mapNode* tempNode = open->openNode;
            while (tempNode->parent !=nullptr) {
                tempNode = tempNode->parent;
                cout << "(" << tempNode->xCoordinate << ", "<< tempNode->yCoordinate << ")" << endl;
```

```
            }
            break;
        }
    }
    return 0;
}
```

11.5 游戏 AI 实例——迷宫寻宝

11.4 节重点探讨了游戏寻路中的 A*算法及其实现，然而仅有算法的实现并不直观，寻路的准确性仍有待检验。本节将结合 cocos2d-x 游戏引擎，通过一个简单的“迷宫寻宝”游戏，将 A*算法应用到实例中去。在这个实例中，需要建立一张瓦片地图来表示迷宫，迷宫的入口放置一张“笑脸”来表示寻路的精灵，如图 11-3 所示。

图 11-3　游戏实例地图

游戏需要实现的效果比较简单：玩家点击地图某一位置，若当前位置为道路，则在点击处放置宝箱，同时精灵将根据 A*算法自动寻找到达宝箱的路径，同时在地图上绘制移动路径；若当前位置为墙体，则禁止放置。

1. 对 11.4 节中的 A*算法适当修改

在 11.4 节中，地图数组指针 map 和起点指针 origin、终点指针 destination 都被定义为全局变量，而在实例中，它们都被封装为场景类 MazeScene 的私有成员变量，因此需要将其作为参数传递到使用它们的函数中。具体有 4 个函数的参数变化如下：

```
void calculateValues(mapNode** map, int x, int y, int i, mapNode* node, mapNode* destination);
bool ifChangeParent(mapNode** map, int x, int y, int i, mapNode * node);
bool checkNeighboringNodes(mapNode**map, openList*open,mapNode* node, mapNode* destination);
intaStar(mapNode** map, mapNode* origin, mapNode* destination);
```

这 4 个函数内部的代码基本不变，仍可参考 11.4 节的对应内容，因此不再重复列出。

在实例中，地图大小为 32×20，每个单元边长为 30，因此修改宏定义如下：

```
#define    MAP_WIDTH    32
#define    MAP_HEIGHT   20
#define    UNIT         30
```

除了主函数 aStar()与 11.4 节末实现的地图初始化函数 initMap()外，其余所有与 A*算法有关的内容都可以放到头文件 aStar.h 中，以供调用，在场景类头文件 MazeScene.h 中包含 aStar.h 即可。

2. 定义转入场景类 MazeScene

```
class MazeScene : public cocos2d::Layer {
  private:
    TMXLayer* m_mapLayer;                          // 瓦片地图的图层对象
    DrawNode* m_draw;                              // 绘制路径的绘图节点对象
    Size m_visibleSize;                            // 屏幕的可见尺寸
    mapNode** m_map = nullptr;                     // 地图数组指针
    mapNode* m_origin = nullptr;                   // 寻路起点指针
    mapNode* m_destination = nullptr;              // 寻路终点指针
    bool m_isReadyToMove = true;                   // 判断是否可以在地图上移动
  public:
    static cocos2d::Scene* createScene();
    virtual bool init();
    CREATE_FUNC(MazeScene);
    void initMap();                                // 初始化地图数组
    void moveOnPath(mapNode* tempNode);            // 控制精灵沿路径移动
    int aStar(mapNode** map, mapNode* origin, mapNode* destination);     //A*算法主函数
    void addTouchListener();                       // 添加屏幕触摸监听
    void update(float delta);                      // 定时器更新
    bool onTouchBegan(Touch *touch, Event *unused_event);
    void onTouchEnded(Touch *touch, Event *unused_event);
};
```

3. 在 MazeScene.cpp 中添加函数的具体实现

（1）在 init()函数中对场景类初始化，完成载入场景地图、初始化地图数组、预置提示标签、添加精灵等操作。

```
bool MazeScene::init() {
    if (!Layer::init()) {
        return false;
    }
    m_visibleSize = Director::getInstance()->getVisibleSize();  // 获得屏幕尺寸
    auto tileMap = TMXTiledMap::create("superMaze.tmx");     // 载入地图，将放置到适当位置
    tileMap->setPosition(0, m_visibleSize.height - MAP_HEIGHT * UNIT);
    this->addChild(tileMap, 1);
    m_mapLayer = tileMap->getLayer("mainLayer");             // 获取地图中的主图层
    initMap();                                               // 初始化地图数组
    // 在屏幕底端中央显示闪烁的操作提示
    auto playTip = LabelTTF::create("Click Map To Put Treasure", "Arial", 40);
    playTip->setPosition(m_visibleSize.width / 2, 0.5*(m_visibleSize.height - MAP_HEIGHT * UNIT));
    this->addChild(playTip, 1);
    auto blink = Blink::create(5, 10);
    playTip->runAction(blink);
    // 预置找到宝箱的提示，将其设置为不可见
```

```
    auto successTip = Label::createWithBMFont("fonts/futura-48.fnt", "Found Treasure!");
    successTip->setPosition(m_visibleSize.width / 2, m_visibleSize.height / 2);
    this->addChild(successTip, 2,TIP_TAG);
    successTip->setVisible(false);
    auto smileSprite = Sprite::create("smile.png");            // 在地图起点放置寻宝精灵
    smileSprite->setPosition(0.5*UNIT, m_visibleSize.height - 0.5*UNIT);
    this->addChild(smileSprite, 3, SMILE_TAG);
    auto boxSprite = Sprite::create("box.png");                // 预置宝箱精灵，将其设置为不可见
    boxSprite->setPosition(m_visibleSize.width / 2, m_visibleSize.height / 2 );
    boxSprite->setVisible(false);
    this->addChild(boxSprite, 3, BOX_TAG);
    auto forbidSprite = Sprite::create("forbid.png");          // 预置禁止放置图标，将其设置为不可见
    forbidSprite->setPosition(m_visibleSize.width / 2 , m_visibleSize.height / 2 );
    forbidSprite->setVisible(false);
    this->addChild(forbidSprite, 4, FORBID_TAG);
    m_draw = DrawNode::create();                               // 添加绘图节点
    this->addChild(m_draw, 2, DRAW_TAG);
    addTouchListener();                                        // 添加屏幕触摸监听
    this->scheduleUpdate();                                    // 调用定时器更新
    return true;
}
```

其中，初始化地图数组函数 initMap()定义如下：

```
void MazeScene::initMap() {
    m_map = new mapNode*[MAP_WIDTH];                           // 根据地图宽、高分配数组空间
    for (int n = 0; n < MAP_WIDTH; n++)
        m_map[n] = new mapNode[MAP_HEIGHT];
    for (int i = 0; i< MAP_WIDTH; i++){                        // 依次扫描地图数组每一个单元
        for (int j = 0; j< MAP_HEIGHT; j++) {
            // 若当前位置为墙体瓦片设置为不可通过
            if (m_mapLayer->getTileGIDAt(Vec2(i, j)) == NOT_ACCESS_TILE)
                m_map[i][j] = {NOT_ACCESS, i, j, 0, 0, 0, nullptr };
            else                                               // 否则设置为可以通过
                m_map[i][j] = { ACCESS, i, j, 0, 0, 0, nullptr };
        }
    }
    m_map[0][0].status = ORIGIN;                               // 初始化起点为(0, 0)单元
    m_origin = &m_map[0][0];
}
```

监听屏幕触摸事件的函数 addTouchListener()定义如下：

```
void MazeScene::addTouchListener() {
    auto listener = EventListenerTouchOneByOne::create();      // 获得监听器
    // 为触摸开始和触摸结束设置回调函数
    listener->onTouchBegan = CC_CALLBACK_2(MazeScene::onTouchBegan, this);
    listener->onTouchEnded = CC_CALLBACK_2(MazeScene::onTouchEnded, this);
    // 设置触摸监听优先级
    Director::getInstance()->getEventDispatcher()->addEventListenerWithSceneGraphPriority(listener, this);
}
```

（2）在 onTouchBegan()函数中，先将触摸点坐标转化为地图数组坐标，若该坐标为墙体或超

出地图范围，或者不允许移动时，在触摸点设置禁止图标；否则在触摸点放置宝箱，以该坐标点为终点调用 A*算法开始寻路。其中，设置是否允许移动变量 m_isReadyToMove，是为了阻止在一次寻路未到达终点前开始第二次移动。具体代码如下：

```
bool MazeScene::onTouchBegan(Touch *touch, Event *unused_event) {
    // 将触摸点坐标转化为地图数组坐标
    int x = (int)(touch->getLocation().x / UNIT);
    int y = (int)((m_visibleSize.height - touch->getLocation().y) / UNIT);
    // 若该地图单元为墙体或超出地图范围，设置禁止图标
    if (m_map[x][y].status == NOT_ACCESS || y >= MAP_HEIGHT) {
        auto forbid = this->getChildByTag(FORBID_TAG);
        forbid->setPosition(0.5*UNIT + x*UNIT, m_visibleSize.height - 0.5*UNIT - y*UNIT);
        forbid->setVisible(true);
        return true;
    }
    else {
        if (m_isReadyToMove) {                              // 若该地图单元可到达且允许移动
            m_isReadyToMove = false;                        // 为到达终点前不再允许移动
            m_map[x][y].status = DESTINATION;               // 将当前地图单元设置为终点
            m_destination = &m_map[x][y];
            auto box= this->getChildByTag(BOX_TAG);         // 在当前地图单元添加宝箱精灵
            box->setPosition(0.5*UNIT + x*UNIT, m_visibleSize.height-0.5*UNIT- y*UNIT);
            box->setVisible(true);
            aStar(m_map, m_origin, m_destination);          // 调用 A*算法开始寻路
            auto tip = this->getChildByTag(TIP_TAG);        // 将上一次寻路成功的提示隐藏
            tip->setVisible(false);
            return false;
        }
        else{                                               // 若不允许移动，在该地图单元设置禁止图标
            auto forbid = this->getChildByTag(FORBID_TAG);
            forbid->setPosition(0.5*UNIT + x*UNIT, m_visibleSize.height- 0.5*UNIT -y*UNIT);
            forbid->setVisible(true);
            return true;
        }
    }
}
```

当 onTouchBegan()函数中设置禁止图标时，将返回 true，然后调用 onTouchEnd()函数，从中将禁止图标和提示隐藏即可，具体代码如下：

```
void MazeScene::onTouchEnded(Touch *touch, Event *unused_event) {
    //隐藏禁止图标
    auto forbid = this->getChildByTag(FORBID_TAG);
    forbid->setVisible(false);
    //隐藏寻路成功提示
    auto tip = this->getChildByTag(TIP_TAG);
    tip->setVisible(false);
}
```

（3）在 A*算法的主函数中，与 11.4 节的代码框架基本相同，主要区别在于对寻路失败和寻路成功的处理。在本实例中，若寻路失败，则在屏幕中央显示提示标签；若寻路成功，则调用 moveOnPath()函数控制精灵在路径上移动。具体代码如下：

```
int MazeScene::aStar(mapNode** map, mapNode* origin, mapNode* destination) {
    openList* open = new openList;
    open->next = nullptr;
    open->openNode = origin;
    closedList* close = new closedList;
    close->next = nullptr;
    close->closedNode = nullptr;
    // 循环检验 8 个方向的相邻节点
    while (checkNeighboringNodes(map, open, open->openNode, destination)) {
        insertNodeToClosedList(close, open);              // 从 OPEN 表中选取节点插入 CLOSED 表
        if (open == nullptr) {                            // 若 OPEN 表为空，表明寻路失败
            // 屏幕中央显示寻路失败的提示
            auto failedTip = Label::createWithBMFont("fonts/futura-48.fnt", "No Way!");
            failedTip->setPosition(m_visibleSize.width / 2, m_visibleSize.height / 2);
            this->addChild(failedTip, 2, TIP_TAG);
            break;
        }
        if (open->openNode->status == DESTINATION) {// 若终点在 OPEN 表中，表明寻路成功
            mapNode* tempNode = open->openNode;
            moveOnPath(tempNode);                         // 调用 moveOnPath()函数控制精灵在路径上移动
            break;
        }
    }
    return 0;
}
```

控制精灵沿路径移动的 **moveOnPath()**函数中需要存储由父节点指针得到的路径信息，保存在结构体数组中。然后从结构体数组末尾反向提取，根据路径上的每个单元坐标，创建精灵移动的动作序列，并绘制移动路径。具体代码如下：

```
void MazeScene::moveOnPath(mapNode* tempNode) {
    struct pathCoordinate{ int x; int y; };              // 声明存储路径坐标的结构体
    // 分配路径坐标结构体数组
    pathCoordinate* path = new pathCoordinate[MAP_WIDTH*MAP_HEIGHT];
    int loopNum = 0;                                     // 利用父节点信息逆序存储路径坐标
    while (tempNode != nullptr) {
        path[loopNum].x = tempNode->xCoordinate;
        path[loopNum].y = tempNode->yCoordinate;
        loopNum++;
        tempNode = tempNode->parent;
    }
    auto smile = this->getChildByTag(SMILE_TAG);         // 将笑脸精灵的坐标存为绘制线段起点
    int fromX = smile->getPositionX();
    int fromY = smile->getPositionY();
    Vector<FiniteTimeAction*> actionVector;              // 声明动作向量存储动作序列
    for (int j = loopNum - 2; j >= 0; j--) {             // 从结构体数组尾部开始扫描
        int realX = (path[j].x + 0.5)*UNIT;              // 将地图数组坐标转化为屏幕实际坐标
        int realY = m_visibleSize.height - (path[j].y + 0.5)*UNIT;
        auto moveAction = MoveTo::create(0.2, Vec2(realX, realY));     // 创建移动动作并存入动作向量
        actionVector.pushBack(moveAction);
```

```
        // 绘制从起点到下一个地图单元的线段
        m_draw->drawLine(Vec2(fromX, fromY), Vec2(realX, realY), Color4F(1.0, 0.0, 0.0, 0.5));
        // 将当前坐标保存为下一次绘制的起点
        fromX = realX;
        fromY = realY;
    }
    auto actionSequence = Sequence::create(actionVector);     // 创建动作序列
    smile->runAction(actionSequence);                         // 笑脸精灵执行移动动作序列
}
```

（4）通过定时器更新 update()函数判断精灵是否到达目的地，若到达，则将宝箱隐藏，并将地图数组恢复初始状态，将目的地保存为新的起点等，为下一次移动做好准备。具体代码如下：

```
void MazeScene::update(float delta) {
    auto smile = this->getChildByTag(SMILE_TAG);
    auto box = this->getChildByTag(BOX_TAG);
    // 如果笑脸精灵达到宝箱位置
    if ( smile->getBoundingBox().intersectsRect( box->getBoundingBox() ) ) {
        box->setVisible(false);                                // 隐藏宝箱
        for (int i = 0; i< MAP_WIDTH; i++) {                   // 将地图数组恢复初始状态
            for (int j = 0; j< MAP_HEIGHT; j++) {
                if (m_map[i][j].status != NOT_ACCESS) {
                    m_map[i][j] = { ACCESS, i, j, 0, 0, 0, nullptr };
                }
            }
        }
        // 将当前单元设为起点
        m_origin = m_destination;
        m_origin->status = ORIGIN;
        m_draw->clear();                                       // 清除绘制的路径
        m_isReadyToMove = true;                                // 允许再次移动
        auto tip = this->getChildByTag(TIP_TAG);               // 显示寻路成功的标签提示
        tip->setVisible(true);
    }
}
```

至此，该游戏实例的代码编写完成。一些未列出的细节，可以参考相关源代码。实例的运行效果如图 11-4 所示。

小　结

游戏 AI 的整体设计分为感知、记忆、分析、决策四部分，其中重要的原则是在功能性和娱乐性之间达到平衡。游戏 AI 的基本类型包括：漫游 AI、行为 AI 和策略 AI，以及常用的几种游戏 AI 技术。由于这些内容比较抽象，本章在介绍的同时举出了一些例子，以便读者理解。

本章重点介绍了二维游戏中的寻路技术，包括地图转化、障碍处理和搜索算法等，其中结合具体问题重点探讨了 A*算法的处理思想、执行步骤及其代码实现。最后，通过一个简单的游戏实例，将 A*算法的具体代码应用到 Cocos2d-x 游戏引擎的寻路问题中，也对其可行性做出了验证。

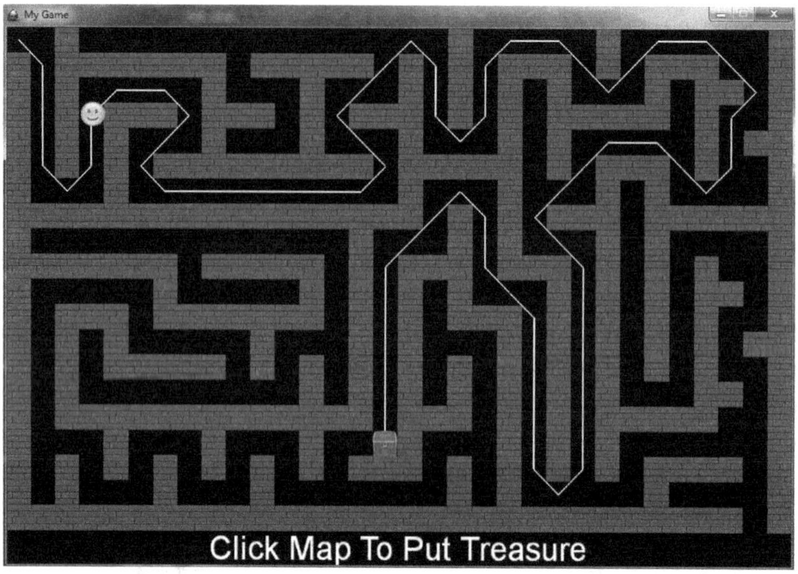

图 11-4　游戏实例运行效果

习题和实验

实验手册（Word 文档）

1．根据自身的游戏经历，试指出至少一款具有功能强大的 AI，使玩家产生挫败感的游戏，并说明理由。

2．试指出至少一款游戏，其中的 AI 有时会做出哪些“愚蠢”的行为，并对其进行描述。

3．试描述一款游戏中 AI 英雄（如《英雄联盟》）的多个状态，并采用有限状态机表达状态间的切换。

4．除本章介绍的游戏 AI 技术外，请列出一种游戏 AI 技术，并对其简要介绍。

5．除本章介绍的 A*算法外，请列出一种启发式搜索算法，并比较两者的异同。

6．在 11.3 节中未给出具体的地图初始化函数 initMap()函数，试编写从文件初始化地图的函数并调试运行。

7．简述常用的广度优先搜索与深度优先搜索的算法思想。

8．在游戏中，开始寻路之前，如何将游戏世界信息转化为可搜索的图结构？

9．什么叫 A*算法的可采纳性？

10．本章中 A*算法评估的是曼哈顿距离，类似的还有欧几里得距离、切比雪夫距离，请分别简要说明。

第 12 章　网络游戏编程

网络引导出人与人之间交流的新模式，网络游戏则改变了游戏的方式和规则。基于“人属于社会”这一属性，网络游戏开启一种全新的游戏模式。在单机版计算机游戏中，玩家只能一个人在游戏世界中探索，因此其游戏模式主要是基于人机互动。在网络游戏中，玩家可以与其他玩家共同享受游戏的乐趣，获得团队精神的体验，因此其游戏模式扩展到人与人之间的互动。人与人之间互动的真实度和刺激性将远强于人机互动，网络游戏可以提供单机版游戏所无法提供的可玩性。例如，长久不衰的对战游戏反恐精英（CS）也是因为它的竞技性、团队性提高了游戏整体的可玩性。

本章将介绍基本的网络和网络游戏编程概念，并通过示例讲解 Cocos2d-x 中网络游戏的实现。

12.1　网络游戏的基本架构

从系统实现的角度看，网络游戏的通信传输体系结构通常分为 3 层（如图 12-1 所示）：**封装层**，实现基本数据类型的读写操作；**传输层**，数据压缩和加密，提供数据缓冲区以及各种统计数据；**应用层**，发送和接收封装好的数据包。在实际的游戏项目中，常见的网络基本架构主要有 3 种：Peer-to-Peer 对等通信架构、会话大厅架构和 C/S 架构。

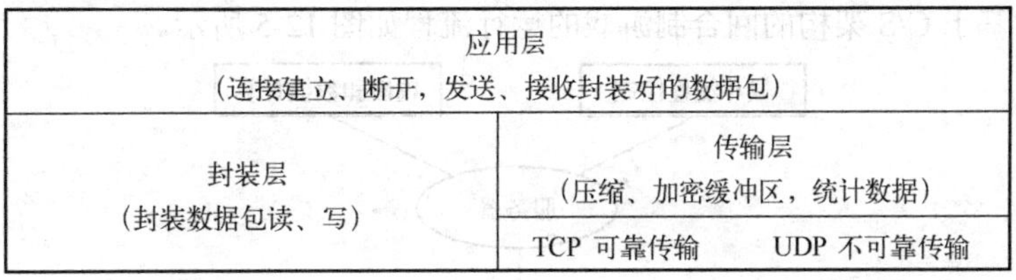

图 12-1　网络游戏的通信传输结构

1．对等通信架构

网络游戏的最常见的基本架构是 Peer-to-Peer 对等通信，如图 12-2 所示，即在多个玩家参与的游戏中，各玩家之间采用 Peer-to-Peer 的直接通信方式。网络通信服务一般采用浮动服务器的形式，即其中一个玩家的机器既是客户端，又扮演服务器的角色，一般由创建游戏局的玩家担任服务器（主机）。很多对战型 RTS 网络游戏都采用这种结构。

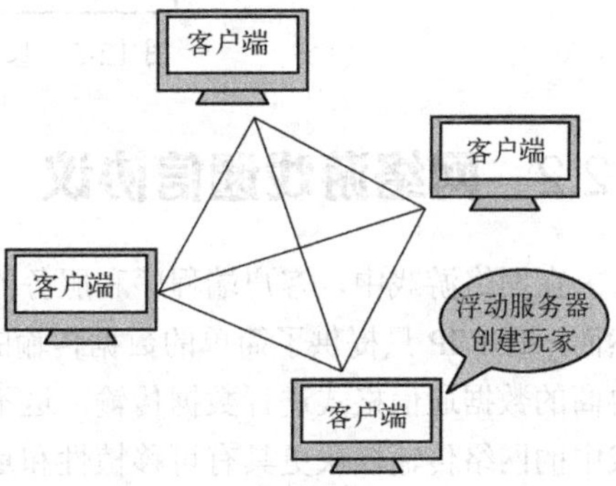

图 12-2　网络游戏的对等通信结构

2．会话大厅架构

会话大厅代理的架构是为不同玩家牵线搭桥，既直接管理客户端，也管理游戏局，是回合制网络游戏的常见类型，如图 12-3 所示。

3．C/S 架构

网络游戏的最典型的架构是客户—服务器架构

（简称 C/S 架构），如图 12-4 所示，特别适合多人同时在线游戏，如 RPG。在服务器上有完整的游戏世界模型，玩家在客户端观察和操纵这个世界，并与之互动。

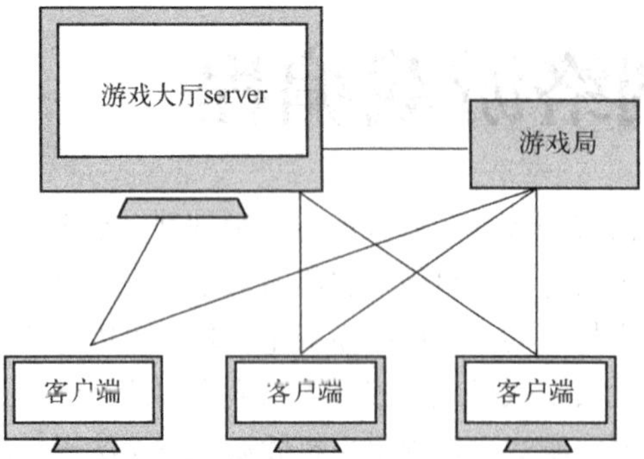

图 12-3　网络游戏的会话大厅架构

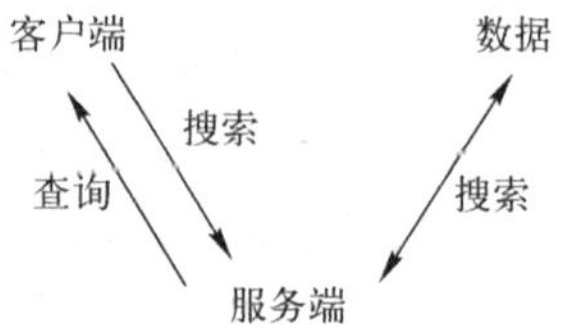

图 12-4　网络游戏的 C/S 架构

C/S 架构的优点是能够充分发挥客户端计算机的处理能力，很多工作可以在客户端处理后再提交给服务器，使客户端的响应速度更快。但从运营的角度出发，现在的网络游戏几乎把游戏数据的处理放在服务器上进行，客户端只发送、接收和展示游戏数据，这样的好处是可以避免外挂破坏游戏平衡，有利于游戏运营。其缺点是网络游戏的升级比较麻烦，每次升级需要客户端下载庞大的更新软件，然后进行安装，对于一些带宽并不是十分充足的用户而言，升级就成了游戏的梦魇。不过，良好的客户端程序框架设计完全可以避免升级时下载庞大的更新软件。比如，客户端软件可以把场景定义文件独立出来，客户端程序在运行时动态加载场景定义文件。这样，当网络游戏的设计者发现需要增加游戏场景时，他只需更新一个场景定义文件就可以了，当然还需要一些必需的场景资源文件，如新增加的图像、背景音效等。

一个典型的基于 C/S 架构的回合制游戏的运行流程如图 12-5 所示。

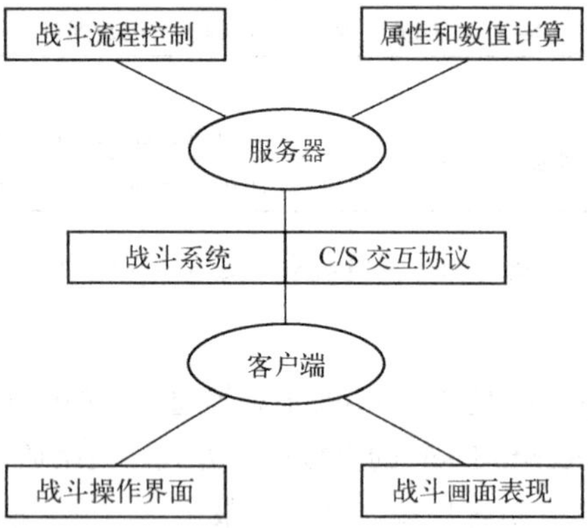

图 12-5　基于 C/S 架构的会合制游戏流程

12.2　网络游戏通信协议

在网络游戏中，客户端程序和服务器端程序一般通过 TCP/IP 建立网络连接，进行数据交换。然而，TCP/IP 只提供了简单的数据传输的协议，网络游戏需要建立复杂的通信协议，并按照预先协商的数据通信格式进行数据传输。这不仅使得网络游戏的通信更加规范，更易管理，也使得游戏中的网络传输模块更具有可移植性和重用性。

游戏通信协议是在网络模型的应用层定义的一个高层通信协议，类似于 FTP 和 SMTP 等，使得网络游戏的客户端和服务器端程序通过预先设定好的格式传输数据。SMTP（Simple Mail Transfer Protocol，简单邮件传输协议）的连接和发送过程如下：① 客户端与服务器建立 TCP 连接；② 客户端发送 HELLO 命令标识发件人的身份；③ 客户端发送 MAIL 命令，服务器以 OK 应答；④ 客户端发送 RCPT 命令，标识电子邮件的接收人；⑤ 客户端发送 DATA，发送邮件；⑥ 客户端发送“.”，表示结束；⑦ 客户端发送 QUIT 命令，结束会话。

通过这样一整套预先规定好的协议流程，服务器端程序与客户端程序实现了相对独立。服务器端程序与客户端程序运行的环境、运行机器的架构、程序实现语言都无关。只要符合这一整套通信协议，服务器就能与客户端进行交流。因此，设计优秀的游戏通信协议对网络游戏十分重要。

1. 游戏通信协议结构

游戏通信协议并没有一个像 SMTP、FTP 那样明确的标准。很大程度上，游戏通信协议根据游戏开发者的主观要求制定，只需在开发者内部约定俗成即可。因此，游戏通信协议对格式和结构的要求并不严格。这里介绍一种类似 XML（eXtensible Markup Language，可扩展标志语言）的通信协议。XML 在组织和表示数据方面具有很强的能力。在了解 XML 的基础知识后，游戏程序员可以设计出自行定义的游戏通信协议。游戏开发者可以按照下面的格式组织游戏传输数据。根据游戏类型的不同，可以添加不同的内容。

```
<Data>
    <Version><%Version%></Version>                    // 版本信息
    <GameName><%GameName%></GameName>                 // 游戏名字
    <GameType><%GameType%></GameType>                 // 游戏类型
    <UserID><%UserID%></UserID>                       // 用户 ID
    ......
</Data>
```

当然，游戏通信协议并没有固定的形式，游戏开发者通常需要根据具体需求进行一定的调整，例如，上面的数据形式完全可以换成另一种同样通用灵活的 JSON 进行表示：

```
{
    “Version”：%Version% ,
    “GameName”：%GameName% ,
    “GamaType”：%GameType% ,
    “UserID”：%UserID%
}
```

2. 协议打包/解包

定义了游戏通信协议，自然需要协议打包/解包程序的支持。因为采取了类似 XML 语法格式的通信协议，游戏协议的结构相对清晰明了，协议解析代码的编写也更为容易。但注意，协议打包/解包的实现代码应该最大限度地保持通用性和灵活性，因为游戏通信协议并不是一个标准的协议，很可能在游戏开发过程中需要不断修改和补充，甚至推倒重来。所以，协议打包/解包程序的编写必须从一开始就尽量做到内核的独立性，只留几个协议相关的外部接口。即使协议发生了很大的变化，打包/解包代码也只需很少的修改即可。

12.3 网络游戏多线程编程

一般来说，网络游戏服务器端程序主要功能模块包括：网络通信、业务逻辑处理、数据存储和守护监控等。这些模块以进程或线程的方式存在，可部署于同一台物理服务器，也可以分布于不同的物理服务器。无论如何部署，这些模块都应该是异步而非同步执行的，这就涉及多线程编程技术。异步执行的方式有两种：单进程多线程模式和多进程单线程模式。

在采用单进程多线程模式的服务器端开发中，其网络通信、业务逻辑处理和数据存储等模块分别由不同的线程处理，但这些线程属于同一进程，没有独立的守护监控进程。基于该并发模式的服务器端架构简单，编码相对容易，且数据存储、共享和交换可通过全局变量或单体实现。该模式只适合于小型网络游戏，对于并发访问量可达几十万的大型网络游戏是不适用的，主要原因在于：功能模块集中于同一进程，无法应用于分布式架构；各线程的状态难以监控，容易出现死锁；若某个线程出错（如非法内存访问导致栈空间被破坏），可引起服务器进程崩溃，从而导致所有玩家掉线，用户体验变差。

在采用多进程单线程模式的服务器端开发中，其网络通信、业务逻辑处理、数据存储和守护监控分别在不同的进程，每个进程只有一个线程，并发性更强。该模式允许不同的进程分布于不同的物理服务器，如可将数据存储模块放到单独的一个物理服务器上，供几个区的服务器使用，也可将网络通信模块独立出来，甚至做成导向服务器，实现跨多个服务器的游戏玩法。另外，由于存在守护监控进程，可以知晓其他进程状态，若有进程失去响应，可马上重新启动该进程；若某个服务器进程异常退出，只要不是网络通信进程，则可被及时重启。这种重启至多会造成某个逻辑功能瞬间无法使用，不会造成玩家掉线，玩家甚至察觉不到这种异常。同时，该模式通过共享内存进行数据交换，即使其中一个服务器失去响应，用户数据也可以得到很好的保护。当然，该模式也有缺点，主要表现在：各进程间通信很多，需要处理跨多个服务器进程的异步消息，因此编码难度较大；因进程切换的时间片远远于线程切换，高并发的网络游戏难以承受这种时间片的切换代价，必须优化设计服务器的框架，在保证数据不出错的前提下，尽量避免使用互斥锁。

在 Cocos2d-x 中编写游戏特别是编写网络游戏的过程中，会经常使用多线程，通常采用单进程多线程模式，业务逻辑处理、数据存储等分别由不同的线程实现。使用 Visual Studio 2012 或以上版本编写程序时，有了 C++ 11 的新特性，通过 std::thread 可以更方便地使用多线程。例如：

```
bool HelloWorld::init() {
    if ( !Layer::init() )  {
        return false;
    }
    std::thread threadTest(&HelloWorld::testThread, this); // 创建一个分支线程，回调到 myThread 函数里
    threadTest.detach();                                   // 子线程分离
    CCLOG("in major thread");                              // 在主线程
    return true;
}
void HelloWorld::testThread() {
    CCLOG("in my thread");
}
```

程序在主线程中创建了一个子线程并与主线程分离，执行程序后，可看到输出如图 12-6 所示，也有可能出现如图 12-7 所示的情况。

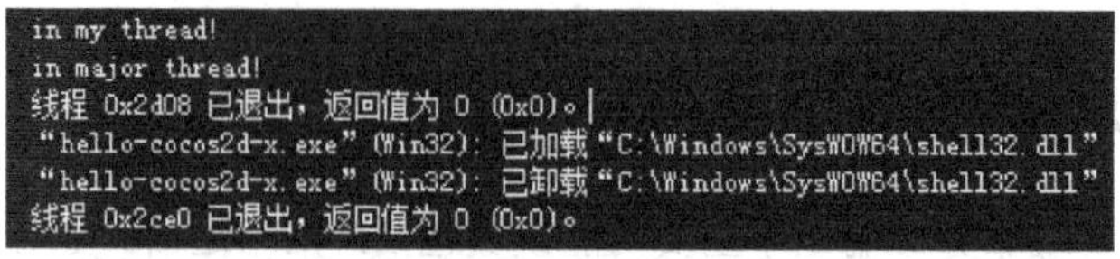

图 12-6　多线程测试 1

```
in major thread!
in my thread!
线程 0x2e84 已退出，返回值为 0 (0x0)。
"hello-cocos2d-x.exe" (Win32): 已加载 "C:\Windows\SysWOW64\shell32.dll"。
"hello-cocos2d-x.exe" (Win32): 已卸载 "C:\Windows\SysWOW64\shell32.dll"。
线程 0x1c38 已退出，返回值为 0 (0x0)。
线程 0x2adc 已退出，返回值为 0 (0x0)。
```

图 12-7　多线程测试 2

12.4　常见的游戏开发网络框架

网络游戏的开发需要在系统架构上精心设计才能让整个系统拥有优良的性能表现。一般，中小型网络游戏会采用一些经典的网络框架，使得开发效率得到大幅度提高。

1. Boost asio（高性能的网络开发库）

Boost asio 是一个高性能的网络开发库，在 Windows 下使用 IOCP，在 Linux 下使用 epoll。与传统网络库不同，Boost asio 并没有提供一个网络框架，而是采取组件的方式来提供应用接口。采用一个好用的框架还是能够简化开发过程，特别是 asio 的各异步接口的用法都相当类似。

Boost asio 的主要特点如下：① 具有稳定的跨平台特性；② 方便的服务器扩展机制，可快速扩展服务器类型和数量；③ 易于使用，提供了工具箱而不是框架来降低新手的入门门槛；④ 基于更多的抽象，提供了高层次的抽象允许其他库的开发者进行扩展。

2. RakNet（跨平台的开源 C++网络引擎）

RakNet 是一个基于 UDP 网络传输协议的 C++网络库，允许程序员在他们自己的程序中实现高效的网络传输服务。通常情况下用于游戏，也可以用于其他项目。

RakNet 有以下特点：① 高性能，在同一台计算机上可以实现在两个程序之间每秒传输 25000 条信息；② 容易使用，有在线用户手册，每一个函数和类都有详细的讲解；③ 跨平台，支持 Windows、Linux、Macs；④ 在线技术支持，拥有一个活跃的论坛；⑤ 安全的传输，代码中自动使用 SHA1、AES128、SYN，用 RSA 避免传输受到攻击。

3. Pomelo（开源的 Node.js 游戏服务端框架）

Pomelo 是基于 Node.js 的高性能、分布式游戏服务器框架，包括基础的开发框架和相关的扩展组件，可以省去游戏开发枯燥中的重复劳动和底层逻辑的开发。Pomelo 适用于游戏服务器开发，也可用于开发高实时 Web 应用，它的分布式架构可以比普通的实时 Web 框架扩展性更好。

Pomelo 的主要特点如下：① 快速、易上手的游戏开发模型和 API；② 高可伸缩的多进程架构，支持 MMO 的场景分区和其他各类分区策略；③ 方便的服务器扩展机制，可快速扩展服务器类型和数量；④ 方便的请求、响应、广播、服务器通信机制，不需任何配置；⑤ 注重性能，在性能、可伸缩性上做了大量的测试、优化。

12.5　Cocos2d-x 中的网络通信

作为时下流行的 2D 游戏引擎，Cocos2d-x 提供了很好的网络支持，根据不同的应用场景，有三种网络通信方式：HTTP、Socket 和 WebSocket。

12.5.1 HTTP 网络通信

HTTP（HyperText Transfer Protocol，超文本传输协议）是互联网广泛使用的通信协议，是建立在 TCP 之上的一种协议，采用短连接形式、是无状态协议。HTTP 具有简单快速、灵活、支持 B/S 及 C/S 模式等特点。HTTP 有 3 种常见请求方式：GET、POST 和 PUT。

Cocos2d-x 中封装了 HttpRequest 类、HttpClient 类和 HttpResponse 类，用来处理 HTTP 请求，它们均是在同一个命名空间中定义，所以在使用前要先声明该命名空间，声明方式为：

```
using namespace cocos2d::network
```

1. HttpRequest

在 Cocos2d-x 中，HttpRequest 是一种数据类型，提供了一些方法用来定义或获取 HTTP 请求的参数。HttpRequest 类中常用的函数如表 12-1 所示。

表 12-1　HttpRequest 类中常用的函数

函数原型	说　明
void setUrl(const char* url)	设置请求连接，对应的获得请求连接的函数的函数名为 getUrl
void setRequestType(Type type)	设置请求类型，对应的获得请求类型的函数的函数名为 getRequestType
void setResponseCallback(Ref* pTarget, SEL_HttpResponse pSelector)	设置请求完成后的回调函数，对应的获得请求类型的函数的函数名为 getCallback
void setRequestData(const char* buffer, unsigned int len)	设置请求的数据，其中参数 buffer 是提交的数据，参数 len 是请求数据的长度。对应的获得请求的数据的函数的函数名为 getRequestData
void setTag(const char* tag)	为请求设置一个标记，参数 tag 为要设置的标记，为字符串格式，获取该标记的方法为 HttpResponse->getHttpResquest->getTag()，标记是 HTTP 请求的可选设置。对应的获得标记的函数的函数名为 getTag
void setHeaders(std::vector<std::string> pHeaders)	设置请求头信息。对应的获得请求头信息的函数的函数名为 getHeaders

请求类型 Type 是 Cocos2d-x 中定义的一个枚举类型，包括 5 种：GET、POST、PUT、DELETE、UNKNOWN。其中，GET 和 POST 类型是最常用的两种请求类型。

2. HttpClient

在 Cocos2d-x 中，HttpClient 是使用单例模式来实现的，用来处理异步的 HTTP 请求。如果在请求中设置了回调函数，那么在请求完成后，就会在主线程中调用该回调函数。HttpClient 类中常用的函数如表 12-2 所示。

表 12-2　HttpClient 类中常用的函数

函数原型	说　明
static HttpClient *getInstance()	获得 HttpClient 的单例对象
void send(HttpRequest* request)	发送请求，参数 request 是已经定义了的 HttpRequest 的对象
void setTimeoutForConnect(int value)	设置请求超时的时间，参数 value 为设定的请求超时的时间

3. HttpResponse

在 Cocos2d-x 中，HttpResponse 同 HttpRequest 一样也是一种数据格式，包括请求返回的数据等信息。HttpResponse 类中常用的函数如表 12-3 所示。

下面通过实际操作来实现使用 HTTP 服务器进行数据通信，HTTP 请求中 GET 和 POST 类型是最常用的两种请求类型，使用 GET 和 POST 的请求方式基本可以完成所有的功能，所以下面就介绍 GET 和 POST 这两种方式。

表 12-3　HttpResponse 类中常用的函数

函数原型	说　明
HttpRequest* getHttpRequest()	获取请求的 HttpRequest 对象
std::vector<char*> getReponseData()	获取请求返回的数据
long getResponseCode()	获取请求状态码，如果返回的数据为 200，则说明请求成功
bool isSucceed()	请求是否成功

（1）GET 通信方式

GET 用来获取信息，是安全和幂等的，并且提交的数据量很小。GET 方式进行通信的步骤如下：① 创建 HttpRequest 对象；② 设置请求的连接 URL；③ 设置请求类型为 GET；④ 设置请求的标记 Tag；⑤ 设置请求完成后的回调函数，在回调函数中来验证请求是否发送成功；⑥ 设置要提交的数据；⑦ 释放创建的 HttpRequest 对象。

（2）POST 通信方式

POST 用来向服务器提交数据，可能会修改服务器上的资源，且可以提交大量的数据。POST 通信方式的实现与 GET 通信方式的实现类似，步骤如下：① 创建 HttpRequest 对象；② 设置请求的连接 URL；③ 设置请求类型为 POST；④ 设置请求的标记 Tag；⑤ 设置请求完成后的回调函数，在回调函数中来验证请求是否发送成功；⑥ 设置要提交的数据；⑦ 释放创建的 HttpRequest 对象。

GET 和 POST 方式的网络连接实现代码如下：

```
bool HttpTest::init() {
    if (!Layer::init()) {
        return false;
    }
    // 测试 GET
    HttpRequest* request_g = new  HttpRequest();
    request_g->setUrl("liuya.wicp.net/get?user=apanoo&code=123456");        // 测试 URL
    request_g->setRequestType(HttpRequest::Type::GET);
    request_g->setResponseCallback(CC_CALLBACK_2(HttpTest::onHttpRequestCompleted, this));
    request_g->setTag("GET test");
    HttpClient::getInstance()->send(request);
    request_g->release();
    // 测试 POST
    HttpRequest* request_p = new HttpRequest();
    request_p->setUrl("liuya.wicp.net/post");                               // 测试 URL
    request_p->setRequestType(HttpRequest::Type::POST);
    request_p->setResponseCallback(CC_CALLBACK_2(HttpTest::onHttpRequestCompleted, this));

    const  char* postData = "user=apanoo&code=123456";
    request_p->setRequestData(postData,strlen(postData) );

    request_p->setTag("POST test");
    HttpClient::getInstance()->send(request);
    request_p->release();

    return true;
}
void HttpTest::onHttpRequestCompleted(cocos2d::network::HttpClient
                                    *sender, cocos2d::network::HttpResponse *response) {
```

```
        if (!response) {
            return;
        }
        // 输出到控制台
        AllocConsole();
        freopen("CONIN$", "r", stdin);
        freopen("CONOUT$", "w", stdout);
        freopen("CONOUT$", "w", stderr);

        if (0 != strlen(response->getHttpRequest()->getTag())) {
            log("%s completed", response->getHttpRequest()->getTag());
        }

        long statusCode = response->getResponseCode();
        char statusString[64] = {};

        sprintf(statusString,"HTTP Status Code:%ld, tag = %s", statusCode, response->getHttpRequest()->getTag());
        log("response code: %ld", statusCode);

        if (!response->isSucceed()) {
            log("response failed");
            log("error buffer: %s", response->getErrorBuffer());
            return;
        }

        std::vector<char>* buffer = response->getResponseData();
        printf("Http Test, dump data: ");
        for (unsigned int i = 0; i < buffer->size(); i++) {
            printf("%c", (*buffer)[i]);
        }
        printf("\n");
    }
```

输出的结果如图 12-8 所示。

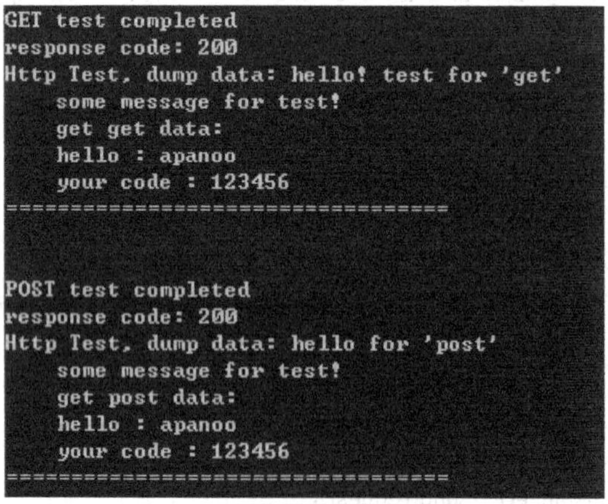

图 12-8　GET 和 POST 方式的网络连接输出结果

12.5.2　Socket 网络通信

Socket 也称为“套接字”，由 IP 地址和端口组成，其中 IP 地址用来定位设备，端口号用来绑定应用程序或者进程。应用程序通常通过“套接字”向网络发出请求或者应答网络请求。网络上的两个程序通过一个双向的通信连接实现数据的传递，这个连接的一端称为 Socket。常见的 TCP 或者 UDP 都是基于 Socket 来实现的。

Socket 连接过程分为服务器侦听、客户端请求和连接确认 3 个步骤。

服务器侦听是服务器套接字，并不绑定具体的客户端套接字，而是处于等待链接的状态，实时监控网络状态。

客户端请求由客户端的套接字提出连接请求，要求连接的目标是服务器端的套接字，为此，客户端的套接字必须首先描述它要连接的服务器套接字，指出服务器套接字的地址和端口号，然后向服务器套接字提出连接请求。

服务器套接字监听到或者接收到客户端套接字的连接请求时，就响应客户端套接字的请求，建立一个新的线程，把服务器端套接字的描述发给客户端，一旦客户端确认了此描述，连接就建立好了。而服务器端套接字继续处于监听状态，继续接收其他客户端套接字的连接请求。

Socket 类型有流式（SOCK_STREAM）和数据报式（SOCK_DGRAM）两种。SOCK_STREAM 提供有序的、可靠的、双向的和基于连接的字节流，是一种面向连接的 Socket，针对面向连接的 TCP 服务应用；SOCK_DGRAM 支持无连接的、不可靠的和使用固定大小缓冲区的数据报服务，对应于无连接的 UDP 服务应用。

在 Cocos2d-x 中，实现 Socket 网络通信的方法有多种，下面主要介绍两种：使用 Cocos2d-x 中的封装类来实现，使用 ODSocket 来实现。

1．使用 Cocos2d-x 中的封装类实现

Cocos2d-x 中封装了对 Socket 网络通信的使用，主要实现的类有 SocketIO 类、SIOClient 类和 SIODelegate 类。其中，SocketIO 类使用单例模式来实现的，相当于一个容器，用来创建 SIOClient 对象，提供了静态的创建方法及所有 Sockets 的注册。SIOClient 类实现的是到 socket.io 端点的单个连接，控制 Socket 连接的整个过程。SIODelegate 类是处理 socket.io 事件的代理类，内部有 4 个虚函数需要在处理网络连接时实现。SocketIO 类中常用的函数如表 12-4 所示。

表 12-4　SocketIO 类中常用的函数

函数原型	说　明
static SocketIO* getInstance()	释放 SocketIO 的单例对象
static void destroyInstance()	获得 SocketIO 的单例对象
static SIOClient* connect(SocketIO::SIODelegate& delegate, const std::string& uri)	打开 Socket 连接

SIOClient 类中常用的函数如表 12-5 所示。

表 12-5　SIOClient 类中常用的函数

函数原型	说　明
void setTag(const char* tag)	设置 Socket 连接标记，参数 tag 为要设置的标记，字符串格式，区分不同的连接。对应的获得标记的函数的函数名为 getTag
void on(const std::string& eventName, SIOEvent e)	注册 socket.io 事件的回调函数，参数 eventName 为回调事件的名称，参数 SIOEvent 通过 CC_CALLBACK2(&Base::function, this)来进行传递
void emit(std::string eventname, std::string args)	简单的代理类处理 socket.io 事件
void send(std::string s)	向 socket.io 服务器发送消息
void disconnect()	关闭 Socket 连接，会自动调用 SIODelegate 类的 onClose()函数

SIODelegate 类中常用的函数如表 12-6 所示。

表 12-6　SIODelegate 类中常用的函数

函数原型	说　明
virtual void onConnect(SIOClient* client)	打开 Socket 连接，参数 client 为 SIOClient 的对象
virtual void onMessage(SIOClient* client, const std::string& data)	接收到数据时会进行调用，参数 client 为 SIOClient 的对象，参数 data 为接收到的数据
virtual void onClose(SIOClient* client)	关闭 Socket 连接，参数 client 为 SIOClient 的对象
virtual void onError(SIOClient* client, const std::string& data)	Socket 连接出现错误是会进行调用，参数 client 为 SIOClient 的对象，参数 data 为错误信息

了解了这些基本 API 后，就可以简单实现 Socket 网络通信，步骤如下：

① 继承代理类 SIODelegate 类，并实现 SIODelegate 类的 4 个虚函数，分别为 onConnect()函数、onMessage()函数、onClose()函数和 onError()函数。

② 打开 Socket 连接。

③ 使用 SIOClient 类提供的函数实现对 Socket 的控制：为 Socket 连接设置标记、注册 socket.io 事件的回调函数、向 socket.io 服务器发送消息等。

④ 关闭 Socket 连接。

2. ODSocket 实现 Socket 网络通信

ODSocket 实现 Socket 网络通信的方法使用的是面向连接的 TCP 套接字系统调用 API，需要将 ODSocket 源码放在 Classes 目录下。ODSocket 源码的下载网址为

http://cn.cocos2d-x.org/tutorial/show?id=2484

使用 ODSocket 的 API 实现与服务端网络连接的步骤如下：① 创建 ODSocket 的对象；② 对创建的 ODSocket 对象进行初始化；③ 根据设置好的 IP 地址和端口号进行服务器的连接；④ 发送消息；⑤ 接收消息；⑥ 关闭连接。代码如下：

```
// 引入头文件
#include "ODSocket/ODSocket.h"
void HelloWorld::init() {
    // 初始化
    ODSocket socket;
    socket.Init();
    socket.Create(AF_INET, SOCK_STREAM, 0);
    const char* ip = "127.0.0.1";                    // 设置服务器的 IP 地址，端口号并连接服务器
    int port = 12345;
    bool result = socket.Connect(ip, port);

    Sts:thread recThread = std::thread(&NetClient::UDPrecThread, this);
    recThread.detach();                              // 从主线程分离
    socket.Send("login", 5);                         // 发送数据 Send
}
// 接收数据，放到子线程中
void HelloWorld::receiveData() {
    while (true) {                                   // 一直检测服务端是否有数据传来
        char data[512] = "";                         // 接收数据 Recv
        int result = socket.Recv(data, 512, 0);
        printf("%d", result);
        if (result <= 0)
            break;                                   // 与服务器的连接断开了
```

```
            CCLOG("%s", data);
        }
        socket.Close();                                    // 关闭连接
    }
```

12.5.3 WebSocket 网络通信

WebSocket 是 HTML5 新增的一种实现客户端与服务器间的双向通信协议。WebSocket 网络通信的实现，需要客户端与服务器之间进行握手连接，即客户端中向服务器发出 WebSocket 连接的请求，服务器接收到请求后需要做出回应，连接成功后客户端与服务器间就形成一条通道，可以快速进行消息的传递。常见的浏览器都支持 WebSocket，如 Chrome、Firefox、IE 等。相比于传统的 HTTP，WebSocket 具有请求的 Header 小、服务器可以主动向客户端发送消息等特点。

在 Cocos2d-x 中使用 WebSocket 实现网络通信时，需要使用 WebSocket 类和 Delegate 类。其中，WebSocket 类控制 WebSocket 从打开连接到关闭连接的整个过程。Delegate 类内部也有 4 个虚函数需要在处理网络连接时实现。WebSocket 类中常用的函数如表 12-7 所示，其中连接状态 State 是一个枚举类型，包括 CONNECTING、OPEN、CLOSING 和 CLOSED 四种状态。

表 12-7　WebSocket 类中常用的函数

函数原型	说　明
bool init(const Delegate& delegate, const std::string& url, const std::vector<std::string>* protocols = nullptr)	初始化 WebSocket 对象的函数，参数 delegate 得从 WebSocket 接收到数据的代理类，url 是 WebSocket 服务器的地址
void send(const std::string& message)	向 WebSocket 服务器发送字符串类型的消息
void send(const unsigned char* binaryMsg, unsigned int len)	向 WebSocket 服务器发送二进制数据消息
void close()	关闭连接，会自动调用代理类的 onClose()函数
State getReadyState()	获取连接状态

Delegate 类中常用的函数如表 12-8 所示。

表 12-8　Delegate 类中常用的函数

函数原型	说　明
virtual void onOpen(WebSocket* ws)	打开 WebSocket 连接
virtual void onMessage(WebSocket* ws, const Data& data)	接收发送来的消息时调用
virtual void onClose(WebSocket* ws)	关闭 WebSocket 连接
virtual void onError(WebSocket* ws, const ErrorCode& error)	当连接出现错误时调用

其中，ErrorCode 类型是一个枚举类型，包括 TIME_OUT、CONNECTION_FAILURE 和 UNKNOWN。Data 类型是 Cocos2d-x 中定义的消息结构体，定义如下：

```
struct Data {
    Data():bytes(nullptr), len(0), issued(0), isBinary(false){ }
    char*  bytes;
    ssize_t  len, issued;
    bool  isBinary;
};
```

实现 WebSocket 网络通信的步骤如下。

① 继承 WebSocket 的代理类 Delegate 类，并实现 Delegate 类的 4 个虚函数：onOpen()函数、onMessage()函数、onClose()函数和 onError()函数。

② 创建 WebSocket 的对象，并进行初始化。

③ 检测连接的状态，如果连接的状态是开启的，则发送消息。消息可以是字符串类型的，也可以是二进制的。

④ 关闭 WebSocket 连接。

12.6 游戏网络编程实例——网络坦克大战

本节通过实例“坦克大战网络版”讲解如何在 Cocos2d-x 中应用 Socket 开发网络游戏，因为网络是本章的重点，所以单机部分的详细实现在这里不做介绍，只是着重讲解如何在单机版中加入网络，实现联网对战。

12.6.1 准备工作

坦克大战单机版（http://www.hxedu.com.cn 提供下载）的文件结构如图 12-9 所示。本节例子使用 ODSocket 实现，故把 ODSocket 导入工程，如图 12-10 所示。精灵继承关系如图 12-11 所示。

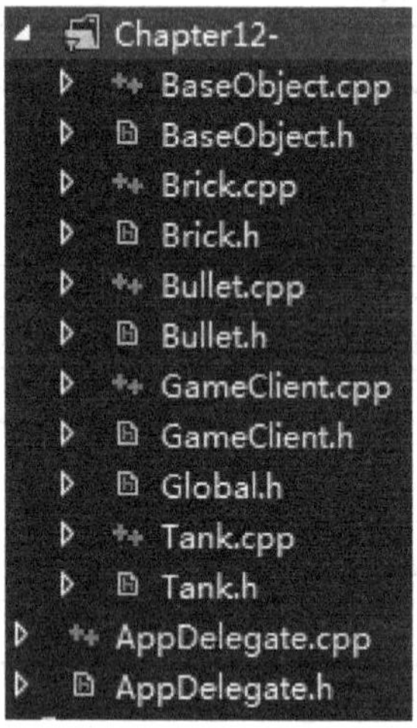

图 12-9 文件结构

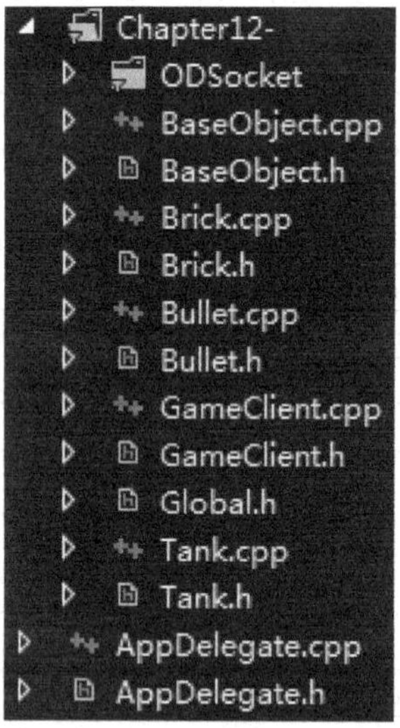

图 12-10 导入网络库后的文件结构

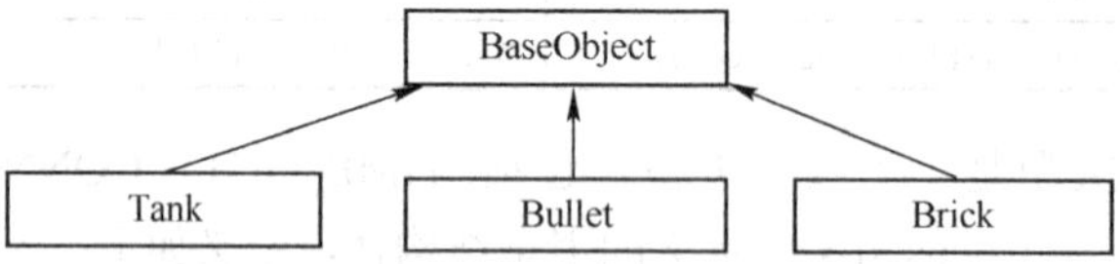

图 12-11 精灵继承关系

在单机版中主要实现的功能有：① 加入背景地图和坦克精灵；② 坦克精灵实现不同等级不同外观，上下左右移动；③ 坦克能发射子弹，并且有履带滚动效果；④ 实现碰撞检测，子弹可以打中塔克或者砖块，产生爆炸效果

12.6.2 解析 JSON

Cocos2d-x 中封装了很好用的 JSON 解析库 rapidjson。要使用 rapidjson 先要包含头文件：

```
// JSON 解析
#include "json/rapidjson.h"
#include "json/document.h"

// JSON 组装
#include "json/writer.h"
#include "json/stringbuffer.h"
using namespace  rapidjson;
```

JSON 组装的游戏数据包格式如下：

```
{
    "Version" : "v1.0",
    "Data" : {
        "tankID" :  ...
        "tankKind" : ...
        "tank_X" : ...
        "tank_Y" : ...
        "tank_Dir" ...
    }
}
```

使用 rapidjson 组装这个数据包是很容易的事情，具体实现如下：

```
rapidjson::Document document;
document.SetObject();
rapidjson::Document::AllocatorType& allocator = document.GetAllocator();
rapidjson::Value array(rapidjson::kArrayType);
rapidjson::Value object(rapidjson::kObjectType);
// 添加 Data 下的 array
object.AddMember("tankID", m_client->getTank()->getID(), allocator);
object.AddMember("tankKind", m_client->getTank()->getKind(), allocator);
object.AddMember("tank_X", (double)m_client->getTank()->getPositionX(), allocator);
object.AddMember("tank_Y", (double)m_client->getTank()->getPositionY(), allocator);
object.AddMember("tank_Dir", m_client->getTank()->getDirection(), allocator);
array.PushBack(object, allocator);
// 添加 Version 和 Data
document.AddMember("Version", "v1.0", allocator);
// 将 array 赋给 Data
document.AddMember("Data", array, allocator);
StringBuffer buffer;
rapidjson::Writer<StringBuffer> writer(buffer);
document.Accept(writer);
```

解析 JSON 与这个过程正好相反，不过 rapidjson 库提供了方便的解析函数，可以快速获取 JSON 中的每个键值对：

```
rapidjson::Document d;
d.Parse<0>(data);                                              // 解析 JSON
if (d.HasParseError()) {
    CCLOG("GetParseError %s", d.GetParseError());              // 解析错误
}
```

如果解析成功，就可以直接读取数据包键值“Version”：

```
rapidjson::Document d;
d.Parse<0>(data);                                              // 解析 JSON
```

```
if (d.HasParseError()) {
    CCLOG("GetParseError %s",d.GetParseError());                    // 解析错误
}
```

通过循环获取 Data 内部每个键值：

```
rapidjson::Value& _array = d["Data"];
for(int i=0; i<_array.Capacity(); i++) {
    rapidjson::Value& arraydoc = _array[i];
    if(arraydoc.HasMember("tankID")) {
        tank_id = arraydoc["tankID"].GetInt();
    }
    if (arraydoc.HasMember("tankKind")) {
        tank_kind = arraydoc["tankKind"].GetInt();
    }
    if(arraydoc.HasMember("tank_X")) {
        tank_x = arraydoc["tank_X"].GetDouble();
    }
    if(arraydoc.HasMember("tank_Y")) {
        tank_y = arraydoc["tank_Y"].GetDouble();
    }
    if(arraydoc.HasMember("tank_Dir")) {
        tank_dir = arraydoc["tank_Dir"].GetInt();
    }
}
```

12.6.3 连接网络

本例中的网络连接由 NetClient 类实现。使用 TCP 连接，验证用户登录，验证成功之后，使用 UDP 发送数据包到服务器，并开启 UDP 接收线程，不断监听服务器转发过来的数据包。当客户端接收到服务端转发来的数据包时，NetClient 根据读取的数据包类型，进行相应的处理。NetClient 的定义如下：

```
#define        MAX_MSG_LEN        1024
class NetClient : public Node {
  public:
    NetClient() {};
    ~NetClient() {};
    static NetClient* create(GameClient* parent);
    virtual bool init(GameClient* parent);

    void connect(const char* ip, int port);
    void send(Msg* msg);

    void UDPrecThread();
  private:
    GameClient*  m_parent;
    ODSocket  m_socket;                 // 用于发送 TCP 数据
    ODSocket  m_udpSocket;              // 用于发送 UDP 数据
    int  m_udpPort;                     // 客户端 UDP 端口号，由服务端动态分配
    int  m_serverUdpPort;               // 保存服务端 UDP 端口号
    int  m_tankID;                      // 服务端动态分配坦克唯一的标识 ID
```

```
    std::string  m_serverIP;                                  // 服务器 IP
}
```

NetClient 的实现重点在 connect 函数和 UDP 接收函数 UDPrecThread。connect 函数实现 TCP 连接登录并接收服务端发送来的基本数据包：

```
{
    "serverUdpPort" : ... ,                               // 服务器侦听的 UDP 端口号
    "udpPort" : ... ,                                     // 客户端用来开启 UDP 发送数据的端口号
    "tankID" : ...                                        // 服务器分配给客户端的网络唯一标识 ID
}
```

具体代码如下：

```
void NetClient::connect(const char* ip, int port) {
    m_serverIP = ip;
    m_socket.Init();
    m_socket.Create(AF_INET, SOCK_STREAM, 0);             // TCP

    bool result = m_socket.Connect(ip, port);
    if (result) {
        CCLOG("connect to server success!");
        char connectInfo[MAX_MSG_LEN] = "";
        int result = m_socket.Recv(connectInfo, MAX_MSG_LEN, 0);
        if (result <= 0) {
            CCLOG("server stop OR other error!");         // 未接收到服务器数据
            return;
        }
        CCLOG("recv connectInfo data : %s", connectInfo);
        rapidjson::Document d;
        d.Parse<0>(connectInfo);
        if (d.HasParseError()) {
            CCLOG("GetParseError %s",d.GetParseError());
        }
        if (d.IsObject() && d.HasMember("serverUdpPort")) {
            m_serverUdpPort = d["serverUdpPort"].GetInt();  // 服务器端 UDP 端口号
        }
        if (d.IsObject() && d.HasMember("udpPort")) {
            m_udpPort = d["udpPort"].GetInt();             // 服务器分配给客户端的 UDP 端口号
        }
        if (d.IsObject() && d.HasMember("tankID")) {
            m_tankID = d["tankID"].GetInt();               // 服务器分配给客户端的坦克 ID
            m_parent->getTank()->setID(m_tankID);          // 设置坦克 ID
        }
        m_socket.Close();                                  // 关闭 TCP 连接
    }
    else {
        CCLOG("can not connect to server!");
        return;
    }
    m_udpSocket.Init();
    m_udpSocket.Create(AF_INET, SOCK_DGRAM, 0);           // UDP
    m_udpSocket.Bind(m_udpPort);                           // 本地 UDP 端口
```

```
        m_udpSocket.Connect(ip, m_serverUdpPort);             // 指定服务器IP和UDP端口

        // 客户端连接发送基本消息
        auto tankNewMsg = new TankNewMsg(this->m_parent, this);
        send(tankNewMsg);

        std::thread recvUdpThread = std::thread(&NetClient::UDPrecThread, this);
        recvUdpThread.detach();                                // 从主线程分离
    }
```

登录成功后发送一个 TankNewMsg 消息，具体发送的数据将在 TankNewMsg 类中介绍。

在 UDP 接收线程中，根据数据包的不同类型进行相应的处理，解析接收到的数据和做出回应的操作都转交给了对应 Msg 本身去处理：

```
    void NetClient::UDPrecThread() {
        while (true) {
            char   msgType[10] = "";                            // 接收数据包类型
            int   result = m_udpSocket.Recv(msgType, 10, 0);
            CCLOG("udp code for msg type :%d", result);

            if (result <= 0) {                                  // 与服务器的连接断开了
                CCLOG("server stop!");
                break;
            }
            CCLOG("recv udp data msg type: %s", msgType);
            switch (atoi(msgType)) {
                case 1: {                                       // Tank New Msg
                    // 接收其他坦克登录消息
                    auto newTankMsg = new TankNewMsg(m_parent, this);
                    newTankMsg->parse(m_udpSocket);
                }
                break;
                case 2: {                                       // Tank Move Msg
                    // 接收其他坦克移动消息
                    auto tankMoveMsg = new TankMoveMsg(m_parent);
                    tankMoveMsg->parse(m_udpSocket);
                }
                break;
                case 3: {                                       // Tank Fire Msg
                    // 接收其他坦克开火消息
                    auto tankFireMsg = new FireMsg(m_parent);
                    tankFireMsg->parse(m_udpSocket);
                }
            }
        }
    }
```

接下来介绍客户端发送的消息类型有哪些，同时客户端接收到消息后又做出什么样的回应。本例封装的消息类都从基类 Msg 继承，如图 12-12 所示。

Msg 类定义了两个虚函数：

```
    class Msg {
      public:
        Msg() {};
```

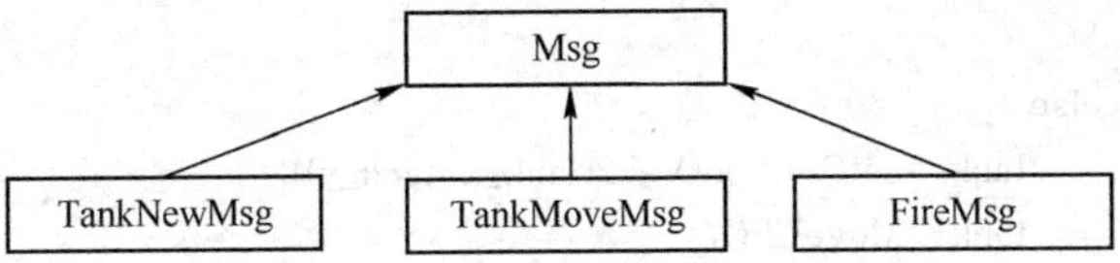

图 12-12　消息类继承关系

```
    virtual ~Msg() {};

    virtual void send(ODSocket socket, const char* IP, int serverUdpPort);
    virtual void parse(ODSocket socket);
};
```

消息的发送就是在 JSON 组装后，使用函数 send()发送到服务端。发送数据包前先发送数据包类型：

```
socket.send("1", strlen("1"), 0);                    // 先发送数据包类型，1—坦克登录消息
```

坦克移动和开火消息分别用 2、3 表示。这里不多做讲解，重点介绍解析函数 parse()在解析出数据包之后做出怎样的操作。

① 坦克收到 TankNewMsg 并解析出各键值后，除了在本地客户端上通知主线程增加自己的坦克外，还需要发送一个自己坦克登录的消息给服务端，从而转发给所有客户端，使得在所有客户端上都绘制出一个属性已方坦克一样的坦克，从而使得每个客户端上都有相同数量的坦克。

```
// 增加坦克
bool exist = false;
for (int i = 0; i < m_client->getTankList().size(); i ++ ) {
    auto tank = m_client->getTankList().at(i);
    if (tank->getID() == tank_id) {
        exist = true;
    break;
    }
}
if (!exist) {
    // 发送自己信息给其他坦克 使对方客户端显示自己
    auto tnMsg = new TankNewMsg(m_client, m_netclient);
    m_netclient->send(tnMsg);
    // 使自己客户端显示对方，并不在子线程中直接增加
    m_client->addTank(tank_id, tank_x, tank_y, tank_dir, tank_kind);
}
```

② 坦克收到移动消息 TankMoveMsg 后，首先找出是哪个客户端的坦克发送的。找到后，根据对方坦克移动的参数，调整自己客户端上相应的坦克，使得本地客户端上的坦克执行与发送消息的坦克相同的移动动作。具体如下：

```
// 寻找此 ID 的坦克并做相应处理
bool exist = false;
for (int i=0;i < m_client->getTankList().size();i++ ) {
    auto tank = m_client->getTankList().at(i);
    if (tank->getID() == tank_id) {
        switch (tank_dir) {
            case TANK_UP:                                        // 向上移动
                if (tank_stay) {
                    tank->setPosition(Vec2(tank_x, tank_y));
                    tank->Stay(TANK_UP);
```

```
            }
            else {
                tank->setPosition(Vec2(tank_x, tank_y));
                tank->MoveUP();
            }
            break;
        case TANK_DOWN:                                          // 向下移动
            if (tank_stay) {
                tank->setPosition(Vec2(tank_x, tank_y));
                tank->Stay(TANK_DOWN);
            }
            else {
                tank->setPosition(Vec2(tank_x, tank_y));
                tank->MoveDown();
            }
            break;
        case TANK_LEFT:                                          // 向左移动
            if (tank_stay) {
                tank->setPosition(Vec2(tank_x, tank_y));
                tank->Stay(TANK_LEFT);
            }
            else {
                tank->setPosition(Vec2(tank_x, tank_y));
                tank->MoveLeft();
            }
            break;
        case TANK_RIGHT:                                         // 向右移动
            if (tank_stay) {
                tank->setPosition(Vec2(tank_x, tank_y));
                tank->Stay(TANK_RIGHT);
            }
            else {
                tank->setPosition(Vec2(tank_x, tank_y));
                tank->MoveRight();
            }
            break;
    }
    exist = true;
    break;
  }
}
```

③ 坦克收到 FireMsg 时通知主线程，在所有坦克列表中根据坦克 ID 找到发送消息的坦克，再让此坦克开火，避免在子线程中执行绘制子弹操作而造成绘制不一致的错误。

```
// 寻找此 ID 的坦克并做相应处理
bool exist = false;
for (int i=0;i < m_client->getTankList().size();i++) {
    auto tank = m_client->getTankList().at(i);
    if (tank->getID() == tank_id) {
        tank->setPosition(Vec2(tank_x, tank_y));
```

```
            m_client->addFire(tank);                        // 转交给主线程处理开火消息
            exist = true;
            break;
        }
    }
```

12.6.4 游戏逻辑实现

网络服务器部分的实现代码基本上添加完毕，接下来看 GameClient 中需要增加哪些处理。

首先，在 init()方法中增加 NetClient 并连接到服务器：

```
// 网络
auto _netclient = NetClient::create(this);
_netclient->connect("192.168.31.142", 8888);        // 连接到服务器
_netclient->setTag(NET_TAG);
```

在 update()中，需要处理网络接收到 TankNewMsg 信息时，由消息转交给主线程的新增坦克的操作：

```
for (int i = 0;i < m_tankList.size(); i++) {        // 维护坦克列表
    auto nowTank = m_tankList.at(i);
    bool notDraw = true;
    for (int j = 0;j < m_drawList.size(); j++) {
        auto drawTank = m_drawList.at(j);
        if (drawTank->getID() == nowTank->getID() ) {
            notDraw = false;
        }
    }
    if (notDraw) {                                   // 绘制尚未绘制的坦克-针对后连进来的客户端
        this->addChild(nowTank);
        m_drawList.pushBack(nowTank);
    }
}
```

在接收到 FireMsg 时还需要转交给主线程新增子弹的消息：

```
if (m_shouldFireList.size() > 0) {                  // 收到传来的开火消息的坦克执行 Fire
    auto tank = m_shouldFireList.at(0);
    tank->Fire();
    m_shouldFireList.clear();
}
```

TankNewMsg 消息在登录成功后就发送出去了，而 TankMoveMsg 和 FireMsg 还没有发送出去，TankMoveMsg 最应该在控制坦克移动的按键按下和抬起的时候进行发送，使得坦克动作保持同步。例如，向左移动如下，其他方向的移动也类似处理。

```
void GameClient::onKeyPressed(EventKeyboard::KeyCode keyCode, Event* event) {
    auto _netclient = (NetClient*)getChildByTag(NET_TAG);
    switch (keyCode) {
        case cocos2d::EventKeyboard::KeyCode::KEY_A: {
            m_tank->MoveLeft();                                   // 本地坦克移动
            auto msg = new TankMoveMsg(this, TANK_LEFT, false);
            _netclient->send(msg);                                // 发送坦克移动消息
        }
```

```
            break;
            ...
        }
    }
```

按键抬起时，要做相应的消息发送，使所有客户端上的同一辆坦克停下来：

```
void GameClient::onKeyReleased(EventKeyboard::KeyCode keyCode, Event* event) {
    auto _netclient = (NetClient*)getChildByTag(NET_TAG);
    switch (keyCode) {
        case cocos2d::EventKeyboard::KeyCode::KEY_A: {
            m_tank->Stay(TANK_LEFT);
            auto msg = new TankMoveMsg(this, TANK_LEFT, true);
            _netclient->send(msg);                                    // 发送坦克停下消息
        }
        break;
        ...
    }
}
```

开火消息也类似处理，在本地客户端坦克开火时发送消息：

```
void GameClient::onKeyReleased(EventKeyboard::KeyCode keyCode, Event* event) {
    case cocos2d::EventKeyboard::KeyCode::KEY_K: {
        m_tank->Fire();
        auto msg = new FireMsg(this);
        netclient->send(msg);                                         // 发送开火消息
    }
    break;
}
```

UDP 接收线程转交给主线程的操作主要有下面两个函数。这里主要维护坦克列表，真正绘制在 update()中实现。

```
// 处理网络传输数据时作出的响应
void GameClient::addTank(int id, float x, float y, int dir, int kind) {
    m_maxTank[tankcount] = Tank::create(id, x, y, dir, kind);
    m_tankList.pushBack(m_maxTank[tankcount++]);
}
void GameClient::addFire(Tank* tank) {
    m_shouldFireList.pushBack(tank);
}
```

至此，客户端已经完整实现。服务端由 Java 语言实现，不进行数据处理，只进行客户验证和数据包的转发（完整代码可从 http://www.hxedu.com.cn 免费下载）。数据转发部分如下：

```
while (ds != null) {
    DatagramPacket dP = new DatagramPacket(buf, buf.length);
    try {
        ds.receive(dP);                                               // 接收数据包
        for (int i = 0; i < clients.size(); i++) {
            Client client = clients.get(i);
            dP.setSocketAddress(new InetSocketAddress(client.IP, client.udpPort)    // 设置包发送地址
            ds.send(dP);                                              // 转发包给所有连接客户端
        }
    }
```

```
        catch (IOException e) {
            e.printStackTrace();
        }
    }
```

测试：① 在 Eclipse 上运行服务器；② 运行一个客户端，将坦克已开原先位置；③ 再运行一个客户端，就会出现两个客户端上同时显示两个坦克，如图 12-13 所示，同时两个客户端碰撞检测和爆炸效果也是同步的。

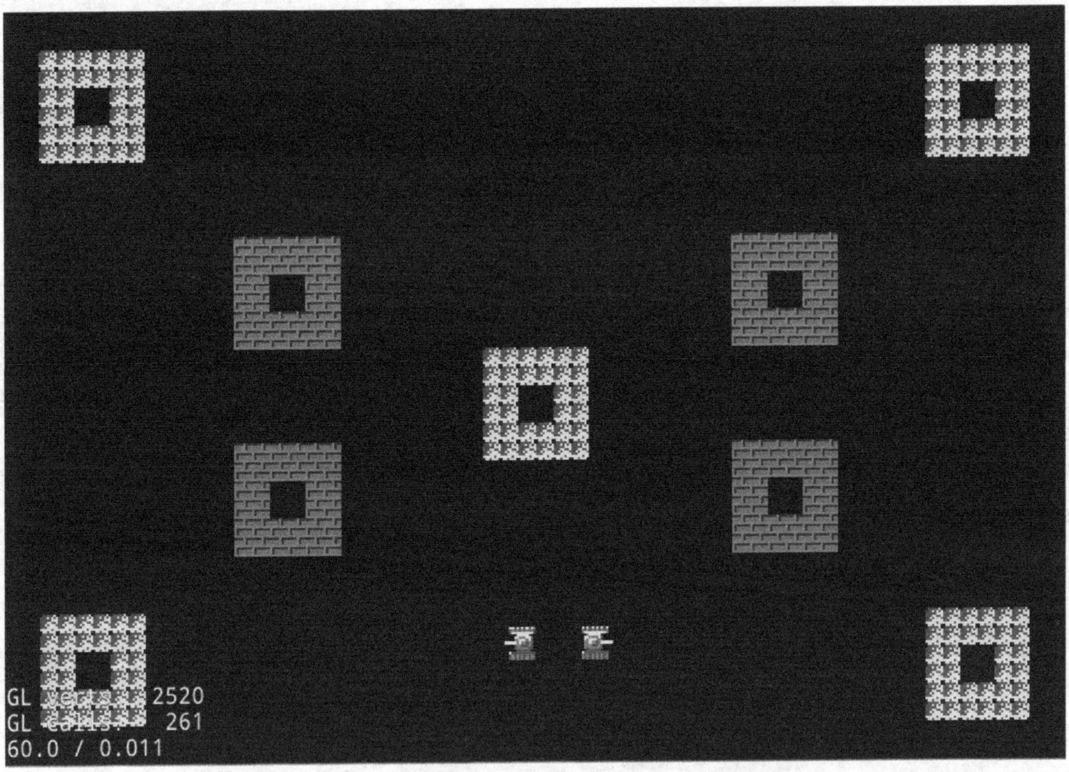

图 12-13 “坦克大战”游戏效果图（模仿经典 90 坦克大战）

小 结

本章介绍了网络游戏设计的常见架构、网络游戏通信协议、对游戏数据包封装的基本方法等，有兴趣的读者可以进一步查阅相关文档，多了解开源网络框架的设计方法和具体的实现方法。在大型网络游戏设计中需要考虑的重要问题是负载平衡。要实现高效的网络游戏，需要大量的框架设计和底层优化设计。除了网络编程方面的知识，三维游戏图形引擎设计也是一个很好的参考，因为图形绘制是网络游戏中最耗时、最有可能造成网络堵塞的主要原因之一，所以对于二维大型网络游戏和三维大型网络游戏，图形引擎设计和网络架构设计必须紧密结合，通盘考虑。此外，侧重于 Cocos2d-x 结合网络编程的实践，从不同应用场景，本章分别介绍了 HTTP、Socket 和 WebSocket 三种网络通信方式，并结合实例，讲解了 Cocos2d-x 结合 Socket 进行网络游戏开发的基本步骤和注意问题。

实验手册（Word 文档）

习题和实验

1．简述网络游戏的基本结构。

2．比较 TCP 和 UDP 通信协议，分析其优缺点。

3．编写一个简单的服务器端程序，要求能够接收客户端连接，并返回客户端一个问候（如"Hello, friend, your IP is …"）。

4．编写一个简单的客户端程序，要求能够连接题 3 中的服务器，接收服务器端的信息并显示。

5．在题 3、题 4 的基础上，自己设计并实现一种简单的游戏通信协议，要求至少能够实现如下功能：

（1）客户端登录到服务器，向服务器发送用户名和密码。

（2）服务器端对用户名和密码进行确认，并返回确认信息，即是否合法。

① 如果合法，服务器端返回客户端一个欢迎信息，客户端接收并显示。

② 如果非法，服务器端返回客户端一个错误信息，客户端可以重新登录。

6. 使用 Cocos2d-x，实现 GET 方式向本地 Apache 服务器的测试主页 index.html 发送登录用户名和密码。

7．使用 Cocos2d-x，实现 POST 方式向本地 Apache 服务器的测试主页 index.html 发送登录用户名和密码。

8．基于题 6，在本地服务器的 index.html 中做出 GET 请求的响应，并写出客户端收到服务器响应后的处理函数。

9．基于题 7，在本地服务器的 index.html 中做出 POST 请求的响应，并写出客户端收到服务器响应后的处理函数。

10．简述“网络坦克大战”的技术要点，并对其中不足的地方加以改进。

第 13 章　游戏中的脚本编程

脚本语言具有简单、易学、易用和自动内存管理等特性，通常以文本保存，只有在被调用时进行解释和编译，开发者不仅可以快速利用脚本语言实现特定的功能，还可以动态更新程序。

脚本语言可以边解释边运行，在游戏中使用脚本语言可以缩短程序编译的时间，可以将游戏中重复使用并经常更改的数据利用脚本语言实现，这样在需要更改时，直接通过更改脚本文件就可以更快速地重组宿主语言的组件，不需要再进行编译。不仅如此，脚本语言还能实现宿主语言实现不了的功能，还可以控制和改变宿主语言的逻辑执行过程。

常用的脚本语言有很多，如 Lua、Ruby、JavaScript 和 Python，其中 Lua 是游戏编程中最常用的脚本语言之一。本章主要介绍 Lua 脚本语言的基础知识及如何应用 Lua 语言实现游戏编程。

13.1 Lua 简介

Lua 代码与 C/C++代码可以相互调用，这使得 Lua 的应用范围更广，不仅可以作为扩展脚本，也可以作为普通的配置文件，代替 XML、INI 等文件，更容易理解和维护。Lua 语言实现了安全的运行环境、自动内存管理机制、字符串处理和动态大小数据的处理功能。Lua 具有四大特性：简易性、可扩展性、高效性、可移植性，正是这四大特性使得 Lua 语言深受广大开发者的喜爱，可扩展性为 Lua 语言的主要特性。这些优势使 Lua 成为开发者选择嵌入式脚本语言时的最佳选择。

Lua 语言虽然是为了能与 C 语言或其他常用语言编写的软件相互集成而设计的，但是它同时具备了单独运行的能力，可以在网络上获得 Lua 独立运行的环境，网址为 http://www.lua.org。

① 简易性。Lua 是一个简单小巧的脚本语言，其概念不多，数据类型也比较少，但是这些概念很重要，语法简单，使用方便，没有太过复杂的语法且易于维护，使得 Lua 语言易于学习。从节约成本的角度讲，Lua 语言的优势尤为显著，利用 Lua 语言来开发游戏所需的时间也远比利用 C/C++语言来开发要少得多，而且更易于游戏的后期维护。

② 可扩展性。Lua 语言的主要特性是可扩展性，可以用于构建特定语言的扩展工具包。Lua 代码在被设计时就很注重其可扩展性，既可以用 Lua 代码来扩展，又可以用 C 语言代码来扩展，作为 C 语言的扩充，提供了一种基于组件的开发方式。这些特点让 Lua 语言实现了宿主语言的高级功能。

③ 高效性。Lua 语言具有高效的实现，是脚本语言中最快的语言之一。正如其简单易用的特性，其源代码经过编译之后的文件很小，一个完整的 Lua 解释器不超过 200 KB。Lua 语言是现今所有脚本引擎中运行速度最快的，而且占用内存空间小、运算量小。

④ 可移植性。可移植性几乎是所有脚本语言的特性，Lua 语言也具备这一特性。Lua 语言的可移植性不仅体现在 Lua 代码可以同时运行在 Windows 和 UNIX 平台上，更突出体现在可以运行在任何平台上，如 Xbox、Mac OS-9、OS X 等。只要一套源代码就可以运行在这些不同的平台上。Lua 脚本可以被 C/C++代码调用，反过来，Lua 脚本也可以调用 C/C++函数。这一优势使得 Lua 语言被广泛应用于应用程序中。

13.2 Lua 语言的语法

Lua 语言的语法简单，易于学习。作为一门编程语言，Lua 语言除了可以嵌入到某种特定语言的程序中，还可以独立运行，并且拥有属于自己的一套语法规则。本节从 Lua 语言的数值和类型、表达式、语句、函数这几方面进行介绍，让读者初步了解 Lua 语言的基本语法。

13.2.1 数值和类型

Lua 语言是一门动态弱类型的语言，程序中不需要声明变量类型便可以直接使用。Lua 语言的基本数据类型包括 8 种，分别为 nil、boolean、number、string、function、table、thread 和 userdata，如表 13-1 所示。

表 13-1 Lua 语言的基本数据类型

类　型	含　义	用　法
nil	空类型	与其他值区别，先创建的变量默认值为空，将全局变量赋空值就等于删除它
boolean	布尔型	有“true”和“false”两个值，但 Lua 语言认为“nil”和“false”值为“假”，除了“nil”和“false”值以外的所有其他任何值均为“真”
number	数值型	表示双精度浮点数（实数），可以表示任何 32 位整数，但 Lua 语言中没有整数类型
string	字符串型	表示字符串序列。Lua 语言中的字符串一旦被创建便不可以改变，若需要改变这个字符串中的某个字符，则要创建一个新的字符串，可以通过“..”操作符连接两字符串，也可以在字符串的前面添加“#”操作符来获得字符串的长度
function	函数型	函数也是一个类型，函数可以为变量赋值，可以作为参数，可以作为其他函数的返回值
table	表类型	唯一的数据结构，具体用法后面将会介绍
thread	线程类型	与独立线程区别，实现协同程序
userdata	自定义类型	表示新类型（指由 C 语言库或应用程序创建），可以将 C 语言的数据存到 Lua 变量中

例如，修改字符串内容，利用 gsub()函数将字符串 str1 中的“Lua”改为“World”并赋值到新的字符串 str2 中：

```
str1 = "Hello Lua"
str2 = string.gsub(str1 , "Lua", "World")
print(str1)                          -- Hello Lua
print(str2)                          -- Hello World
```

Lua 语言中有两种注释方式，单行注释由两个连字符（--）实现，多行注释以“--[[”开始、以“]]--”结束，中间的内容为注释。上面的代码片段采用了单行注释的方式。

Lua 语言中可以为一个变量赋不同类型的值，type()函数可以检查传来的参数的类型。例如：

```
print(type(nil))                     -- nil
print(type(false))                   -- boolean
a = 3.14
print(type(a))                       -- number
a = print
a(type(a))                           -- function
a = "Hello Lua"
print(type(a))                       -- string
```

表类型 table 是 Lua 语言中唯一的数据结构，也是 Lua 语言与其他编程语言的不同之处，表类型与其他编程语言中的数组或者容器类似，不仅可以通过整数的方式索引，还可通过字符串或者其他类型的值（nil 除外）来索引。table 没用固定的大小，可以任意添加元素，这些元素可以是相同类型的对象，也可以是不同类型的对象。table 是通过“构造表达式”创建和初始化的，是

Lua 独特的、最实用的一种表达式。最简单的构造表达式是用来创造空表的空构造式，即

```
{}
```

利用空构造式来创建一个 table，并添加元素，代码如下：

```
tb = {}
k = "t1"
tb[k] = "string1"
print(tb["t1"])                    -- string1
print(type(tb))                    -- table
```

利用构造式还可以初始化 table，与其他语言不同的是，Lua 语言的索引从 1 开始。例如：

```
months = {"January", "February", "March", "April", "May", "June", "July",
          "August", "September", "October", "November", "December"}
print(months[4])                   -- April
```

除了上述两种创建和初始化 table 的方法，Lua 语言还提供了一种较特殊的语法来创建和初始化 table，并对创建好的 table 进行类型检查。例如：

```
tb = {t1 ="string1",t2="string2",t3 = 111}
print(type(tb))                    -- table
```

访问表中内容的方式有两种，以上面已经创建好的表为例，一种形如 tb.t1，另一种形如 tb["t1"]。向刚刚新建好的表中添加元素的示例如下：

```
tb.t4 = print
tb["t5"] = 112
print(type(tb["t4"]))              -- function
print(tb.t5)                       -- 112
```

同全局变量类似，如果引用的值不在表中，它的值就会输出“nil”，若希望删除表中的某个元素，给它赋“nil”值即可，利用长度操作符“#”可以返回表中的最后一个值。例如：

```
tb = {t1 ="string1",t2="string2",t3 = 111,t4=print,t5=112}
tb["t5"] = nil
print(tb["t5"])                    -- nil
print(tb["t6"])                    -- nil
print(tb[#tb])                     -- nil
tb[#tb+ 1] = "new string"
print(tb[#tb])                     -- new string
```

13.2.2 表达式

表达式是每种编程语言所必不可少的一部分，Lua 语言的表达式中包括常量、变量、字符串、一元运算符和二元运算符以及函数调用，还包括两种比较特殊的形式：表构造和函数定义。

1. 算术运算符

Lua 语言中常见的算术运算符包括：一元运算符“-”（负值），二元运算符“+”（加法）、“-”（减法）、“*”（乘法）、“/”（除法）、“^”（幂）、“%”（取余）。这些运算符只能用于操作数值类型，不能用于其他类型的变量中。

2. 关系运算符

Lua 语言中的关系运算符包括：“<”（小于）、“>”（大于）、“<=”（小于等于）、“>=”（大于等于）、“==”（恒等于）、“~=”（不等于）。这些关系运算符的返回值均为“true”或者“false”，其中“==”运算符用于相等判断，“~=”运算符用于不等判断。注意，在比较过程中，如果两个

操作数类型不同，则返回值为“false”。

3．逻辑运算符

Lua 语言中的逻辑运算符与其他编程语言的也大不相同，包括“and”、“or”、“not”。在逻辑运算符中将“false”和“nil”均当作假，其他值均为真。

“and”操作符的用法是：先计算第一个操作数，如果为假，则返回第一个操作数，反之，则返回第二个操作数。操作符“or”的用法则与“and”的用法相反：先计算第一个操作数，如果为真，则返回第一个操作数，否则返回第二个操作数。运算符“and”和“not”均是在需要时才计算第二操作数，这种方法被称为“短路求值”。例如：

```
print(0 and 1);                              -- 1
print(0 and nil);                            -- nil
print(false and 0);                          -- false
print(0 or 1);                               -- 0
print(0 or nil);                             -- 0
print(false or 0);                           -- 0
```

4．连接运算符

Lua 语言中要想连接两个字符串很简单，只需用连接运算符“..”（两个点）即可。注意，如果想连接的字符串中有数字，则连接运算符需要与前面的数字之间有一个空格，这样 Lua 语言会自动将这个数字转换成字符串。例如：

```
print("Hello".."Lua")              -- Hello Lua
print(1 .. 2)                      -- 12
```

5．优先级

前面介绍了算术运算符、关系运算符、逻辑运算符、连接运算符的用法及规则，当表达式中包含多个运算符时，需要确定它们的优先级。这些运算符的优先级由高到低如表 13-2 所示。在不能确定运算优先级时，最简单的做法是利用“(”和“)”决定运算时的优先顺序。

表 13-2　各运算符的优先级

优先级	运算符	结合方式
高 ↓ 低	^（幂）	右结合
	not、#、-（负）	左结合
	*、/、%	左结合
	+、-（减）	左结合
	..（连接）	右结合
	<、>、<=、>=、~=、==	左结合
	and	左结合
	or	左结合

13.2.3　语句

Lua 语言支持的语句与常规编程语言类似，有赋值语句、控制结构语句、过程调用语句，与其他语言的不同之处是：允许多重赋值，以及全局变量和局部变量的声明等。

1．赋值语句

赋值的基本操作是改变变量的值或者 table 中一个字段的值，例如：

```
str = "Hello".." Lua"
print(str)                                   -- Hello Lua
tb = {t1 ="string1",t2="string2",t3 = 111}
tb.t1 = "new string"
print(tb.t1)                                 -- new string
```

Lua 语言允许多重赋值。多重赋值的意思是允许同时将多个值赋给多个变量，其中值与值之间、变量与变量之间用逗号隔开，而且总是先对等号右边的所有元素求值，再对变量赋值。

例如：

```
a,b = 10,"Hello"
print(a)                          -- 10
print(b)                          -- Hello
a,b = b,a                         -- 交换了 a、b 的值
print(a)                          -- Hello
print(b)                          -- 10
```

在多重赋值语句中还需注意，Lua 语言会将等号右边的值的个数调整到与左边变量的个数相一致。若值的个数少于变量的个数，则会将 nil 赋给多出的变量，若值的个数多于变量的个数，则会将多余的值舍弃。

多重赋值中还有一种特殊情况就是当值为多重返回值的情况，这点将会在 13.2.4 节讲到。

2．控制结构语句

Lua 语言中有多种控制结构语句，与 C 语言的控制结构类似，也有很多不同的地方，包括用于条件判断的 if 语句、用于循环的 while 语句、repeat 语句、for 语句等。这些语句都需要一个显式的终止标志，其中 if 语句、while 语句、for 语句的终止标志以 end 结尾，repeat 语句的终止标志以 until 结尾。在执行循环的过程中，若希望跳出循环，可以通过 break 语句实现。

（1）if 语句

与 C 语言相似，Lua 语言中的 if 语句也要首先判断条件的真假，然后执行 then 之后的语句或者 else 后的语句，else 部分可有可无，根据需要自行添加。例如：

```
if a ==nil then
    print(a)
end                               -- 输出 nil

x = 3
y = 4
if x >= y then
    print(x)
else
    print(y)
end                               -- 输出 4
```

if 语句还可以嵌套使用，这时要用到 elseif。这里的 elseif 与 C 语言中的不同，要连在一起无空格。例如：

```
a=-1
if a == 0 then
    print(0)
elseif a > 0 then
    print(1)
else
    print(-1)
end                               -- 输出 -1
```

最后尤其注意的是，Lua 语言并不支持 C 语言中的 switch 语句，如果希望实现 switch 语句的功能，可以叠加多个 elseif 语句来实现。

（2）while 语句

Lua 语言中的 while 语句与其他编程语言中的 while 语句一样，首先测试 while 的条件，如果测试条件为真，则继续执行循环体的内容，如果测试条件为假，则跳过循环体，继续向下执行。

利用 while 循环实现逆序输出 1 到 10 的代码如下：

```
a = 10
while a>0 do
    print(a)
    a = a-1
end
```

（3）repeat-until 语句

repeat-until 语句的功能是反复执行循环体内的语句，直到 until 测试的条件为真，则循环结束。与 while 语句不同的是，repeat-until 语句的循环体至少会执行一次，并且在循环体内部声明的局部变量在 until 的测试条件语句中依旧有效。用 repeat-until 语句实现逆序输出 1 到 10 的代码如下：

```
a = 10
repeat
    print(a)
    a = a-1
until a<0
```

（4）for 语句

在 Lua 语言中，for 语句有两种，一种是数字型 for，另一种是泛型 for。

数字型 for 的语法如下：

```
for var = exp1, exp2, exp3 do
    <循环体>
end
```

变量 var 将以 exp3 的步长从 exp1 变化到 exp2，并执行一次循环体。当表达式 exp3 的值为 1 时，表达式 exp3 可以省略，因为在 Lua 语言中默认步长为 1。其中，for 的三个表达式的求值是在循环执行前一次完成，且仅会执行一次。控制变量 var 是局部变量，仅在循环体内有效，当循环结束后便不存在。下面分别以步长为 1（默认）和–1 为例，实现正序和逆序输出 1 到 10。

```
for a = 1,10 do                      -- 等价于 for a = 1,10,1 do
    print(a)
end                                  -- 正序输出

for a = 10,1,-1 do
    print(a)
end                                  -- 逆序输出
```

泛型 for 的循环功能是通过迭代函数来遍历所有值。例如：

```
for var1,var2 in ipairs(var3)  do <循环体>  end
```

这里，ipairs()函数是由 Lua 语言提供的一个用于遍历数组的迭代器函数。在每次循环过程中，var1 会被赋一个索引值，var2 会被赋一个对应该索引的数组元素。

泛型 for 的执行过程如下：① 初始化 in 后的表达式，表达式会返回迭代函数、状态常量和控制变量 3 个值，如果表达式的返回值不足 3 个，则会用 nil 来补齐，如果多于 3 个，则会忽略多出的部分；② 将状态常量和控制变量作为参数，传给迭代函数；③ 将迭代函数的返回值，赋值给变量列表；④ 如果迭代函数的返回值的第一个返回值为“nil”，则结束循环，反之循环继续，继续执行第二步。

利用泛型 for 循环将 months 数组的元素，并将其输出。代码如下：

```
months = {"January", "February", "March", "April", "May", "June", "July",
          "August", "September", "October", "November", "December"}
for i,v in ipairs(months)  do print(v)  end
```

3．全局变量与局部变量

按作用域划分，Lua 语言中的变量分为全局变量和局部变量。全局变量没有关键字修饰，局部变量需要用 local 关键字来声明。

全局变量不需要声明，仅需在使用时给一个变量赋值，即可使这个变量成为全局变量，而且即使访问一个没有被初始化的全局变量，程序也不会报错，因为访问的结果会是“nil”。若希望删除全局变量仅需将其赋“nil”值。例如：

```
print(a)                                  --a = nil
a = 1
print(a)                                  --a = 1
a = nil
print(q)                                  --a = nil
```

与全局变量不同，局部变量的声明需要由 local 关键字来修饰，它的作用域局限于声明它的代码块中、函数内、控制结构中。代码块由一系列语句组成，可以是单一语句，可以是多个语句的组合，还可以是函数。例如：

```
a = 100
for a = 0,10 do
    local sum = 10-a                      -- 这里的 a 和 sum 均为局部变量，屏蔽了全局变量 a
    print(sum)
end
print(a)                                  -- 100，全局变量
print(sum)                                -- nil，未定义
```

所以，全局变量与局部变量的两个最大不同是声明方式的不同和作用域的不同。此外，局部变量比较全局变量还存在两大优势，一是可以避免命名冲突，二是访问速度更快。

13.2.4 函数

Lua 语言中还有一个重要的成员——函数。Lua 语言中的函数通常可以作为赋值表达式使用，或者作为调用语句使用。函数在定义时需要用到关键字 function，并要写清函数名和函数体，而参数和返回值是可选的；并且，在参数的传递过程中，若实参的个数多于形参的个数，则舍弃多余的实参，若实参个数不足，则将多出的形参赋“nil”值。

现在编写一个求和的函数 sum()，对传来的数组中的元素求和并返回，输出，实现如下：

```
function add(a)
    local sum = 0
    for i,v in ipairs(a)  do
        sum = sum + v
    end
    return sum
end
a={1,2,3}
sum = add(a)
print(sum)                                -- sum = 6
```

Lua 语言的函数允许有多返回值和可变参数，下面介绍这两种特殊的用法。

1．多返回值

Lua 语言中的函数允许多返回值，只要在 return 后列出返回值的列表，就可以实现多返回值，这是 Lua 语言的函数的一大特色。例如：

```
function func()
    return a,b
end
```

Lua 会根据不同的调用情况来调整返回值的数量。若函数调用作为单一语句出现，便舍弃返回值；若函数作为表达式中的一部分被调用，则只返回第一个返回值；若函数出现在赋值表达式中且位于表达式最后的位置，或赋值表达式中只有这个函数，则会根据变量个数来保留这个函数的返回值个数，若返回值个数不足，则用“nil”值来补足，其他情况均保留此函数的第一个返回值。注意，多返回值函数外层加上括号也可以强制返回一个值。例如：

```
function func0() return "a","b","c" end
var1 = func0()
print(var1)                          -- var1 = "a", "b"和"c" 舍弃
var1,var2,var3 = 1,func0()
print(var1,var2,var3)                -- var1=1, var2="a", var3="b", "c"舍弃
var1,var2,var3 = func0(),1
print(var1,var2,var3)                -- var1="a", var2=1, var3=nil, "b"和"c"舍弃
var1,var2,var3,var4 = func0()
print(var1,var2,var3,var4)           -- var1="a", var2="b", var3="c", var3=nil
var1,var2 = (func0())
print(var1,var2)                     -- var1="a", var2=nil
```

2. 可变参数

Lua 语言中的函数可以接收不同个数的实参，经常使用的 print()函数就是一个典型的具有可变参数的函数。要想实现这一功能，只需在参数列表中写上“...”（三个点），表示任意个数的实参。当带有这三个点的函数被调用时，其所有实参均合在一起，并且 Lua 语言会将“...”所对应的实参保存在 arg 列表中。该列表中有一个域 n 存放这三个点对应实参的个数。可以调用函数对的函数体内再用“...”进行赋值。例如：

```
function func1(var1,var2,...)
    print(var1,var2)
    print(...)
end
func1(1)                        -- var1=1, var2=nil, arg={n=0}
func1(1,2)                      -- var1=1, var2=2, arg={n=0}
func1(1,2,3,4,5)                -- var1=1, var2=2, arg={3,4,5;n=3}
function func2(...)
    local var1,var2,var3 = ...
    print(var1,var2,var3)
    print(...)
end
func2("a","b","c","d","e","f")  -- arg={"a","b","c","d","e","f";n=6}
                                -- var1="a", var2="b", var3="c"
                                -- var1="a", var2="b", var3="c", var4="d", var5="e", var6="f"
```

13.3 Lua 程序与 C++程序通信

Lua 语言是一种快速的嵌入式脚本语言，但必须依赖于 C/C++等宿主语言存在。因此，Lua 语言的运用离不开与宿主语言之间的通信。本节以 Lua 和 C++为例，介绍两者通信的原理和过程。

高级计算机语言经编译处理后，最终转化为计算机可识别的机器语言。机器语言由操作码和操作数组成，因此，不同的高级语言可以看成对操作码和操作数的不同描述方式。两种高级语言如 C++与 Lua 之间的通信就是互相传递操作数和操作码的过程。在 Lua 语言中，这一过程涉及堆栈和全局表。

堆栈是一种后进先出的数据结构，用于在程序运行过程中存储数据。全局表维护了 Lua 中的变量及其对应关系，类似一一映射的哈希表。比如，全局表中有字符串变量 languageName="Lua"，就可以通过 languageName 找到“Lua”。

下面通过两个简单的例字来演示 Lua 程序与 C++程序的通信过程，第一个实例为 C++代码调用 Lua 函数，第二个实例为 Lua 代码调用 C++函数。

13.3.1 C++代码调用 Lua 函数

首先，新建一个名为 test.lua 文件，文件中定义一个简单的求和函数如下：

```
function luaAdd(num1,num2)
    return num1 + num2
end
```

然后，新建一个 main.cpp 文件，代码如下：

```
/* Lua 是由 C 语言编写的，CPP 文件开头需用 extern “C” 声明来包含 Lua 相关的头文件 */
extern "C" {
    #include <lua.h>
    #include <lualib.h>
    #include <lauxlib.h>
}
#include <iostream>
using namespace std;
int main() {
    /* 调用 lua_open()函数，动态分配一个 lua_State 类型的指针 pL。lua_State 是 Lua 的一种数据结构，可以
       看成“脚本上下文”，主要是包含当前脚本环境的运行状态信息，Lua 文件就在这个数据结构中运行 */
    lua_State* pL = lua_open();
    luaopen_base(pL);                    // 加载需要使用的名为 base 的 Lua 标准库
    luaL_dofile(pL, "test.lua");         // 调用 luaL_dofile ( ) 函数执行 Lua 脚本
    lua_getglobal(pL, "luaAdd");         // 将函数名 luaAdd 压入堆栈，Lua 根据此函数名查找全局表
    // 将 luaAdd 函数所需的两个参数压入堆栈
    lua_pushnumber(pL, 23);
    lua_pushnumber(pL, 77);
    // 调用 lua 脚本中对应的函数，其中 pL 为 lua_State 指针，2 表示调用函数所需的参数个数，1 表示函数返回值的个数
    lua_call(pL, 2, 1);
    /* 调用结束后，Lua 函数的返回值置于堆栈的栈顶，Lua 堆栈采用负数索引表示出栈元素，栈顶的编号为-1。
       lua_tonumber(pL, -1)将栈顶数据转化成需要的类型保存起来 */
    int result = lua_tonumber(pL, -1);
    cout << "the result is: " << result << endl;
    lua_close(pL);                   // 不再需要运行 Lua 脚本时，调用 lua_close()函数释放 lua_State
        return true;
}
```

上述程序的运行结果如图 13-1 所示。可以看到，C++程序调用 Lua 脚本函数，得到了正确的结果。

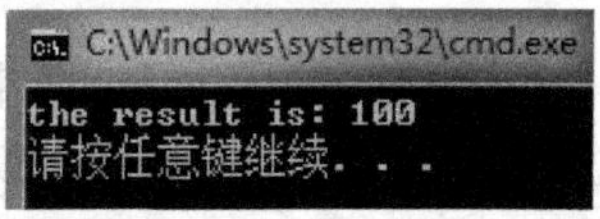

图 13-1 运行结果

13.3.2 Lua 代码调用 C++函数

首先，新建一个名为 average.lua 文件。文件中定义一个简单的求和函数：

```
a=100
b=32
average,sum=average(a,b)
print("the average and sum is: ")
print(average,sum)
```

然后，新建一个 main.cpp 文件。代码如下：

```
extern "C" {
    #include <lua.h>
    #include <lualib.h>
    #include <lauxlib.h>
}
#include <iostream>
using namespace std;
/* 与 C++调用 Lua 函数不同，Lua 调用 C++函数的关键在于 C++先创建一个函数，然后注册给 Lua 运行环境 */
/* 要使 C++中的函数能被 Lua 调用，函数定义格式如下：
        typedef int (*lua_CFunction) (lua_State *L)
   lua_CFunction 为 Lua 调用的函数在 C++中的函数名，L 为 lua_State 指针，返回的整型值代表返回值的个数*/
static int average(lua_State *L) {
    /* lua_gettop()返回栈顶的下标索引，Lua 堆栈对于进栈元素的下标从栈底为 1 开始，这个返回值实际就
      是 average()函数参数的个数 */
    int   n = lua_gettop(L);
    double   sum = 0;
    int   i;
    for (i = 1; i <= n; i++)   {
        sum += lua_tonumber(L, i);
    }
    // 分别把计算出的平均值与总和压入堆栈
    lua_pushnumber(L, sum / n);
    lua_pushnumber(L, sum);
    return 2;                                    // 表示 average 函数有两个返回值
}
int main(){
    lua_State* L = lua_open();
    luaopen_base(L);
    /* 将 average()函数注册给 Lua 运行环境。第 2 个参数为 Lua 中对应的函数名，第 3 个参数
       为 C++中创建的函数指针 */
    lua_register(L, "average", average);
    luaL_dofile(L, "average.lua");               // C++函数注册完成后，在 Lua 脚本中调用
    lua_close(L);
        return 0;
}
```

上述程序的运行结果如图 13-2 所示。可以看到，Lua 脚本调用了 C++函数，得到了正确的结果。

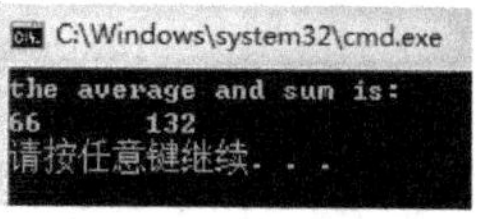

图 13-2　运行结果

13.4 Lua 脚本在 Cocos2d-x 中的应用

在 Cocos2d-x 引擎中，Lua 脚本主要用于游戏应用层的开发。游戏上层的逻辑（如游戏的任务系统）会经常发生变化，需要频繁修改相应代码。C++代码经过修改后，需要经过重新编译后才能生效，而 Lua 脚本的优点是修改后的代码不需要重新编译即可生效，这样能够显著提高游戏开发效率。因此，在 Cocos2d-x 中，Lua 脚本大量调用 C++函数。

由 13.3 节知，运行 Lua 脚本需要获得 lua_State 指针，需要堆栈存储数据，调用 C++函数前需要将函数注册给 Lua 解释器。在 Cocos2d-x 中，AppDelegate::applicationDidFinishLaunching()函数完成这些工作，具体代码如下：

```
bool AppDelegate::applicationDidFinishLaunching() {
    /* 产生一个 LuaEngine 类的对象 engine，该类作为 Lua 脚本语言引擎集成到 Cocos2d-x 中，用
       于处理 Lua 与 C++之间的通信 */
    LuaEngine* engine = LuaEngine::getInstance();
    // ScriptEngineManager 是用于管理脚本引擎的单例，这里将脚本引擎设置为 LuaEngine 类型
    ScriptEngineManager::getInstance()->setScriptEngine(engine);
    // LuaEngine 的实例 engine 通过 getLuaStack()函数获得堆栈，通过 getLuaState()获得 lua_State 指针
    lua_State* L = engine->getLuaStack()->getLuaState();
    /* 将 Cocos2d-x 中其它模块命名空间中的函数手动注册给 Lua，最常用的 Cocos2d 命名空间中的函
       数已在上一行 getLuaStack()时自动注册 */
    lua_module_register(L);
    engine->executeString("require 'src/hello.lua'");        //准备工作完成，执行 src 夹下的 hello.lua 脚本
    return true;
}
```

在 Lua 脚本中对 C++函数调用时需要注意函数调用名称的规范性。在 Lua 脚本中，以模块名来对应 C++中的命名空间，如 cc 模块对应 cocos2d、cocos2d::extension、CocosDenshion、cocosbuilder 这 4 个命名空间；调用 C++中的 cocos2d::Director::getInstance()函数，在 Lua 脚本中应表示为 cc.Director:getInstance()。

Lua 脚本中的函数调用名称规范可以参考对应的官方文档，这里不再一一列出。

13.5 游戏脚本编程实例——守卫宝箱

本节将利用 Lua 语言设计一个游戏实例，来加强读者对 Lua 语言的理解，以便将来能够更好地在游戏中应用 Lua 语言。

本节游戏实例实现的是通过触摸屏幕改变炮管角度，瞄准敌人，发射炮弹，阻止敌人接近宝箱，如果敌人越过宝箱，则游戏结束。游戏的实现效果如图 13-3 所示。在进行游戏编程前，需要利用砖块地图编辑器设计一个游戏地图，其中的炮座和炮管并不属于游戏地图。

先在游戏配置文件 gameConfig.lua 中添加游戏中需要的参数，如游戏中各精灵的标记（敌人、炮弹等），炮管、炮座、炮弹的坐标、弹道抛物线的重力和初速度参数、子弹飞行时间、动画每帧间隔、瞄准线颜色、场景地面高度、炮管上下旋转角度、精灵死亡时下落速度等。代码如下：

```
--各精灵的标记
BAT_ID = 5
AMMO_ID = 3
ENEMY_ID = 2
```

图 13-3　游戏实现效果

```
DRAWNODE_ID = 6
CANNONTOP_ID = 1
CANNONBUTTOM_ID = 4
CANNON_X = 96                              -- 炮管、炮座、炮弹的横坐标相同，共用一个
CANNONTOP_Y = 388                          -- 炮管的纵坐标
CANNONBUTTOM_Y = 374                       -- 炮座的纵坐标
CANNONAMMO_Y = 385                         -- 炮弹的发射起点纵坐标
GRAVITY = 666                              -- 弹道抛物线的重力
VELOCITY = 1000                            -- 弹道抛物线的初速度参数
AMMO_FLY_TIME = 0.8                        -- 子弹飞行时间
ANIMATION_FRAME_TIME = 0.2                 -- 动画每帧间隔
BEZIER_LINE_COLOR = cc.c4f(1, 1, 1, 0.3)   -- 瞄准线颜色
GROUND_HEIGHT = 134                        -- 场景地面高度
CANNON_UP_MAX_DEGREE = 28                  -- 炮管上旋角度
CANNON_DOWN_MAX_DEGREE = 32                -- 炮管下旋转角度
SPRITE_DIE_SPEED = 200                     -- 精灵死亡时下落速度
```

然后修改 Lua 的入口程序代码。Lua 的入口程序是 main.lua 文件的 main()函数，第一步是在在 main()函数中初始化全局变量，包括设置游戏结束标记和地面敌人与空中蝙蝠的各自的序号（每添加一次地面敌人和空中蝙蝠，此序号加 1，从而实现两者的运动速度越来越快，提高游戏的难度）。然后，进行游戏启动后的准备工作的 initGLView()函数（实现与 Cocos2d-x 项目中的启动文件 AppDelegate.cpp 中的 applicationDidFinishLaunching()函数类似），简单的创建游戏场景层，创建游戏场景的 helloWorldInLua()函数（实现将游戏创建的层添加到场景中，退出按钮与 Cocos2d-x 项目中的实现类似），加载游戏地图的 loadTiledMap()函数，初始化炮座、炮管、瞄准线的 initNodes()函数，添加敌人的 addEnemy()函数、蝙蝠敌人的 addBat()函数、触摸检测的 addTouchListener()函数，注册定时器（定时调用游戏刷新函数 gameUpdate()函数实现游戏的互动）。示例代码如下：

```
isGameOver = false                     -- 设置游戏结束标记
enemyNth, batNth = 0, 0    --地面行人与空中蝙蝠的各自的序号，每添加一次序号加 1，使运动速度越来越快
initGLView()                           -- 进行游戏启动后的准备工作
mainLayer=cc.Layer:create()            -- 创建游戏场景层
helloWorldInLua(mainLayer)             -- 创建场景
```

```
loadTiledMap()                                  -- 加载游戏地图
initNodes()                                     -- 初始化炮座、初始化炮管、初始化瞄准线
addEnemy( enemyNth)                             -- 添加敌人
addBat( batNth)                                 -- 添加蝙蝠敌人
addTouchListener()                              -- 添加触摸检测
mainLayer:getScheduler():scheduleScriptFunc(gameUpdate, 0, false)      --注册定时器
```

下面逐个实现每个函数，从而实现一个完整的游戏。

（1）initGLView()函数的实现

initGLView()函数主要实现的是进行游戏启动后的准备工作，其实现与 Cocos2d-x 项目中的启动文件 AppDelegate.cpp 中的 applicationDidFinishLaunching()函数类似，在此就不进行详述，有兴趣的读者可以将二者进行比较，过程都是一样的。示例代码如下：

```
-- 不同分辨率尺寸
local designResolutionSize = cc.size(960,640)
local smallResolutionSize = cc.size(480, 320)
local mediumResolutionSize = cc.size(1024, 768)
local largeResolutionSize = cc.size(2048, 1536)
local director = cc.Director:getInstance()
local glView = director:getOpenGLView()
if nil == glView then
    glView = cc.GLViewImpl:create("luaDemo")
    director:setOpenGLView(glView)
end
director:setOpenGLView(glView)
glView:setDesignResolutionSize(designResolutionSize.width, designResolutionSize.height,
                                                        cc.ResolutionPolicy.NO_BORDER)
local frameSize=glView:getFrameSize()
if frameSize.height > mediumResolutionSize.height then
    director:setContentScaleFactor(MIN(largeResolutionSize.height / designResolutionSize.height,
                                    largeResolutionSize.width/designResolutionSize.width))
elseif frameSize.height > smallResolutionSize.height then
    director:setContentScaleFactor(MIN(mediumResolutionSize.height / designResolutionSize.height,
                                    mediumResolutionSize.width/designResolutionSize.width))
else
    director:setContentScaleFactor(MIN(smallResolutionSize.height / designResolutionSize.height,
                                    smallResolutionSize.width/designResolutionSize.width))
end
director:setDisplayStats(false)
director:setAnimationInterval(1.0 / 60)
```

（2）helloWorldInLua()函数的实现

helloWorldInLua()函数的主要工作是实现将游戏中创建的层，即在 main()函数中创建的游戏场景层 mainLayer 添加到场景中，设置退出按钮。这些实现均与 Cocos2d-x 项目中的实现类似，在此也不进行详述。示例代码如下：

```
local sceneGame = cc.Scene:create()
local visibleSize = cc.Director:getInstance():getVisibleSize()
local origin = cc.Director:getInstance():getVisibleOrigin()
local closeItem = cc.MenuItemImage:create("CloseNormal.png","CloseSelected.png")
closeItem:setPosition(origin.x + visibleSize.width - closeItem:getContentSize().width/2,
```

```
                    origin.y + visibleSize.height - closeItem:getContentSize().height/2)
menu = cc.Menu:create(closeItem)
menu:setPosition(0,0)
sceneGame:addChild(menu)
mainLayer:setPosition(0,0)
sceneGame:addChild(mainLayer)
closeItem:registerScriptTapHandler(closeCallback)
cc.Director:getInstance():runWithScene(sceneGame)
```

（3）loadTiledMap()函数的实现

loadTiledMap()函数的主要工作是将编辑好的游戏地图加载并显示到游戏中。示例代码如下：

```
local mapSpriteSheet = cc.TMXTiledMap:create("luaSceneSpriteSheet.tmx")
mapSpriteSheet:setPosition(0, 0)
local mapObj55 = cc.TMXTiledMap:create("luaSceneObj55.tmx")
mapObj55:setPosition(0, 0)
local mapObj555 = cc.TMXTiledMap:create("luaSceneObj555.tmx")
mapObj555:setPosition(0, 0)
mainLayer:addChild(mapSpriteSheet, 3)
mainLayer:addChild(mapObj55, 2)
mainLayer:addChild(mapObj555, 1)
```

（4）initNodes()函数的实现

initNodes()函数的主要工作是初始化炮座和炮管的图片和位置、初始化瞄准线节点（瞄准线的实现是由贝塞尔曲线实现的），并将它们添加到游戏场景层中。示例代码如下：

```
-- 初始化炮座
local cannonButtom = cc.Sprite:create("cannonButtom.png")
cannonButtom:setPosition(CANNON_X,CANNONBUTTOM_Y)
mainLayer:addChild(cannonButtom,4,CANNONBUTTOM_ID )
-- 初始化炮管
local cannonTop = cc.Sprite:create("cannonTop.png")
cannonTop:setPosition(CANNON_X,CANNONTOP_Y )
mainLayer:addChild(cannonTop,5,CANNONTOP_ID )
-- 初始化绘图节点，初始化瞄准线
local drawNode = cc.DrawNode:create()
mainLayer:addChild(drawNode, 4,DRAWNODE_ID)
```

（5）添加敌人的 addEnemy()函数和添加蝙蝠敌人的 addBat()函数的实现

添加敌人的 addEnemy()函数和蝙蝠敌人的 addBat()函数的实现过程非常相似，这里只对添加敌人的 addEnemy()函数进行介绍。

在 addEnemy()函数中，首先检查游戏中是否添加了敌人精灵。若添加了，则不进行任何操作，否则创建敌人精灵，并播放其奔跑的动画和位置的不断更新。在本例中，位置移动的时间是逐渐减小，从而实现敌人奔跑的速度越来越快，加大游戏难度。示例代码如下：

```
if not mainLayer:getChildByTag(ENEMY_ID) then
    local enemy = cc.Sprite:create()
    mainLayer:addChild(enemy, 4, ENEMY_ID)
    enemy:setPosition(cc.Director:getInstance():getVisibleSize().width, GROUND_HEIGHT)
    --敌人奔跑的动画效果
    local animation = addAnimationObject("player",
                                    ANIMATION_FRAME_TIME/ math.pow(1.1, enemyNth))
    local actionRun = cc.RepeatForever:create(cc.Animate:create(animation))
```

```
        local actionForward = cc.MoveTo:create(10/ math.pow(1.1, enemyNth),
                                              cc.p(-100, GROUND_HEIGHT))
        enemy:runAction(actionRun)
        enemy:runAction(actionForward)
    end
```

在实现敌人奔跑的动画效果的过程中出现了一个 addAnimationObject()函数，其作用是根据传来的图片名和动画时间间隔来产生动画序列。示例代码如下：

```
    local animation = cc.Animation:create()
    local number, name
    for i= 1, 4   do
        number=i
        name = fileName.."/"..fileName..number..".png"
        animation:addSpriteFrameWithFile(name)
    end
    animation:setDelayPerUnit(frameTime)
    animation:setRestoreOriginalFrame(true)
    return animation
```

（6）addTouchListener()函数的实现

addTouchListener()函数中添加触摸监听函数，当触摸开始、移动和结束时，触发不同的游戏效果，分别由相应的回调函数实现。addTouchListener()函数的示例代码如下：

```
    local listener = cc.EventListenerTouchOneByOne:create()
    listener:registerScriptHandler(onTouchBegan, cc.Handler.EVENT_TOUCH_BEGAN)
    listener:registerScriptHandler(onTouchMoved, cc.Handler.EVENT_TOUCH_MOVED)
    listener:registerScriptHandler(onTouchEnded, cc.Handler.EVENT_TOUCH_ENDED)
    mainLayer:getEventDispatcher():addEventListenerWithSceneGraphPriority(listener, mainLayer)
```

触摸开始的回调函数 onTouchBegan()与触摸移动的回调函数 onTouchMoved()的实现是一样的，只不过 onTouchMoved()函数没有返回值。这两个回调函数的实现均是根据触摸点获得炮管的旋转角度，并设置炮管的旋转角度，再通过 getBezierLineParam()函数获得画贝塞尔曲线的参数。这里的贝塞尔曲线就是游戏中的瞄准线，游戏中的瞄准线是通常是基于贝塞尔曲线实现的。在绘制新的贝塞尔曲线前，还要对前一次绘制的瞄准线进行清除，从而实现当开始触摸屏幕或触摸屏幕移动时，瞄准线出现并跟随触摸点进行移动。onTouchBegan()函数的示例代码如下：

```
    local cannonT = mainLayer:getChildByTag(CANNONTOP_ID)
    local draw = mainLayer:getChildByTag(DRAWNODE_ID)
    local rotateDegree = getRotateDegree(touchPoint)                    -- 获得旋转角度
    cannonT:setRotation(rotateDegree)                                   -- 设置炮管的旋转角度
    local controlX, controlY, toX, toY= getBezierLineParam(rotateDegree) -- 根据旋转角度获得贝塞尔曲线参数
    draw:clear()                                                        -- 清除上次画的瞄准线
    -- 第 1 个参数为起点，第 2 个为控制点，第 3 个为终点，第 4 个为组成瞄准线的线段数，第 5 个为瞄准线颜色
    draw:drawQuadBezier(cc.p(CANNON_X ,CANNONTOP_Y), cc.p(controlX, controlY),
                                                cc.p(toX,toY), 100, BEZIER_LINE_COLOR)
    return true
```

根据旋转的角度，getBezierLineParam()函数计算贝塞尔曲线的绘制参数。其参数包括一个控制点的(controlX, controlY)坐标和一个终点的(toX, toY)坐标，实现如下：

```
    local rotateRadius = math.rad(-rotateDegree)                        -- 角度转换成弧度
    local controlX = CANNON_X + 0.5 * VELOCITY * math.cos(rotateRadius)
    local controlY = CANNONTOP_Y + 0.5 * VELOCITY * math.sin(rotateRadius)
```

```
local toX = CANNON_X + VELOCITY* math.cos(rotateRadius)
local toY = CANNONTOP_Y + VELOCITY* math.sin(rotateRadius) - GRAVITY
return controlX,controlY,toX,toY
```

触摸结束的回调函数 onTouchEnded()的实现是根据触摸点位置，获得炮管的旋转角度，通过 getBezierLineParam()函数获得贝塞尔曲线的绘制参数，包括两个控制点和一个终点的坐标，并通过 shootAmmo()函数设置炮弹的运动轨迹。onTouchEnded()还要对绘制的瞄准线进行清除。从而实现当触摸结束时发射炮弹，瞄准线在画面上消失的效果。onTouchEnded()函数的示例代码如下：

```
local rotateDegree = getRotateDegree(touchPoint)
-- 获得贝塞尔运动的轨迹参数
local control1X, control1Y, control2X, control2Y, toX, toY= getBezierAmmoParam(rotateDegree)
shootAmmo(control1X, control1Y, control2X, control2Y, toX, toY)      -- 发射炮弹
local draw = mainLayer:getChildByTag(DRAWNODE_ID)                    -- 发射炮弹时擦掉瞄准线
draw:clear()
```

onTouchEnded()函数的实现中包含了两个新函数：getBezierLineParam()和 shootAmmo()。getBezierLineParam()函数的功能是通过旋转角度获得贝塞尔运动的轨迹参数，包括两个控制点(control1X, control1Y)、(control2X, control2Y)和一个终点的坐标(toX, toY)。shootAmmo()函数首先判断场景层中是否存在炮弹精灵，若存在，则不进行任何操作，否则通过 getBezierLineParam()函数返回的轨迹参数设置炮弹的运动轨迹。实现这两个函数的示例代码如下：

```
--[[ 得到三阶贝塞尔曲线（炮弹运行轨迹）的参数，由参数方程求出，control1 表示控制点 1，control2 表
    示控制点 2，to 表示终点  ]]--
local function getBezierAmmoParam(rotateDegree)
    local rotateRadius = math.rad(-rotateDegree)
    local control1X = CANNON_X + VELOCITY * math.cos(rotateRadius) / 3
    local control1Y = CANNONTOP_Y+ VELOCITY * math.sin(rotateRadius) / 3
    local control2X = CANNON_X + 2 * VELOCITY * math.cos(rotateRadius) / 3
    local control2Y = CANNONTOP_Y + 2 * VELOCITY * math.sin(rotateRadius) / 3 - GRAVITY / 3
    local toX = CANNON_X + VELOCITY* math.cos(rotateRadius)
    local toY = CANNONTOP_Y + VELOCITY* math.sin(rotateRadius) - GRAVITY
    return control1X, control1Y, control2X, control2Y, toX, toY
end
--根据三阶贝塞尔曲线参数发射炮弹
local function  shootAmmo(control1X, control1Y, control2X, control2Y, toX, toY)
    if not mainLayer:getChildByTag(AMMO_ID) then
        local ammo = cc.Sprite:create("ammo.png")
        mainLayer:addChild(ammo,4,AMMO_ID)
        ammo:setPosition(CANNON_X,CANNONAMMO_Y)
        -- 贝塞尔运动的结构体，以此作为参数设定贝塞尔运动
        local bezier = {cc.p(control1X, control1Y),cc.p(control2X, control2Y),cc.p(toX, toY)}
        local bezierTo = cc.BezierTo:create(AMMO_FLY_TIME, bezier)
        ammo:runAction(bezierTo)
    end
end
```

（7）注册定时器，定时调用游戏刷新函数 gameUpdate()函数，实现游戏的互动

gameUpdate()函数是本次游戏实现的重点之一，主要进行的工作是判断游戏是否结束，若结束，则返回，否则继续执行接下来的操作——碰撞检测。本例中的碰撞检测分为两种：一是炮弹与敌人的碰撞，二是炮弹与蝙蝠的碰撞。

由于敌人图片相对较大，对于炮弹与敌人的碰撞，只需判断炮弹的中心是否在敌人图片区域中，若在，则进行爆炸的效果播放，并设置敌人死亡的效果，对炮弹和敌人的精灵进行移除，然后添加敌人，新添加的敌人的运动速度将会提升。但蝙蝠图片较小，继续采用前面的碰撞检测方法来实现炮弹与蝙蝠的碰撞的效果并不好，因此改为判断炮弹和蝙蝠的图片区域是否重合来检测碰撞。若重合，则进行爆炸的效果播放，并设置蝙蝠死亡的效果，对炮弹和蝙蝠的精灵进行移除，然后添加蝙蝠，新添加的蝙蝠的运动速度将会提升。如果发射的炮弹未击中敌人和蝙蝠，就直接从画面中移除炮弹精灵。示例代码如下：

```
local enemy=mainLayer:getChildByTag(ENEMY_ID)                    -- 敌人
local ammo=mainLayer:getChildByTag(AMMO_ID)                      -- 炮弹
local bat= mainLayer:getChildByTag(BAT_ID)                       -- 蝙蝠
-- 判断游戏是否结束
if enemy:getBoundingBox().x < 0 and bat:getBoundingBox().x < 0 and not isGameOver  then
    gameOver()
    isGameOver = true
    return
end
-- 得到包围盒，x、y、width、height 分别为左下角坐标和宽、高
local ammoBox =ammo:getBoundingBox()
local enemyBox =enemy:getBoundingBox()
local batBox = bat:getBoundingBox()
-- xxCenterX 表示该精灵中心点的坐标，求一个最接近它的整数，它的值小于或等于这个浮点数
local ammoCenterX = math.floor(ammoBox.x+ 0.5*ammoBox.width)
local ammoCenterY = math.floor(ammoBox.y+ 0.5*ammoBox.height)
local enemyCenterX = math.floor(enemyBox.x+ 0.5*enemyBox.width)
local enemyCenterY = math.floor(enemyBox.y+ 0.5*enemyBox.height)
local batCenterX = math.floor(batBox.x + 0.5 * batBox.width)
local batCenterY = math.floor(batBox.y + 0.5 * batBox.height)
-- 碰撞检测，检测到炮弹击中敌人，便执行爆炸效果
if ammoCenterX > enemyBox.x and ammoCenterX < enemyBox.x+ enemyBox.width and
              ammoCenterY> enemyBox.y and ammoCenterY < enemyBox.y+ enemyBox.height  then
    cc.SimpleAudioEngine:getInstance():playEffect("boom.wav")
    showBoom(0.5*(ammoCenterX+ enemyCenterX),0.5*(ammoCenterY+ enemyCenterY)) -- 显示炮弹
    local enemyDie = cc.Sprite:create("player/die.png")           -- 设置敌人死亡画面
    enemyDie:setPosition(enemyCenterX,enemyCenterY)
    -- 计算下落时间
    local dieAction = cc.MoveTo:create(enemyCenterY/SPRITE_DIE_SPEED,
                                        cc.p(enemyCenterX, -enemyBox.height))
    enemyDie:runAction(dieAction)
    mainLayer:addChild(enemyDie,4)
    mainLayer:removeChildByTag(AMMO_ID)                           -- 移除炮弹
    mainLayer:removeChildByTag(ENEMY_ID)                          -- 移除正在奔跑的敌人
    enemyNth = enemyNth + 1                                       -- 计算敌人个数
    addEnemy(enemyNth )                                           -- 重置敌人位置及参数，此时速度递增
end
-- 碰撞检测，使用的检测方法不同，检测炮弹与蝙蝠的碰撞
if math.abs(ammoCenterX- batCenterX) <0.5*(ammoBox.width+ batBox.width) and
              math.abs(ammoCenterY-batCenterY)<0.5*(ammoBox.height+ batBox.height) then
    ......                  -- 与检测到炮弹击中敌人执行的操作类似，将代码中的"enemy"换成"bat"即可
```

```
    end
    -- 未击中时的处理
    if ammoCenterX > cc.Director:getInstance():getVisibleSize().width or ammoCenterY < 0  then
        mainLayer:removeChildByTag(AMMO_ID)
    end
```

至此，游戏实例的实现代码就完成了。游戏实现的效果已经在本节的开始进行了部分展示。希望读者通过本节的学习对 Lua 有更深入的了解和体会。

小　结

本章主要介绍了最常用的游戏脚本语言 Lua，包括 Lua 语言的基础语法等，并未涉及过多深入的内容，有兴趣的可以通过相关书籍进行更深入地学习；然后，针对游戏开发的需要，重点介绍了 Lua 程序与 C++程序之间的调用和 Lua 代码在 Cocos2d-x 中的应用，并通过一个简单的游戏实例，增强读者对在游戏开发使用 Lua 语言的直观理解。

习题和实验

实验手册（Word 文档）

1. 简述 Lua 语言的四大特性，其中哪个特性为主要特性？
2. 简述 Lua 语言的语法特色。
3. 与其他语言相比，Lua 语言中数组的实现有何特别之处？
4. Lua 语言中，for 循环的实现分为哪两种？各自有什么特点？
5. Lua 程序与 C++程序之间的通信机制是怎样实现的？
6. 实现 Lua 代码调用 C++程序的例子。
7. 实现 C++程序调用 Lua 代码的例子。
8. Lua 代码在 Cocos2d-x 中应用的实现过程是怎样的？
9. 在 Cocos2d-x 中实现 Lua 代码的调用。
10. 基于 Lua 语言设计并实现一款简单的游戏。

第 14 章　计算机游戏综合实例

前面学习了 Cocos2d-x 的相关基础知识。本章从系统的角度，把片段性的知识点融合起来，开发一款即时战略类游戏——《魔戒争霸》。通过本章的学习，希望读者能提高对游戏编程的熟练程度，而且对游戏开发会有更深刻的认识。

在《魔戒争霸》游戏中，玩家可以在玩家城池中自由搭建进攻和防御设施，或训练士兵，或升级建筑物。玩家的主要任务是守住甚至扩大自己的营地。在战略地图中，玩家可以看到附近已被开启的敌方城池，可以选择侦查或者直接进攻对方营地，当消灭对方所有建筑物之后取得胜利并获得相应奖励，积分提高后，系统将会开启更多未知的地域。整个游戏采用模块化设计，将整体分划为设施系统、英雄系统、士兵系统、升级系统和战斗系统。各模块的封装实现相对独立，有利于程序扩展，有利于团队协作开发，更具体的内容见附录中的《魔戒争霸》详细策划案。

由于本章篇幅较长，涉及内容较多，因此进入正文之前有必要熟悉本章的组织结构。

14.1 节介绍游戏工程的全局控制与管理，主要是公用头文件的统一包含，各模块共用函数的统一定义等。

14.2 节介绍游戏工程中数据的解析，包括 CSV 文件中关卡数据、角色属性的解析和管理，SQLite 数据库中玩家进度的读取和保存等。

14.3 节场景绘制开始进入游戏的具体实现，介绍地图的绘制及先封装后导入模型的过程。

14.4 节关注界面设计，介绍界面的搭建和加入对话框的过程。

14.5 节为游戏中的动画效果，举例介绍最常用的两种创建动画效果的方式。

14.6 节是游戏 AI 的实现，重点介绍在战斗场景中 AI 的逻辑控制作用。

14.1　全局控制和管理

1. 全局定义

在游戏项目中，为了让头文件引入更加清晰明了容易管理，避免给代码编写或者平台迁移时代码的修正带来不必要的麻烦，通常可以将头文件引入进行统一的管理。本章例子的做法是，所有用到的头文件引入、类型的声明全部放在 public.h 文件中，在实现其他类时只需引入 public.h 即可。public.h 文件的部分代码如下：

```
// cocos2d
#include "cocos2d.h"
using namespace cocos2d;
#include "SimpleAudioEngine.h"
using namespace CocosDenshion;
#include "cocostudio/CocoStudio.h"
#include "ui/CocosGUI.h"
using namespace cocostudio;
using namespace cocos2d::ui;
// Helper
#include "sqlite3.h"
#include "CSVParser.h"
```

```
using namespace CSVParser;
// class
class ActManager;
// …… 所有类
// include
#include "BuildingInfoDialog.h"
// …… 所有头文件引入
```

同时，为了使游戏中使用的资源和各实体的属性可以调控，一般将这些属性放在配置文件中，程序调试或者不懂程序设计的游戏策划、测试等非程序员也能够方便地调整游戏属性平衡。但本章游戏实例并没有完全这样做，感兴趣的读者可以自行进行改进。这里使用的所有常量数值、资源路径、建筑物状态、类型、数据库文件名等变量的定义都放在 config.h 文件中，在实现其他类时，只需引入 config.h 即可。config.h 文件中的部分代码如下：

```
// 相关数值
static const float  EPS = 1e-6;
……                                                  // 所有相关常量定义
// 状态
static const int CHAPTER_TYPE_SEEK = 1;             // 侦查
……                                                  // 所有相关状态
// 类型
static const int BUILDING_TYPE_BaseTower = 1;       // 司令部
……                                                  // 所有相关类型划分
// 资源
static const char* IMG_LOADING_BG   =   "images/background/LoadingBG.png";
……                                                  // 所有资源路径
// SQLite 文件
static const char* DB_NAME = "RingDB.db";
```

2. 全局管理

《魔戒争霸》中提供了一个全局管理类 GlobalManager，使用单例模式实现，其主要功能除提供一些全局的工具函数外，还统一管理了瓦片地图块与屏幕像素坐标的相互转化、建筑图片、进攻城池 ID 和场景的切换。因为是单例，在整个程序生命周期中只有一个 GlobalManager 实例，所以能够对数据进行统一和实时的维护。

管理类的声明如下：

```
#define GM() GlobalManager::getInstance()
class GlobalManager : public cocos2d::Ref {
  public:
    GlobalManager();
    virtual ~GlobalManager();
    virtual bool init();
    static GlobalManager* getInstance();

    inline int getMin(int x, int y) { return (x < y) ? x : y; }
    inline int getMax(int x, int y) { return (x > y) ? x : y; }
    // 区域检测
    float xmult(Vec2 p1, Vec2 p2, Vec2 p0);                             // 叉乘
    bool isPointInCircle(Vec2 centerPoint, float radius, Vec2 p);       // 点是否在圆形内
    bool isPointInDiamond(Vec2 centerPoint, Size size, Vec2 p);         // 点是否在菱形内
    bool isPointInRect(Vec2 centerPoint, Size size, Vec2 p);            // 点是否在矩形内
```

```
        string getIntToStr(int value);                          // int 转 string
        int getStrToInt(string value);                          // string 转 int
        float getDistance(Vec2 p1, Vec2 p2);                    // 两点距离
        int getManhadun(Vec2 p1, Vec2 p2);                      // 曼哈顿距离
        int getTimeStamp();                                     // 获取时间戳
        // 瓦片坐标
        Vec2 getMapPos(Vec2 pos);                               // 地图坐标
        Vec2 getTiledPos(Vec2 pos);                             // 瓦片坐标
        bool isOutMap(Vec2 pos);                                // 瓦片越界
        void setCoverd(Vec2 pos, int delta);                    // 占据/释放地面
        bool isCovered(Vec2 pos);                               // 地面是否被占据
        void clearCovered();                                    // 清空占地情况
        Vec2 getSpaceTiled();                                   // 获取空地
        ValueVector getNextSpace(Vec2 pos);                     // 随机获取当前位置周围的空地

        int getDir(Vec2 src, Vec2 des);                         // 通过两点，获取方向
        int getDir(Vec2 delta);                                 // 通过向量方向，获取方向
        Vec2 getMapDelta(int idr);              // 根据瓦片坐标的偏移方向，获取地图坐标的偏移量
        // 战斗相关
        int getBattleTownID();                                  // 获取要进攻的城池 ID
        // 建筑图片
        string getBuildingIMG(int type);                        // 获取建筑的图片名
        string getBuildingBrokenIMG(int type);                  // 获取建筑被摧毁后的图片名
        // 场景切换
        void enterWorldScene();
        void enterHomeScene();
        void enterChapterScene(int townID, int type);
    public:
        int _cover[40][40];                                     // 占地情况
        bool _newBuild;
        NewBuilding* _build;
        int _townID;
    private:
        static GlobalManager* _g;
};
```

其中，与瓦片坐标相互转换在第 5 章已经详细介绍，场景的转换也在前面的章节有过讲解，因此这里就不展开说明。这里主要讲解 int 与 string 的转化：

```
string GlobalManager::getIntToStr(int value) {                  // int 转 string
    if (value <= 0)
        return "0";
    string str = "";
    while (value) {
        str += value%10 + '0';
        value/=10;
    }
    reverse(str.begin(), str.end());
    return str;
}
int GlobalManager::getStrToInt(string value) {                  // string 转 int
    int x = 0;
```

```
        for (int i = 0; i < value.length(); i++) {
            x = x*10 + (value[i] - '0');
        }
        return x;
    }
```

剩余的方法读者都可以参照前面章节的相关内容自己实现，此处不再赘述。

14.2 游戏数据解析

本次游戏实例的初始数据存放在 CSV 文件中，在游戏中创建 SQLite 数据库，根据这些文件创建相应的数据表，利用游戏过程中产生的数据对这些表进行更新操作，所以本节主要从三方面入手：CSV 文件的解析，游戏中的数据存储，游戏中的数据管理。

14.2.1 CSV 文件解析

CSV 文件是逗号分隔值文件格式，分隔字符也可以不是逗号，其文件以纯文本形式存储表格数据，CSV 文件编辑起来十分简单，所以常常用来配置游戏中的数据信息。CSV 文件的创建也很简单，新建一个 Excel 文件，在文件中记录游戏的数据信息，再另存为 CSV 格式文件即可。注意，当字段中包含逗号时，导出的 CSV 文件以文本形式打开时会自动用双引号将该字段括起，或字段开头中包含引号时会用新的双引号包含该双引号括起的字段，在新的双引号外侧再添一层双引号，每一行都是以“\r\n”结束。

以游戏中存储玩家信息的 CSV 文件为例，在 Excel 中的创建如图 14-1 所示，再以文本文件的格式打开，如图 14-2 所示。

	A	B	C	D	E	F	G	H	I
1	ID	Name	Level	Exp	RingCount	GoldCount	WoodCount	GoldCapacity	WoodCapacity
2	1	Player	1	0	0	3000	3000	3000	3000

图 14-1　存储玩家信息的 CSV 文件在 Excel 中的格式

```
ID,Name,Level,Exp,RingCount,GoldCount,WoodCount,GoldCapacity,WoodCapacity
1,Player,1,0,0,3000,3000,3000,3000
```

图 14-2　存储玩家信息的 CSV 文件在文本文件中的格式

本实例就是利用 CSV 文件来配置游戏中的数据信息。游戏中涉及的 CSV 文件名及存放的信息如表 14-1 所示。

虽然游戏中涉及的配置文件很多，但是仅利用一种解析方法就可以解析这些 CSV 文件，CSV 文件的解析方法也有很多，读者也可以根据 CSV 文件的特点来设计自己的 CSV 文件的解析方法，接下来就来介绍本次游戏实例中的 CSV 文件是如何解析的。

1. CSVParser.h 文件

CSVParser.h 文件中定义了一个 CSVParser 的命名空间，在命名空间中定义了两个类：Row 类和 Csv 类。Row 类用于记录一行的数据记录，重载[]运算符，在程序中可以通过“键值对”方式获取数据值。Csv 类用于解析 csv 文件，重载[]运算符，在程序中可以像数组一样获取数据值。

（1）Row 类

Row 类实现的功能：记录一行的数据记录。将字符串存储到向量容器中由函数 push_back()

表 14-1 游戏中涉及的 CSV 文件及存放的信息

文件名	存放的信息	文件名	存放的信息
BattleInfo.csv	关卡信息	MiwuStateInfo.csv	迷雾状态信息
BuildingInfo.csv	建筑信息	PlayerInfo.csv	玩家信息
BuildingLimitInfo.csv	建筑限制表信息：司令部等级对应建筑数量限制	PlayerLevelInfo.csv	等级信息
BuildingListInfo.csv	建筑列表信息	SoilderInfo.csv	士兵信息
HeroInfo.csv	英雄信息	SoilderLimitInfo.csv	兵营士兵数量限制表信息
HeroListInfo.csv	英雄列表信息	SoilderListInfo.csv	兵营士兵列表信息
HeroSkillInfo.csv	英雄技能信息	TownInfo.csv	城池信息
MiwuInfo.csv	迷雾信息	TownStateInfo.csv	城池状态信息

实现，设置每行记录的头字段由函数 setHeader()实现，并重载运算符[]，实现可以通过整型下标和字符串型的下标，访问到向量容器中的数据。实现代码如下：

```
class Row {                                              // 每行的记录
  public:
    Row() { }
    ~Row() { }
    void push_back(const string& value) { m_values.push_back(value); }
    void setHeader(const vector<string>* header) { m_header = header; }
    unsigned int size() const { return m_values.size(); }  // 每行数据有多少字段
    string& operator[](unsigned int key) {               // 重载运算符[]
        if (key < size())
            return m_values[key];
        throw "can't return this value (doesn't exist)";
    }
    string& operator[](const string& key) {              //重载运算符[]
        vector<string>::const_iterator it;
        int pos = 0;
        for (it = (*m_header).begin(); it != (*m_header).end(); it++) {
            if (key == *it)
                return m_values[pos];
            pos++;
        }
        throw "can't return this value (doesn't exist)";
    }.
  private:
    const vector<string>* m_header;
    vector<string> m_values;
};
```

（2）Csv 类

Csv 类实现的功能是 CSV 文件的解析。① 读取 CSV 文件的内容，存放在 string 类型的字符串中，由 Load 函数实现；② 解析 CSV 文件；③ 获取 CSV 文件中数据的行列数；④ 重载运算符[]，实现用下标的方式访问一行的数据。Csv 类的函数原型如下：

```
class Csv {
  public:
    Csv(const string& filename);
    ~Csv();
```

```
    void Parse(const string& filename);                                       // 解析 CSV 文件
    const string& getErrorInfo() const { return m_strErrorInfo; }             // 错误信息
    vector<string> getHeader() const { return m_header; }                     // 获取列头字段
    unsigned int getRowCount() const { return m_content.size(); }             // 获取总行数
    unsigned int getColumnCount() const { return m_header.size(); }           // 获取总列数
    Row& operator[](unsigned int key);                                        // 重载运算符[]
  private:
    // 读取整个文件的数据
    void Load(const string& filename, string& Data);
    void setHeader();
  private :
    vector<Row> m_content;                                 // 原始表格数据的所有行的数据（包含列头）
    vector<string> m_header;                                                  // 原始表格数据的列头字段
    string m_strErrorInfo;                                                    // 错误信息
};
```

2. CSV 文件的解析

在 Csv 类中最重要的就是 CSV 文件的解析，解析 CSV 文件的方法有多种，读者可以按照自己的思路对 CSV 文件进行解析。下面简单介绍本游戏实例中 CSV 文件的解析。

CSV 文件的解析是逐个字符进行读取、判断的，为辅助这一过程，我们在程序中设置了一个状态的枚举，从而在逐个字符判断时进行相应的状态转换。这里定义了 6 个状态，分别为：新字段开始状态、非引号字段状态、引号字段状态、字段分隔状态、引号字段中的引号状态、行分隔符字符(回车)状态、语法错误状态。利用这些状态的转换，实现字符的压栈处理，并存放在 strField 字符串中，解析出每个完整的字段 strField，放入 Row 类型的 Fields 中。解析完一行的数据，再将 Fields 放入 m_content 容器中。实现代码如下：

```
void Csv::Parse(const string& filename) {
    m_content.clear();                                    // 清除之前的数据
    m_strErrorInfo.clear();
    string text;
    Load(filename, text);
    if (text.size() == 0) {
        return;
    }
    enum StateType {                                      // 定义状态
        NewFieldStart,                                    // 新字段开始
        NonQuotesField,                                   // 非引号字段
        QuotesField,                                      // 引号字段
        FieldSeparator,                                   // 字段分隔
        QuoteInQuotesField,                               // 引号字段中的引号
        RowSeparator,                                     // 行分隔符字符 1，回车
        Error                                             // 语法错误
    };
    Row Fields = Row();
    string strField;
    StateType State = NewFieldStart;                      // 设置初始状态
    for (int i = 0, size = text.size(); i < size; ++i) {
        const char& ch = text[i];
        switch (State) {
```

```
            case NewFieldStart:                                    // 新字段开始
            ...                                        //逻辑部分，对 ch 判断，进行状态转换或压栈处理
            break;
            ...                                                    //其他状态的解析
            default: break;
        }
    }// end for
}
```

观察仔细的读者会发现，到这里 CSV 文件还没有解析完，因为前面将一行的数据放入 m_content 容器中的标志是以“\r\n”为结尾，但是进行到最后一行的最后一个数据时，并不是以“\r\n”为结尾，因此还要进行状态的判断。此处实现的代码比较容易，在此不再列举。

这里还需要一个 setHeader()函数，对解析完的数据设置列头，为每行的数据都设置列头，以便以后能在程序中更方便地访问数据。实现代码如下：

```
void Csv::setHeader() {
    m_header.clear();
    for (int i = 0; i < m_content[0].size(); i++) {
        m_header.push_back(m_content[0][i]);
    }
    for (int i = 0; i < m_content.size(); i++) {
        m_content[i].setHeader(&m_header);
    }
}
```

至此，CSV 文件的解析就大致完成了，更详细的代码请见 http://www.hxedu.com.cn 网站提供的下载资源。

14.2.2 SQLite 数据库应用

本游戏实例中产生的数据是采用 SQLite 数据库来进行存储的。SQLite 是一款轻型的、无数据类型的数据库，是遵守 ACID 的关系型数据库管理系统，包含在一个相对小的 C 语言库中，实现了完备的、可嵌入的、零配置的 SQL 数据库引擎。作为一个开源的嵌入式数据库产品，SQLite 具有系统开销小、检索效率高特性，是由程序直接调用相应的 API 去实现对数据的存取操作。

1. 游戏中数据存储的实现

若想实现在程序中操作 SQLite 数据库，首先要在 SQLite 的官网下载 SQLite 的 C 语言源代码，下载网址为 http://www.sqlite.org/download.html。将解压后得到的 SQLite3.h 和 SQLite3.c 文件导入到游戏项目中，再在要进行数据库的函数中包含 SQLite3.h 头文件即可。

本游戏实例中实现数据库中各种表的创建和数据的增删改查操作都是由 DBManager 类实现的。DBManager 类是一个单例类，其主要工作包括：数据库的打开、关闭，创建表，执行 SQL 语句(更新和查询数据的操作)，加载 CSV 文件的数据，并将这些数据存放在数据库中。DBManager 类中的定义的函数包括：创建 DBManager 的单例对象的 getInstance()函数，打开数据库和关闭数据库的 open()函数和 close()函数，创建数据库表的 createTable()函数，执行数据更新操作的 executeUpdate()函数和数据查询的 executeQuery()函数。函数原型如下：

```
#include "Utils\Public.h"
#define DBM() DBManager::getInstance()
class DBManager : public cocos2d::Ref {
```

```
public:
    DBManager();
    virtual ~DBManager();
    virtual bool init();
    static DBManager* getInstance();

    bool open();
    void close();
    void executeUpdate(std::string sql);
    ValueVector executeQuery(std::string sql);
    void createTable();
    void createPlayerInfo();
    void createTownStateInfo();
    void createMiwuStateInfo();
    void createBuildingListInfo();
    void createSoilderListInfo();
    void createHeroListInfo();
    void loadCsvData(std::string file, ValueVector& data);
private:
    static DBManager* _g;
    sqlite3* _pdb;
};
```

获取 DBManager 类的单例对象的 getInstance()函数的实现代码如下：

```
DBManager* DBManager::_g = nullptr;
DBManager* DBManager::getInstance() {
    if (nullptr == _g) {
        _g = new DBManager();
        _g->init();
    }
    return _g;
}
```

loadCsvData()函数的功能是根据传来的文件名，加载 CSV 数据（CSV 数据的解析由 CSV 类实现），并将解析 CSV 文件得到的数据存放在传来的向量 data 中。实现的代码如下：

```
void DBManager::loadCsvData(std::string file, ValueVector& data) {          // 加载 CSV 数据
    Csv csv = Csv(file.c_str());
    for (int i = 0; i < csv.getRowCount(); i++) {
        ValueMap map;
        for (int j = 0; j < csv[i].size(); j++) {
            map[csv[0][j]] = csv[i][j];
        }
        data.push_back((Value)map);
    }
}
```

实现打开数据库和关闭数据库的 open()函数和 close()函数分别调用了 SQLite 提供的打开数据库链接的 sqlite3_open()函数和关闭数据库链接的 sqlite3_close()函数。

sqlite3_open()函数原型如下：

```
int sqlite3_open(const char *zFilename, sqlite3 **ppDb)
```

参数 zFilename 为要打开的数据库名，此数据库不一定存在。若存在，则打开此数据库，否

则自动创建此数据库再打开。参数 ppDb 用来指向打开的数据库，其返回值代表此数据库是否打开成功。若打开成功，返回值为 SQLITE_OK，否则表示失败。

sqlite3_close()函数原型如下：

```
int sqlite3_close(sqlite3 *db);
```

实现代码分别如下：

```
bool DBManager::open() {
    string path = FileUtils::getInstance()->getWritablePath() + "/" + DB_NAME;
    int ret = sqlite3_open(path.c_str(), &_pdb);
    if (ret != SQLITE_OK) {
        const char* errmsg = sqlite3_errmsg(_pdb);
        CCLOG("sqlite open error: %s", errmsg);
        sqlite3_close(_pdb);
        return false;
    }
    return true;
}
void DBManager::close() {
    sqlite3_close(_pdb);
    _pdb = nullptr;
}
```

创建数据库表的工作由 createTable()函数实现。createTable()函数调用了创建各种表的函数，在数据库中创建了 6 个表，分别为：玩家信息表、城池状态表、迷雾状态表、建筑列表、英雄列表和士兵列表，分别由 createPlayerInfo()、createTownStateInfo()、createMiwuStateInfo()、createBuildingListInfo()、createHeroListInfo()和 createSoilderListInfo()函数实现。

createTable()函数的实现代码如下：

```
void DBManager::createTable() {
    string path = FileUtils::getInstance()->getWritablePath() + "/" + DB_NAME;
    if (!FileUtils::getInstance()->isFileExist(path)) {
        CCLOG("create RingDB.db");
        createPlayerInfo();
        createTownStateInfo();
        createMiwuStateInfo();
        createBuildingListInfo();
        createHeroListInfo();
        createSoilderListInfo();
    }
}
```

游戏中涉及 6 种数据表的创建，虽然每个表的用法不同，但是它们的创建方式和过程是相同的，主要分为以下几步：① 加载要用的 CSV 文件，loadCsvData()函数实现；② 按照 CSV 文件中的属性，创建数据库表，executeUpdate()函数实现；③ 将从 CSV 文件解析来的数据添加到创建的数据表中，executeUpdate()函数实现。在此仅以创建玩家信息表的 createPlayerInfo()函数为例，玩家信息的 CSV 文件中定义了玩家的 ID、Name、Level、Exp、RingCount、GoldCount、WoodCount、GoldCapacity、WoodCapacity 等属性，则在数据库中创建玩家信息表时也要定义相应的属性，并依次将通过解析 CSV 文件得到的数据添加玩家信息表中。实现代码如下：

```
void DBManager::createPlayerInfo() {
```

```
    ValueVector data;
    loadCsvData(CSV_PLAYERINFO, data);
    string sql = "create table PlayerInfo(ID integer primary key autoincrement, Name, Level, Exp,
                              RingCount, GoldCount, WoodCount, GoldCapacity, WoodCapacity)";
    executeUpdate(sql);
    for (int i = 1; i < data.size(); i++) {
        ValueMap& map = data.at(i).asValueMap();
        sql = "insert into PlayerInfo values("+ map["ID"].asString() + ", '" + map["Name"].asString() + "',
                              '"+ map["Level"].asString() + "', '"+ map["Exp"].asString() +
                              "', '" + map["RingCount"].asString() + "', '"
                              + map["GoldCount"].asString() + "', '"
                              + map["WoodCount"].asString() + "', '"
                              + map["GoldCapacity"].asString() + "', '"
                              + map["WoodCapacity"].asString() + "')";
        executeUpdate(sql);
    }
}
```

执行数据更新操作的 executeUpdate()函数中主要调用了 SQLite 提供的执行 SQL 语句的 sqlite3_exec()函数来实现数据的更新功能。sqlite3_exec()函数原型如下：

```
int sqlite3_exec(sqlite3*, const char *sql, int(*callback)(void*, int, char**, char**), void *, char **errmsg);
```

其中，第 1 个参数是打开数据库函数 open()函数得到的指针，是已经打开的数据库，第 2 个参数 sql 是要执行的 sql 语句字符串，第 3 个参数是回调函数，是在本条语句执行完成后再执行的函数，是一个自定义的函数，第 4 个参数是一个自定义的指针，传递到回调函数中，可以为空，最后一个参数是错误信息。

executeUpdate()函数的实现代码如下：

```
void DBManager::executeUpdate(std::string sql) {                    // 更新数据库
    if(open() == true) {
        int ret = sqlite3_exec(_pdb, sql.c_str(), nullptr, nullptr, nullptr);
        if(ret != SQLITE_OK) {
            CCLOG("update data failed!");
        }
        close();
    }
}
```

实现数据查询的 executeQuery()函数中主要调用了 SQLite 提供的 sqlite3_get_table()函数来实现数据的查询工作，并将查询得到的结果存储到向量中，通过 sqlite3_free_table()函数释放查询结果，最后返回存放查询结果的向量。

sqlite3_get_table()函数原型如下：

```
int sqlite3_get_table( sqlite3 *db, const char *zSql, char ***pazResult, int *pnRow,
                                                int *pnColumn, char **pzErrmsg);
```

其中，参数 db 指向打开的数据库，参数 zSql 是要执行的 SQL 语句字符串，参数 pazResult 中存放查询的结果，参数 pnRow 记录查询到的记录的条数（行数），参数 pnColumn 代表记录的字段数（列数），参数 pzErrmsg 是错误信息。

sqlite3_free_table()函数原型如下：

```
void sqlite3_free_table(char **result);
```

其中，参数 pazResult 中存放着查询结果。

executeQuery()函数实现代码如下：

```
ValueVector DBManager::executeQuery(std::string sql) {                    // 查询数据库
    ValueVector v;
    if (open()) {
        char** table;                                                     // 查询结果
        int r, c;                                                         // 行数、列数
        sqlite3_get_table(_pdb, sql.c_str(), &table, &r, &c, nullptr);
        // 第0行（0～c-1），为字段名；第1～r行（c～2c-1），第一条记录
        for(int i = 0; i <= r; i++) {
            ValueMap map;
            for(int j = 0; j < c; j++) {
                map[table[j]] = table[i * c + j];
            }
            v.push_back((Value)map);
        }
        sqlite3_free_table(table);                                        // 释放查询表
    }
    return v;
}
```

至此，数据库中数据存储和使用基本已经实现，详细的代码请见 http://www.hxedu.com.cn 网站提供的下载资源。

2．游戏中的数据管理

游戏中的数据管理由 DataManager 类实现，DataManager 类是一个单例类，其主要工作包括三类，以 load 为函数名开头的加载游戏中需要的各种数据的函数，以 update 为函数名开头的更新游戏中产生的数据的函数，以 get 为函数名开头的获得游戏中需要的数据的函数。

（1）加载游戏中需要的各种数据

游戏中需要的各种数据包括：玩家信息、等级信息、城池信息、迷雾信息、建筑信息、建筑限制表信息、士兵信息、兵营士兵数量限制表信息、英雄信息、技能信息、关卡信息和 CSV 文件。函数原型如下：

```
// load
void loadPlayerInfo();                          // 加载玩家信息
void loadPlayerLevelInfo();                     // 加载等级信息
void loadTownInfo();                            // 加载城池信息
void loadMiwuInfo();                            // 加载迷雾信息
void loadBuildingInfo();                        // 加载建筑信息
void loadBuildingLimitInfo();                   // 加载建筑限制表信息：司令部等级对应建筑数量限制
void loadSoilderInfo();                         // 加载士兵信息
void loadSoilderLimitInfo();                    // 加载兵营士兵数量限制表
void loadHeroInfo();                            // 加载英雄信息
void loadSkillInfo();                           // 加载技能信息
void loadBattleInfo();                          // 加载关卡信息
void loadCsvData(std::string file, ValueVector& data);
```

（2）更新游戏中产生的数据

游戏中产生的数据包括：玩家的经验、金币、木材、金币容量、木材容量、魔戒、城池类型、城池收获、迷雾类型、建筑的位置、建筑的建造状态、建筑等级、金矿的产量、木材的产量、新

建建筑、士兵数量、士兵等级、英雄经验值、英雄的等级。函数原型如下：

```
// update
void updatePlayerExp(int exp);
void updateGold(int gold);
void updateWood(int wood);
void updateGoldCapacity(int capacity);
void updateWoodCapacity(int capacity);
void updateRing(int addRing);
void updateTownType(int townID, int type);
void updateTownHarvest(int townID, int lastHarvest);
void updateMiwuType(int level);
void updateBuildingPos(int ID, Vec2 pos);                    // 改变坐标
void updateBuildingBuildState(int ID, int state);            // 改变建造状态
void updateBuildingLevel(int ID);                            // 改变建筑等级
void updateLastGoldHarvest(int ID, int lastHarvest);         // 金矿
void updateLastWoodHarvest(int ID, int lastHarvest);         // 木材
int addNewBuilding(int type, Vec2 pos);                      // 新建建筑
// 士兵
void updateSoilderCount(int ID, int delta);                  // 更新士兵数量，+ delta
void updateSoilderLevel(int ID);                             // 提升士兵等级
// 英雄
void updateHeroExp(int ID, int addExp);                      // 更新英雄经验值并升级
void updateHeroLevel(int ID);                                // 提升英雄等级
```

（3）获得游戏中需要的数据

游戏中需要的数据包括：玩家需要的经验值、玩家等级、金币数量、木材数量、金币容量、木材容量、城池信息、建筑信息、建筑限制、建筑下一等级信息、司令部等级、某类型建筑的数量、士兵、士兵信息、士兵下一等级信息、兵营数量限制、兵营等级、研究所等级、玩家英雄信息、英雄下一等级信息、技能信息和设施信息。函数原型如下：

```
int getPlayerExpRequire(int level);
int getPlayerLevel();                                        // 获取玩家等级
int getGoldCount();                                          // 获取金币资源数量
int getWoodCount();                                          // 获取木材资源数量
int getGoldCapacity();                                       // 获取金币资源容量
int getWoodCapacity();                                       // 获取木材资源容量
ValueMap& getTownInfo(int townID);                           // 获取城池信息
// 设施
ValueMap& getBuilding(int ID);                               // 根据列表 ID 获取建筑信息
ValueMap& getBuildingInfo(int buildingID);                   // 根据 BuildingID，获取建筑信息
ValueMap& getBuildingLimit(int level);                       // 根据司令部等级，获取建筑限制
ValueMap& getBuildingNextInfo(int buildingID);               // 获取设施下一等级信息
int getBaseTowerLevel();                                     // 获取司令部等级
int getBuildingCountForType(int type);                       // 获取某个 type 的建筑数量
// 士兵
ValueMap& getSoilder(int ID);                                // 根据列表 ID，获取士兵
ValueMap& getSoilderInfo(int soilderID);                     // 根据 SoilderID，获取士兵信息
ValueMap& getSoilderNextInfo(int soilderID);                 // 获取士兵下一等级信息
int getSoilderLimit(int level);                              // 获取兵营数量限制
int getCampLevel();                                          // 获取兵营等级
```

```
    int getLabLevel();                                           // 获取研究所等级
    // 英雄
    ValueMap& getHero(int ID);                                   // 根据英雄 ID，获取玩家英雄信息
    ValueMap& getHeroInfo(int heroID);                           // 根据 HeroID，获取英雄信息
    ValueMap& getHeroNextInfo(int heroID);                       // 获取英雄下一等级信息
    ValueMap& getSkillInfo(int skillID);                         // 获取技能信息
    // 关卡信息
    ValueVector getBattleBuilding(int townID);                   // 获取关卡 townID 的设施信息
```

DataManager 类中存在一个实现游戏中数据与下标绑定的 bindingIndex()函数，函数原型如下：

```
    void bindingIndex(ValueVector& data, map<string, int>& index, string ID);
```

DataManager 类中使用到的数据成员变量如下：

```
    public:
        // ValueMap <string, Value<stirng, string> >
        ValueVector _player;                                     // 玩家信息
        ValueVector _playerLevel;                                // 玩家等级经验
        ValueVector _town;                                       // 城池信息
        ValueVector _miwu;                                       // 迷雾信息
        int _baseID;                                             // 司令部的 ID，数组下标
        int _campID;                                             // 兵营的 ID，数组下标
        int _labID;                                              // 研究所 ID，数组下标
        ValueVector _buildingInfo;                               // 所有建筑信息
        ValueVector _building;                                   // 玩家建筑信息
        ValueVector _buildingLimit;                              // 建筑限制表
        ValueVector _soilderInfo;                                // 所有士兵信息
        ValueVector _soilder;                                    // 玩家士兵信息
        ValueVector _soilderLimit;                               // 士兵数量限制表
        ValueVector _heroInfo;                                   // 所有英雄信息
        ValueVector _hero;                                       // 英雄信息
        ValueVector _skillInfo;                                  // 所有技能信息
        ValueVector _battleBuilding;                             // 关卡设施
        // 关联 Vector 下标和数据 ID
        map<string, int> _indexPlayerLevel;                      // Level 与下标
        map<string, int> _indexTown;                             // TownID 与下标
        map<string, int> _indexMiwu;                             // MiwuID 与下标
        map<string, int> _indexBuilding;                         // ID 与下标
        map<string, int> _indexBuildingInfo;                     // BuildingID 与下标
        map<string, int> _indexBuildingLimit;                    // 司令部 Level 与下标
        map<string, int> _indexSoilder;                          // ID 与下标
        map<string, int> _indexSoilderInfo;                      // SoilderID 与下标
        map<string, int> _indexSoilderLimit;                     // 兵营 Level 与下标
        map<string, int> _indexHero;                             // ID 与下标
        map<string, int> _indexHeroInfo;                         // HeroID 与下标
        map<string, int> _indexSkillInfo;                        // SkillID 与下标
    private:
        static DataManager* _g;
```

下面介绍 DataManager 类的实现。首先将在 getInstance()函数中获得 DataManager 类的实例，实现代码如下：

```
    DataManager* DataManager::_g = nullptr;
```

```
DataManager* DataManager::getInstance() {
    if (nullptr == _g) {
        _g = new DataManager();
        _g->init();
    }
    return _g;
}
```

在构造函数中对类中的_player、_town、_miwu、_indexPlayerLevel、_indexTown 和_indexMiwu 进行清理。在析构函数中清空 DataManager 类型的全局静态变量。实现代码如下：

```
DataManager::DataManager() {
    _player.clear();
    _town.clear();
    _miwu.clear();

    _indexPlayerLevel.clear();
    _indexTown.clear();
    _indexMiwu.clear();
}
DataManager::~DataManager() {
    _g = nullptr;
}
```

在 init()函数中加载游戏中需要的各种数据，即调用以 load 为函数名开头的函数。实现代码如下：

```
bool DataManager::init() {
    loadPlayerInfo();
    loadPlayerLevelInfo();
    loadTownInfo();
    loadMiwuInfo();
    loadBuildingInfo();
    loadBuildingLimitInfo();
    loadSoilderInfo();
    loadSoilderLimitInfo();
    loadHeroInfo();
    loadSkillInfo();
    loadBattleInfo();
    return true;
}
```

为了更快速地在程序中访问到游戏中需要的数据信息，需要在加载游戏数据时对数据下标进行绑定，方便地在以 get 为函数名开头的函数中获得相应的数据，而不必再对数据库进行操作。实现绑定操作的函数是 bindingIndex()函数，代码如下：

```
// 绑定下标
void DataManager::bindingIndex(ValueVector &data, map<string, int>& index, string ID) {
    for (int i = 0; i < data.size(); i++) {
        ValueMap map = data.at(i).asValueMap();
        index[map[ID].asString()] = i;
    }
}
```

以 load 为函数名开头的加载游戏中需要的各种数据的函数，这些函数的实现虽然有些异同，但大体思路还是基本一致的，就是：加载相应的游戏数据 CSV 文件，进行下标的绑定，查询数据库中的数据，对相应的数据进行更新等。以加载城池信息的 loadTownInfo()函数为例，它的实现分为以下几个步骤：① 加载 TownInfo.csv 文件，并将数据存储到城池信息_town 中；② 将城池信息_town 与下标 _indexTown 绑定；③ 获取数据库中 TownStateInfo 表的信息，存储到 ValueVector 类型的向量中，此向量中的每一个元素均是 ValueMap 类型的元素；④ 根据从数据库中读出的信息，逐个地对每个城池信息进行修改。实现代码如下：

```
// 加载城池信息
// csv      : TownInfo
// sqlite   : TownStateInfo
void DataManager::loadTownInfo() {
    loadCsvData(CSV_TOWNINFO, _town);
    bindingIndex(_town, _indexTown, "TownID");
    string sql = "select * from TownStateInfo";                    // 城池状态表(sqlite)
    ValueVector vv = DBM()->executeQuery(sql);
    for (int i = 0; i < vv.size(); i++) {
        ValueMap& vm = vv.at(i).asValueMap();
        string townID = vm["TownID"].asString();
        ValueMap& map = _town[_indexTown[townID]].asValueMap();
        map["Type"] = vm["Type"].asString();
        map["LastHarvest"] = vm["LastHarvest"].asString();
    }
}
```

以 update 为函数名开头的更新游戏中产生的数据的各种函数，它们的实现思路基本一致，即：根据传来的 ID 值，在数据库中查找对应的信息，对相应的信息进行更新。更新城池类型和收获时间的 updateTownType()函数的示例代码如下：

```
// 更新城池类型、收获时间
// sqlite    : TownStateInfo
void DataManager::updateTownType(int townID, int type) {
    string stamp = GM()->getIntToStr(GM()->getTimeStamp());
    ValueMap& map = _town.at(_indexTown[GM()->getIntToStr(townID)]).asValueMap();
    map["Type"] = type;
    map["LastHarvest"] = stamp;
    // 更新城池类型、收获时间(sqlite)
    string sql = "update TownStateInfo set Type='" + map["Type"].asString()
                                + "', LastHarvest='" + map["LastHarvest"].asString()
                                + "' where TownID=" + map["TownID"].asString() + ";";
    DBM()->executeUpdate(sql);
}
```

以 get 为函数名开头的获得游戏中需要的数据的各种函数，它们的实现思路基本一致，实现起来也很简单，即：根据传来的 ID 参数，查找相对应的数据。获取城池信息的 getTownInfo()函数的示例代码如下：

```
ValueMap& DataManager::getTownInfo(int townID) {                // 获取城池信息
    string id = GM()->getIntToStr(townID);
    return _town[ _indexTown[id] ].asValueMap();
}
```

至此，游戏中的数据管理基本已经实现，详细的代码请见 http://www.hxedu.com.cn 网站提供的下载资源。

14.3 场景绘制

本章前面讲述了全局控制、数据解析，为综合实例做好了充分的准备工作，本节将结合前面章节的内容，逐步完成游戏中具体功能点的实现。

本节介绍的是场景绘制。在《魔戒争霸》中，游戏的场景主要分为 3 部分：HomeScene，WorldScene 和 BattleScene（如图 14-3、图 14-4 和图 14-5 所示）。基地场景 HomeScene 是游戏的主场景，玩家可以从中获取资源、升级建筑、训练士兵来发展壮大自己的势力。具备一定实力以后，玩家如果需要扩张领土，可以进入世界场景 WorldScene，侦查或进攻基地附近的城池。BattleScene 是侦查或进攻城池的场景，玩家可以从中指挥自己的英雄和士兵与敌军战斗，若战斗失败，则撤回基地，若战斗胜利，则解放城池，同时获得一定奖励。

图 14-3 游戏主场景 HomeScene

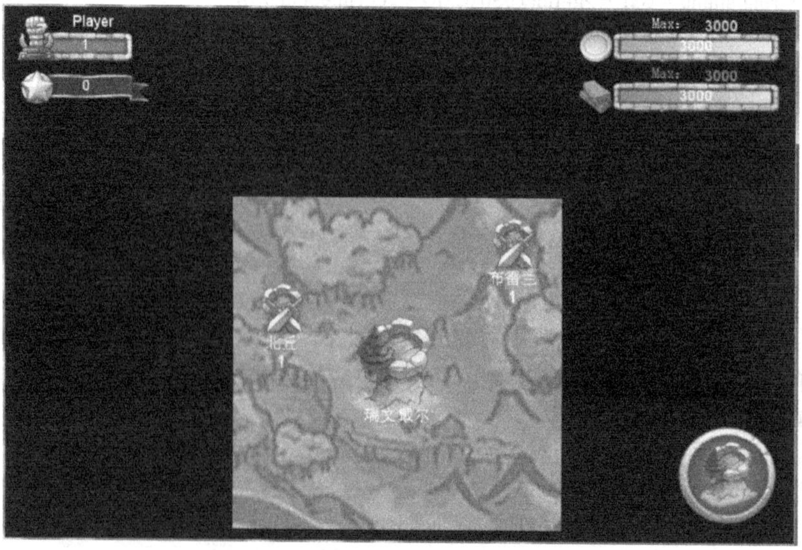

图 14-4 游戏世界场景 WorldScene

图 14-5　游戏战斗场景 BattleScene

14.3.1　地图绘制

在《魔戒争霸》中，绘制地图的工作主要由 PanZoomLayer 类来实现。PanZoomLayer 是公共基类，所有地图类均继承自该类。pan 的本意是平移，zoom 的本意是缩放，所以该层的主要功能是对背景地图进行平移和缩放。相对于前面章节的静态地图，PanZoomLayer 类中的平移缩放功能使得游戏中的地图更灵活。

1．PanZoomLayer 类

在 PanZoomLayer 中主要有 8 个成员函数：初始化函数 init()、定时器更新函数 update()、触摸开始监听函数 doTouchBegan()、触摸点移动监听函数 doTouchMoved()、触摸结束监听函数 doTouchEnded()、设置层位置函数 setPosition()、设置层缩放函数 setScale()、设置层包围盒函数 setPanBoundsRect()。各函数的具体实现代码如下。

① 初始化函数 init()，主要完成对平移缩放功能的准备工作，如清除触摸向量、设置加速度因子、设置缩放比例等。

```
bool PanZoomLayer::init() {
    if (!Layer::init()) {
        return false;
    }
    _touches.clear();                    // 清除触摸向量中的元素，元素数量用来区分单点触摸与多点触摸
    _accelerationFactor = 0.0f;          // 加速度因子
    _minScale = 1.0f;                    // 最小缩放比例
    _maxScale = 3.0f;                    // 最大缩放比例
    _minZoomDelta = 0.0f;                // 最小缩放速度
    _maxZoomDelta = 0.5f;                // 最大缩放速度
    // 检测是否长按
    _isHolding = false;
    auto visibleSize = Director::getInstance()->getVisibleSize();
    this->setAnchorPoint(Vec2(0, 0));
    this->setContentSize(visibleSize);
```

```
    // 添加触摸监听
    auto dispatcher = Director::getInstance()->getEventDispatcher();
    auto listener = EventListenerTouchOneByOne::create();
    listener->onTouchBegan = CC_CALLBACK_2(PanZoomLayer::doTouchBegan, this);
    listener->onTouchMoved = CC_CALLBACK_2(PanZoomLayer::doTouchMoved, this);
    listener->onTouchEnded = CC_CALLBACK_2(PanZoomLayer::doTouchEnded, this);
    dispatcher->addEventListenerWithSceneGraphPriority(listener, this);
    return true;
}
```

② 定时器更新函数 update()，主要添加对地图平移的平滑效果，如持续触摸背景地图移动一段距离后松开，地图并不会立即停止移动，而是以一定的加速度逐渐减速，最后停住。该效果通过图片难以展示，读者可在程序实际运行过程中测试该效果。示例代码如下：

```
void PanZoomLayer::update(float dt) {
    if (dt > 1.0f / 55)                         // 若帧率过低，则省略缩放与平移平滑效果
        return;
    Layer::update(dt);
    float scale = this->getScale();
    if (_touches.size() == 0) {  // 触摸向量为 0，表示未触摸，此时逐帧调整缩放比例，防止该层超出缩放范围
        if (scale > _maxScale) {
            this->setScale(scale - dt);
        }
        else if (scale < _minScale) {
            this->setScale(scale + dt);
        }
    }
    if (_touches.size() == 1)                   // 触摸向量为 1，表示单点触摸，设置平移加速度
        _accelerationFactor *= 40 * dt * 0.95f
    else if (_touches.size() == 0) {            // 若平移后松开，不再触摸，设置反向加速度，使地图逐渐停下
        _accelerationFactor = fabs(_accelerat ionFactor - 0);        // 平移加速度取绝对值
        if (_accelerationFactor < FLT_EPSILON)                       // 若平移加速度过小，则不做处理
            return;
        if (_accelerationFactor < 0.004f)
            _accelerationFactor = 0;
        else {                                  // 产生与平移方向相反的加速度，使地图逐渐停下
            ...                                 // 具体实现细节较复杂，在此省略，如有需要可查看源代码
        }
    }
}
```

③ 触摸开始监听函数 doTouchBegan()代码如下：

```
bool PanZoomLayer::doTouchBegan(Touch* pTouch, Event *pEvent) {
    if (_isHolding)                             // 如果长按，不计入触摸开始
        return false;
    _touches.pushBack(pTouch);                  // 触摸点存入触摸向量
    _deltaSum = Vec2(0, 0);                     // 设置初始单位位移，初始加速度
    _accelerationFactor = 0;
    return true;
}
```

④ 触摸点移动监听函数 doTouchMoved()，主要功能是根据触摸向量中元素个数，确定单点

触摸或多点触摸，实现相应平移、缩放操作。示例代码如下：

```
void PanZoomLayer::doTouchMoved(Touch* pTouch, Event *pEvent) {
    if (_isHolding)
        return;
    if (_touches.size() == 1) {            // 若触摸向量仅有 1 个成员，表示单点触摸，平移地图
        ...                                // 具体实现细节较复杂，在此省略，如有需要可查看源代码
    }
    else if (_touches.size() >= 2) {       // 若触摸向量包含 2 个成员及以上，表示多点触摸，对地图进行缩放
        ...                                // 具体实现细节较复杂，在此省略，如有需要可查看源代码
    }
}
```

⑤ 触摸结束监听函数 doTouchEnded()的代码如下：

```
void PanZoomLayer::doTouchEnded(Touch* pTouch, Event *pEvent) {
    if (_isHolding)
        return;
    _touches.eraseObject(pTouch);          // 清除触摸向量中的成员
}
```

⑥ 设置层位置函数 setPosition()，顾名思义，其功能是将层的位置设为目标位置。为了防止该层移出屏幕外，需要进行额外检测。示例代码如下：

```
void PanZoomLayer::setPosition(Vec2 position) {
    Node::setPosition(position);
    if (_panBoundsRect.equals(Rect::ZERO) == false) {           // 如果地图已加载
        // 获取可视窗口的包围盒
        Rect boundBox;
        boundBox.origin = this->getPosition() / this->getScale();
        boundBox.size = this->getContentSize() / this->getScale();
        float left = boundBox.getMinX();
        float right = boundBox.getMaxX();
        float top = boundBox.getMaxY();
        float bottom = boundBox.getMinY();
        // 获取原始地图的包围盒
        float min_x = _panBoundsRect.getMinX() + boundBox.size.width;
        float max_x = _panBoundsRect.getMaxX() + boundBox.size.width;
        float min_y = _panBoundsRect.getMinY() + boundBox.size.height;
        float max_y = _panBoundsRect.getMaxY() + boundBox.size.height;
        // 计算地图缩放后的包围盒
        float scale = this->getScale();
        float arLeft = min_x * scale;
        float arRight = max_x * scale - this->getContentSize().width;
        float arTop = max_y * scale - this->getContentSize().height;
        float arBottom = min_y * scale;
        if (left < min_x) {        // 若地图左（右、上、下）边线超出屏幕左边线，则左（右、上、下）对齐
            Node::setPosition(arLeft, this->getPosition().y);
        }
        if (right > max_x) {
            Node::setPosition(arRight, this->getPosition().y);
        }
        if (top > max_y) {
```

```
            Node::setPosition(this->getPosition().x, arTop);
        }
        if (bottom < min_y) {
            Node::setPosition(this->getPosition().x, arBottom);
        }
    }
}
```

⑦ 设置层缩放函数 setScale()。由于层的锚点设为左下角(0, 0)，缩放后层的中心将偏离屏幕中心，所以需要将其移回屏幕中心。示例代码如下：

```
void PanZoomLayer::setScale(float scale) {
    scale = MIN(MAX(scale, _minScale - _minZoomDelta), _maxScale + _maxZoomDelta);
    // 将屏幕中心二维坐标转换到层的坐标
    Vec2 realCurPosLayer = this->convertToNodeSpaceAR(_scaleMidPos);
    // 计算缩放后层的中心相对于屏幕中心的偏移量
    Vec2 diff = (scale - this->getScale()) * realCurPosLayer;
    Layer::setScale(scale);                              // 调用父函数将其放大
    this->setPosition(this->getPosition() - diff);       // 将层的中心移回屏幕中心
}
```

⑧ 设置层包围盒函数 setPanBoundsRect()的代码如下：

```
void PanZoomLayer::setPanBoundsRect(cocos2d::Rect rect) {
    // 充满屏幕范围
    Size winSize = Director::getInstance()->getVisibleSize();
    Vec2 origin = Director::getInstance()->getVisibleOrigin();
    float wFactor = winSize.width / rect.size.width;
    float hFactor = winSize.height / rect.size.height;
    float minScale = MAX(wFactor, hFactor);              // 按宽之比或高之比的最小值设置缩放
    // 使包围矩形原点与屏幕原点重合
    rect.origin += origin;
    _panBoundsRect = rect;
    _scaleMidPos = winSize / 2;
    setMinScale(minScale);                               // 设置缩放比例
}
```

在具体实现时，游戏场景地图类需要继承 PanZoomLayer 基类。下面以游戏主场景地图类 HomeMapLayer 为例，HomeMapLayer 继承 PanZoomLayer 后，添加显示界面函数 showUI()即可。显示界面函数 showUI()的代码如下：

```
void HomeMapLayer::showUI() {
    // 添加背景地图
    auto bg = Sprite::create(IMG_HOME_BG);
    bg->setAnchorPoint(Vec2(0, 0));
    bg->setPosition(Vec2(0, 0));
    this->addChild(bg, -1);
    _mapSize = bg->getContentSize();                     // 获得地图尺寸
    // 添加包围盒
    this->setPanBoundsRect(Rect(_mapSize.width * -1.0, _mapSize.height * -1.0,
                                _mapSize.width * 1.0, _mapSize.height * 1.0));
    this->setMinScale(0.5f);
    this->setMaxScale(1.5f);
    // 设置缩放速度、缩放比例
```

```
    this->setZoomDelta(0.0f, 0.1f);
    this->setScale(0.5f);
}
```

这样，通过基类中定义的旋转和缩放功能，以及派生类中添加的显示界面功能，即可灵活地设计所需要的游戏地图。

14.3.2 模型封装和导入

设计好游戏地图，然后需要在地图上添加建筑、花草和士兵等，让游戏场景丰富起来，这就需要导入模型。如果是简单的游戏实例，直接导入模型即可，而《魔戒争霸》相对复杂，因此在导入模型前需要对做好封装工作，便于对模型的管理。

本节主要讲解本实例中的实体类，如游戏中的建筑、士兵等。打开源代码的Model文件夹，该文件夹下包含了本实例所需的实体类，如Building、Hero、Soilder等。接下来为大家揭开这些实体类的真面目，即每个实体的实现及其功能作用。

基础精灵类BaseSprite的实现很简单，只定义了一个精灵的一些基本动作，该类的子类将根据自身的特点重写这些方法。BaseSprite类中的函数如下：

```
#include "BaseSprite.h"
bool BaseSprite::init() {
    if ( !Sprite::init() ) {
        return false;
    }
    return true;
}
void BaseSprite::atk() { CCLOG("Base atk"); }                    // 攻击
void BaseSprite::run() { CCLOG("Base run"); }                    // 跑动
void BaseSprite::hurt(int x) { CCLOG("Base hurt"); }             // 受伤
void BaseSprite::idle() { CCLOG("Base idle"); }                  // 待命
bool BaseSprite::isDeath() {  CCLOG("Base isDeath"); return false; }   // 是否死亡
```

Building类继承自BaseSprite，BaseSprite是游戏中的建筑类，拥有自己的相关属性，如建筑类型、生命值、攻击力、射程范围等。实体类Model文件夹下的都是实体，因此它们的代码结构有些相似，一般都有加载数据函数loadData()、显示UI函数showUI()和添加血条函数addBar()等。

Building.h的示例代码如下所示：

```
#ifndef __Building_H__
#define __Building_H__
#include "Utils₩Public.h"
#include "Model₩BaseSprite.h"
class Building : public BaseSprite {
  public:
    virtual bool init(int index, AIManager* ai);
    static Building* create(int index, AIManager* ai);
    ~Building() { }
  public:
    void loadData(int index);                        // 加载数据
    void showUI();                                   // 显示UI
    void addHPBar();                                 // 添加血条
virtual void atk();                                  // 重写攻击方法
    virtual void hurt(int x);                        // 重写受伤方法
```

```
    virtual bool isDeath();                     // 判断是否死亡
    void update(float dt);                      // 更新函数
  public:
    // 基础属性
    int _index;                                 // 内存中的数组下标
    int _id;                                    // 编号
    int _BuildingID;                            // 建筑编号 ID

    int _type;                                  // 类型
    int _healthPoint;                           // 生命值
    int _totalHP;                               // 总生命值
    // 攻击属性
    bool _isBroken;                             // 是否被摧毁
    int _canAttack;                             // 是否为攻击设施
    int _damage;                                // 攻击力
    int _shootRange;                            // 射程范围
    int _damageRange;                           // 攻击受伤范围

    Size _size;                                 // 图片尺寸
    Sprite* _normal;                            // 正常图片
    Sprite* _broken;                            // 毁坏图片

    LoadingBar* _hpBar;                         // 血条

    BaseSprite* _target;
    AIManager* _ai;
};
#endif // __Building_H__
```

Building 类的初始化函数调用了 loadData()函数来加载建筑的相关属性，调用 showUI()函数来显示其 UI，并使用 addHPBar()函数来为每个建筑添加血量条。在 init()函数中还启动了调度器来调用更新函数 update()，以便实时更新建筑的相关信息。

loadData()函数根据参数 index 来加载该建筑的一系列信息，如建筑物的 ID、类型、位置、名称 UI 及攻击属性等。示例代码如下：

```
void Building::loadData(int index) {
    ValueMap data = DM()->_battleBuilding.at(index).asValueMap();
    _id = data["ID"].asInt();
    _BuildingID = data["BuildingID"].asInt();
    _pos = Vec2(data["PositionX"].asInt(), data["PositionY"].asInt());

    _type = data["Type"].asInt();
    _name = data["Name"].asString();
    _healthPoint = data["HealthPoint"].asInt();
    _totalHP = _healthPoint;
    // 攻击属性
    _isBroken = false;
    _canAttack = data["CanAttack"].asInt();
    _damage = data["Damage"].asInt();
    _shootRange = data["ShootRange"].asInt();
    _damageRange = data["DamageRange"].asInt();
    GM()->setCoverd(_pos, 1);                          // 覆盖地面
}
```

showUI()函数使用纹理图片来构造建筑，包括正常状态和摧毁状态，设置它的位置、锚点等。

```
void Building::showUI() {
    this->setTexture(IMG_BUILDING_Floor);
    _size = this->getContentSize();
    // 根据类型来添加建筑物，正常状态与摧毁状态
    string nomal_IMG = GM()->getBuildingIMG(_type);
    string broken_IMG = GM()->getBuildingBrokenIMG(_type);
    _normal = Sprite::create(nomal_IMG);
    _broken = Sprite::create(broken_IMG);
    _broken->setVisible(false);
    _broken->setOpacity(200);

    this->setPosition(GM()->getMapPos(_pos));
    _normal->setAnchorPoint(Vec2::ZERO);
    _normal->setPosition(Vec2(-15, -10));
    _broken->setAnchorPoint(Vec2::ZERO);
    _broken->setPosition(Vec2(-15, -10));
    this->addChild(_normal, 1);
    this->addChild(_broken, 1);
    // 遮罩
    this->setLocalZOrder(_pos.y + _pos.x);
    this->setOpacity(0);
}
```

addHPBar()函数显示建筑血量条，若受到攻击，则血量减少。示例代码如下：

```
void Building::addHPBar() {                                          // 血量条
    auto bg = Sprite::create(IMG_BUILD_PRO_BK);                      // 血量条背景
    _hpBar = LoadingBar::create(IMG_BUILD_PRO_ENEMY);                // 血量条
    // 设置血量条位置
    bg->setPosition(this->getContentSize().width/2, _normal->getContentSize().height - 20);
    _hpBar->setPosition(bg->getContentSize()/2);
    bg->addChild(_hpBar);
    this->addChild(bg, 9, "Bar");
    _hpBar->setPercent(100.0 * _healthPoint / _totalHP);             // 设置血量条的百分比
}
```

接下来，Building 类重写了从父类 BaseSprite 类里继承过来的 3 个函数，即攻击函数 atk()、受伤函数 hurt()和判断是否死亡函数 isDeath()。在 atk()函数中，根据不同的类型发射不同的子弹进行攻击。hurt()函数则用于判断该建筑是否遭到攻击，若该建筑已经被摧毁，则直接返回，否则减少该建筑的血量。这 3 个函数的示例代码如下：

```
void Building::atk() {                                               // 攻击
    if(_isBroken == true)
        return;
    // 进行攻击
    if(BUILDING_TYPE_ArrowTower == _type) {                          // 箭塔，数值为 8
        // 单体
        Vec2 src = GM()->getMapPos(_pos);
        Vec2 des = GM()->getMapPos(_target->_pos);
        auto bullet = BulletSprite::create(src, des, _damage, _target, IMG_BULLET_ARROW);
        this->getParent()->addChild(bullet, 99);
```

```
    }
    else if (BUILDING_TYPE_Laser == _type) {                    // 激光炮，数值为 10
        // 单体
        Vec2 src = GM()->getMapPos(_pos);
        Vec2 des = GM()->getMapPos(_target->_pos);
        auto bullet = BulletSprite::create(src, des, _damage, _target, IMG_BULLET_LASER);
        this->getParent()->addChild(bullet, 99);
    }
    else if(BUILDING_TYPE_Cannon == _type) {                    // 炮塔，数值为 9
        // 单体
        Vec2 src = GM()->getMapPos(_pos);
        Vec2 des = GM()->getMapPos(_target->_pos);
        auto bullet = BulletSprite::create(src, des, _damage, _target, IMG_BULLET_FIRE);
        this->getParent()->addChild(bullet, 99);
    }
}
void Building::hurt(int x){                                     // 受伤
    if (_healthPoint <= 0 || _isBroken == true) {
        _isBroken = true;
        return;
    }
    _healthPoint -= x;
    if (_healthPoint <= 0) {
        this->_isBroken = true;
        auto bg = (Sprite*)this->getChildByName("Bar");
        bg->removeFromParent();
        _normal->setVisible(false);
        _broken->setVisible(true);
        // 司令部，数值为 1
        if(_type == BUILDING_TYPE_BaseTower) {
            auto layer = (BattleMapLayer*)this->getParent();
            layer->_ai->gameOver(GAME_OVER_SUCCESS);
        }
    }
    else {
        _hpBar->setPercent(100.0 * _healthPoint / _totalHP);
    }
}
bool Building::isDeath(){                                       // 判断是否死亡
    return _isBroken;
}
```

更新函数用于实时检测进行攻击，若该建筑已经摧毁，则直接停止调度器调用更新函数。

```
void Building::update(float dt) {
    if (_isBroken == true) {
        this->unscheduleAllCallbacks();
        return;
    }
    if (_canAttack == 2)
        return;
```

```
        _target = _ai->getTargetFriend(_pos, _shootRange);          // 找目标攻击
        if (_target != nullptr) {                                   // 发射子弹
            atk();
        }
    }
```

BuildingSprite 类也是建筑的一种，是玩家打造的建筑，如采矿厂、木材厂、箭塔、炮塔等，玩家可以点击建造图标来打造这些建筑。BuildingSprite 类的很多属性与 Building 类类似，但是该类中的建筑又区别于 Building 类，如打造的采矿厂可以在一定时间内产生金币，木材厂可以生产出木材等。因此，BuildingSprite 类中有收获资源的函数 harvest()，在建造时还可以选择建造的位置，并且该类创造的建筑物也有升级等功能。由于 BuildingSprite 类的功能与 Building 类相似，不同部分的实现又比较简单，这里就不给出具体的代码，有兴趣的同学可以自己动手尝试，完整代码在网站 http://www.hxedu.com.cn 中提供下载。

与建筑物相关的类还有升级的进度条类 BuildProcess 和子弹类 BulletSprite。BuildingProcess 类是在升级的时候使用的，包含 4 个函数：showUI()、update()、remove()和 finish()。其中，showUI()函数用来显示进度条，设置进度条的一些初始属性、位置等；update()函数用于实时更新进度条的进度；升级完成后 finish()函数调用该建筑的升级完成函数，并调用 remove()函数将进度条移除。BulletSprite 类很简单，与一般的子弹类实现相似，需要设置它的方向、计算它的射程等，这些功能在 showUI()函数中都实现了，相对比较简单。

当建筑物是采矿厂或木材厂的时候会有一定量的金币和木材产生，因此本例还添加了一个 HarvestBubble 类来显示产生的金币和木材，其 showUI()函数为金币和木材初始化参数，该类的功能其实就是实现金币或木材产生时和被收获后的一系列动作，其 harvest 函数中有如下一些动作，其中_image 是金币或木材精灵。部分示例代码如下：

```
auto flip = RotateBy::create(0.3f, 0, -360*2);
auto move = MoveBy::create(0.3f, Vec2(0, 100));
auto fade = FadeTo::create(0.3f, 0);
auto spawn = Spawn::create(flip, move, fade, nullptr);
auto func = CallFunc::create(CC_CALLBACK_0(HarvestBubble::remove, this));
_image->runAction(Sequence::create(spawn, func, nullptr));
```

与 HarvestBubble 类功能相似的是 Notice 类，在游戏中单击一个建筑物时会弹出提示，包括该建筑物的信息、升级、进入等提示。此外，NewBuilding 类用于表示玩家新建的建筑。

单击游戏中的战斗按钮，进入游戏的城池地图，在该层中有一个迷雾类 MiwuSprite，用于遮挡部分地图和城池，当达到一定等级时会自动解锁，显示对应的地图。该类的实现很简单，就是从数据库加载它的相关信息，并实现接收触摸进行移动的功能。其逻辑控制放在 WorldMapLayer 层中来实现，在介绍该层的时候我们会对其逻辑实现进行详细讲解。

在地图上可以看到很多城池，所以实体类中必须有一个城池类 TownSprite。该类的 shoeUI()函数根据不同的类型来显示不同的城池，并为该城池添加相关配件等。示例代码如下：

```
void TownSprite::showUI() {
    switch (_type) {
        case TOWN_TYPE_HOME:                        // 玩家城池，数值为 1
            _img = IMG_TOWN_HOME;
            break;
        case TOWN_TYPE_CHAPTER:                     // 关卡城池，数值为 2
            _img = IMG_TOWN_CHAPTER;
```

```
            break;
        case TOWN_TYPE_LIBERATE:                          // 解放城池，数值为 3
            _img = IMG_TOWN_LIBERATE;
            break;
        default:
            break;
    }
    this->setPosition(_pos);
    this->setTexture(_img);
    this->addPendant();                                   // 添加配件
}
```

其中，addPendant()函数主要为城池添加名称和等级信息。部分代码如下：

```
void TownSprite::addPendant() {
    // 城池名称
    auto lbName = Label::createWithSystemFont(_name, FONT_ARIAL, 20);
    lbName->setAnchorPoint(Vec2(0.5, 0.0));
    lbName->setPosition(this->getContentSize().width/2, 0);
    this->addChild(lbName);
    if (_type != TOWN_TYPE_HOME) {                        // 城池等级
        char level[2];
        sprintf(level, "%d", _level);
        auto lbLevel = Label::createWithSystemFont(level, FONT_ARIAL, 20);
        lbLevel->setAnchorPoint(Vec2(0.5, 1.0));
        lbLevel->setPosition(this->getContentSize().width/2, 0);
        this->addChild(lbLevel);
    }
}
```

同样，TownSprite 类中也有一个收获资源的函数 harvest()，用于收获该城池产生的资源。单击每座城池，都会弹出一个对话框，提示玩家是进行侦查还是攻击，单击相应按钮会进入该城池的基地。随着游戏的进行，城池的信息也在 update()函数中实时更新。这些实现都大同小异，不展开介绍。

舞台上的道具已经准备好，接下来登场的就是我们的主角 Hero。Hero 类中有很多属性，包括英雄的各种状态属性、状态函数、英雄的 ID、名字等。Hero 是玩家控制的角色，在地图上会移动到玩家指定的位置，若为攻击对象，则进行攻击。Hero 继承了 BaseSprite 类，下面来看 Hero 的属性及行为。Hero.h 中的示例代码如下：

```
#ifndef __Hero_H__
#define __Hero_H__
#include "Utils₩Public.h"
#include "Model₩BaseSprite.h"
static const int STATE_IDLE      = 0;
static const int STATE_RUN       = 1;
static const int STATE_ATK       = 2;
static const int STATE_SKILL     = 3;
static const int STATE_DEATH     = 4;
class Hero : public BaseSprite {
  public:
    virtual bool init(int ID, Vec2 pos);
```

```
    static Hero* create(int ID, Vec2 pos);
public:
    void loadData();                                              // 加载数据
    void showUI();                                                // 显示 UI
    void addHPBar();                                              // 加血条
    void setSelect(bool select);
    virtual void idle();                                          // 休闲
    virtual void atk(BaseSprite* target);                         // 攻击
    virtual void hurt(int x);                                     // 受伤
    virtual bool isDeath();                                       // 是否死亡
    virtual void putSkill(int type);                              // 释放技能
    virtual void finishSkill(Armature* arm, int state);           // 技能结束
    void update(float dt);
    void addTouch();
    virtual bool onTouchBegan(Touch* pTouch, Event* pEvent);
    virtual void onTouchMoved(Touch* pTouch, Event* pEvent);
    virtual void onTouchEnded(Touch* pTouch, Event* pEvent);
public:
    int _id;
    int _heroID;
    int _type;
    int _level;
    int _name;
    int _healthPoint;
    int _totalHP;
    int _damage;
    int _attackSpeed;
    int _shootRange;
    float _delta;
    LoadingBar* _hpBar;                                           // 血条
    bool _isSelect;                                               // 是否被选中
    bool _isbroken;                                               // 是否被摧毁
    int _dir;
    Armature* _arm;
    Armature* _skill1;                                            // 技能 1
    Armature* _skill2;                                            // 技能 2
    int _state;                                                   // 状态
    Vec2 _targetPos;
    BaseSprite* _target;
    float _expReward;
};
#endif // __Hero_H__
```

可以看到，Hero 类中同样有加载数据函数 loadData()、显示 UI 的函数 showUI()和添加血条的函数 addHPBar()，其实现与前面提到的都类似，这里不做重复说明。在 Hero 类中，英雄是具备技能的，因此有一个释放技能函数 putSkill()，其实现也并不复杂。本例中的英雄有两个技能，在游戏中玩家可以自由选择使用哪一项技能。示例代码如下：

```
void Hero::putSkill(int type){
    int state = _state;
```

```
    _state = STATE_SKILL;
    if (type == 1) {                                    // 技能 1
        _skill1->setVisible(true);
        _skill1->getAnimation()->play("Skill");
        auto delay = DelayTime::create(1.0f);
        auto func = CallFunc::create(CC_CALLBACK_0(Hero::finishSkill, this, _skill1, state));
        this->runAction(Sequence::create(delay, func, nullptr));
    }
    else {                                              // 技能 2
        _skill2->setVisible(true);
        _skill2->getAnimation()->play("Skill");
        auto delay = DelayTime::create(1.0f);
        auto func = CallFunc::create(CC_CALLBACK_0(Hero::finishSkill, this, _skill2, state));
        this->runAction(Sequence::create(delay, func, nullptr));
    }
}
```

除此之外，Hero 类重写了从父类继承的 idle()、atk()、hurt()、isDeath()四个函数，其移动放在触摸函数中实现，位置及相关信息的更新则放在 update()函数中实现。

三个触摸函数的示例代码如下：

```
bool Hero::onTouchBegan(Touch* pTouch, Event* pEvent){
    if (_isSelect == false) return false;
    _delta = 0.0;
    return true;
}
void Hero::onTouchMoved(Touch* pTouch, Event* pEvent){
    _delta += GM()->getDistance(Vec2(0, 0), pTouch->getDelta());
}
void Hero::onTouchEnded(Touch* pTouch, Event* pEvent){
    if (_delta <= LIMIT_DELTA) {
        auto layer = (BattleMapLayer*)this->getParent();
        auto p = layer->convertToNodeSpace(pTouch->getLocation());
        Vec2 pos = GM()->getTiledPos(p);
        _target = layer->_ai->getTarget(pos);           // 移动
        if (_target == nullptr) {
            _state = STATE_RUN;                         // 设置为跑的状态
            _targetPos = pos;
        }
        else {                                          // 锁定目标
            _dir = GM()->getDir(_pos, pos);
            if (_target->isDeath() == true) {
                _state = STATE_IDLE;
            }
            else {
                _state = STATE_ATK;
            }
        }
    }
}
```

下面是更新函数 update()的实现，用来实时检测英雄是否被打败，如果被打败，则停止它的所有动作，否则根据其状态，实施相应的动作。示例代码如下：

```
void Hero::update(float dt) {
    if (_isbroken == true) {
        this->unscheduleAllCallbacks();
        return;
    }
    switch (_state) {
        case STATE_IDLE: {                                        // 待命
            _target = nullptr;
        }
        break;
        case STATE_RUN: {                                         // 走路
            _target = nullptr;
            // 到达目的地
            if (fabs(_pos.x - _targetPos.x) <= 1e-3 && fabs(_pos.y - _targetPos.y) <= 1e-3) {
                _state = STATE_IDLE;
                _arm->getAnimation()->play("idle" + GM()->getIntToStr(_dir));
            }
            else {                                                // 继续移动
                _state = STATE_RUN;
                auto layer = (BattleMapLayer*)this->getParent();
                auto _ai = layer->_ai;
                Vec2 pos = _ai->getNextPos(_pos, _targetPos, true);
                _dir = GM()->getDir(pos);
                this->runAction(MoveBy::create(0.8f, GM()->getMapDelta(_dir)));
                _arm->getAnimation()->play("run" + GM()->getIntToStr( _dir <= 7 ? _dir : 1));
                _pos += pos;
                this->setLocalZOrder((int)_pos.x + (int)_pos.y);
            }
        }
        break;
        case STATE_ATK: {                                         // 攻击
            if (_target == nullptr || _target->isDeath()) {      // 失去目标，变成待命
                _target = nullptr;
                _state = STATE_IDLE;
                _arm->getAnimation()->play("idle" + GM()->getIntToStr(_dir));
            }
            else {                                                // 向目标移动、或攻击目标
                _state = STATE_ATK;
                auto layer = (BattleMapLayer*)this->getParent();
                auto _ai = layer->_ai;
                if (_ai->isWithinShootRange(_pos, _target->_pos, _shootRange)) {   // 攻击
                    _dir = GM()->getDir(_pos, _target->_pos);
                    _arm->getAnimation()->play("atk" + GM()->getIntToStr(_dir));
                    auto delay = DelayTime::create(0.6f);
                    auto func = CallFunc::create(CC_CALLBACK_0(Hero::atk, this, _target));
                    this->runAction(Sequence::create(delay, func, nullptr));
                }
                else {                                                              // 走路
```

```
                Vec2 pos = _ai->getNextPos(_pos, _target->_pos, true);
                _dir = GM()->getDir(pos);
                this->runAction(MoveBy::create(0.8f, GM()->getMapDelta(_dir)));
                _arm->getAnimation()->play("run" + GM()->getIntToStr( _dir <= 7 ? _dir : 1));
                _pos += pos;
                this->setLocalZOrder((int)_pos.x + (int)_pos.y);
            }
        }
    }
    default:
        break;
    }
}
```

与 Hero 类类似的有 Soilder 类和 Robot 类。Soilder 类与 Robot 类的主要区别是：士兵可以参加战斗，对敌方建筑进行攻击；Robot 类则只用于显示士兵及英雄等人物的显示，供玩家添加士兵和英雄使用。由于它们的实现原理都一样，这里就不给出具体代码了。

至此，实体类已经介绍完毕。一个实体的构造有很多相似的地方，本节只是对一些典型的实体进行了详细的解析，其他部分读者可以自己动手尝试去做，也可以参考示例代码进行理解或完善。实体类只提供了该实体自身的相关属性，创建实体类，供其他层的使用。当实体存在时，我们就可以对游戏进行组织，构造整个游戏，游戏的逻辑关系也将在其他层中进行构造。

将模型封装好后，导入模型的工作就很简单了。在 BattleScene 中添加英雄的示例代码如下：

```
void BattleMapLayer::addHero(Vec2 pos) {
    if (_ai->_hero == nullptr) {                            // 如果尚未出现英雄
        ValueMap& map = DM()->getHero(1);                   // 获取英雄的序号
        auto hero = Hero::create(map["ID"].asInt(), pos);   // 创建英雄对象，将其添加到层中
        this->addChild(hero);
        _ai->_hero = hero;
    }
}
```

在地图上添加建筑和士兵等只需采取类似的方式即可，这样就完成了模型的导入工作。

14.4 界面设计

《魔戒争霸》中主要有 3 种场景：HomeScene、WorldScene 和 BattleScene（分别如图 14-6、图 14-7 和图 14-8 所示）。界面的设计与场景相对应，不同的场景需要定制不同的用户界面，为游戏玩家提供更合适的可玩性体验。

14.4.1 主界面构建

《魔戒争霸》主界面的构建通过 XXXHudLayer 类实现。HomeScene、WorldScene 与 BattleScene 场景中的界面分别对应 HomeHudLayer、WorldHudLayer 与 BattleHudLayer 类。

1．HomeHudLayer 类

HomeHudLayer 类（见图）界面左上角显示了玩家的名称和等级，右上角显示了金币数和木材数，左下角为快速建造按钮，右下角为进入世界场景按钮。该类主要由 7 个成员函数组成：加

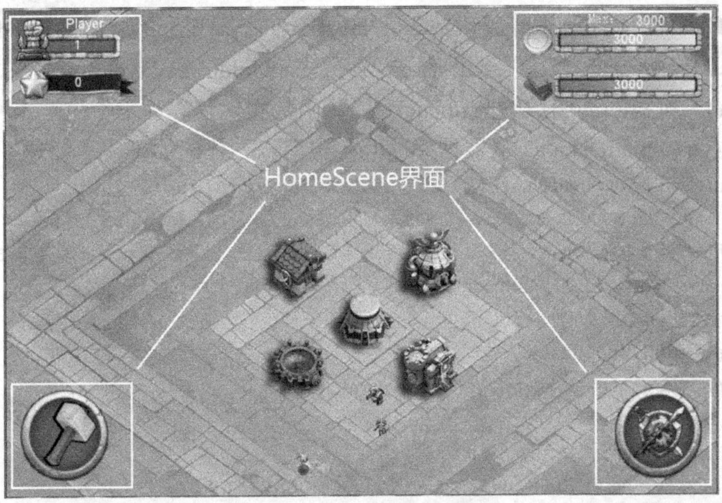

图 14-6　HomeScene 界面

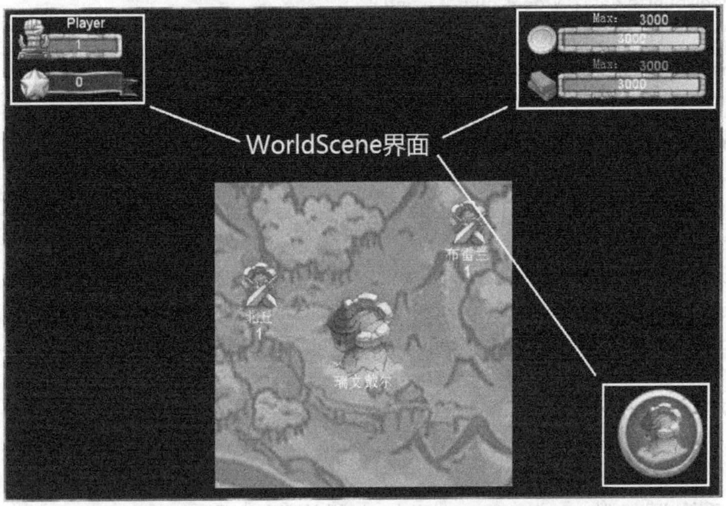

图 14-7　WorldScene 界面

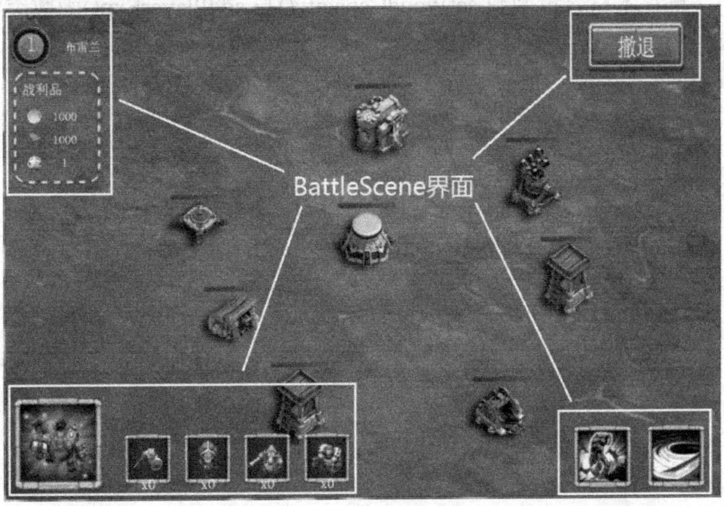

图 14-8　BattleScene 界面

载数据函数 loadData()、添加玩家经验函数 addPlayerExp()、添加金币资源函数 addGold()、添加木材资源函数 addWood()、设置金币容量函数 setGoldCapacity()、设置木材容量函数 setWoodCapacity()、按钮回调函数 btnCallback()。各函数实现代码如下。

① 加载数据函数 loadData()，从数据库读取各类信息。代码如下：

```
void HomeHudLayer::loadData() {
    ValueMap data = DM()->_player.at(1).asValueMap();
    // 从数据库读取玩家姓名、等级、经验、升级所需经验、指环数、金币数、木材、金币上限、木材上限
    _name = data["Name"].asString();
    _level = data["Level"].asInt();
    _exp = data["Exp"].asInt();
    _expRequire = DM()->getPlayerExpRequire(_level);
    if (_expRequire == -1)
        _expRequire = 1;
    _ringCount = data["RingCount"].asInt();
    _goldCount = data["GoldCount"].asInt();
    _woodCount = data["WoodCount"].asInt();
    _goldCapacity = data["GoldCapacity"].asInt();
    _woodCapacity = data["WoodCapacity"].asInt();
}
```

② 添加玩家经验函数 addPlayerExp()的代码如下：

```
void HomeHudLayer::addPlayerExp(int add) {
    DM()->updatePlayerExp(add);                                    // 调用数据管理器
    loadData();
    auto ui = (Widget*)this->getChildByName("UI");
    auto playerLevel = (Text*)Helper::seekWidgetByName(ui, "PlayerLevel");
    auto playerBar = (LoadingBar*)Helper::seekWidgetByName(ui, "PlayerBar");
    // 设置角色等级与角色经验百分比
    playerLevel->setString(GM()->getIntToStr(_level));
    playerBar->setPercent(100.0 * _exp / _expRequire);
}
```

③ 添加金币资源函数 addGold()、添加木材资源函数 addWood()、设置金币容量函数 setGoldCapacity()、设置木材容量函数 setWoodCapacity()与 addPlayerExp()函数类似，以下省略。

④ 按钮回调函数 btnCallback()的代码如下：

```
void HomeHudLayer::btnCallback(Ref* sender, Widget::TouchEventType type) {
    if (type == Widget::TouchEventType::ENDED) {
        Button* btn = (Button*)sender;
        string name = btn->getName();
        if (name == "WorldButton") {                       // 如果按下世界按钮，切换到世界场景
            GM()->enterWorldScene();
        }
        else if(name == "BuildButton") {                   // 如果按下建造按钮，显示新建建筑对话框
            auto buildDialog = NewBuildDialog::create();
            this->getParent()->addChild(buildDialog, 99);
        }
    }
}
```

图 14-7 所示的 WorldHudLayer 与 HomeHudLayer 基本类似，这里不再赘述。

2. BattleHudLayer 类

BattleHudLayer 类（见图 14-8）涉及英雄和士兵的选择、技能的释放等，采取不同的处理方式。左上角的玩家等级信息换成了城池名和战利品，右上角的金币与木材资源换成了撤退按钮，左下角换成了英雄和兵种的选择按钮，右下角换成了英雄技能按钮。BattleHudLayer 类包括 5 个成员函数：加载数据函数 loadData()（与 HomeHudLayer 层类似，以下省略）、更新数量函数 updateCount()、按钮选中回调函数 selectCallback()、技能按钮回调函数 skillCallback()、撤退按钮回调函数 retreatCallback()。其中，BattleHudLayer 层中区别于 HomeHudLayer 层的函数具体实现代码如下。

① 更新数量函数 updateCount()，用于更新 4 个兵种的数量。

```
bool BattleHudLayer::updateCount() {
    if (_select == 0)                                       // 若未选中，或选择数组为空，则不处理
        return false;
    if (_count[_select] <= 0)        return false;
    auto ui = (Widget*)this->getChildByName("UI");
    Text* label = nullptr;
    // 根据选择情况显示标签
    if (_select == 1)                label = (Text*)Helper::seekWidgetByName(ui, "FighterCount");
    else if(_select == 2)            label = (Text*)Helper::seekWidgetByName(ui, "BowmanCount");
    else if(_select == 3)            label = (Text*)Helper::seekWidgetByName(ui, "GunnerCount");
    else if(_select == 4)            label = (Text*)Helper::seekWidgetByName(ui, "MeatCount");
    if (label == nullptr)            return false;
    _count[_select] = _count[_select] - 1;                  // 数量减 1
    label->setString("x" + GM()->getIntToStr(_count[_select]));
    return true;
}
```

② 按钮选中回调函数 selectCallback()，由于左下角同时存在英雄和 4 个兵种的按钮，为明确区分选中的按钮，需要将其高亮显示。

```
void BattleHudLayer::selectCallback(Ref* sender, Widget::TouchEventType type) {
    if (type == Widget::TouchEventType::ENDED) {            // 单击结束时处理
        auto ui = (Widget*)this->getChildByName("UI");
        auto btn = (Button*)sender;
        auto name = btn->getName();
        // 若单击按钮 0，将其高亮显示，并设选中为 0
        auto btn0 = (Button*)Helper::seekWidgetByName(ui, "Button0");
        btn0->setBright(false);
        if (name == "Button0")          _select = 0;
        // 单击按钮 1、2、3、4 操作相同，以下省略
        ……
        _mapLayer->_ai->setSelect(_select);
    }
}
```

③ 技能按钮回调函数 skillCallback()，用来对英雄的技能释放进行处理。

```
void BattleHudLayer::skillCallback(Ref* sender, Widget::TouchEventType type) {
    if (type == Widget::TouchEventType::ENDED) {            // 单击结束后处理
        auto btn = (Button*)sender;
        auto name = btn->getName();
```

```
        BattleScene* scene = (BattleScene*)this->getParent();
        BattleMapLayer* layer = scene->_mapLayer;
        if (!layer->_ai->isHeroEnter()) {                        // 若地图上未放置英雄
            auto notice = Notice::create("英雄还未登场呢~~~");
            this->getParent()->addChild(notice, 999);
        }
        else {
            if (name == "Skill1") {                              // 若选择技能1
                if (skill1 > 0) {                                // 若技能可释放
                    skill1--;
                if (skill1 == 0) btn->setColor(Color3B::GRAY);   // 若技能用完，按钮置为灰色
                    layer->_ai->_hero->putSkill(1);
                }
                else {
                    auto notice = Notice::create("无法再释放该技能~~~");
                    this->getParent()->addChild(notice, 999);
                }
            }
            else {                                               // 若选择技能2
                ...                                              // 与技能1选中类似，省略
            }
        }
    }
}
```

④ 撤退按钮回调函数 retreatCallback()。单击此按钮，可结束当前战斗，统计战斗结果。

```
void BattleHudLayer::retreatCallback(Ref* sender, Widget::TouchEventType type) {
    if (type == Widget::TouchEventType::ENDED) {
        auto btn = (Button*)sender;
        // 调用 AIManager 中的函数，显示游戏结束信息
        _mapLayer->_ai->gameOver(GAME_OVER_FAILED);
    }
}
```

至此，通过 HomeHudLayer、WorldHudLayer 与 BattleHudLayer，游戏中的主界面构建完毕。下一步需要加入对话框，进一步丰富游戏的交互方式。

14.4.2 对话框设计

在游戏中通常需要显示英雄或者物品的各类属性值，或者提供各类帮助信息，一般使用对话框的形式向玩家展示，如图 14-9 所示。游戏中的常用对话框可以划分为 10 种，相应类名称和作用如表 14-2 所示。

游戏中建筑物有司令部、兵营、研究所、英雄旅馆、雷达、木材厂、采矿场、箭塔、炮塔和激光塔。每种建筑物都有相应的属性信息对话框（见图 14-8）和相应的升级信息对话框，如图 14-10 所示。对于像兵营这样的可以训练士兵的建筑物，还有相应的内部信息，如图 14-11 所示。

1. 基本思路和结构

游戏中所有的对话框都是通过工具 Cocos Studio 进行编辑，导出 JSON 文件后在程序中进行读取显示。对话框类都采用了同一种结构进行封装，基本框架如下。

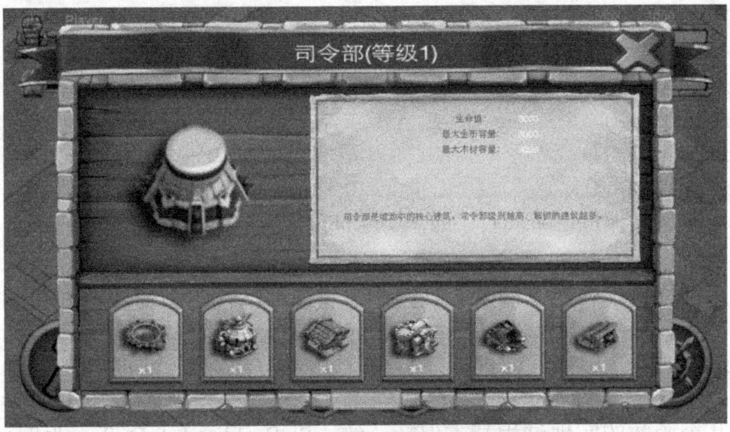

图 14-9　对话框示例——建筑物属性信息

表 14-2　对话框示例：建筑物信息

对话框类	描　述	对话框类	描　述
BuildingInfoDialog	显示建筑物的属性信息	HeroInfoDialog	显示英雄属性信息
BuildingUpgradeDialo	显示建筑物升级信息	LabDialog	显示研究所内部信息
CampDialog	显示兵营内部信息	NewBuildDialog	显示可建造的建筑物列表
GameOverDialog	显示游戏失败	SoilderInfoDialog	显示士兵属性信息
HeroHotelDialog	英雄旅馆内部信息	TownDialog	战斗场景的按钮 UI

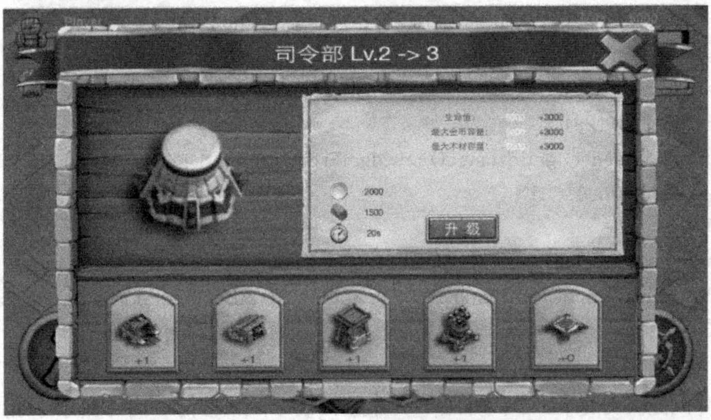

图 14-10　对话框示例——司令部升级信息

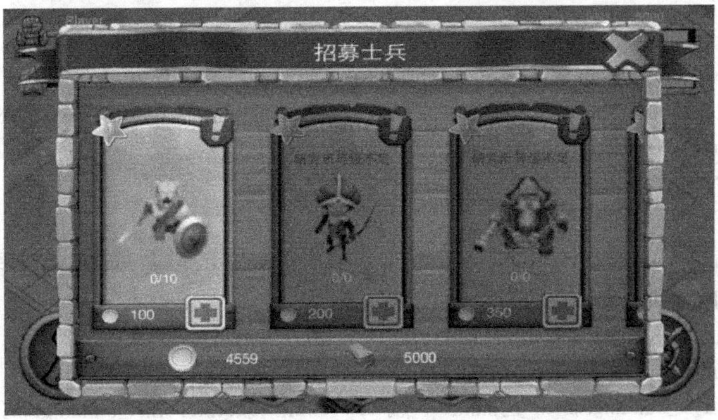

图 14-11　对话框示例——兵营内部信息

```
class BuildingInfoDialog: public cocos2d::Layer {
  public:
    void showDialog();                          // 显示对话框
    void hideDialog();                          // 隐藏对话框
    void removeDialog();                        // 移除对话框
    void showInfo();                            // 显示对话框内的信息
    void btnCallback(Ref* sender, Widget::TouchEventType type);
};
```

每个对话框类都提供了显示、隐藏、移除和显示信息这几个函数，不同的对话框可能需要其他特有的函数。

2. 实现细节

上面提到的几个函数的实现过程基本保持一致。以 BuildingInfoDialog 为例，showDialog()函数主要是加载 UI 并显示在屏幕中间，代码如下：

```
void BuildingInfoDialog::showDialog() {
    // 窗口弹出动画
    auto scale = ScaleTo::create(0.3f, 1.0f);
    auto act = EaseBackOut::create(scale);
    this->runAction(act);
    // 阴影遮罩
    auto WIN_SIZE = Director::getInstance()->getWinSize();
    auto bg = Sprite::create(IMG_GRAY_BG);
    bg->setScale(WIN_SIZE.width/1000.0, WIN_SIZE.height/1000.0);
    bg->setPosition(WIN_SIZE/2);
    this->addChild(bg, -1);
    bg->setOpacity(128);
    auto ui = GUIReader::getInstance()->widgetFromJsonFile(UI_DIALOG_BUILDING_INFO);
    this->addChild(ui, 1, "UI");
    // 关闭按钮
    auto btnClose = Helper::seekWidgetByName(ui, "CloseButton");
    btnClose->addTouchEventListener(CC_CALLBACK_2(BuildingInfoDialog::btnCallback, this));
    showInfo();                                 // 显示对话框上的信息
}
```

隐藏对话框，即播放对话框缩小动画后，将其从父节点移除。示例代码如下：

```
void BuildingInfoDialog::hideDialog() {
    // Action
    auto scale = ScaleTo::create(0.3f, 0.0f);
    auto ease = EaseBackIn::create(scale);
    auto func = CallFunc::create(CC_CALLBACK_0(BuildingInfoDialog::removeDialog, this));
    auto act = Sequence::create(ease, func, nullptr);
    this->runAction(act);
}
```

显示对话框信息 void showInfo 将从数据库读取需要显示的最新数据，这个类中将根据建筑物类型，显示相应的建筑物基本信息。示例代码如下：

```
void BuildingInfoDialog::showInfo() {
    auto ui = (Widget*)this->getChildByName("UI");
    string t = _buildingSprite->_name + "(等级" + GM()->getIntToStr(_buildingSprite->_level) + ")";
    auto title = (Text*)Helper::seekWidgetByName(ui, "Title");          // 获取 UI 组件
```

```
...                                                          // 其他组件同样获取，此处省去
title->setString(t);
description->setString(_buildingSprite->_description);
healthPoint->setString(GM()->getIntToStr(_buildingSprite->_healthPoint));
image->loadTexture(GM()->getBuildingIMG(_buildingSprite->_type));

switch (_buildingSprite->_type) {
    case BUILDING_TYPE_ArrowTower:
    case BUILDING_TYPE_Cannon:
    case BUILDING_TYPE_Laser: {
        auto lbDamage = (Text*)Helper::seekWidgetByName(ui, "lbDamage");
        ...                                                  // 获取组件
        lbDamage->setVisible(true);
        lbAttackSpeed->setVisible(true);
        lbShootRange->setVisible(true);
        damage->setString(GM()->getIntToStr(_buildingSprite->_damage));
        attackSpeed->setString(GM()->getIntToStr(_buildingSprite->_attackSpeed));
        shootRange->setString(GM()->getIntToStr(_buildingSprite->_shootRange));
    }
    break;
    case BUILDING_TYPE_MineFactory: {
        auto lbGoldProduct = (Text*)Helper::seekWidgetByName(ui, "lbGoldProduct");
        auto goldProduct = (Text*)Helper::seekWidgetByName(ui, "GoldProduct");
        lbGoldProduct->setVisible(true);
        goldProduct->setString(GM()->getIntToStr(_buildingSprite->_goldProduct));
    }
    break;
    case BUILDING_TYPE_WoodFactory: {
        auto lbWoodProduct = (Text*)Helper::seekWidgetByName(ui, "lbWoodProduct");
        auto WoodProduct = (Text*)Helper::seekWidgetByName(ui, "WoodProduct");
        lbWoodProduct->setVisible(true);
        WoodProduct->setString(GM()->getIntToStr(_buildingSprite->_woodProduct));
    }
    break;
    case BUILDING_TYPE_BaseTower: {
        auto lbGoldCapacity = (Text*)Helper::seekWidgetByName(ui, "lbGoldCapacity");
        ...                                                  // 获取组件
        lbGoldCapacity->setVisible(true);
        lbWoodCapacity->setVisible(true);
        goldCapacity->setString(GM()->getIntToStr(_buildingSprite->_goldCapacity));
        woodCapacity->setString(GM()->getIntToStr(_buildingSprite->_woodCapacity));
        auto baseLevel = DM()->getBaseTowerLevel();
        auto limitMap = DM()->getBuildingLimit(baseLevel);
        scrollView->setVisible(true);
        mineFactory->setString("x" + limitMap["MineFactoryCapacity"].asString());
        woodFactory->setString("x" + limitMap["WoodFactoryCapacity"].asString());
        arrowTower->setString("x" + limitMap["ArrowTowerCapacity"].asString());
        cannon->setString("x" + limitMap["CannonCapacity"].asString());
        laser->setString("x" + limitMap["LaserCapacity"].asString());
```

```
            }
            break;
            default:
            break;
        }
    }
```

其他对话框的实现除这几个函数外，还有各自特有的函数。BuildingUpgradeDialog（建筑物升级对话框）除显示建筑物基本信息，还提供了前后等级属性的显示和比较、升级按钮事件处理。

```
    void showNowInfo();                           // 显示当前等级信息
    void showNextInfo();                          // 显示下一等级增量信息
    void showRequire();                           // 显示资源需求信息
```

这里的显示前一等级、后一等级和需求信息，与前面的 showInfo()函数类似，加载最新的数据显示在相应位置。升级按钮的事件处理的代码如下：

```
    // 升级按钮
    void BuildingUpgradeDialog::upgradeCallback(Ref* sender, Widget::TouchEventType type) {
        if(type == Widget::TouchEventType::ENDED) {
            int flag = -1;                          // 玩家等级 or 司令部等级限制
            if(_buildingSprite->_type == BUILDING_TYPE_BaseTower) {
                int playerLevel = DM()->getPlayerLevel();
                if (_buildingSprite->_playerLevelRequire > playerLevel) {
                    flag = 1;
                }
            }
            else {
                int baseLevel = DM()->getBaseTowerLevel();
                if(_buildingSprite->_baseLevelRequire > baseLevel) {
                    flag = 2;
                }
            }
            if (flag == 1) {                        // 玩家等级不足
                auto notice = Notice::create("需要玩家等级" +
                                    GM()->getIntToStr(_buildingSprite->_playerLevelRequire));
                this->getParent()->addChild(notice, 999);
            }
            else if(flag == 2) {                    // 司令部等级不足
                auto notice = Notice::create("需要司令部等级" +
                                    GM()->getIntToStr(_buildingSprite->_baseLevelRequire));
                this->getParent()->addChild(notice, 999);
            }
        else if (_goldRequire > DM()->getGoldCount() || _woodRequire > DM()->getWoodCount()) { // 资源不足
                auto notice = Notice::create("资源不足");
                this->getParent()->addChild(notice, 999);
            }
            else if (_goldRequire > DM()->getGoldCount()|| _woodRequire > DM()->getWoodCount()) { // 资源不足
                auto notice = Notice::create("资源不足");
                this->getParent()->addChild(notice, 999);
            }
            else {                                  // 升级
```

```
            auto btn = (Button*)sender;
            btn->setTouchEnabled(false);
            // 更新金币、木材资源
            auto homeScene = (HomeScene*)this->getParent();
            auto hudLayer = (HomeHudLayer*)homeScene->_hudLayer;
            hudLayer->addGold(-_goldRequire);
            hudLayer->addWood(-_woodRequire);
            _buildingSprite->upgrade();                   // 进行升级操作
            auto optLayer = homeScene->_optLayer;         // 更新 HomeOptLayer
            optLayer->show(_buildingSprite);
            hideDialog();
        }
    }
}
```

TownDialog 类增加了触摸响应，使得触摸屏幕时提示信息对话框隐藏。示例代码如下：

```
void TownDialog::hideDialog() {
    auto ui = (Widget*)this->getChildByName("UI");
    auto image = (ImageView*)Helper::seekWidgetByName(ui, "Image");
    auto scale = ScaleTo::create(0.2, 0.0);
    auto func = CallFunc::create(CC_CALLBACK_0(TownDialog::removeDialog, this));
    auto seq = Sequence::create(scale, func, nullptr);
    image->runAction(seq);
}
bool TownDialog::onTouchBegan(Touch* pTouch, Event* pEvent) {
    hideDialog();
    return true;
}
```

其他类基本都是以同样的方式进行封装。请读者尝试去实现这里没有详细介绍的类，实现的时候不一定按照本例中的样式展现数据。

14.5 动画效果

《魔戒争霸》中多处需要使用动画效果，产生动画效果的方式主要分为两类。

第一种方式是通过 CocosStudio 导出 ExportJson 文件与 PLIST 文件，然后在需要播放动画的地方通过代码调用即可（参见 6.4.2 节介绍的运用 CocosStudio 在资源图片的基础上编辑动画，并导出 ExportJson 文件与 PLIST 文件的全过程）。如 14.3 节中导入的英雄模型，在封装时已经准备好了资源文件和各种不同状态下的动画序列。图 14-12 是编辑英雄动画产生的资源文件。当需要播放英雄待命的动画时，直接调用 Hero 对象中的 idle()函数。英雄和士兵的走动、攻击的动画也采取相似的操作来实现。

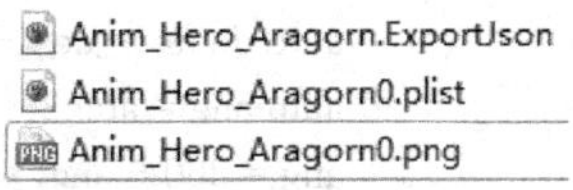

图 14-12　英雄动画的资源文件

```
void Hero::idle() {
    _state = STATE_IDLE;                                          // 将英雄状态设为待命状态
    _arm->getAnimation()->play("idle" + GM()->getIntToStr(_dir)); // 按动画名称 idle 播放动画序列
}
```

第二种方式是通过平移、旋转、缩放等基本动作的组合产生动画效果。例如，在 BattleScene

场景中，箭塔对地面单位进行射击，对应的攻击函数 atk()代码如下：

```
void Building::atk() {
    if(_isBroken == true) {
        return;
    }
    if(BUILDING_TYPE_ArrowTower == _type) {                    // 如果建筑类型为箭塔
        // 获得射击的起点与终点
        Vec2 src = GM()->getMapPos(_pos);
        Vec2 des = GM()->getMapPos(_target->_pos);
        // 创建子弹精灵并加入层中
        auto bullet = BulletSprite::create(src, des, _damage, _target, IMG_BULLET_ARROW);
        this->getParent()->addChild(bullet, 99);
    }
    ...                                                        // 其余建筑类型类似，以下省略
}
```

可以看出，子弹攻击动画包含在子弹精灵的创建过程中。子弹精灵的初始化函数 init()如下：

```
bool BulletSprite::init(Vec2 src, Vec2 des, int damage, BaseSprite* target, string img) {
    if ( !Sprite::init() ) {
        return false;
    }
    // 传递参数
    _src = src;
    _des = des;
    _damage = damage;
    _target = target;
    _img = img;
    showUI();                                                  // 调用 showUI 函数
    return true;
}
```

上述代码中仍然没有直接产生子弹攻击的动画，而是传递了参数后再调用 showUI()函数。showUI()函数的代码如下：

```
void BulletSprite::showUI() {
    //设置子弹纹理、位置、缩放比例
    this->setTexture(_img);
    this->setPosition(_src);
    this->setScale(0.7);
    // 计算子弹从起点到终点的旋转角度
    auto delta = _des - _src;
    auto ang = atan2(delta.y, delta.x) * 180 / acos(-1.0);
    ang = 360 - ang;
    this->setRotation(ang);
    // 新建了平移动作与函数回调动作，组成动作序列
    auto move = MoveBy::create(0.2f, delta);
    auto func = CallFunc::create(CC_CALLBACK_0(BulletSprite::atk, this));
    this->runAction(Sequence::create(move, func, nullptr));          // 子弹精灵执行动作序列
}
```

从该示例可以看出，尽管子弹攻击的动画经过了多次函数调用和参数传递，最终仍然通过创建平移动作以及回调函数不断更新显示动作序列来实现，其中的关键点是动作参数的计算过程。

还可以通过上述两种方式的混合来实现动画效果。例如，英雄在地图上的跑动动画，在通过资源文件播放跑动动画序列的同时，需要附加一个平移动作，这样英雄才能在地图上一边奔跑一边前进。

《魔戒争霸》中虽然多处运用了动画效果，但都无外乎上述两种方式。牢固掌握这两种方式，才能灵活运用并创建出所期望的动画效果。

14.6 游戏 AI

1. AIManager 类

在《魔戒争霸》中，游戏 AI 主要运用于 BattleScene 场景，通过 AIManager 类集中管理。AIManager 类中需要完成英雄、士兵自动寻路，判断我方单位是否进入敌方建筑射程等人工智能行为，主要包括 7 个成员函数：设置选中函数 setSelect()、获取目标建筑函数 getTarget()、获取目标敌人函数 getTargetEnemy()、获取处于敌方攻击范围内的友军函数 getTargetFriend()、判断是否处于射击范围内函数 isWithinShootRange()、获取下一个位置函数 getNextPos；

① 选中函数 setSelect()用于判断是否选中英雄，若选中，英雄周围出现选中标记。代码如下：

```
void AIManager::setSelect(int select) {
    if (_hero == nullptr) {
        return;
    }
    if (select == 0) {                              // 若单击英雄按钮，则设置为选中英雄
        _hero->setSelect(true);
    }
    else {                                          // 否则设置为未选中英雄
        _hero->setSelect(false);
    }
}
```

② 获取目标建筑函数 getTarget()用于判断敌方建筑是否处于瓦片地图某一格内。代码如下：

```
BaseSprite* AIManager::getTarget(Vec2 pos) {
    Vec2 p = GM()->getMapPos(pos);                  // 将屏幕坐标转化为瓦片地图坐标
    for (int i = 0; i < _buildings.size(); i++) {   // 逐一检测地图上所有建筑
        Building* b = _buildings.at(i);
        Vec2 centerPoint = GM()->getMapPos(b->_pos);
        CCSize size = CCSize(b->_normal->getContentSize());
        if (GM()->isPointInRect(centerPoint, size, p) ) {  // 若建筑位于瓦片内，将建筑作为目标返回
            return b;
        }
    }
    return nullptr;
}
```

③ 获取目标敌人函数 getTargetEnemy()用于判断是否有我方单位进入敌方建筑射程。代码如下：

```
BaseSprite* AIManager::getTargetEnemy(Vec2 pos) {
    Building* target = nullptr;
    int mindis = INF;
    for (int i = 0; i < _buildings.size(); i++) {   // 逐一检测所有建筑
        Building* b = _buildings.at(i);
```

```
            if (b->isDeath() == true) {
                continue;
            }
            int dis = GM()->getManhadun(pos, b->_pos);       // 计算单位位置与建筑位置间的曼哈顿距离
            if (dis < mindis) {                               // 若实际距离小于射程，则返回目标建筑
                mindis = dis;
                target = b;
            }
        }
        return target;
    }
```

注意，曼哈顿距离的是指瓦片地图中两个单元之间水平方向的距离加上垂直方向的距离。

④ 获取处于敌方攻击范围内的友军函数 getTargetFriend()代码如下：

```
BaseSprite* AIManager::getTargetFriend(Vec2 pos, int range) {
    for (int i = 0; i < _soilders.size(); i++) {              // 逐一检测所有士兵
        Soilder* target = _soilders.at(i);
        if (target->isDeath() == true) {
            continue;
        }
        // 若士兵位于建筑的射击范围内，则返回目标士兵
        if (isWithinShootRange(target->_pos, pos, range)) {
            return target;
        }
    }
    if (_hero != nullptr) {
        // 若英雄位于建筑的射击范围内，则返回目标英雄
        if (isWithinShootRange(_hero->_pos, pos, range)) {
            return _hero;
        }
    }
    return nullptr;
}
```

⑤ 判断是否处于射击范围内函数 isWithinShootRange()代码如下：

```
bool AIManager::isWithinShootRange(cocos2d::Vec2 src, cocos2d::Vec2 des, int range) {
    Vec2 p1 = GM()->getMapPos(src);                           // 获取出发点的瓦片地图坐标
    Vec2 p2 = GM()->getMapPos(des);                           // 获取终点的瓦片地图坐标
    int dis = (int)GM()->getDistance(p1, p2);
    return dis <= range;                                      // 若两者间距离小于射程，则位于射击范围内
}
```

⑥ 获取下一个位置函数 getNextPos()用于我方英雄自动寻找路径，代码如下：

```
Vec2 AIManager::getNextPos(Vec2 src, Vec2 des, bool isHero) {
    Vec2 pos = src;
    int mindis = INF;
    for (int i = 0; i < 9; i++) {                             // 逐一检测 8 个方向
        int x = src.x + DX[i] + EPS;
        int y = src.y + DY[i] + EPS;
        if (x < 0 || x > TILED_TOTAL_X || y < 0 || y > TILED_TOTAL_Y) {
            continue;
```

```
            }
            if (isHero && GM()->isCovered(Vec2(x, y))) {
                continue;
            }
            int dis = GM()->getManhadun(Vec2(x, y), des);   // 计算下一个位置到目的地的曼哈顿距离
            if (dis < mindis) {                              // 选择最小曼哈顿距离的位置，作为下一个地点
                mindis = dis;
                pos = Vec2(DX[i], DY[i]);
            }
        }
        return pos;
    }
```

除 AIManager 外，14.3.2 节中导入模型时封装了角色状态的切换逻辑，也可看成一种游戏 AI，即简单的有限状态机。如从“待命”状态接收命令切换为“跑动”状态，从“跑动”状态接近目标切换为“攻击”，消灭目标后，又从“攻击”状态切换到“待命”状态。具体示例代码请参阅导入模型的相关内容，这里不再赘述。

游戏 AI 是游戏开发中的一大难点，《魔戒争霸》中只是实现了基础的 AI 功能，若要进一步丰富玩家体验，还需要完善和改进。

小 结

本章以一个综合性的游戏实例，介绍了 Cocos2d-x 引擎开发游戏在编码过程中需要注意的问题。实例综合运用了前面所有章节的知识点，使读者对游戏开发在系统层面上有更进一步的了解。

参考文献

[1] Kimberly Unger, Jeannie Novak 等．移动游戏开发精要．龙渊译．机械工业出版社，2013.

[2] 互动百科．网络游戏发展史．http://www.baike.com/wiki/

[3] 游戏开发流程规范与方法技巧．http://blog.sina.com.cn/s/blog_53e2bb800100nfti.html

[4] 游戏开发常见概念解释．http://blog.sina.com.cn/s/blog_413e18040100maxe.html

[5] 冉伟，李连胜等．Cocos2d-x 3.x 游戏开发入门精解．电子工业出版社，2015.

[6] Strategy Gamein．http://www.gamespy.com/

[7] 叶展，叶丁．游戏的设计与开发．人民交通出版社，2003.

[8] 黄石，李志远，陈洪．游戏架构设计与策划基础．清华大学出版社，2010.

[9] 万太平．游戏设计概论．电子工业出版社，2010.

[10] (美)克瓦兹克．游戏开发核心技术——剧本和角色创造．姚晓光，孙泱译．机械工业出版社，2007.

[11] Ernest Adams, Androw Rollgs．游戏设计基础．机械工业出版社，2009.

[12] 北京寒武创世数字科技有限公司．手机游戏策划设计．电子工业出版社，2010.

[13] 屈喜龙，雷晓，钟绍波．游戏设计与开发基础教程．清华大学出版社，2011.

[14] 王立群，李红松．电脑游戏策划与设计．复旦大学出版社，2008.

[15] 荣钦科技．Visual C++游戏设计．北京科海电子出版社，2003.

[16] 赫恩．计算机图形学（第四版）．蔡士杰，杨若瑜译．电子工业出版社，2014.

[17] Charles Petzold．Programming Windows．Microsoft Press, 2013

[18] 毛星云，冷雪飞，王碧辉，吴松森．OpenCV3 编程入门．电子工业出版社，2015.

[19] 拉戈尼尔．OpenCV 计算机视觉编程攻略（第 2 版）．相银初译．人民邮电出版社，2015.

[20] 鲁斯．数字图像处理（第六版）．余翔宇等译．电子工业出版社，2014.

[21] http://www.bime.ntu.edu.tw/~ttlin/Course01/lecture_notes/c1lecture_note02.htm

[22] http://www.cad.zju.edu.cn/home/zhx/csmath/doku.php?id=keynote:lesson07

[23] 沈大海．Cocos2d-x 手机游戏开发与项目实战详解．清华大学出版社，2014.

[24] 满硕泉．Cocos2d-x 权威指南．机械工业出版社，2013.

[25] 肖文吉．Cocos2d-x 游戏开发实战．电子工业出版社，2015.

[26] Cocos 开发者平台．开发者文档．http://cn.cocos2d-x.org/article/

[27] 宣雨松．Unity 3D 游戏开发．人民邮电出版社，2012.

[28] 钟迪龙．Cocos2d-x 游戏开发之旅．机械工程出版社，2013.

[29] Elena Pérez, Lara Sánchez Coterón．Performance meets games:considering interaction strategies in game design．Digital Creativity, 2013,24(2)

[30] 李洪海，石爽，李霞．交互界面设计．化学工业出版社，2011.

[31] http://www.cnbeta.com/articles/244979.htm

[32] http://shijue.me/photo_groups/show/513015108ddf875101000062

[33] http://www.cnblogs.com/sevenyuan/category/497805.html

[34] http://www.gameres.com
[35] http://www.gamasutra.com
[36] 罗仕鉴，朱上上，孙守迁．人机界面设计．机械工业出版社，2003.
[37] Daniel Sánchez-Crespo Dalmau. Core Techniques and Algorithms in Game Programming. New Riders Publishing，2003.
[38] Rick Parent．计算机动画算法与技术（第二版）．刘炜译．清华大学出版社，2012.
[39] Flash Flex AIR 3D-ITeye 技术网站：http://chaimzane.iteye.com/blog/1561125
[40] http://blog.csdn.net/decajes/article/details/25738609
[41] http://www.cnblogs.com/cocos2d-x/archive/2012/03/06/2381696.html
[42] http://blog.sina.com.cn/s/blog_6c97abf10102v6ta.html
[43] 秦春林．我所理解的 Cocos2d-x．电子工业出版社，2014.
[44] Alan Watt, Fabio Policarpo. D Games. Animation and Advanced Realtime Rendering(Volume 2). Addison-Wesley, 2003.
[45] David B. Paull. Programming Dynamic Character Animation. Charles River Media. Inc, 2002.
[46] 齐东旭，黄心渊，马华东，徐迎庆，李华山．计算机动画原理和应用．科学出版社，1998.
[47] Jessica K. Hodgins, James F. O'Brien, and Robert E. Bodenheimer, Jr.. Computer Animation. Encyclopedia of Computer Science
[48] Tomas Akenine-Moeller, Eric Haines．Real-time rendering(second edition)．A K Peters, 2002.
[49] Emanuele Feronato．Box2D for Flash Games．Packt Publishing, 2012.
[50] Charles Petzold．Programming Windows．Microsoft Press，2013.
[51] 于浩洋．Cocos2d-x 3.x 手游开发实例详解．电子工业出版社，2014.
[52] 刘剑卓．Cocos2D-X 游戏开发技术精解．人民邮电出版社，2013.
[53] http://guandongsheng.iteye.com/blog/2119323
[54] http://www.tairan.com/archives/5431/
[55] http://www.csdn123.com/html/topnews201408/50/450.htm
[56] http://www.cnblogs.com/slysky/p/3990595.html
[57] Dave Shreiner, Graham Sellers, John Kessenich, Bill Licea-Kane．王锐等译．OpenGL 编程指南（第 8 版）．机械工业出版社，2014.
[58] http://book.51cto.com/art/201305/394826.htm
[59] http://v-play.net/plugins/
[60] http://blog.csdn.net/qinning199/article/details/11621827
[61] Mason McCuskey. Beginning Game Audio Programming. Premier Press, 2003
[62] Todd M. Fay, Scott Selfon, Todor J. Fay．DirectX 9 Audio Exposed: Interactive Audio Development．Wordware Publishing，2004
[63] Daniel Sánchez-Crespo Dalmau．Core Techniques and Algorithms in Game Programming．New Riders Publishing，2003
[64] http://www.gameres.com
[65] http://www.flipcode.com/archives/articles.shtml
[66] http://www.gamedev.net
[67] http://www.gamasutra.com/

[68] http://www.dolby.com
[69] http://www.radgametools.com
[70] http://www.modplug.com/
[71] http://www.fmod.org/
[72] http://www.un4seen.com/music/
[73] 中兴通讯学院．对话多媒体通信．人民邮电出版社，2010.
[74] 吴亚峰，闫敬，于复兴．Cocos2d-x 3.0 游戏开发实战详解．人民邮电出版社，2014.
[73] http://www.gameai.com
[74] (美)Mat BuckLand．Programming Game AI by Example．罗岱等译．北京：人民邮电出版社，2008.
[75] (美)Mat BuckLand．AI Techniques for Game Programming．吴祖增译．北京：清华大学出版社，2006.
[76] 何国辉，陈家琪．游戏开发中智能路径搜索算法的研究．计算机工程与设计，2006(07)
[77] Patrick Lester．First Exploration in Astar Path-finding．http://www.policyalmanac.org/games/aStarTutorial.htm
[78] (美)Steve Rabin．AI Game Programming Wisdom．吴飞，庄越挺译．清华大学出版社，2005.
[79] 蔡自兴，徐光祐．人工智能及其应用．清华大学出版社，2010.
[80] (美)Stuart Russell, Peter Norvig．Artificial Intelligence: A Modern Approach．姜哲等译．北京：人民邮电出版社，2010.
[81] Alex J. Champandard．AI game development．New Riders, 2003.
[82] Alex J. Champandard．AI Game Development: Synthetic Creatures with Learning and Reactive Behaviors．New Riders, 2004
[83] Penelope Sweeter．Current AI in Games: A review．http://www.itee.uq.edu.au
[84] William van der Sterren．基于 A*算法的战术式寻径．张磊译．北京：人民邮电出版社，2004.
[85] 樊永庆．游戏中的网络编程技术及应用．水利水电出版社，2009.
[86] 恽如伟，董浩．网络游戏编程教程．机械工业出版社，2009.
[87] 中嶋謙互．网络游戏核心技术与实战．人民邮电出版社，2011.
[88] MSDN. Microsoft
[89] http://www.gameres.com
[90] http://www.flipcode.com
[91] http://www.gamedev.net
[92] http://www.gamasutra.com/
[93] Roberto Ierusalimschy．Lua 程序设计（第二版）．周惟迪译．电子工业出版社，2008.
[94] Paul Schuytema, Mark Manyen．Game Development with Lua．机械工业出版社，2013.
[95] http://timyang.net/lua/lua-coroutine/
[96] http://www.sauria.com/blog/2008/10/09/lua-in-lightroom/
[97] 满硕泉．Cocos2d-x 权威指南．机械工业出版社，2014.
[98] 于浩洋．Cocos2d-x 3.x 手游开发实例详解．电子工业出版社，2014.